普通高等教育
**物联网工程类**规划教材

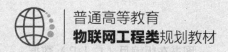

INTERNET OF THINGS, IOT

# 物联网工程概论

邓谦 曾辉◎主编
熊燕 尹淑玲◎副主编

人民邮电出版社
北京

图书在版编目（C I P）数据

物联网工程概论 / 邓谦，曾辉主编. -- 北京 : 人民邮电出版社，2015.9（2016.12重印）
普通高等教育物联网工程类规划教材
ISBN 978-7-115-39681-5

Ⅰ. ①物… Ⅱ. ①邓… ②曾… Ⅲ. ①互联网络－应用－概论－高等学校－教材②智能技术－应用－概论－高等学校－教材 Ⅳ. ①TP393.4②TP18

中国版本图书馆CIP数据核字(2015)第158403号

## 内 容 提 要

本书是一本介绍物联网工程相关技术与知识的教材，较为全面、系统地讲述了物联网基本知识理论、技术体系以及应用场景，对物联网相关技术，如无线传感器网络、射频识别、物联网通信、物联网应用、物联网安全等进行了详细讲解，同时对与物联网密切相关的云计算、大数据、智能技术、嵌入式技术也进行了深入的探讨。

本书共分为 10 章：第 1 章讲述了物联网的定义、发展概况、社会背景；第 2 章介绍物联网的三层体系架构；第 3 章介绍嵌入式系统的发展及在物联网中的应用；第 4 章介绍 WSN（无线传感器网络）相关技术、原理和应用；第 5 章介绍 RFID（射频识别）技术的发展、系统原理及标准化建设情况；第 6 章介绍物联网技术中涉及的各种通信技术；第 7 章介绍物联网中间件技术及软件编程实例；第 8 章介绍 M2M、云计算等技术的应用；第 9 章讲述了物联网体系下的安全性问题；第 10 章为物联网实验指导。

本书可以作为物联网工程及相关专业的教材，也可以供对物联网技术感兴趣的本、专科其他专业学生阅读，还可以作为希望了解物联网知识的管理、科研、教学人士的参考书。

◆ 主　　编　邓　谦　曾　辉
副 主 编　熊　燕　尹淑玲
责任编辑　邹文波
执行编辑　吴　婷
责任印制　沈　蓉　彭志环

◆ 人民邮电出版社出版发行　　北京市丰台区成寿寺路 11 号
邮编　100164　　电子邮件　315@ptpress.com.cn
网址　http://www.ptpress.com.cn
大厂聚鑫印刷有限责任公司印刷

◆ 开本：787×1092　1/16
印张：17.5　　2015 年 9 月第 1 版
字数：438 千字　　2016 年12月河北第 2 次印刷

定价：42.00 元

读者服务热线：(010)81055256　印装质量热线：(010)81055316
反盗版热线：(010)81055315
广告经营许可证：京东工商广字第 8052 号

# 前　言

物联网（Internet of Things, IoT）的出现被称为第三次信息科技浪潮，是自动化和信息化的融合。它的最高目标是实现实时获取任何地点以及任何需要监控、连接、互动的物体或过程的信息，采集的声、光、热、电、力学、化学、生物、位置等各种有用的信息，通过网络接入，实现物与物、物与人的泛在连接，实现对物品和过程的智能化感知、识别和管理。物联网的整体构架大体可分为三层，即感知控制层、网络传输层（传送层）和应用层。物联网的基础技术包括 RFID（射频识别）技术、嵌入式技术、M2M 技术、WSN（无线传感器网络）技术、通信技术等，这些基础技术完成了物联网节点在信息获取和数据传输上的基础构建，是物联网提供有效服务的前提。物联网的关键技术包括云计算、智能服务技术等，这些关键技术为物联网信息的海量存储和处理以及智能的服务模式提供了解决方案。

物联网工程是一门覆盖范围很广的综合性交叉学科，涉及计算机科学与技术、电子科学与技术、自动化、通信工程、信息安全、智能科学与技术等诸多学科领域，在科技民生、智慧城市、低碳环保、交通运输、物流配送、安防监控、智能电网和节能环保等方面有着广阔的应用前景，并且在“十二五”规划中被列为国家战略性新兴产业。物联网的异构性和学科交叉的特点给我们提出了新的科学问题，例如物联网如何实现高效互联、不确定感知信息的有效利用、提供动态环境服务等。同时，网络的安全性也是值得思考和深入研究的，因为物联网除了面对传统网络安全问题之外，还存在着一些与已有网络安全不同的特殊安全问题。总之，物联网是现有技术的凝聚融合和创新提升，而且它在结构上是开放的，任何能够实现信息获取、传输和处理的已有成熟技术和新兴技术都可以加入物联网的建设中。因此，无论是科学研究还是市场推广，物联网都有着广阔的前景。

近年来教育部已批准几百所高校开设物联网工程、传感器技术和智能电网等物联网技术相关本科专业。本书是针对物联网工程的专业教学需求编写，可供计算机科学与技术、电子科学与技术、控制工程、通信工程、软件工程、信息安全、智能科学与技术等专业本科生和研究生学习。本书的例题、习题可供教师课堂教学或学生课后自学使用，本书配套的实验、案例可供学生在物联网基础应用实验中作为指导。

本书的参考学时为 48～64 学时，建议采用理论实践一体化教学模式，各章节的参考学时见下面的学时分配表。

学时分配表

| 章节 | 课程内容 | 学时 |
| --- | --- | --- |
| 第 1 章 | 绪论 | 2 |
| 第 2 章 | 物联网体系架构 | 4 |
| 第 3 章 | 嵌入式系统 | 4～6 |
| 第 4 章 | WSN 无线传感器网络 | 4～6 |
| 第 5 章 | RFID 射频识别技术 | 4～6 |
| 第 6 章 | 物联网通信技术 | 6 |
| 第 7 章 | 物联网中间件 | 2～4 |
| 第 8 章 | 物联网业务与应用 | 4～6 |
| 第 9 章 | 物联网信息安全技术 | 2～6 |
| 第 10 章 | 物联网实验 | 16～18 |
| 课时总计 | | 48～64 |

本书由邓谦、曾辉、熊燕、尹淑玲编写。其中，邓谦编写了第 2 章、第 4～6 章、第 9 章；曾辉编写了第 7 章、第 8 章；熊燕编写了第 1 章、第 3 章；尹淑玲编写了第 10 章。全书由邓谦统稿和定稿。在本书的编写过程中得到了武昌理工学院陈兵教授的大力支持与帮助，在此深表感谢。

由于编者水平和经验有限，书中难免有欠妥和错误之处，恳请读者批评指正。

编　者

2015 年 5 月

# 目录

# 第 1 章 绪论

**学习目标**

- 了解物联网的发展历程。
- 掌握物联网的定义。
- 熟悉物联网的体系结构。
- 了解物联网相关技术特征。
- 熟悉物联网的应用领域。

**预习题**

- 什么是物联网?
- 物联网相关技术有哪些?
- 物联网发展的社会及技术背景有哪些?
- 物联网与智慧地球的关系是什么?

设想一下：开车出去旅游或探亲，只要设置好目的地便可随意睡觉、看电影，车载系统会通过路面接收到的信号智能行驶；老年人日常在家，只要通过一个小小的仪器，医生就能24小时监控其体温、血压、脉搏，实时关注老年人的健康状况；下班了，只要用手机发出一个指令，家里的电饭煲就会自动加热做饭，空调、热水器开始工作……

这些屡屡出现在科幻电影中的场景，通过"物联网"的逐步实现和提升，出现在每个人的生活中。物联网又称为"传感网"，是继计算机（俗称电脑）、互联网与移动通信网之后的又一次信息产业浪潮。世界上的万事万物，小到手表、钥匙，大到汽车、楼房，只要嵌入一个微型感应芯片，把它变得智能化，这个物体就可以随时随地与其他物体"交流"。物联网的应用领域如图 1-1 所示。

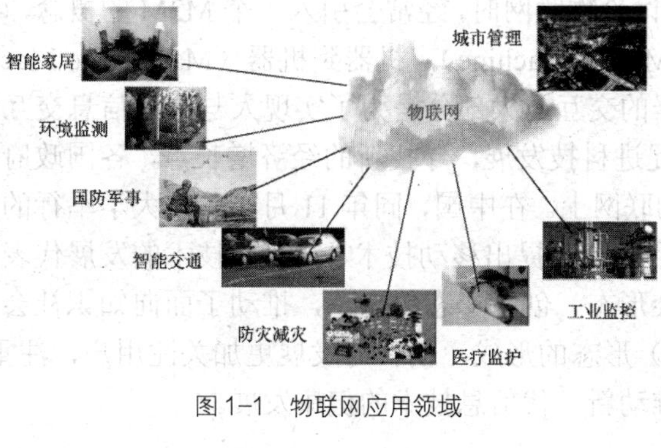


图 1-1 物联网应用领域

## 1.1 物联网概述

物联网是新一代信息技术的重要组成部分，也是“信息化”时代的重要发展阶段。其英文名称是：“Internet of Things（IoT）”。顾名思义，物联网就是物物相连的互联网。

### 1.1.1 物联网定义

物联网的实践最早可以追溯到 1990 年施乐公司的网络可乐贩售机（Networked Coke Machine）。

1991 年，美国麻省理工学院（MIT）的 Kevin Ashton 教授首次提出物联网的概念。

1995 年，比尔·盖茨在《未来之路》一书中也曾提及物联网，但未引起广泛重视。

1999 年，美国麻省理工学院建立了“自动识别中心（Auto-ID）”，提出“万物皆可通过网络互联”，阐明了物联网的基本含义，即通过射频识别（RFID）（RFID+互联网）、红外感应器、全球定位系统、激光扫描器、气体感应器等信息传感设备，按约定的协议，把任何物品与互联网连接起来，进行信息交换和通信，以实现智能化识别、定位、跟踪、监控和管理的一种网络。简而言之，物联网就是“物物相连的互联网”。早期的物联网是依托射频识别技术的物流网络，随着技术和应用的发展，物联网的内涵已经发生了较大变化。同期，中国也提出相关概念，当时称为“传感网”。

2005 年 11 月 17 日，在突尼斯举行的信息社会世界峰会（WSIS）上，国际电信联盟（ITU）发布《ITU 互联网报告 2005：物联网》，引用了“物联网”的概念。物联网的定义和范围已经发生了变化，覆盖范围有了较大的拓展，不再只是指基于 RFID 技术的物联网。

国际电信联盟发布的 ITU 互联网报告，对物联网做了如下定义：通过二维码识读设备、射频识别装置、红外感应器、全球定位系统和激光扫描器等信息传感设备，按约定的协议，把任何物品与互联网相连接，进行信息交换和通信，以实现智能化识别，定位、跟踪、监控和管理的一种网络。

根据国际电信联盟的定义，物联网主要解决物品与物品（Thing to Thing，T2T）、人与物品（Human to Thing，H2T）、人与人（Human to Human，H2H）之间的互连。但是与传统互联网不同的是，H2T 是指人利用通用装置与物品之间的连接，从而使得物品连接更加简化，而 H2H 是指人与人之间不依赖于 PC 而进行的互连。因为互联网并没有考虑到对于任何物品连接的问题，故我们使用物联网来解决这个传统意义上的问题。物联网顾名思义就是连接物品的网络，许多学者在讨论物联网时，经常会引入一个 M2M 的概念，可以解释为人到人（Man to Man），人到机器（Man to Machine），机器到机器（Machine to Machine）。从本质上而言，人与机器、机器与机器的交互，大部分是为了实现人与人的信息交互。

2008 年后，为了促进科技发展，寻找新的经济增长点，各国政府开始重视下一代的技术规划，将目光放在了物联网上。在中国，同年 11 月在北京大学举行的第二届中国移动政务研讨会“知识社会与创新 2.0”上提出移动技术、物联网技术的发展代表着新一代信息技术的形成，并带动了经济社会形态、创新形态的变革，推动了面向知识社会的以用户体验为核心的下一代创新（创新 2.0）形态的形成，创新与发展更加关注用户，注重以人为本。而创新 2.0 形态的形成又进一步推动新一代信息技术的健康发展。

2009年2月24日，2009IBM论坛上公布了名为“智慧的地球”的最新策略。此概念一经提出，即得到美国各界的高度关注，甚至有分析认为IBM公司的这一构想极有可能上升至美国的国家战略，并在世界范围内引起轰动。

2009年8月以来，中国无锡市率先建立了“感知中国”研究中心。中国科学院、运营商、多所大学在无锡建立了物联网研究院，还建立了全国首家实体物联网工厂学院。2010年，物联网被正式列为国家五大新兴战略性产业之一，写入“政府工作报告”，在中国受到了全社会的极大关注。

2012年11月14日，在易观第五届移动互联网博览会上，易观国际董事长兼首席执行官于扬首次提出“互联网+”的理念。他认为，在未来，“互联网+”公式应该是我们所在行业的产品和服务，是与我们未来看到的多屏全网跨平台用户场景结合之后产生的这样一种化学公式。

2013年，德国联邦教研部与联邦经济技术部在汉诺威工业博览会上提出了“工业4.0”概念。它描绘了制造业的未来愿景，提出继蒸汽机的应用、规模化生产和电子信息技术三次工业革命后，人类将迎来以信息物理融合系统（CPS）为基础，以生产高度数字化、网络化、机器自组织为标志的第四次工业革命。

2015年3月13日，正在举行的中国全国人大会议正在讨论新的产业政策，以期实现从制造大国向制造强国的转变。被命名为“中国制造2025”的10年规划提出要对中国企业提供财政支持，以促进其在产品质量上向日、美、欧看齐。究其原因，在中国的普通消费者中间，无论是汽车等耐用消费品还是家电、食品和日用品，都是外国货更受青睐。中国领导层主张把经济增长模式从注重量的扩大转变为注重质的提高，并提出了经济发展“新常态”理念。“中国制造2025”规划就是经济新方针的体现之一。

中国物联网校企联盟将物联网定义为：当下几乎所有技术与计算机、互联网技术的结合，实现物体与物体之间，环境以及状态信息的实时共享以及智能化的收集、传递、处理、执行。广义上说，当下涉及的信息技术的应用，都可以纳入物联网的范畴。

其他还有一些定义：物联网是指通过各种信息传感设备，实时采集任何需要监控、连接、互动的物体或过程等各种需要的信息，与互联网结合形成的一个巨大网络。其目的是实现物与物、物与人、所有的物品与网络的连接，方便识别、管理和控制。

### 1.1.2 物联网的体系结构

从技术架构上来看，物联网可分为三层：感知层，网络层和应用层，如图1-2所示。

**1. 感知层**

感知层由各种传感器以及传感器网关构成，如二氧化碳浓度传感器、温度传感器、湿度传感器、二维码标签、RFID标签和读写器、摄像头、GPS等感知终端。感知层的作用相当于人的眼、耳、鼻、喉和皮肤等神经末梢，它是物联网识别物体、采集信息的来源，其主要功能是识别物体，采集信息。

感知层解决的是人类世界和物理世界的数据获取问题。它首先通过传感器、数码相机等设备，采集外部物理世界的数据，然后通过RFID、条码、工业现场总线、蓝牙、红外等短距离传输技术传递数据。感知层所需要的关键技术包括检测技术、短距离无线通信技术等。

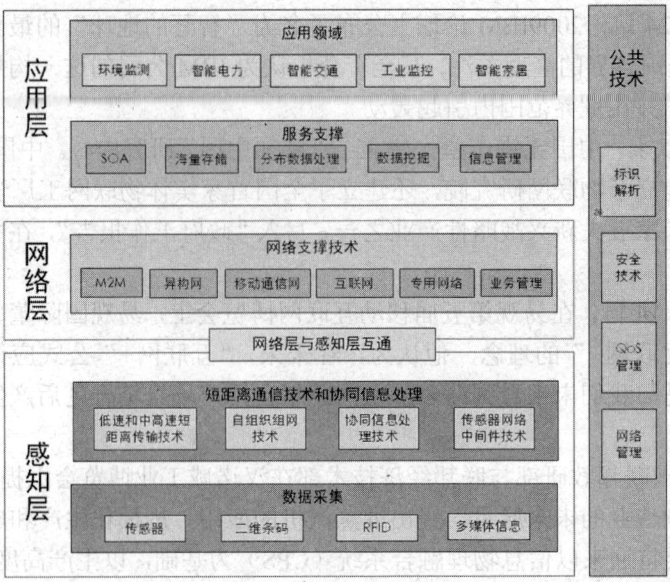


图 1-2 物联网的层次结构

对于目前关注和应用较多的RFID网络来说，附着在设备上的RFID标签和用来识别RFID信息的扫描仪、感应器都属于物联网的感知层。在这一类物联网中被检测的信息就是RFID标签的内容，现在的ETC（Electronic Toll Collection）、超市仓储管理系统、飞机场的行李自动分类系统、自助停车场等都属于这一类结构的物联网应用。

介于感知层与网络层之间的短距离通信与协同信息处理技术，实现感知层获取数据后的快速传递与处理。

### 2．网络层

网络层由各种私有网络、互联网、有线和无线通信网、网络管理系统和云计算平台等组成，相当于人的神经中枢和大脑，负责传递和处理感知层获取的信息。

网络层解决的是传输和预处理感知层所获得数据的问题。这些数据可以通过移动通信网、互联网、企业内部网、各类专网、小型局域网等进行传输。特别是在三网融合后，有线电视网也能承担物联网网络层的功能，有利于物联网的加快推进。网络层所需要的关键技术包括长距离有线和无线通信技术、网络技术等。

物联网的网络层将建立在现有的移动通信网和互联网基础上。物联网通过各种接入设备与移动通信网和互联网相连，例如手机付费系统中由刷卡设备将内置于手机的RFID信息采集上传到互联网，网络层完成后台鉴权认证，并从银行网络转账。

网络层中的感知数据管理与处理技术是实现以数据为中心的物联网的核心技术，包括传感网数据的存储、查询、分析、挖掘和理解，以及基于感知数据决策的理论与技术。云计算平台作为海量感知数据的存储、分析平台，将是物联网网络层的重要组成部分，也是应用层众多应用的基础。

### 3．应用层

应用层是物联网和用户（包括人、组织和其他系统）的接口，它与行业需求结合，实现物联网的智能应用。应用层是物联网帮助实现社会各行业广泛智能化的直接表现。

应用层直接面对用户的是各应用领域子层，物联网应用层利用经过分析处理的感知数据，为用户提供丰富的特定服务。物联网的应用可分为监控型（物流监控、环境监控），查询型（智能检索、远程抄表），控制型（智能交通、智能家居、路灯控制）和扫描型（手机钱包、ETC）等。

物联网作为实现各行业的广泛智能化，“大数据”的产生必不可免，因此各应用领域子层通常建立在服务支撑子层上。服务支撑子层包括：SOA（Service-Oriented Architecture）、海量存储、分布式数据处理等。

应用层解决的是信息处理和人机交互问题。网络层传输而来的数据在这一层进入各类信息系统进行处理，并通过各种设备与人进行交互。应用层是物联网发展的体现，软件开发、智能控制技术将会为用户提供丰富多彩的物联网应用。各种行业和家庭应用的开发将会推动物联网的普及，也给整个物联网产业链带来丰厚的利润。

### 1.1.3 相关技术特征

物联网包含多种技术的综合运用，其中包括以下一些关键技术。

#### 1. 嵌入式技术

嵌入式技术是集计算机软硬件、传感器技术、集成电路技术、电子应用技术为一体的复杂技术。经过几十年的演变，以嵌入式系统为特征的智能终端产品随处可见，小到人们身边的MP3，大到航天航空的卫星系统。

嵌入式技术是执行专用功能并被内部计算机控制的设备或者系统。嵌入式系统不能使用通用型计算机，而且运行的是固化软件，用术语表示就是固件（Firmware），终端用户很难或者不可能改变固件。

嵌入式技术近年来得到了飞速的发展，嵌入式产业涉及的领域非常广泛，例如：手机、PDA、车载导航、工控、军工、多媒体终端、网关、数字电视……

以手机为代表的移动设备可谓是近年来发展最为迅猛的嵌入式行业。甚至针对手机软件开发，还曾经衍生出“泛嵌入式开发”这样的新词汇。一方面，手机得到了大规模普及，另一方面，手机的功能得到了飞速发展，三四年前的手机功能和价格与现在就不能同日而语。随着国内4G时代的到来，可以预料到手机领域的软硬件都必将面临一场更大的变革。功耗、功能、带宽、价格等都是手机硬件领域的热门词汇。从软件技术角度来看，手机的软件操作系统平台会趋于标准化和统一化。手机的应用会愈加丰富，除了最基本的通话功能外，逐渐会包括目前PDA、数码相机、游戏机等功能，更加趋向于成为个人手持终端。

嵌入式控制器的应用几乎无处不在：移动电话、家用电器、汽车……无不有它的踪影。嵌入控制器具有体积小、可靠性高、功能强、灵活方便等许多优点，其应用已深入工业、农业、教育、国防、科研以及日常生活等各个领域，对各行各业的技术改造、产品更新换代、加速自动化进程、提高生产率等方面起到了极其重要的推动作用。嵌入式计算机在应用数量上远远超过了各种通用计算机，一台通用计算机的外部设备中就包含了5～10个嵌入式微处理器。制造工业、过程控制、网络、通信、仪器、仪表、汽车、船舶、航空、航天、军事装备、消费类产品等方面均是嵌入式计算机的应用领域。嵌入式系统工业是专用计算机工业，其目的就是要把一切变得更简单、更方便、更普遍、更适用；通用计算机的发展变为功能计算机，普遍进入社会，嵌入式计算机发展的目标是专用计算机，实现“普遍化计算”，因此可以称嵌入式智能芯片是构成未来世界的“数字基因”。总之“嵌入式微控制器或者说单片机好像是一个黑洞，会把当今很多技术和成果吸引进来。中国应当注意发展智力密集型产业”。

当今，嵌入式系统的发展已经进入大融合的时代，其特点如下。

（1）通信、计算机及消费电子产品（3C）融合——趋向没有独立的3C，只有融合的3C，即信息产品（IA）。

（2）数字模拟融合、微机电融合、电路板硅片融合及硬软件设计融合——趋向 SoC 和 SiP。

（3）嵌入式整机的开发工作也从传统的硬件为主变为软件为主。

（4）激烈的市场竞争和技术进步呼唤着新颖的产品开发平台，特别是 SoC 开发平台的出现。

随着嵌入式技术的不断发展，嵌入式系统将更广泛应用于人类生活的各个方面。嵌入式技术在当前电力系统故障检测和在线故障诊断中也得到了广泛的应用。

#### 2. 无线传感技术

早在20世纪70年代，就出现了由传统传感器采用点对点传输、连接传感控制器而构成传感网络雏形，我们把它归之为第一代传感器网络。随着相关学科的不断发展和进步，传感器网络同时还具有了获取多种信息信号的综合处理能力，并通过与传感控制的相联，组成了有信息综合和处理能力的传感器网络，这是第二代传感器网络。而从20世纪末开始，现场总线技术开始应用于传感器网络，人们用其组建智能化传感器网络，大量多功能传感器被运用，并使用无线技术连接。

无线传感器网络（Wireless Sensor Networks，WSN）可以看成是由数据获取网络、数据颁布网络和控制管理中心三部分组成的。其主要组成部分集成了传感器、处理单元和通信模块的节点，各节点通过协议自组成一个分布式网络，再将采集来的数据通过优化后经无线电波传输给信息处理中心。

无线传感技术具有以下特点。

（1）硬件资源有限。WSN 节点采用嵌入式处理器和存储器，计算能力和存储能力十分有限。所以，需要解决如何在有限计算能力的条件下进行协作分布式信息处理的难题。

（2）电源容量有限。为了测量真实世界的具体值，各个节点会密集地分布于待测区域内，人工补充能量的方法已经不再适用。

（3）无中心。在无线传感器网络中，所有节点的地位都是平等的，没有预先指定的中心，是一个对等式网络。各节点通过分布式算法来相互协调，在无人值守的情况下，节点就能自动组织起一个测量网络。

（4）自组织。网络的布设和展开无需依赖于任何预设的网络设施，节点通过分层协议和分布式算法协调各自的行为，节点开机后就可以快速、自动地组成一个独立的网络。

（5）多跳路由。WSN 节点通信能力有限，覆盖范围只有几十到几百米，节点只能与它的邻居直接通信。

（6）动态拓扑。WSN 是一个动态的网络，节点可以随处移动；一个节点可能会因为电池能量耗尽或其他故障退出网络运行；也可能由于工作的需要而被添加到网络中。

（7）节点数量众多，分布密集。WSN 节点数量大、分布范围广，难于维护甚至不可维护。

所以需要解决如何提高传感器网络的软、硬件的健壮性和容错性的问题。

（8）传输能力的有限性。无线传感器网络通过无线电源进行数据传输，虽然省去了布线的烦恼，但是相对于有线网络，低带宽则成为它的天生缺陷；同时，信号之间还存在相互干扰，信号自身也在不断地衰减，诸如此类。

（9）安全性问题。无线信道、有限的能量、分布式控制都使得无线传感器网络更容易受到攻击。被动窃听、主动入侵、拒绝服务则是这些攻击的常见方式。因此，安全性在网络中至关重要。

### 3. RFID 标签

射频识别（Radio Frequency Identification，RFID）也是一种传感器技术，RFID 技术是集无线射频技术和嵌入式技术为一体的综合技术，在自动识别、物品物流管理方面有着广阔的应用前景。

RFID 技术又称无线射频识别，是一种通信技术，可通过无线电信号识别特定目标并读写相关数据，而无需识别系统与特定目标之间建立机械或光学接触。

射频一般是微波，频率为 1～100GHz，适用于短距离识别通信。RFID 读写器分为移动式的和固定式的，目前 RFID 技术应用很广，如图书馆、门禁系统、食品安全溯源等。

射频标签是产品电子代码（EPC）的物理载体，附着于可跟踪的物品上，可全球流通并对其进行识别和读写。RFID 技术作为构建“物联网” 的关键技术，近年来受到人们的关注。RFID 技术早起源于英国，应用于第二次世界大战中辨别敌我飞机身份，20 世纪 60 年代开始商用。RFID 技术是一种自动识别技术，美国国防部规定 2005 年 1 月 1 日以后，所有军需物资都要使用 RFID 标签；美国食品与药品管理局（FDA）建议制药商从 2006 年起利用 RFID 跟踪常造假的药品。Walmart、Metro 等零售企业应用 RFID 技术等一系列行动更是推动了 RFID 在全世界的应用热潮。2000 年，每个 RFID 标签的价格是 1 美元。许多研究者认为 RFID 标签非常昂贵，只有降低成本才能大规模应用。2005 年时，每个 RFID 标签的价格是 12 美分左右，现在超高频 RFID 标签的价格是 10 美分左右。RFID 要大规模应用，一方面要降低 RFID 标签价格，另一方面要看应用 RFID 之后能否带来增值服务。欧盟统计办公室的统计数据表明，2010 年，欧盟有 3%的公司应用 RFID 技术，应用分布在身份证件和门禁控制、供应链和库存跟踪、汽车收费、防盗、生产控制、资产管理。

无线电的信号是通过调成无线电频率的电磁场，把数据从附着在物品上的标签上传送出去，以自动辨识与追踪该物品。某些标签在识别时从识别器发出的电磁场中就可以得到能量，并不需要电池；也有标签本身拥有电源，并可以主动发出无线电波（调成无线电频率的电磁场）。标签包含了电子存储的信息，数米之内都可以识别。与条形码不同的是，射频标签不需要处在识别器视线之内，也可以嵌入到被追踪物体之内。

许多行业都运用了 RFID 技术。将标签附着在一辆正在生产中的汽车，厂方便可以追踪此车在生产线上的进度。仓库可以追踪药品的所在。射频标签也可以附于牲畜与宠物上，方便对牲畜与宠物的积极识别（积极识别的意思是防止数只牲畜使用同一个身份）。射频识别的身份识别卡可以使员工得以进入锁住的建筑部分，汽车上的射频应答器也可以用来征收收费路段与停车场的费用。

某些射频标签附在衣物、个人财物上，甚至植入人体之内。由于这项技术可能会在未经本人许可的情况下读取个人信息，因此也会有侵犯个人隐私的忧患。

RFID 由以下部分组成。

（1）应答器。由天线、耦合元件及芯片组成。一般来说，都是用标签作为应答器，每个标签具有唯一的电子编码，附着在物体上标识目标对象。

（2）阅读器。由天线、耦合元件、芯片组成。读取（有时还可以写入）标签信息的设备，可设计为手持式读写器或固定式读写器。

（3）应用软件系统。是应用层软件，主要功能是对收集的数据进行进一步处理，并为人们所使用。

RFID 技术的基本工作原理并不复杂：标签进入磁场后，接收解读器发出的射频信号，凭借感应电流所获得的能量发送出存储在芯片中的产品信息（无源标签或被动标签），或者由标签主动发送某一频率的信号（Active Tag，有源标签或主动标签），解读器读取信息并解码后，送至中央信息系统进行有关数据处理。

一套完整的 RFID 系统，是由阅读器（Reader）、电子标签（TAG，也就是所谓的应答器 Transponder）及应用软件系统三个部分所组成，其工作原理是阅读器发射特定频率的无线电波能量给电子标签，用以驱动电子标签内的电路将数据送出，然后阅读器便依序接收解读由电子标签传回的数据，再发送给应用程序做相应的处理。

根据 RFID 卡片读写器或阅读器及电子标签之间的通信及能量感应方式，RFID 大致上可以分成两种：感应耦合及后向散射耦合。一般低频的 RFID 大都采用第一种式，而较高频的 RFID 大多采用第二种方式。

读写器根据使用的结构和技术不同可以是读或读/写装置，是 RFID 系统信息控制和处理中心。读写器通常由耦合模块、收发模块、控制模块和接口单元组成。读写器和应答器之间一般采用半双工通信方式进行信息交换，同时读写器通过耦合给无源应答器提供能量和时序。在实际应用中，可进一步通过 Ethernet 或 WLAN 等实现对物体识别信息的采集、处理及远程传送等管理功能。应答器是 RFID 系统的信息载体，应答器大多是由耦合原件（线圈、微带天线等）和微芯片组成无源单元。

### 4. 低功耗短距离无线通信

低功耗短距离无线通信包括：ZigBee、Wi-Fi、蓝牙等。

ZigBee 是基于 IEEE 802.15.4 标准的低功耗局域网协议。根据国际标准，ZigBee 技术是一种短距离、低功耗的无线通信技术。这一名称（又称紫蜂协议）来源于蜜蜂的八字舞，因为蜜蜂（Bee）是靠飞翔和“嗡嗡”（Zig）地抖动翅膀的“舞蹈”来与同伴传递花粉所在方位信息，也就是说蜜蜂依靠这样的方式构成了群体中的通信网络。其特点是近距离、低复杂度、自组织、低功耗、低数据速率。主要适合用于自动控制和远程控制领域，可以嵌入各种设备。简而言之，ZigBee 就是一种便宜的、低功耗的近距离无线组网通信技术。ZigBee 是一种低速短距离传输的无线网络协议。ZigBee 协议从下到上分别为物理层（PHY）、媒体访问控制层（MAC）、传输层（传送层，TL）、网络层（NWK）、应用层（APL）等。其中物理层和媒体访问控制层遵循 IEEE 802.15.4 标准的规定。

ZigBee 的特点如下。

（1）低功耗。在低耗电待机模式下，2 节 5 号干电池可支持 1 个节点工作 6～24 个月，甚至更长。这是 ZigBee 的突出优势。相比较，蓝牙能工作数周、Wi-Fi 可工作数小时。

（2）低成本。通过大幅简化协议（不到蓝牙的 1/10），降低了对通信控制器的要求，按预测分析，以8051的8位微控制器测算，全功能的主节点需要32KB代码，子功能节点少至4KB代码，而且ZigBee免协议专利费。每块芯片的价格大约为2美元。

（3）低速率。ZigBee工作在20～250kbit/s的速率，分别提供250 kbit/s（2.4GHz）、40kbit/s（915 MHz）和20kbit/s（868 MHz）的原始数据吞吐率，满足低速率传输数据的应用需求。

（4）近距离。传输范围一般介于10～100m，在增加发射功率后，亦可增加到1～3km。这指的是相邻节点间的距离。如果通过路由和节点间通信的接力，传输距离将可以更远。

（5）短时延。ZigBee的响应速度较快，一般从睡眠转入工作状态只需15ms，节点连接进入网络只需30ms，进一步节省了电能。相比较，蓝牙需要3～10s、Wi-Fi需要3s。

（6）高容量。ZigBee可采用星状、片状和网状网络结构，由一个主节点管理若干子节点，最多一个主节点可管理254个子节点；同时主节点还可由上一层网络节点管理，最多可组成65000个节点的大网。

（7）高安全。ZigBee提供了三级安全模式，包括无安全设定、使用访问控制清单（Access Control List，ACL）防止非法获取数据以及采用高级加密标准（AES 128）的对称密码，以灵活确定其安全属性。

（8）免执照频段。使用工业科学医疗（ISM）频段、915MHz（美国）、868MHz（欧洲）、2.4GHz（全球）。

### 5. 中间件技术

中间件（Middleware）是处于操作系统和应用程序之间的软件，也有人认为它应该属于操作系统中的一部分。人们在使用中间件时，往往是一组中间件集成在一起，构成一个平台（包括开发平台和运行平台），但在这组中间件中必须要有一个通信中间件，即中间件=平台+通信。这个定义也限定了只有用于分布式系统中才能称为中间件，同时还可以把它与支撑软件和实用软件区分开来。

具体地说，中间件屏蔽了底层操作系统的复杂性，使程序开发人员面对一个简单而统一的开发环境，减少程序设计的复杂性，将注意力集中在自己的业务上，不必再为程序在不同系统软件上的移植而重复工作，从而大大减少了技术上的负担。中间件带给应用系统的不只是开发的简便、开发周期的缩短，也减少了系统的维护、运行和管理的工作量，还减少了计算机总体费用的投入。

为解决分布异构问题，人们提出了中间件的概念。中间件是位于平台（硬件和操作系统）和应用之间的通用服务，这些服务具有标准的程序接口和协议。针对不同的操作系统和硬件平台，它们可以有符合接口和协议规范的多种实现。

也许很难给中间件一个严格的定义，但中间件应具有如下的一些特点。

（1）满足大量应用的需要。

（2）运行于多种硬件和OS平台。

（3）支持分布计算，提供跨网络、硬件和OS平台的透明性应用或服务的交互。

（4）支持标准的协议。

（5）支持标准的接口。

由于标准接口对于可移植性和标准协议对于互操作性的重要性，中间件已成为许多标准化工作的主要部分。对于应用软件开发，中间件远比操作系统和网络服务更为重要，中间件提供的程序接口定义了一个相对稳定的高层应用环境，不管底层的计算机硬件和系统软件怎样更新换代，只要将中间件升级更新，并保持中间件对外的接口定义不变，应用软件几乎无需任何修改，从而保护了企业在应用软件开发和维护中的重大投资。

### 6. 安全技术

物联网所面临的安全挑战不容忽视，包括传感器网络安全、RFID 安全、核心网安全、移动通信接入安全、无线接入安全、数据处理安全、数据存储安全、云安全和安全管理等。

物联网是在计算机互联网的基础上将 RFID、红外传感器、全球定位系统、激光扫描器等各种信息传感设备与互联网结合起来构成的一个巨大网络，来进行信息的通信和交流，以实现对物品的识别、跟踪、定位和管理，即“Internet of Things”。它是未来网络发展的主要方向，具有全面感知、可靠传递、智能化处理的特点。所以物联网是互联网、传感网、移动网络等多种网络的融合，用户端由原来的人扩展到了任何物与物之间都可进行通信以及信息的交换。但是随着这些网络的融合以及统一的新网络的重新构成，网络入侵、病毒传播等影响安全的可能性范围越来越大。物联网存在着原来多种网络已有的安全问题，还具有它自己的特殊性，如隐私问题、不同网络间的认证、信息可靠传输、大数据处理等新的问题将会更加严峻。所以在物联网的发展过程中，一定要重视网络安全的问题，制定统一规划和标准，建立完整的安全体系，保持健康可持续发展。

物联网按照一般标准分为三个层次：应用层、网络层、感知层。虽然各层都具有针对性较强的密码技术和安全措施，但相互独立的安全措施不能为多层融合在一起的新的庞大的物联网系统解决安全问题，所以我们必须在原来的基础上研究系统整合后带来的新的安全问题。

应用层支撑物联网业务有不同的策略，如云计算、分布式系统、大数据处理等都要为相应的服务应用建立起高效、可靠、稳定的系统。这种多业务类型、多种平台、大规模的物联网系统都要面临安全架构的建立问题。

网络层虽然在因特网的基础之上有一定的安全保护能力，但在物联网系统中，由于用户端节点大量增加，信息节点也由原来的人与人之间拓展为物与物之间进行通信，数据量急剧增大，适应感知信息的传输，保证信息的机密性、完整性和可用性，保护信息的隐私，加密信息等在多元异构的物联网中显得更加困难。

感知层信息的采集、汇聚、融合、传输和信息安全问题，因为物联网的感知网络种类复杂，各个领域都有可能涉及，感知节点相对比较多元化，传感器功能简单，无法具有复杂的安全保护能力。

物联网中的密钥管理是实现信息安全的有力保障手段之一。我们要建立一个涉及多个网络的统一的密钥管理体系，解决感知层密钥的分配、更新和组播等问题。而所有这些都建立在加密技术的基础之上，通过加密实现完整性、保密性以及不可否认性等需求。

## 思考题

- 当前社会我们怎样定义“物联网”的概念？
- 物联网的体系结构是什么，包含哪些技术？
- 物联网安全问题有哪些？

## 1.2 物联网的发展

在理解物联网的基本概念时，需要注意物联网发展的社会背景、技术背景以及它能够产生的经济与社会效益。

### 1.2.1 社会背景

#### 1. 互联网与无线通信网络为物联网的发展奠定了基础

随着我国经济的高速发展，社会对互联网应用的需求日趋增长，互联网的广泛应用对我国信息产业发展产生了重大的影响。由 CNNIC（中国互联网络信息中心）2015 年 1 月发布的《中国互联网络发展状况统计报告》可以看到中国互联网应用的快速发展。

（1）网民规模与结构

截至 2014 年 12 月，我国网民规模达 6.49 亿，全年共计新增网民 3117 万人。互联网普及率为 47.9%，较 2013 年底提升了 2.1 个百分点，如图 1-3 所示。

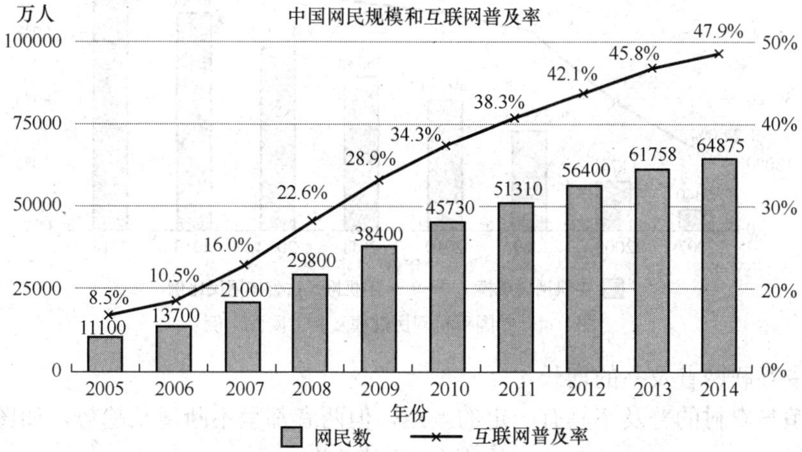


图 1-3 中国网民规模和互联网普及率

2014 年网民增长的宏观带动因素有以下三个方面。

① 政府方面。2014 年政府更加重视互联网安全，中央网络安全和信息化领导小组于 2 月成立，旨在全力打造安全上网环境，投入更多资源开展互联网治理工作，消除非网民上网的安全顾虑；8 月，中央全面深化改革领导小组第四次会议审议通过了《关于推动传统媒体和新兴媒体融合发展的指导意见》，推动传统媒体与新媒体融合的工作正式提上社会经济发展日程，推动互联网成为新型主流媒体，打造现代传播体系，对非网民信息生活的渗透力度持续扩大；“宽带中国 2014 专项行动”持续开展，进一步推动了互联网宽带的建设和普及。

② 运营商方面。2014 年中国 4G 商用进程全面启动，根据工信部发布的《通信业经济运行情况》显示，截至 12 月，中国 4G 用户总数达 9728.4 万户，在网民增长放缓背景下，4G 网络的推广带动更多人上网；运营商继续大力推广“固网宽带+移动通信”模式的产品，通过互联网 OTT 业务和传统电信业务的组合优惠，吸引用户接入固定互联网和移动互联网；随

着虚拟运营商加入市场竞争，电信市场在2014年出现活跃的竞争发展态势，相比基础运营商，其在套餐内容方面灵活度更大，获得很多用户的认可。

③ 企业方面。2014年新浪微博、京东、阿里巴巴等知名互联网企业赴美上市，使“互联网”成为频频见诸报端的热点词，互联网应用得到广泛宣传，互联网应用与发展模式快速创新，比特币、互联网理财、网络购物、O2O模式等一度成为社会性事件，这些宣传报道极大地拓宽了非网民认知，了解，接触互联网的渠道，提高非网民的尝试意愿。

根据调查，2014年新网民最主要的上网设备是手机，使用率为64.1%，由于手机带动网民增长的作用有所减弱，故新网民手机使用率低于2013年的73.3%。由于2014年新增网民学生群体占比为38.8%，远高于老网民中的22.7%，而学生群体的上网场景多为学校、家庭，故新网民使用台式电脑的比例相比2013年上升明显，达51.6%。

截至2014年12月，我国手机网民规模达5.57亿，较2013年增加5672万人。网民中使用手机上网的人群占比由2013年的81.0%提升至85.8%，如图1-4所示。

图1-4 中国手机网民规模及其占网民比例

（2）城乡互联网普及率的增长

虽然城镇与农村的普及率具有一定的差距，但两者都呈不断增长趋势，如图1-5所示。

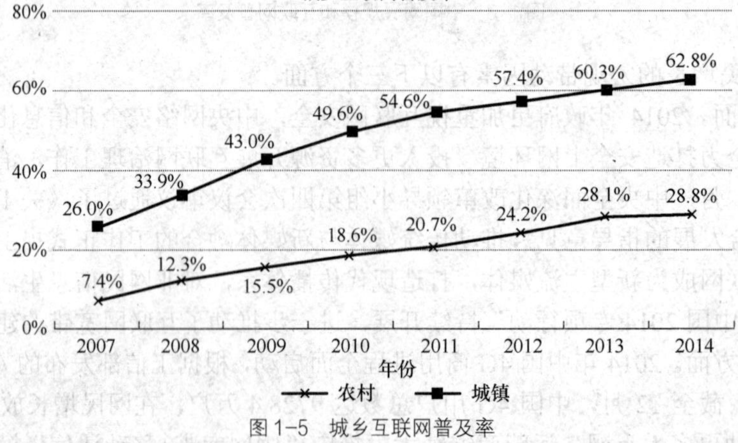

图1-5 城乡互联网普及率

（3）互联网络接入设备的增长

2014年，台式机、笔记本等传统上网设备的使用率保持平稳，移动上网设备的使用率进一步增长，新兴家庭娱乐终端网络电视的使用率达到一定比例。

通过台式电脑和笔记本电脑接入互联网的比例分别为 70.8%和 43.2%，与 2013 年底基本持平；通过手机接入互联网的比例继续增高，较 2013 年底提高 4.8%；平板电脑的娱乐性和便捷性特点使其成为网民的重要娱乐设备，2014 年底使用率达到 34.8%，并在高学历（本科及以上学历网民使用率 51.0%）、高收入人群（月收入 5000 元以上网民使用率为 43.0%）中拥有更高使用率；随着网络技术和宽带技术的发展，网络电视融传统电视和网络为一身，其共享性、智能性和可控性迎合现代家庭娱乐需求，逐渐成为一种新兴的家庭娱乐模式，截至 2014 年 12 月，网络电视使用率已达到 15.6%。

（4）IP 地址的增长

IP 地址分为 IPv4 和 IPv6 两种。全球 IPv4 地址数已于 2011 年 2 月分配完毕，自 2011 年开始我国 IPv4 地址总数基本维持不变，截至 2014 年 12 月，共计有 33199 万个。

截至 2014 年 12 月，我国 IPv4 地址数量为 3.32 亿，拥有 IPv6 地址 18797 块/32（即 18797 个网络号为 32 位的 IPV6 地址块）。

我国域名总数为 2060 万个，其中“.cn”域名总数年增长为 2.4%，达到 1109 万，在中国域名总数中占比达 53.8% 。

我国网站总数为 335 万个，年增长 4.6%；“.cn”下网站数为 158 万个。国际出口带宽为 4118663Mbit/s，年增长 20.9%。

（5）城镇电脑网民家庭 Wi-Fi 接入情况

在家里使用电脑接入互联网的城镇网民中，家庭 Wi-Fi 的普及情况已达到很高水平，比例为 81.1%，如图 1-6 所示。家庭 Wi-Fi 的使用对家庭中高龄成员上网具有较强带动作用，推动城市互联网普及率的进一步提升。

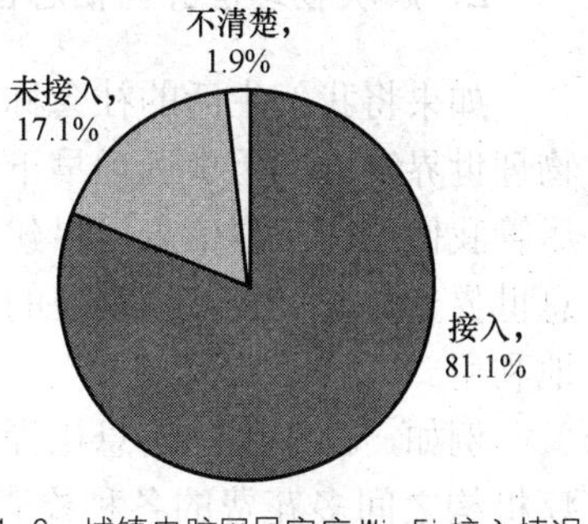

图 1-6 城镇电脑网民家庭 Wi-Fi 接入情况

（6）互联网行业发展情况

根据本次调查，企业开展的互联网应用种类较为丰富，基本涵盖了企业经营的各个环节。电子邮件作为最基本的互联网沟通类应用，普及率最高，达 83.0%；互联网信息类应用也较为普遍，各项应用的普及率都超过 50%；而在商务服务类和内部支撑类应用中，除网上银行、与政府机构互动、网络招聘的普及率较高以外，其他应用均不及 50%，尤其是在线员工培训与网上应用系统，普及率一直处于较低水平。我国大部分企业尚未开展全面深入的互联网建设，仍停留在基础应用水平上，如表 1-1 所示。

**表 1-1 主要企业互联网应用普及率一览表**

| 分类 | 应用 | 普及率 |
|---|---|---|
| 沟通类 | 发送和接收电子邮件 | 83.0% |
| 信息类 | 发布信息或即时消息 | 60.9% |
| | 了解商品或服务信息 | 67.3% |
| | 从政府机构获取信息 | 51.1% |
| 商务服务类 | 网上银行 | 75.9% |
| | 提供客户服务 | 46.5% |

续表

| 分类 | 应用 | 普及率 |
| --- | --- | --- |
| 内部支撑类 | 与政府机构互动 | 70.6% |
| | 网络招聘 | 53.8% |
| | 在线员工培训 | 26.7% |
| | 使用协助企业运作的网上应用系统 | 20.5% |

从以上数据可以看出，随着我国国民经济的高速发展，我国的互联网应用得到了快速发展，且还有很大的发展空间，这将为我国物联网技术的研究打下坚实的基础。

（7）互联网安全事件发生情况

2014 年，46.3%的网民遭遇过网络安全问题，我国个人互联网使用的安全状况不容乐观。在安全事件中，电脑或手机中病毒或木马、账号或密码被盗情况最为严重，分别达到 26.7%和 25.9%，在网上遭遇到消费欺诈比例为 12.6% 。网络安全的维护，需要政府、企业、网民三方群策群力，全体网民应致力于提高自我保护意识和技能，提高对网络虚假有害信息的辨识和抵抗能力，共建安全的网络环境。

### 2．解决物理世界与信息世界分离所造成的问题成为物联网发展的推动力

如果将我们生活的社会称为物理世界，将互联网称为信息世界的话，那么我们会发现：物理世界发展的历史远远早于信息世界，物理世界中早已形成了自己的生活规则与思维方式，尽管我们这些从事信息世界建设的人们希望将两者尽可能地融合在一起，但是物理世界与信息世界分开发展、互相割裂的现象明显存在，造成了物质资源的浪费与信息资源不能被很好地利用。

例如，由于医疗信息化程度不够，患者的医疗信息不能够共享，每个患者辗转在不同医疗机构之间多花费的各种检查与手续费用平均多出千元以上；由于物流自动化程度不高，造成不必要的物流成本，从而增加商品的隐性价格。美国仅在洛杉矶的一个小商务区统计，每年车辆因寻找停车位燃烧的汽油就达 47000 加仑。我国地震、水灾、冰冻灾害的发生，使得我们不得不集中精力并组织力量研究数字地质、数字煤炭技术，通过接入物联网，达到预防和减少地质灾害、天气灾害与生产事故所造成的人员伤害与经济的损失，提高抗灾救灾的能力。

过去几千年社会历史中，人类的思维方式一直是将物理世界的社会基础设施（高速公路、机场、电站、建筑物、煤炭生产建设）与信息基础设施（互联网、计算机、数据中心）分开规划、设计与建设。而物联网的概念是将人、钢筋混凝土、网络、芯片、信息整合在一个统一的基础设施之上，通过将现实的物理世界与信息世界融合，通过信息技术去提高物理世界的资源利用率，节能减排，达到改善物理世界环境与人类社会质量的目的。

### 3．社会经济发展与产业转型成为物联网发展的推动力

社会需求是新技术与新概念产生的真正推动力。在经济全球化的形势下，商品货物在世界范围内的快速流通已经成为一种普遍现象。传统的技术手段对货物的跟踪识别效率低，成本高，容易出现差错，已经无法满足现代物流业的发展要求。同时，经济全球化使得所有的

企业都面临激烈竞争的局面，企业需要及时获取世界各地对商品的销售情况与需求信息，为全球采购与生产制定合理的计划，以提高企业的竞争力，这就需要采用先进的信息技术手段和现代管理理念。

智能电网、电力安全监控也是物联网的一个重要应用。电力行业是关系到国计民生的基础性行业。电力线传输系统包括变电站（高、低压变压器，控制箱）、高压传输线、中继器、塔架等，其中高压传输线及塔架位于野外，承担电能的输运，电压至少为 35kV 以上，是电力网的骨干部分。电力系统是一个复杂的网络系统，其安全可靠运行不仅可以保障电力系统的正常运营与供应，避免安全隐患所造成的重大损失，更是全社会稳定健康发展的基础。中国国家电网公司于 2010 年 5 月 21 日公布了智能电网计划，其主要内容包括：以坚强的智能电网为基础，以通信信息平台为支撑，以智能控制为手段，包含电力系统的发电、输电、变电、配电、用电和调度各个环节，覆盖所有电压等级，实现“电力流，信息流，业务流”的高度一体化融合，构建坚强可靠、经济高效、清洁环保、透明开放、友好互动的现代电网。采用物联网技术可以全面有效地对电力传输的整个系统，从电厂、大坝、变电站，高压输电线路直至用户终端进行智能化处理。包括对电力系统运行状态的实时监控和自动故障处理，确定电网整体的健康水平，触发可能导致电网故障的早期预警，确定是否需要立即进行检查或采取相应的措施，分析电网系统的故障、电压降低、电能质量差、过载和其他不希望的系统状态，基于这些分析，采取适当的控制行动。

物联网在工业生产中的应用可以极大地提高企业的核心竞争力。在信息化过程中，信息技术越来越多地融入传统的工业产品设计、生产、销售与售后服务中，提高了企业的产品质量、生产水平与销售能力，极大地提高了企业的核心竞争力。学术界将信息化与工业化的融合总结为五个层面的内容：产业构成层的融合、工业设计层的融合、生产过程控制层的融合、物流与供应链层的融合、经营管理与决策层的融合。应用信息技术改造传统产业主要将表现在：产品设计、研发的信息化；生产装备与生产过程的自动化、智能化；物流与供应链管理的信息化；RFID 技术在工业生产过程中的应用；用物联网技术支撑工业生产的全过程等方面。

经过 3 个五年计划的建设，我国社会对信息化的认知水平、信息基础设施的建设水平以及信息技术应用水平与普及程度都有了很大的提高。同时，我国互联网应用水平也有了很大的提高，电子商务、物流信息化都已经进入成熟阶段，在这样的大背景之下启动物联网的应用，应该说已经有了一个比较好的基础。

### 1.2.2 技术背景

计算机技术、通信与微电子技术的高速发展，促进了互联网技术、RFID 技术、全球定位系统（GPS）与数字地球技术的广泛应用，以及无线网络与无线传感器网络（WSN）研究的快速发展。互联网应用所产生的巨大经济与社会效益，加深了人们对信息化作用的认识，而互联网技术、RFID 技术、GPS 技术与 WSN 技术为实现全球商品货物快速流通的跟踪识别与信息利用，进而实现现代管理打下了坚实的技术基础。

互联网已经覆盖了世界的各个角落，深入到世界各国的经济、政治与社会生活，改变了几十亿网民的生活方式和工作方式。但是现在互联网上关于人类社会、文化、科技与经济信息的采集还必须由人来输入和管理。

为了适应经济全球化的需求，人们设想如果从物流角度将 RFID 技术、GPS 技术、WSN

技术与“物品”信息的采集、处理结合起来，且如果从信息流通的角度将 RFID 技术、WSN 技术、GPS 技术、数字地球技术与互联网结合起来，就能够将互联网的覆盖范围从“人”扩大到“物”，就能够通过 RFID 技术、WSN 技术与 GPS 技术采集和获取有关物流的信息，通过互联网实现对世界范围内物流信息的快速、准确识别与全程跟踪，这种技术就是物联网技术。

由于支撑物联网应用系统的 RFID 技术的研究，应用和产业化水平相对比较高，WSN 技术的研究已经取得了很好的基础，在成熟的互联网核心交换网的平台上设计、开发与应用物联网技术的条件比起若干年前开发互联网应用，应该说技术的成熟程度相对比较高，人们对信息化的认知程度已经有了很大的提高，因此在物联网应用上取得预期成果的认识也就容易被大家所接受。

## 思考题

- 物联网是在怎样的社会背景中发展起来的？
- 物联网发展的技术背景是什么？

## 1.3 物联网的前景展望

物联网将是下一个推动世界高速发展的“重要生产力”，是继通信网之后的另一个万亿级市场。

### 1.3.1 前景分析

物联网是通过 RFID、红外感应器、全球定位系统和激光扫描器等信息传感设备实现物联。物联网被称为继计算机、互联网之后，世界信息产业的第三次浪潮。根据美国研究机构 Forrester 预测，物联网所带来的产业价值将比互联网大 30 倍，物联网将成为下一个万亿元级别的信息产业业务。

业内专家认为，物联网一方面可以提高经济效益，大大节约成本；另一方面可以为全球经济的复苏提供技术动力。美国、欧盟等都在投入巨资深入研究探索物联网。我国也正在高度关注、重视物联网的研究，工业和信息化部会同有关部门，在新一代信息技术方面正在开展研究，以形成支持新一代信息技术发展的政策措施。

物联网普及以后，用于动物、植物、机器、物品的传感器与电子标签及配套的接口装置的数量将大大超过手机的数量。物联网的推广将会成为推进经济发展的又一个驱动器，为产业开拓又一个潜力无穷的发展机会。按照对物联网的需求，需要数以亿计的传感器和电子标签，这将大大推进信息技术元件的生产，同时增加大量的就业机会。

物联网拥有业界最完整的专业物联产品系列，覆盖从传感器、控制器到云计算的各种应用。产品服务于智能家居、交通物流、环境保护、公共安全、智能消防、工业监测、个人健康等各种领域。构建了“质量好、技术优、专业性强、成本低、满足客户需求”的综合优势，持续为客户提供有竞争力的产品和服务。物联网产业是当今世界经济和科技发展的战略制高点之一。

2011 年 12 月，酝酿已久的《物联网“十二五”发展规划》（以下简称《规划》）正式印发。《规划》中明确，将加大财税支持力度，增加物联网发展专项资金规模，加大产业化专项等对物联网的投入比重，鼓励民资、外资投入物联网领域。《规划》提出，到2015年初步完成产业体系构建的目标：形成较为完善的物联网产业链，培育和发展10个产业聚集区、100家以上骨干企业、一批“专、精、特、新”的中小企业，建设一批覆盖面广、支撑力强的公共服务平台。“十二五”期间，物联网将实施五大重点工程：关键技术创新工程、标准化推进工程、“十区百企”产业发展工程、重点领域应用示范工程以及公共服务平台建设工程。其中，重点领域主要涉及智能工业、智能农业、智能物流、智能交通、智能电网、智能环保、智能安防、智能医疗和智能家居等。

从物联网的市场来看，至2015年，中国物联网整体市场规模将达到7500亿元，年复合增长率超过30.0%。物联网的发展，已经上升到国家战略的高度，必将有大大小小的科技企业受益于国家政策扶持，进入科技产业化的过程中。从行业的角度来看，物联网主要涉及的行业包括电子、软件和通信，通过电子产品标识感知识别相关信息，通过通信设备和服务传导传输信息，最后通过计算机处理存储信息。而这些产业链的任何环节都会开放成相应的市场，加在一起的市场规模就相当大。可以说，物联网产业链的细化将带来市场进一步细分，造就一个庞大的物联网产业市场。

### 1.3.2 政府措施

物联网在中国迅速崛起得益于我国在物联网方面的以下几点大优势：我国早在1999年就启动了物联网核心传感网技术研究，研发水平处于世界前列；在世界传感网领域，我国是标准主导国之一，专利拥有量高；我国是能够实现物联网完整产业链的国家之一；我国无线通信网络和宽带覆盖率高，为物联网的发展提供了坚实的基础设施支持；我国已经成为世界第二大经济体，有较为雄厚的经济实力支持物联网发展。

中国将采取四大措施支持电信运营企业开展物联网技术创新与应用。这些措施包括：

（1）突破物联网关键核心技术，实现科技创新。同时结合物联网特点，在突破关键共性技术时，研发和推广应用技术，加强行业和领域物联网技术解决方案的研发和公共服务平台建设，以应用技术为支撑突破应用创新。

（2）制定中国物联网发展规划，全面布局。重点发展高端传感器、MEMS、智能传感器和传感器网节点、传感器网关；超高频RFID、有源RFID和RFID中间件产业等，重点发展物联网相关终端和设备，以及软件和信息服务。

（3）推动典型物联网应用示范，带动发展。通过应用引导和技术研发的互动式发展，带动物联网的产业发展。重点建设传感网在公众服务与重点行业的典型应用示范工程，确立以应用带动产业的发展模式，消除制约传感网规模发展的瓶颈。深度开发物联网采集来的信息资源，提升物联网应用过程产业链的整体价值。

（4）加强物联网国际国内标准，保障发展。做好顶层设计，满足产业需要，形成技术创新，标准和知识产权协调互动机制。面向重点业务应用，加强关键技术的研究，建设标准验证、测试和仿真等标准服务平台，加快关键标准的制定、实施和应用。积极参与国际标准制定，整合国内研究力量形成合力，将国内自主创新研究成果推向国际。

## 思考题

- 谈谈物联网的发展趋势。

- 各国政府对物联网扶持的政策有哪些？

## 1.4 物联网与智慧地球

智慧地球是以物联网时代的推广为方针发展而成的集网址导航、物联网门户、物联网电子商务为一体的服务型网络平台。

智慧地球的核心是以一种更智慧的方法，通过利用新一代信息技术来改变政府、公司和人们相互交互的方式，以便提高交互的明确性、效率、灵活性和响应速度。如今信息基础架构与高度整合的基础设施完美结合，使得政府、企业和市民可以做出更明智的决策。智慧方法具体来说是以三个方面为特征：更透彻的感知，更全面的互联互通，更深入的智能化。

智慧地球也称为智能地球，就是把感应器嵌入和装备到电网、铁路、桥梁、隧道、公路、建筑、供水系统、大坝和油气管道等各种物体中，并且被普遍连接，形成所谓“物联网”，然后将“物联网”与现有的互联网整合起来，实现人类社会与物理系统的整合。同时智慧地球也是一本图书、一本电子杂志。整个地球如图 1-7 所示，形成一个智慧的整体。

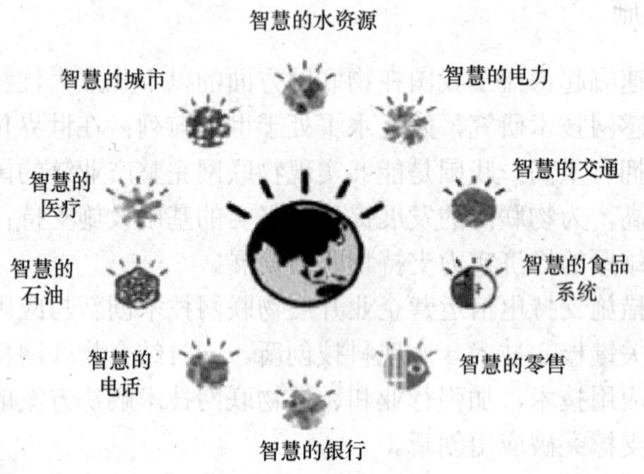


图 1-7 智慧地球

### 1.4.1 智慧电力

德国正在全力推进可再生能源的经济转型，如图 1-8 所示。可再生能源占德国能源构成的比重已达 25%左右。然而，如果德国要实现到 2050 年，将可再生能源发电比例提高至 80%的能源转型目标，那么，将需要向电网输送更多利用可再生能源生产的电能。事实上，届时可再生能源的发电量，甚至需要超过当前德国高峰时段的用电总量。

时至今日，德国可再生能源发电设施的装机容量，已令其电网濒临崩溃。必须建设智能电网，以保证即使发电量随天气而波动，分布式发电系统也能持续不断地为电力用户提供充足的电能。与当今电网不同的是，智能网络不仅能平衡电能的生产和消耗，而且可以分配电能，其调控范围直达最终用电环节。

为了保证这种方法的有效性，从 2011 年到 2013 年，作为德国开展的 IRENE（可再生能源与电动交通系统集成）计划的一部分，西门子领导下的一个研究小组在德国南部 Allgäu 地区的 Wildpoldsried 市建造了一个智能电网，并进行了试验。在 IRENE 研究项目中，Michael

Metzger 博士是西门子派出的项目经理。他解释说，Wildpoldsried 是这个项目的理想启动地点。他说："早在 2010 年，Wildpoldsried 利用风电、太阳能发电和生物质发电设施生产的电能，就已达到其用电量的两倍左右。换句话说，它已经具备我们预期未来将在整个德国看到的条件。"

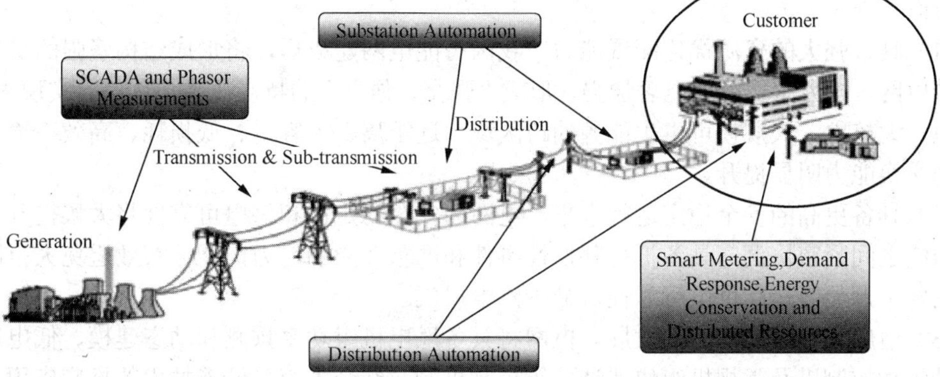


图 1-8 智能电网

如今，Wildpoldsried 的智能电网已经能够灵活地平衡当地波动不定的电能供应和用电需求，从而维持电网稳定。有许多技术帮助实现了这一点，包括两个可控制配电变压器和一个蓄电池组装置。当地的智能电网还配备了一个尖端的测定系统、一套技术最先进的通信基础设施，以及分布式可再生能源发电系统，如光伏发电和沼气发电设施。有了这些系统和智能电网，如今，Wildpoldsried 的发电量已达到其居民用电量的五倍以上，大大超过这个只有 2500 人的小型社区高峰时段的需求量。这样一来，IRENE 计划的合作伙伴便能创造理想的技术条件，朝着实现德国 2050 能源转型目标跨进一步。

不过，相比 Wildpoldsried 而言，在全国范围内实现这个目标的挑战要艰巨得多。来自德国亚琛工业大学的 Torsten Sowa，是 IRENE 计划的合作伙伴之一。他表示："就当前的技术水平而言，我们仍面临着一个重大挑战。因为当今的可再生能源发电系统，尚不能提供所谓的系统服务，如提供无功功率，以维持多电源电网的电压。换句话说，要想实现 2050 目标，我们需要一个新型解决方案。"

于是，IREN2 计划应运而生。由德国联邦经济和能源部出资开展的这个计划，为期三年。其目标是使用分布式发电系统和组件，如蓄电池组、热电联产系统、沼气发电系统和柴油发电机等来改造 Allgäu 地区现有的电网，使之能够提供常规电厂如今提供的系统服务。这一转变将主要涉及两个概念。

首先，参与研究的计划伙伴将研究如何将 Wildpoldsried 的电网转变成微型电网。当上一级主电网发生故障时，Wildpoldsried 微型电网应当能自动与之脱离，并继续作为一个独立网络向当地供应电能。Metzger 解释说："这种微型电网的分散性质，使之能够以经济划算的方式，帮助保障供电，哪怕它继续吸纳高比例的可再生能源发电。"

第二步涉及考察微型电网作为所谓的拓扑电厂，能够以什么方式运行。拓扑电厂是指，可再生能源发电系统与附加组件交互作用，从而像如今的常规电厂那样调节电网的某个网段。

IREN2 研究人员所设想的独立网络类型不仅对能源转型有重要意义，同时也是适合在电网覆盖不全的地区使用的解决方案。因此，德国经济合作和发展部已明确表示，它对 IREN2

计划的研究成果十分感兴趣。如果 Wildpoldsried 的研究人员取得成功，那么，德国经济合作和发展部可能将独立网络解决方案与分布式可再生能源发电系统的组合视为解决全球许多区域的能源短缺问题的有效手段。譬如，在非洲，仍有约 5 亿人尚未通电。从这个意义上讲，对于许多比德国更迫切地需要进行能源转型的国家，Wildpoldsried 有点像个实验室，如图 1-8 所示。

智能电网是我国电网发展的必然趋势，它将谱写电网建设的新篇章。其重要意义体现在以下方面。

（1）具备强大的资源优化配置能力。我国智能电网建成后，将形成结构坚强的受端电网和送端电网，电力承载能力显著加强，形成“强交、强直”的特高压输电网络，实现大水电、大煤电、大核电、大规模可再生能源的跨区域、远距离、大容量、低损耗、高效率输送区域间电力交换能力明显提升。

（2）具备更高的安全稳定运行水平。电网的安全稳定性和供电可靠性将大幅提升，电网各级防线之间紧密协调，具备抵御突发性事件和严重故障的能力，能够有效避免大范围连锁故障的发生，显著提高供电可靠性，减少停电损失。

（3）适应并促进清洁能源发展。电网将具备风电机组功率预测和动态建模、低电压穿越和有功无功控制以及常规机组快速调节等控制机制，结合大容量储能技术的推广应用，对清洁能源并网的运行控制能力将显著提升，使清洁能源成为更加经济、高效、可靠的能源供给方式。

（4）实现高度智能化的电网调度。全面建成横向集成、纵向贯通的智能电网调度技术支持系统，实现电网在线智能分析、预警和决策，以及各类新型发输电技术设备的高效调控和交直流混合电网的精益化控制。

（5）满足电动汽车等新型电力用户的服务要求。将形成完善的电动汽车充放电配套基础设施网，满足电动汽车行业的发展需要，适应用户需求，实现电动汽车与电网的高效互动。

（6）实现电网资产高效利用和全寿命周期管理。可实现电网设施全寿命周期内的统筹管理。通过智能电网调度和需求侧管理，电网资产利用小时数大幅提升，电网资产利用效率显著提高。

（7）实现电力用户与电网之间的便捷互动。将形成智能用电互动平台，完善需求侧管理，为用户提供优质的电力服务。同时，电网可综合利用分布式电源、智能电能表、分时电价政策以及电动汽车充放电机制，有效平衡电网负荷，降低负荷峰谷差，减少电网及电源建设成本。

（8）实现电网管理信息化和精益化。将形成覆盖电网各个环节的通信网络体系，实现电网数据管理、信息运行维护综合监管，电网空间信息服务以及生产和调度应用集成等功能，全面实现电网管理的信息化和精益化。

（9）发挥电网基础设施的增值服务潜力。在提供电力的同时，服务国家“三网融合”战略，为用户提供社区广告、网络电视、语音等集成服务，为供水、热力、燃气等行业的信息化、互动化提供平台支持，拓展及提升电网基础设施增值服务的范围和能力，有力推动智能城市的发展。

（10）促进电网相关产业的快速发展。电力工业属于资金密集型和技术密集型行业，具有投资大、产业链长等特点。建设智能电网，有利于促进装备制造和通信信息等行业的技术升级，为我国占领世界电力装备制造领域的制高点奠定基础。

### 1.4.2 智慧城市

智慧城市如图 1-9 所示。什么是“智慧城市”？我们又该如何建设这样的城市?

图 1-9 智慧城市

“智慧城市”这一概念越来越热门，但是智慧城市的建设往往偏离了其初衷。许多引人瞩目的智慧城市项目将重心放在为城市基础设施大量植入传感器，提升网络服务功能和数据智能分析能力方面。然而，这些仅仅是智慧城市建设的基础步骤。仅将视线局限于基础设施建设和智能分析远不足以打造真正以人为本的未来城市，充分发挥城市公民作为城市管理参与者的重要潜能。

怎样才能做到防患于未然，解决基础设施出现的问题?不论是道路、电厂，还是公共建筑物，人们对他所在城市的基础设施了如指掌。这些基础设施均实现了联网并配备了无线传感器，这些传感器能够提前识别出潜在危险，及时发出通知。然后，城市管理团队将利用微型无人机来评估现场情况，并制定响应计划。接下来，将利用快速成型制造技术，逐个制造出更换部件。

维也纳正计划建造一座在楼宇系统与供电系统之间实现互联互通，从而发挥协力优势的城市。其愿景是：世界一流的富有生命力的实验室，可对未来城市所需的节能增效技术进行优化。

乍看之下，要在这个位于奥地利维也纳东北部郊区的荒废机场上修建一座实验室，可能有点令人不可思议。但话又说回来，这座实验室将需要大量的活动空间——事实上，需要足以供约 2 万人使用的宽敞空间。这是因为，这座“实验室”将是一座城市——或许是有史以来建造的第一座可供科学家和城市规划师研究如何优化楼宇系统、可再生能源发电系统、地方配电网络以及整个电网之间的相互作用，从而最大限度地提高能效，并降低总能耗的城市。在中国天津，西门子参与了另一个大型城市基础设施项目。

虽然已经在联合国宜居城市指数排行榜上高居首位，同时也在“全球十大智慧城市”排名中名列前茅，维也纳仍然希望进一步减少其对环境的影响。但是，要以意味深远的方式实现这一目标，要求维也纳客观地评判其当前的能效水平，这是为日后的进展监测所做的初步准备。西门子中央研究院可持续发展城市技术创新项目负责人 Bernd Wachmann 博士解释道：“为此，必须克服数据源分散的问题。必须从楼宇自控系统收集不同类型的数据，将之与当前及预测天气信息相合并，进行数据整合。这种数据预测理念为实现实时优化和决策支持奠定了基础。”

西门子中央研究院（CT）的科学家希望让城市像电机一样平稳运行。为了降低能耗和二氧化碳排放量，同时改善人们的生活质量，他们正在试验一个名为“城市智能平台”的可灵活扩展的高性能数据集成系统。这个平台可以处理各式各样的系统输出的数据，包括公寓楼、电厂以及交通、供水、照明等基础设施等。目前，正在意大利米兰和罗马尼亚 Timisoara 试验，如何利用这个平台的组件，通过集成城市供水管网和发电基础设施等输出的数据，减少漏水量和最大限度地降低耗电量。此外，正在德国柏林，意大利 Rovereto 和芬兰坦佩雷发起旨在优化交通的试点项目。

这样的项目有望产生海量数据，从这些数据中可以形成新的知识。西门子中央研究院可持续发展城市技术创新项目负责人 Bernd Wachmann 解释道：“随着数据传入城市智能平台，数据分析算法将能够实时评估遍布城市的各种系统的运行情况。”该平台的长期愿景着眼更远。平台项目经理 Christian Schwingenschlogl 表示：“可以预见的是，由此将产生某种数据生态系统。它就像一个自然系统，其中每个组成要素都将具备反馈循环，因此，这个系统——以及最终整座城市——都能在自然能源限制范围内进行自我调节。”

城市智能平台由一组可适应城市独特要求的模块化程序构成，可以从多种不同的基础设施系统收集数据，将之转换为标准化格式，并在这些数据之间建立关联，以及将这些数据与诸如天气预报和历史数据模式等其他信息相结合。其结果是可清晰明了地了解各种城市活动过程，从而为节约资源和节省资金开启了机会之门。

亚洲，作为目前世界上最具活力与潜力的地区之一，其经济走向深刻影响着全球经济的未来。其中，作为亚洲第一大经济体，中国的发展令人瞩目。中国国务院总理李克强先生曾在博鳌论坛中谈到，中国不但有保持中高速增长的基本条件，而且具备持续发展的不竭动力。李克强先生的论述是有根据的，中国现在拥有 230 个人口超百万的城市，在未来十到二十五年，将有 2.5 亿人口涌入城市。这为自然资源、重要基础设施、市政和公共服务部门的承载能力提出了巨大挑战。因此，中国将建设可持续发展的智能城市列入了重要议程，强调向改革要动力，向调整结构要动力，向改善民生要动力。

中国的城镇化进程旨在通过提高城市可持续发展能力，推动城乡发展一体化等多项成熟规划，促进城市建设。而微软的“未来城市”计划则可以为中国城市提供深入、优质的服务。微软“未来城市”所倡导的理念和初衷就是利用其合作伙伴网络来提高城市的生产力，使其得以用更少的代价取得更新的成果。微软“未来城市”正在通过优化现有基础设施和资源，促进城市管理平台高效融合与互通，促进公民、企业以及政府共同推进未来城市的改革与发展，实现更多创新，提升城市的全球竞争力。

基于对中国城市化进程的理解，微软已与多个城市展开了深度合作，从信息技术、人才培养和资金潜力等多个方面，解决发展瓶颈，推动城市快速发展。例如，2013 年 12 月，陕西省西咸新区开发建设管理委员会与微软签署战略合作备忘录，双方将在科技推广、传统企业转型创新、IT 人才培养、新创企业扶持以及智慧城市建设等多个领域开展深入合作。此外，微软还将通过“新创企业扶植计划”在三年内为西咸新区的 60 家初创软件企业提供支持，推动当地经济的可持续发展。

海南省也已加入微软“未来城市”计划，以期借力信息技术增强热带海岛海南的核心竞争力，通过培养 IT 创新人才为其未来智能旅游业发展奠定基础。微软还与海南省政府、三亚市、多家商业机构共同合作建立了创新基地。该基地将为初创企业孵化提供支持，帮助区域内企业提升信息技术建设能力，为省政府在战略发展全省城市信息建设提供智力支持。

目前，在中国很多城市的建设之中，依托传统产业定位的城市和区域正面临着转型的挑战。而“未来城市”的定位则会偏“软”，偏生活化，即：更加宜业宜居，惠企惠民，充满活力。例如，武汉市凭借微软云服务，在提高该市产城一体化程度的同时，提升了城市的竞争力，使城市建设更好地满足并平衡生产和生活的需求。采用微软“未来城市”城市指标仪表板模型，城市管理者能够通过整合来自于不同部门的数据，实时展示城市智能指数，帮助政府简化从问题识别到解决的流程，更好地为城市居民和商业服务。

除武汉市之外，微软也与云南、株洲、长春、扬州和温州合作开启了“未来城市”计划。其中，微软与云南省合作建立了“小语种”软件研发及产业化项目。该项目将发挥云南“桥头堡”战略作用，让云南发展成为中国乃至东南亚地区一个非常重要的软件产业中心。这也是微软发挥技术能力和专业经验帮助中国城市实现战略发展的又一案例。

在2013年，建设部城市工程研究中心与微软中国共同宣布组建“住房和城乡建设部数字城市工程中心智慧城市技术解决方案联合实验室”，共同为列入试点的200多个试点城市搭建智慧发展重要技术支撑平台。微软“未来城市”计划将从中国城镇化发展的现实需求出发，专注于研究和制定相关的政策和认证标准，打造技术平台和整体方案，共同在建设领域中进行城市发展技术的研究及成果推进。

随着中国经济和社会的发展，创造力与生产力正变得越来越重要，而这也正是微软“未来城市”的巨大机遇所在。微软将持续与具有影响力的组织进行合作，并专注为客户，合作伙伴带来更多现代工具和科技标准。微软“未来城市”计划是一个“移动为先，云为先”的生产力平台，微软将以此帮助客户不断重塑生产力，以更少的代价取得更新的成果。怀着对未来城市的执着信念，微软将助中国城市创新发展一臂之力，突破城镇化的瓶颈。乘着中国城镇化的大潮，微软“未来城市”计划在中国的先行无疑会缔造一个成功的模型，并为世界和我们大家留下宝贵的经验。

### 1.4.3　智慧交通

智慧交通如图1-10所示。城市交通应当快速、节能。交通管理系统通过利用各种信息为特定街道和区域制定污染防治策略，能为此助一臂之力。这种交通管理系统可以控制红绿灯、停车引导系统和动态道路信息指示牌等。

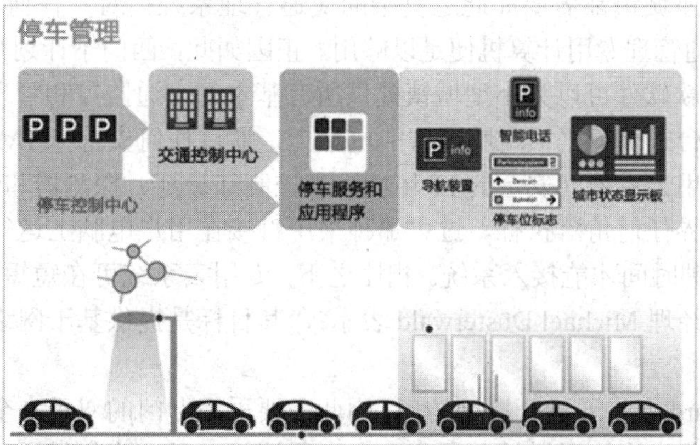


图1-10　智慧交通

生活中，让人感到幸福的往往是小事。然而，$PM_{10}$，一种直径小于0.01毫米的颗粒物，却不能带给人们幸福，相反，它非常危险。因为颗粒物的直径越小，进入人体呼吸道的部位越深，因而更不容易被呼出。这会导致肺部组织受损。极其细小的颗粒还会透过肺泡进入血液循环，改变血液流动特性，加剧心血管疾病发病风险。

世界卫生组织（WHO）已经证实了这种危险。其在报告中称，估计每年全球有130万人死于城市空气污染。在大城市，形势尤为严峻。世界卫生组织的推荐限值为20毫克。许多其他城市也经常超过这个限值。这一点从伊朗的阿瓦士便可见一斑。2009年，阿瓦士的大气 $PM_{10}$ 平均浓度高达372毫克/立方米。德国联邦环境署报告指出，交通流量大的德国城市也经常超出颗粒物浓度限值。譬如，在波茨坦，Zeppelinstraße 测定站在2011年记录的颗粒物浓度超过官方限值的天数多达55天。

鉴于这些令人警醒的趋势，2012年春，波茨坦市政府与西门子联合发起了一个旨在降低颗粒物和二氧化氮（$NO_2$）排放量的试点计划。西门子部署了其 Sitraffic Concert/Scala 交通管理系统，用于采集交通数据，并根据分析结果自动生成交通引导策略。这些策略旨在确保交通更加顺畅，同时减少污染物排放。

这个系统可以从各式各样的传感器采集最新交通信息（如车辆数量和封闭路段等）。它也接收关于气温和风力风向的气象数据，以及关于建筑工地位置的信息。利用所有这些数据，这个系统可以实时计算出不同街道和路段的污染状况。

Sitraffic Concert/Scala 数字化交通管理系统是综合交通管理中心的核心组件，斯图加特市的所有交通数据都汇集到这个中心。负责采集数据的机构包括斯图加特公共事务管理局、斯图加特土木工程部、公共交通运营商 SSB AG 和斯图加特警察局等。一台西门子计算机以每天35次的频次处理斯图加特交通系统内产生的所有信息并制定干预措施。它可以切换红绿灯，控制停车引导系统以及向动态道路信息指示牌传送数据。得益于此，可以向驾驶员提供关于障碍物、绕道和行车时间等的优化信息。这项新技术已经帮助斯图加特将日常交通拥堵路段缩短了数公里。

路面安装的嵌入式感应环向交通管理中心提供了交通流量和路口车辆等候时间等信息。还在红绿灯上安装了摄像头，用于测定和记录交通流量和行车速度。运营商可以通过软件系统获取这些数据。他们可以查看标明了所有红绿灯的街道地图，并通过设置这些红绿灯来高效地管理车流，如有需要，从系统发出切换建议。

然而，并非每座城镇都需要如此之复杂的交通管理系统；对于任何红绿灯数量不足50个的社区，一台交通管理专用计算机便足以够用。正因如此，西门子计划开发了新款软件——"Smart Guard"。这款软件可以为小型城镇提供所有基本的交通监控和管理功能。经授权的系统操作人员可以在台式机、平板电脑或智能电话上，通过任何支持 HTML5.0 的浏览器，在内部网络中使用专用云系统（安全的IT环境）来控制红绿灯、探测器和停车场。不仅如此，这种操作可以在世界任何角落执行。过去那种采用直接在用户电脑上运行的客户端解决方案的系统，需要5分钟时间才能接入系统。相比之下，专用云系统可在短短10秒钟内向用户提供交通数据。产品经理 Michael Düsterwald 表示："其目标是提供基于网络的用户友好型交通管理中心。"

由于 SmartGuard 允许通过互联网访问，因此需要采用专门的双重安全机制来防止非法使用。交通监控系统本身允许通过输入用户名和密码访问。对于诸如红绿灯切换等事关安全的操作，则通过类似于网络银行所用系统的移动 PIN 系统，额外提供了一层防护。

诸多新功能也在规划中。其中最重要的是一个可以识别出晨间交通高峰并相应地自动调节交通管理系统的战略管理系统。此外，计划借助安装在测定站的自动车牌识别装置，整合行车时间数据。把车牌数据转换为匿名格式的强大算法可以保障数据安全。

如今，不论是在大城市地区，还是在小城市，显然这项新技术已经提高了车流效率。Düsterwald 预计，在某些测定站，二氧化碳排放量可降低多达 25%。他解释道："其设想是，将交通拥堵及其不利影响转移至不那么敏感的地方，如工业区。"为实现这一点，需要多管齐下，综合采取各种举措，如扩建公共交通网络，进一步开发低排放车辆和增加使用自行车等。在这个全盘方案中，SmartGuard 虽小，却是整个交通流优化系统的重要组成部分。要知道，生活中，让人感到幸福的往往是小事。图 1-10 是智能交通系统中停车管理示意图。

"无线通信技术使得车辆可以和车辆'交谈'，车辆可以和路侧系统'交谈'，路网的安全和服务水平将达到另一个高度。"由我国交通运输部公路科学研究院（简称"部公路院"）牵头负责的国家重大科技专项课题"面向公路智能交通系统的无线物联网总体技术研究"已正式启动。

该项目负责人，部公路院总工程师，国家智能交通系统工程技术研究中心主任王笑京说：该项目将以公路交通领域应用需求为基础，结合宽带无线通信技术和发展，确立我国公路无线物联网发展的总体思路，完成公路无线物联网应用相关框架设计，提出公路无线物联网关键技术攻关方向，为我国新一代智能交通的发展奠定基础。

我们可以设想以下情况，与我们的生活息息相关：盘旋在山间的高速公路，前面突然滚落巨石，挡住去路，行驶中的车辆迅速制动，同时向后车发出了预警信息，一场追尾事故得以避免；公交专用道上，一辆公交车正在驶近路口，路侧的信息接收装置立刻将接收到的公交车的位置和速度信息发送给交通信号控制系统，通过计算和协调保证到达路口时是绿灯，公交车顺畅前行；两米的限高架告诉前方正在靠近的货车：您已超高，请绕行……为物联网技术寻找交通领域的行业应用，为智能交通发展寻找技术支撑，最终目的是让智能交通技术产业化、标准化，提高交通运输的管理水平。

近几年，物联网的热度在我国与日剧增，当大多数人还在纠结物联网的概念时，业内已有有识之士提出，中国要想占领物联网技术的国际"至高点"，关键是让物联网技术从概念中走下来，促进其在各行业的具体应用，进而带动产业化，形成具有自主知识产权的相关标准。

随着交通发展，出行者渴望在任意地点、任意时间、任何设备上得到及时的、可信任的交通信息；车辆在高速移动中要实现车与车、车与路侧设施的信息交互，来保证驾驶安全，这些将是下一阶段智能交通发展的重点。而在实现车车、车路信息交互的同时，不但每个车要有 IP，还需给每辆车上的主要部件和有代表性的信息源唯一的 IP，这些需求恰恰是下一代互联网、身份标识和网络治理结构等需要研究和提供保障的，同时也是物联网在各个行业应用所必须解决的关键技术。

宽带无线通信技术和智能交通技术本身都自成体系，两者的对接必将碰撞出许多"火花"。宽带无线通信技术是通用技术，但是在道路交通的具体应用环境中，必须考虑相关道路环境、安全和经济成本等因素，因此需要在通用技术的基础上进行进一步的研究，同时考虑各种应用场景以及与产业化相关的标准制定，这些都是"面向公路智能交通系统的无线物联网总体技术研究"需要研究的内容。该项目的目的就是为两者的结合做好顶层设计，使其目标明确，思路清晰，前景直观。

据了解，该项目是交通运输主管部门与工业和信息化主管部门共同支持的课题，是交通运输行业应用新一代信息技术的整体性规划研究，也是工业化和信息化融合的重要切入点，对于无线物联网技术来说，是落地生根。

据了解，面向公路智能交通系统的无线物联网总体技术研究项目的承担单位，除了部公路院，还有工业和信息化部电信传输研究院、北京邮电大学、中国电信集团公司、大唐电信科技产业集团。部公路院能作为牵头单位承担该项目，首先得益于交通运输部的大力支持，交通运输部科技司和公路局都发文对部公路院进行了推荐，并表示将积极配合该项目的研究工作。

另外一个重要原因，是因为部公路院在专用短程通信技术（DSRC 技术）上有着长期的研究和积累。王笑京指出："交通运输部从 20 世纪末开始立项研究不停车收费（ETC）技术，公路院在充分研究各发达国家 ETC 技术的基础上，结合国际电信联盟（ITU）2000 年至 2003 年对智能交通 5.8GHz 专用频段做出的有关决定，研制了以 5.8GHz 专用短程通信技术为基础的，具有自主知识产权的电子不停车收费系统，纳入国家标准并在全国推广。"

由于综合考虑了技术的适用性、先进性和国际性，使得我国 ETC 技术体制的选择与国际超高速无线网以及车车和车路通信技术体制不谋而合。不停车收费系统在中国高速公路上的推广应用，实际上已经构筑了 DSRC 通信平台，这就为今后宽带无线网以及车路数据交互的应用打下了坚实的基础。

### 1.4.4 智慧医疗

智慧医疗如图 1-11 所示。移动医疗、个人保健、远程监护等新兴医疗照护需求驱动着医疗电子市场快速发展。在 2013 年 9 月英特尔信息技术峰会（Intel Developer Forum，IDF）开幕式上，英特尔公司新任 CEO 科再奇（Brian Krzanich）指出，从数据中心到平板电脑、手机和可穿戴等超移动设备，计算产业各领域正在经历一场激动人心，甚至改变游戏规则的变革。

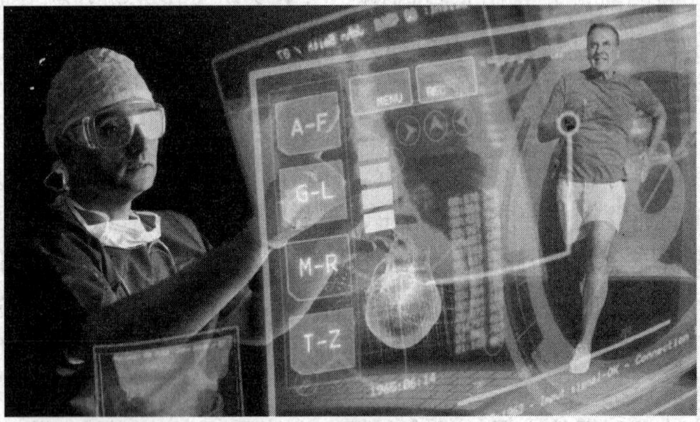


图 1-11 智慧医疗

英特尔公司总裁詹睿妮也表示："我们为数十亿智能设备提供计算能力，与之相比，我们所做的其他工作难度更大：即开发能将数据转化为智慧的强大计算解决方案，并寻找解决类似癌症等世界上最复杂问题的答案。我们迄今所看到的只是冰山一角，英特尔技术将在助力医疗、教育以及世界的可持续发展方面，找到广阔用武之地。"

詹睿妮还举例说明了计算力如何改变医疗这一全球最大的经济部门。英特尔与俄勒冈医科大学奈特癌症研究所正展开项目合作，旨在降低分析人类基因图谱以及创建可多维搜索的DNA地图所需的成本和时间。“在现代医学中，关于医疗的计算技术第一次变得同生物学一样重要，”詹睿妮指出，“在一个可以接受的价格点上，我们所提供的计算力越强，所拯救的生命就会越多！”

随着整体科技水平的不断进步，尤其是电子科技的发展，使得电子医疗产品的智能化已不再是梦想。从技术层面而言，传感器技术、模拟及混合信号处理技术，无线传输以及数据处理技术必将是智能医疗的重要核心技术。

ADI公司亚太区医疗行业市场经理王胜认为，从某种意义上来讲，医疗设备尤其是电子医疗设备其主要解决的是两个主要方面的问题，即医生（或操作者）和患者（或使用者）问题。如果某一设备能简化或自动完成某些使用过程中的环节，即可理解为智能化的体现。当然，至于智能化到什么程度就要依赖于技术的发展和具体的应用场景。

随着传感技术及电子芯片元器件技术和产品的发展，对生命体征信号的采集质量越来越高，这也使得在某些条件满足的情况下，医疗设备本身可以智能化地判断或初步诊断并给出预警的结果或提示，甚至对于治疗、作息以及饮食等给出具体建议。

在Exar高性能模拟产品应用工程副总裁Craig Swing看来，诸如智能医疗类的电子系统，简单来说，需要两类电子元件：模拟以及数字。当然，这一趋势总将整个系统放在单一芯片上（SoC），但事实是从定义上医疗系统必须是人类接口。Craig Swing认为，人类接口从本质上是模拟的。因此有一个大问题是：“在成本约束下，单一芯片上放置系统，数字处理技术和电路结构与人类接口的联接是否足够精确?”答案当然不是唯一的。当答案为肯定时，SoC就简单地变成一项应用特定标准产品和提供低性能、小尺寸、商品级的产品。这类产品的问题是他们拥有相对较短的使用期限，所以鉴于投资回报风险，SoC开发比较困难。

针对更高性能的医疗电子系统，人们能看到一些对连接人类和计算数字/智能设备的高精度（低频率）、高频率（低精度）和低噪音模拟元件的需求。通常，在传感器输出、医疗设备输出以及针对系统创建适当的电源形式时会需要模拟元件，该类模拟元件最终与人类经验接口，成为对系统运作非常必要的“关键任务”和“必须拥有”的器件。

Craig Swing表示，人们也可以将核心“关键任务”模拟电子元件视为两类：高精度（低频率）和高频率（低精度）。例如，一个便携式电有氧运动图机通常需要极低的偏移，可变增益（1<增益值<10，000），精度高（低频率）仪表放大器（如Exar的CLC1200）与传感垫相连。此外，对于一个便携式超声机，高频率极低噪声放大器（如Exar的CLC1001）需要放大的信号探针。因此，便携式心电图和超声是快速增长的新业务机会。

尽管医疗电子市场对不同类型的元件有不同的要求，但元件通常应符合以下几项基本要求：（1）低功耗；（2）高速；（3）微型尺寸；（4）高可靠性；（5）低成本；（6）高精度；（7）可在不同环境中使用，如高温差环境，不同气压地区如高海拔地区。核心电子元件领域中的新商机包括与手机和互联网联系的相关元件，例如各类传感器以及各类无线元件如Wi-Fi、蓝牙模块等无线元件。

医疗电子的进步，本质上是电子技术随着人们对于健康需求的提高而产生的。随着个体对于医疗保健需求的差异化，对医疗设备的设计工作以及配套电子元器件提出了新的要求，但同时也是新的机遇。诸如要求更高的可靠性、非侵入式设计、无线遥测等。对于提供核心电子元器件的村田公司来说，这些高可靠性的需求将会是未来新的商业机会。

随着用于移动医疗、个人保健、远程监护的便携式医疗设备的越发普及，电源管理变得尤为重要。除了传统的无线通信模块等优势产品，诸如小型化的电源管理模块，可以更好地帮助设备节约功耗。利用传感器技术，可以实现对环境的感知从而对电源的开关进行自动控制。

凭借在模拟和混合信息处理方面的专长，在医疗电子领域中，ADI 一直致力于提供具有差异化及竞争优势的 IC 产品。穿戴式的应用产品已不再是停留在“被谈及”的层面，目前在例如监护类产品，运动类装备（如腕表、鞋类）以及助听类产品等领域已经有越来越多的实际商用产品出现。而在这些热门领域，ADI 均积极参与其中，推出了一系列适合穿戴式医疗需求的半导体产品。

跌倒检测器是典型的运动监测设备，在人口老龄化现象越来越凸显的今天获得了广泛的应用。对于目前市场上常见的老人手机或其他穿戴医疗电子设备，多数带有监测老人跌倒状况的功能，如果监测到跌倒会自动发送信息通知急救中心或老人的儿女。对于这种产品，总是希望产品的工作时间越长越好。这就需要一颗极低功耗的运动监测产品来解决这个问题。ADI 突破性的超低功耗 3 轴数字 MEMS 产品 ADXL362，在运动检测唤醒模式下功耗仅为 300nA，与最接近的竞争传感器相比，相同模式下的功耗低 60%。在全速测量模式下，数据速率为 100Hz 时，ADXL362 的功耗为 2μA，比相同频率下工作的竞争 MEMS 加速度计低 80%。当配备唤醒状态输出引脚时，运动传感器可绕过处理器即时触发启动系统功能的开关，从而进一步降低系统功耗。这些超低功耗的特征是此类运动监测设备的理想解决方案。

此外，ADI 将继续对 MEMS 技术和产品的投入，推出更高性能、更高集成度及更低功耗的产品，希望在助听类产品市场占领更高的市场份额。在高集成度的小体积低功耗的微处理器方案方面。

老龄化的快速发展，对医疗行业形成巨大压力。中国正进入老龄化社会，根据全国老龄工作委员会预测，2010 年到 2050 年，中国老年人就诊次数将由 12.4 亿人次增到 33.5 亿人次。然而面对人们与日俱增的医疗需求，国内医疗资源分布不均、资源不足的矛盾短期内难以改变。如何在现有资源配置下，尽量满足人们医疗需求，成为重要问题。

医疗信息化建设成为改革的重要手段和支撑（见图 1-11）。在医疗需求带动和政策扶持下，随着信息技术的发展，物联网、云计算及移动互联网等新一代信息技术在医疗领域的应用逐渐由幕后走到台前，越来越多医疗机构开始关注部署新一代信息技术。2013 年，在甘肃定西市安定区的香泉镇中庄村，由甘肃省卫生厅、甘肃省人民医院和 GE 医疗集团共同建立的基础医疗范畴内的远程医疗试点项目正式开通。

随着中国本土设计能力的提升，以及国际医疗设备巨头加快向中国迁移设计团队，越来越多的高端医疗设备打上了“Design in China”的标签。但不得不承认，代表着技术前沿的高端大功率设备如医疗影像设备等，国外医疗设备巨头依旧掌控着市场主导权，国内企业依旧有很大的提升空间。但在中端的临床设备，国内企业已经逐渐成长为市场的主流力量，不论技术还是可靠性都可以媲美传统海外医疗设备供应商。而在低端的个人保健类消费类产品领域，本土企业已经占据明显的市场优势。

按照约定俗成，目前中国国内的医疗设备市场被分为三类：（1）高端大功率设备，（2）各类医院或临床设备，（3）个人医疗保健设备。中国有着世界上最大的人口基数和新兴的受教育人群，对于医疗保健的需求是日益高涨，因此这三类设备在中国市场总体上依然是高速发展以满足市场的需求。

但这三个类别却有着显著不同的价格和性能要求。大功率设备的运行速度远远低于个人医疗保健产品，它们主要关心高性能，真正的功率需求和价格不是问题。在此情况下，最终产品性能是最重要的。但这仅仅适用于大功率设备、中档医院和临床设备产品，相对来讲，低端个人医疗保健产品的需求则是恰恰相反。

### 1.4.5 智慧零售

智慧零售如图 1-12 所示。想象一下，10 年后的商店将变成什么样?实体零售会带给我们怎样的消费体验？集线上购物的快捷便利和实体店的良好客户体验于一身：快速找到所需，及时获得帮助，甚至个性化推荐，唾手可得的折扣信息，安全便利的支付流程……这是英特尔首次提出"联网商店"（Connected Store）时，对未来消费场景的规划。

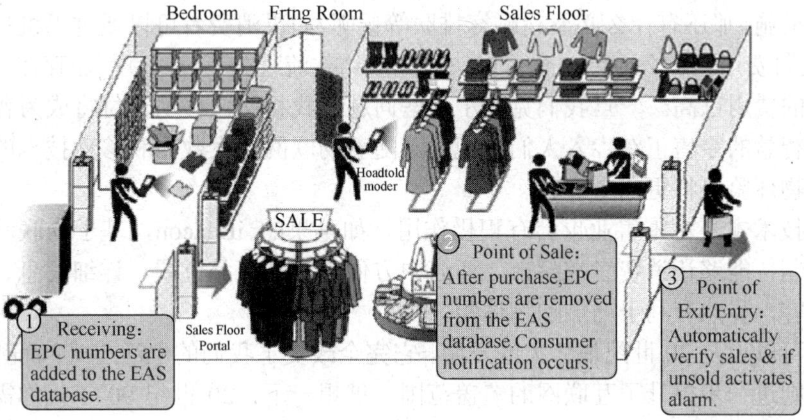


图 1-12 智慧零售

英特尔认为，在"智慧零售"环境中，从商店的仓储管理、物流运送、柜台收银、货物查询系统、展示货架、试用面板到消费者手中的购物车和智能手机全部连结在一起。消费者能够随时查询需要的商品资讯，包括库存和价格，亦能通过手机及时下载优惠券；而零售商可以通过这一联网系统，全面分析消费者的购物习惯和偏好，并有针对性地推送产品资讯，进行广告效果追踪，从而制定更加有效的营销策略。

实际上，英特尔将物联网引入零售领域已有一段时间。通过对互联设备进行管理并采取必要的安全措施，可以利用这些设备进行有效的数据收集、分析及传输。以 RFID 阅读器为例，一家公司位于世界各地的每间门店每 30 秒即可产生 3.5 万个库存单位（SKU）信息。这种实时掌握每件库存商品位置的能力，带给零售商极大的优势。如此一来，零售商就能第一时间了解哪件商品的存放地点不当，并通过及时增加库存或开展促销活动满足客户需求。从本质上来看，这表明零售商已具备通过分析数据做出快速决策的能力。

RFID 阅读器仅仅是展示互连功能的案例之一。零售物联网中的其他互连设备还包括数字标牌、自动售货亭、自动贩卖机、移动 POS 机等。每一种设备都应该具备环境检测，数据收集并基于这些数据传达特定信息的能力。这与 10 多年来通过互联网所做的事情其实没有太大不同。顾客和存货是散布在商店中的最基本而又最重要的信息，能否识别、分析这些信息并基于这些信息做出决策，取决于我们自己。

零售大数据将对联网商店产生重要影响，并通过商业创新提升店内消费体验。库存管理解决方案：分析通过 RFID 阅读器等设备收集的海量数据，帮助预测恰当的产品组合，确定最佳价格，开展促销并实时了解库存状态。

先进的面部行为分析技术：通过匿名方式，帮助零售商分析消费者对一款产品或促销活动的特定感受。

环境感知营销技术：通过研究消费者年龄、性别、过往购买偏好、社交媒体及天气变化趋势等数据，将对消费者最有价值的促销信息发布在街边、店里，甚至其手中的移动设备上。

移动技术正在缩小网上购物和实体店购物体验之间的差距。消费者既可在家使用笔记本电脑或平板电脑购物，也可在咖啡店中使用移动设备购物，或者亲自到实体商店中购物，移动技术可以提供完全无缝互联的购物体验。

当我们思考未来移动零售将如何影响消费者的购物体验时，不妨大胆省略顾客与 POS 机之间的互动过程。想象一下，如果零售商知道顾客是谁，所在位置在哪，并采取了恰当的信息安全防范措施，那还有什么必要让顾客排队等候呢?如果消费者可以通过手机扫描该零售商的 APP 并支付费用，那么他们完全可以快速完成结款流程。不过，目前还存在一些问题，例如无卡交易的费用过高。一旦我们克服了这些问题，我相信，移动支付将成为普遍选择。

越来越智慧的零售正在步入人们的视线。随着物联网，大数据和移动技术的日益成熟，消费者的购物体验必将更加丰富。

物联网技术本身对零售业也会有积极作用，如苹果的 iBeacon，基于物联网的近距离定位和服务机制，能够让消费者在超市，商店中方便了解到商品位置、详细信息、打折促销活动信息等内容，显然有利于增加购物体验。

互联网可以说是 20 世纪最伟大的发明，它完全改变了我们的生活方式；而智能手机和移动互联网，则进一步提升了互联网的覆盖范围。试想一下，20 世纪 90 年代你需要看电视的天气预报才大概了解明天天气；现在你不仅可以使用天气 App，甚至还可以通过物联网设备组建个人气象中心。

同样，我们的购物形式也发生了极大变化，电商的兴起让很多商店不再需要去超市或是商场购买（当然，碍于物流和仿冒品问题，生鲜、化妆品及奢侈品等部分商品我们仍习惯在实体店购买）。不过，物联网技术的兴起可能是一个转折点：它是否会重新让超市、商场等实体零售店焕发新的生机？

物联网技术有可能让传统零售业重新焕发生机主要包括两个方面。

一方面，是物联网设备本身。首先，对于很多消费者来说，物联网设备的概念还比较模糊，即便是各种网络媒体不断推动宣传，但在没有真正实际接触之前，还是无法形成有效概念。这时，就像 90 年代红极一时的手机、电脑零售店一样，它们的作用不仅仅在于销售，同时还有展示功能。至今，苹果依然能够通过实体 Apple Store 获得不菲的销售利润，同时也能够极大地宣传自家产品，这与展示形式不无关系。

其次，物联网技术本身对零售业也会有积极作用，如 iBeacon，基于物联网的近距离定位和服务机制，能够让消费者在超市、商店中方便了解到商品位置、详细信息、打折促销活动信息等内容，显然有利于增加购物体验；对于零售商，也有助于提升货物、人员管理，实现更有效的销售工作。目前，已经有哈德逊湾、梅西、乐购等大型集团开始部署 iBeacon 技术，或许能够通过提升购买体验的卖点重新吸引那些习惯网购的用户。

当然，电商巨头们也不会坐以待毙，它们仍然占有价格、便捷等固有优势，并且通过新型的试用、分期付款等形式来提升购物体验。但可以肯定的是，物联网技术对传统零售行业将有巨大的优化效果，人们也永远不会放弃“逛街”这个娱乐活动，两种零售模式的竞争只会让消费者获得更多实惠和方便，这是好事。

零售业正在经历一场巨大的变革。一向对技术支出持谨慎态度的零售商们正在大力启用新科技技术，如云计算解决方案、无线技术、移动支付和 RFID 等，以提供完整的全渠道整合，提供差异化的客户体验，提高利润率。

事实上，RFID 是实现单品级信息智能感知和实用性的核心基础，也是诸如自助结账（Self-Checkout）、基于位置的服务（Location-based Services）、移动购物和促销活动、智能镜和智能试衣间、保修管理、资产跟踪、门店管理/优化、库存管理、损失预防等零售业正在经历的变化的基础。

沃尔玛、梅西百货、JC Penney、玛莎百货和美国服装（American Apparel）等零售商最终大范围采用单品级 RFID。梅西百货宣布，所有尺寸密集型需补给的单品都要被标记，这一数量占梅西百货全年总销量的 30%左右。玛莎百货标记了所有门店标的服装和家居用品。美国服装公司（American Apparel）在所有门店推出了 RFID。JCP 大约 35%的商品使用 RFID。某高级时装零售商所有的零售点和配送中心的商品都采用了 RFID。许多小型零售商实现了非常有创意的 RFID 应用。

去年，超过十亿件服装单品进行了 RFID 标记。这一数字预计今年将大幅上升。大家对于 RFID 的好处早已了解，那为什么最近 RFID 应用才大幅在零售业飙升呢?当然，相比 10 年前，标签和阅读器的价格大幅下降。但也许更重要的是，许多应用先例已经产生，解决方案已经成熟，专业知识已经建立起来。采用 RFID 的经验已使一些解决方案供应商在系统性能、可靠性和可实施方面取得新的飞跃。它使零售商和品牌公司了解在何处以及如何使用这项技术才能真正有所作为，获得利益和投资回报率。零售商使用 RFID 技术来改造具体进程以实现其战略目标。

据某公司的零售业分析师估计，通过采用 RFID，沃尔玛每年可以节省 83.5 亿美元，其中大部分是因为不需要人工查看进货的条码而节省的劳动力成本。尽管另外一些分析师认为 80 亿美元这个数字过于乐观，但毫无疑问，RFID 有助于解决零售业两个最大的难题：商品断货和损耗（因盗窃和供应链被搅乱而损失的产品），而现在单是盗窃一项，沃尔玛一年的损失就差不多有 20 亿美元，如果一家合法企业的营业额能达到这个数字，就可以在美国 1000 家最大企业的排行榜中名列第 694 位。研究机构估计，这种 RFID 技术能够帮助把失窃和存货水平降低 25%。

RFID 技术已被证明可以减少 20%～30%的断货率，从而增加 1%～2%的销售额。通过提高促销力度，RFID 技术可以使促销收入增加 10%～18%。此外，当消费者总能找到他们想要的产品时，客户忠诚度自然也提高了。RFID 提高了库存准确性，降低了降价促销的需要。销售人员花费更少的时间管理库存，腾出更多的时间提供服务给客户。零售商对这种技术的热情高涨也就不足为奇了。

零售商需要让消费者在任何地方都能购买、收取或退还产品。这种跨渠道订单承诺的关键是具有在任何地方都能实时定位和分配可用库存的能力，无论是在商店、配送中心、运输过程中，或是直接从制造商那里订购。这就需要有一个非常准确实时的单品级库存信息来源。RFID 技术已被证明能提高商店永续盘存准确性 20%～30%。JC Penney 公司使用 RFID，产品类的永续盘存（Perpetual Inventory）准确率从 75%提高到 99%。

RFID 可减少对劳动力的需求。例如，RFID 能降低 50%～80%用于进货所需的人工。RFID

库存清点可以做到比目前的人工方法快 10～30 倍。由于更频繁的库存清点和计数错误的减少，提高了库存准确性。高库存准确率也提高了补货和预测的准确性，智能降低库存水平，同时减少缺货率。

对于奢侈品来说，RFID 是验证真伪的重要武器。这需要严格和安全控制标签，以及充分考虑供应链哪些环节需要标签验证。此外，它要求 RFID 标签设计可以很巧妙地融入单品，但仍然表现良好。今天，各大品牌零售商正在向消费者普及如何利用 RFID 辨别单品真伪等知识，并为分销商、零售商和最终消费者建立了与其他技术相结合的系统和基础设施。巴宝莉、de Grisogono、Elie Tahari、拉尔夫劳伦及其他高级品牌也在使用 RFID 技术来保护自己的品牌和辨别物品真伪。

自动售货机诞生于 20 世纪 60～70 年代，发源于欧美，却在日本得到了空前发展。据统计，全日本境内大约有三百万台自动售货机，平均每 40 人对应一台。相比之下，国内较低的人力成本、商业用地和硬币流通限制，在过去十年里无不制约着自动售货机行业的发展。

当高昂的房租与人力成本把传统零售业压得喘不过气时，自动售货机行业开始在国内迅猛发展，究其原因，无需人员职守，可以 24 小时运营无疑是两大重要因素。

物联网技术日新月异地发展，包括与移动互联网的紧密结合，正颠覆着许多行业。在零售行业，自动售货机正在进化成为智能联网终端，可以打通线上线下购买渠道，实现与用户的积极互动，甚至与电商物流结合。"互联""智能""安全""可管理""数据分析"是其标配。通过安全的互联，实现可管理的智能化以及数据分析，不断挖掘用户的真实需求，为消费者提供贴心、便捷的服务，是所有零售行业从业者的梦想。如今，实现梦想的神器有了吗?

中国自动售货机运营商"友宝"，经营着超过全国总量三分之一的自动售货机，部署总数超过 2 万台。据友宝内部 2013 年展开的全国市场调研数据显示，在过去三年，超过七成的行业增量来自友宝，而在联网售货机领域，友宝占比更是超过 95%。

"据国外经验，当人均 GDP 超过 5000 美元时，自助服务设备的需求开始旺盛。现在，北上广深这类一线城市对于自助设备的需求已经非常明显。"友宝公司创始人及总裁李明浩指出，"自动售货机是一个高速增长的朝阳行业，但更重要的是，我们很早就意识到，无线互联网的到来必定会让自动售货机成为智能网络的云终端。如今，友宝正在从数据化管理的角度降低运营成本，拓展更加便捷的支付方式以满足用户需求这两方面推进行业变革和发展。"

事实上，每一个由友宝打造的自动售货机都具有"互联""智能""安全""可管理""数据分析"的基因。采用先进的物联网理念，友宝可以 24 小时远程监控每台售货机的运行情况，包括库存查询、设备健康查询、商品上下架及价格调整等，还可根据数据分析结果随时调整触摸屏上的促销广告，大大提升运营效率。从使用体验来说，友宝可以提供更为丰富的支付手段和互动体验。比如，除了传统的纸币、硬币，消费者可以使用友宝自主研发的手机 App、微信、支付宝购买商品，然后从售货机中取货，完成后可以通过屏幕游戏争取获得额外奖品的概率；一些地区的售货机也已开通公交 IC 卡、校园卡这类基于 NFC 技术的支付工具。这些与众不同之处，让友宝颇受年轻用户喜爱。目前已有接近 200 万用户体验过手机购买，每日来自移动端的订单已上升到 20%。

而这一切都基于售货机与服务器实时、高效的数据联通。"自 2010 年友宝项目初创到机型量产，核心工控设备的稳定性，兼容性就是最为重要的选型要素。通过与上下游制造商的选型对比，我们最终采用了英特尔 X86 架构作为售货机的核心控制组件。"据李明浩介绍，"从技术架构设计、产品开发、传感控制，到数据收集与传输，甚至后台分析，友宝与英特尔的合作不断深化，最终实现线上到线下的无缝衔接，将优质的服务体验带给消费者。”

如今，面对物联网浪潮，友宝正与核“芯”合作伙伴英特尔紧密合作，不断实现更多有关联网智能终端的技术创新，包括采用英特尔®网关解决方案、英特尔零售客户管理系统（Intel®RCM）、动态人力优化（Dynamic Staffing Optimization）以及英特尔匿名视频分析（Intel®Anonymous Video Analytics）软件等，更好地实现智能设备的互联、管理和安全保障，从而带来更加完美的用户体验。

## 思考题

- 什么是智慧地球，它和物联网有什么关系？
- 谈谈物联网在智慧地球中的应用。

# 课后习题

1. 什么是物联网？
2. 物联网体系结构有哪几层？
3. 物联网包含哪些技术特征？
4. 简述物联网发展的社会、技术背景。
5. 就当前而言，讨论物联网发展的前景。
6. 就生活中常见的事物，讨论物联网的应用领域有哪些。

# 第2章 物联网体系架构

学习目标

- 了解物联网体系的三层架构。
- 了解物联网的应用场景。
- 了解物联网涉及的关键技术。

预习题

- 物联网体系分为哪几个层次？各涉及哪些技术？
- 什么样的应用可以称为物联网应用？

## 2.1 概述

### 2.1.1 物联网应用场景

物联网用途广泛，遍及智能楼宇、智能家居、路灯监控、智能医院、智慧能源、智能交通、水质监测、智能消防、物流管理、政府工作、公共安全、资产管理、军械管理、环境监测、工业监测、矿井安全管理、食品药品管理、票证管理、老人护理、个人健康等诸多领域，如图 2-1 所示。

物联网一方面可以提高经济的运行效率，大大节约成本；另一方面可以为经济的复苏提供技术动力，带动所有的传统产业部门进行结构调整和产业升级，而且将推动国家整个经济结构的调整，推动发展模式从粗放型发展转向集约型发展。

#### 1. 智能物流

据 2004 年世界银行报告的数据，美国的物流消费占 GDP 的 9%，而中国的物流消费占 GDP 的 23%。目前全球零售订货时间为 6～10 个月，在供应链上的商品库存积压价值为 1.2 万亿美元，零售商每年因错失交易遭受的损失高达 930 亿美元，其主要原因是没有合适的库存产品来满足消费者的需求。基于物联网的智能供应链技术是对现有信息网和物流网技术的有力补充，应用到整个零售系统，零售商、制造商和供应商可以提高供应链各个步骤的效率，同时还可减少浪费。该技术充分利用互联网和无线射频识别（RFID）网络设施支撑整个物流体系，从而使物流行业发生颠覆性的变化，可以使客户在任何地方、任何时间以最便捷、最高效、最可靠、成本最低的方式享受到物流服务，如图 2-2 所示。

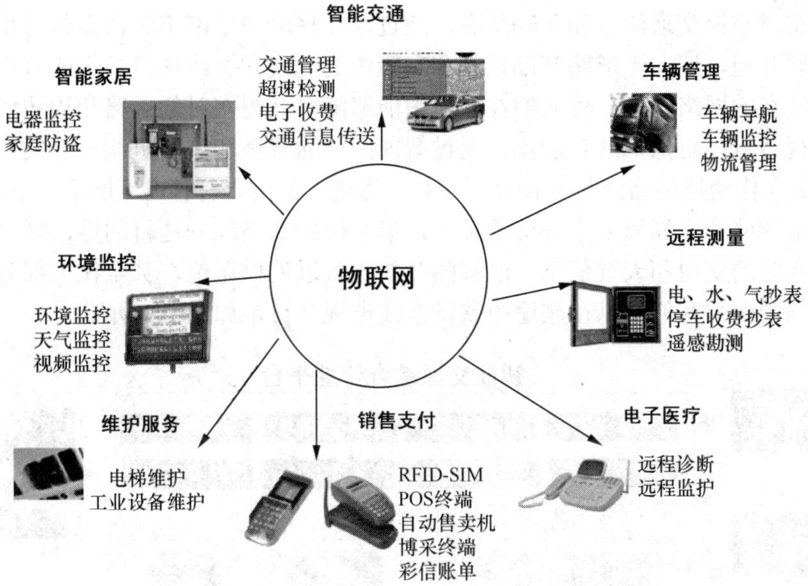


图 2-1　物联网应用

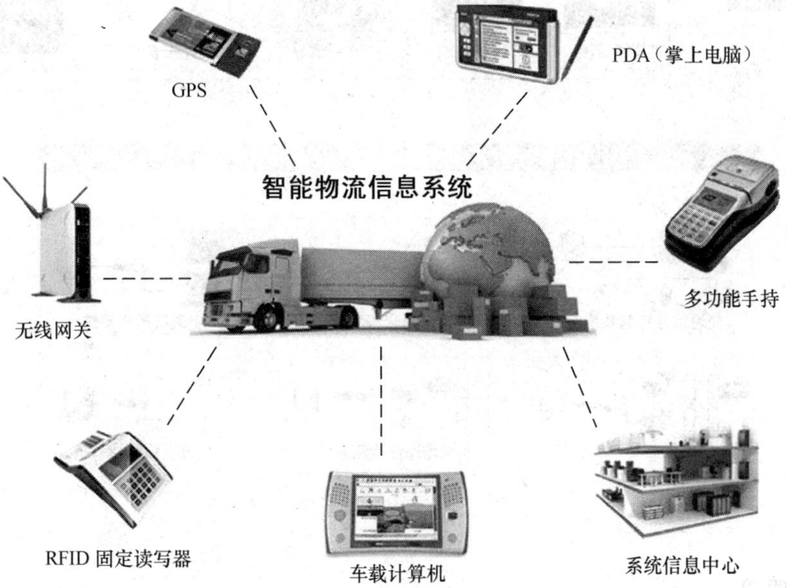


图 2-2　智能物流系统

## 2. 智能交通

现有的城市交通管理基本是自发进行的，每个驾驶者根据自己的判断选择行车路线，交通信号标志仅仅起到静态的、有限的指导作用。这导致城市道路资源未能得到最高效率的运用，由此产生了不必要的交通拥堵甚至瘫痪。据统计，目前我国交通拥堵造成的损失占 GDP 的 1.5%～4%。美国每年因交通堵塞造成的损失高达 780 亿美元，相当于 58 个超大型油轮装载的燃料。

物联网技术的发展为智能交通提供了更透彻的感知，道路基础设施中的传感器和车载传感设备能够实时监控交通流量和车辆状态，通过泛在移动通信网络将信息传送至管理中心；更全面的互联互通，遍布于道路基础设施和车辆中的无线和有线通信技术的有机整合为移动用户提供了泛在的网络服务，使人们在旅途中能够随时获得实时的道路和周边环境咨询甚至在线收看电视节目；更深入的智能化，通过智能的交通管理和调度机制充分发挥道路基础设施的效能，最大化交通网络流量并提高安全性，优化人们的出行体验。展望一下未来的交通，所有的车辆都能够预先知道并避开交通堵塞，沿最快捷的路线到达目的地，减少二氧化碳的排放，拥有实时的交通和天气信息，能够随时找到最近的停车位，甚至在大部分的时间内车辆可以自动驾驶而乘客们可以在旅途中欣赏在线电视节目，如图 2-3 所示。

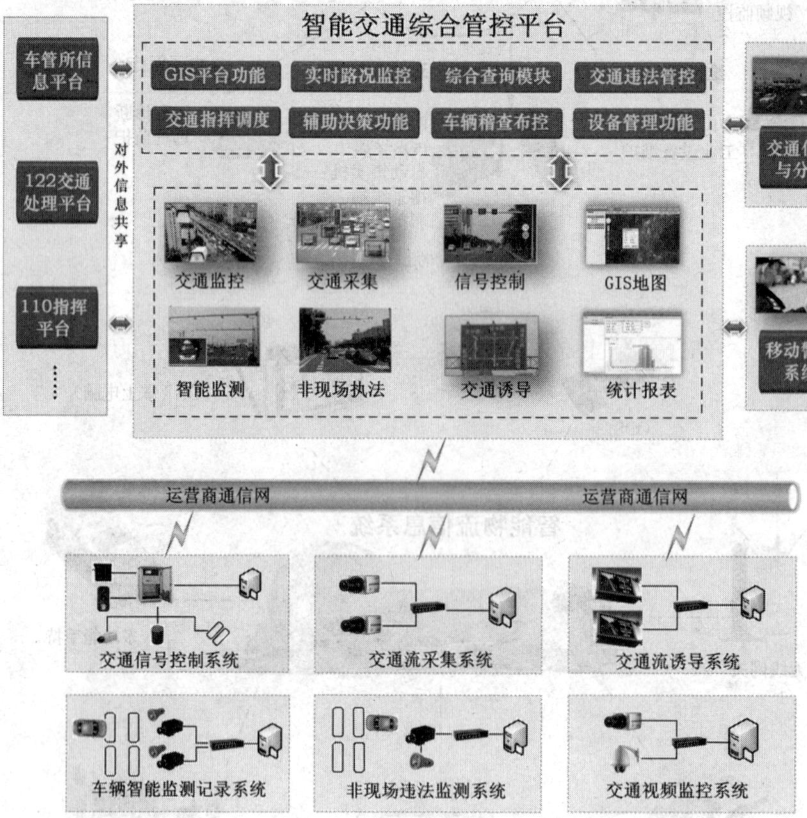


图 2-3 智能交通系统

### 3. 绿色建筑

绿色建筑是基于生态系统良性循环的原则，以“绿色”技术为支撑，“绿色”环境为标志建立的一种新型建筑体系。应用物联网技术，绿色建筑具有人员实时管理，能耗数据实时采集，设备自动控制，室内环境舒适度调整，能源状态显示、统计、分析和预警等功能，从而实现建筑的节能降耗。思科（CISCO）新兴技术集团高级副总裁 Marthin Dc Becr 这样解释智能楼宇：员工刷卡进入了智能互联的建筑时，通过读取这个卡片，建筑会非常智能地把该员工所在的办公室的空调、照明灯打开；当该员工离开这个建筑物时，办公室的空调和灯又会自动关闭。更复杂一点的例子包括“利用网络技术，在一个统一的平台上，对成百上千个房间里的电器设备进行统一的管理”。绿色建筑的真正魅力在于“智能互联”，所实现的并非一个房间电器设备的智能管理，而是整个建筑或者多个建筑中，所有房间中的电器设备的协调统一和智能管理。与智能建筑相关联的智能家居、智能办公室以及智能社区等应用也成为物联网技术的重要市场。

### 4. 智能电网

现有的电力输送网络缺少动态调度，从而导致电力输送效率低下。据美国能源部的统计，使用传统电网，大量上网电力被消耗在输送途中。而智能电网通过先进信息系统与电网的整合，把过去静态、低效的电力输送网络转变为动态可调整的智能网络，对能源系统进行实时临测，根据不同时段的用电需求，将电力按最优方案予以分配。

### 5. 环境监测

环境监测是指通过检测对人类和环境有影响的各种物质的含量、排放量以及各种环境状态参数，跟踪环境质量变化，确定环境质量水平，为环境管理、污染治理、防灾减灾等工作提供基础信息、方法指引和质量保证。传统的以人工为主的环境监测模式受测量手段、采样频率、取样数据、分析效率，数据处理诸方面的限制，不能及时地反映环境变化，预测变化趋势，更不能根据监测结果及时产生有关应急措施的反应。

进入 21 世纪以来，以传感网为代表的自主监测方式逐渐发展起来。大量低成本、小型无线传感器部署在被监控区域，传感器节点包含感知、计算、通信和电池四大模块，能长期准确地监测环境。节点间通过无线信道构成自组织网络，将感知数据及时有效地传送至汇聚节点，汇聚节点进一步将数据提交到互联网，供上层应用使用。同时，来自互联网的命令也可通过汇聚节点传达到网络中的每个传感器。如今，传感网已应用于污染监测、海洋环境监测、森林生态监测、火山活动监测等重要领域。传感网的出现使长期、连续、大规模、实时的环境监测变为了可能，为实现物联网时代对物理世界更透彻的感知迈进了坚实的一步，如图 2-4 所示。

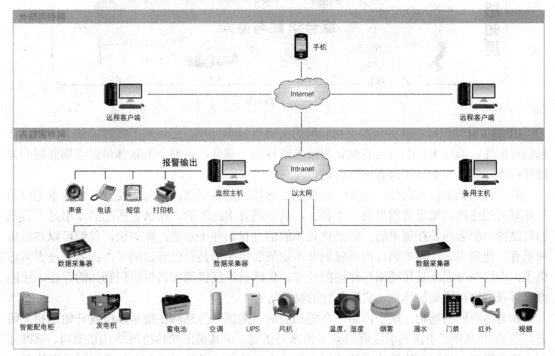

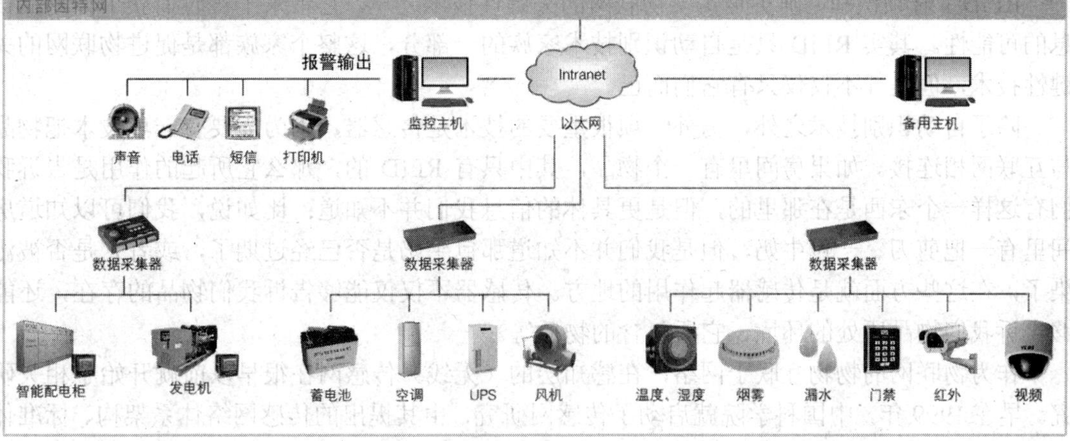


图 2-4 环境监测系统

### 2.1.2 物联网三层架构

物联网是通过射频识别、感知器、定位系统、扫描器、传感器、图像感知器等信息传感设备，按约定的协议，把任何物品与互联网连接起来，进行信息交换和通信，以实现智能化识别、定位、跟踪、监拄和管理的一种网络。

按照网络内数据的流向及处理方式将物联网分为三个层次（见图 2-5）：一是感知层，即以二维码、RFID、传感器为主，实现对物、人或环境状态识别、感知；二是网络层，即通过现有的互联网、广电网、通信网或者下一代互联网，实现数据的传输、计算和存储；三是应用层，即输入/输出控制终端，包括计算机、手机、笔记本等终端。

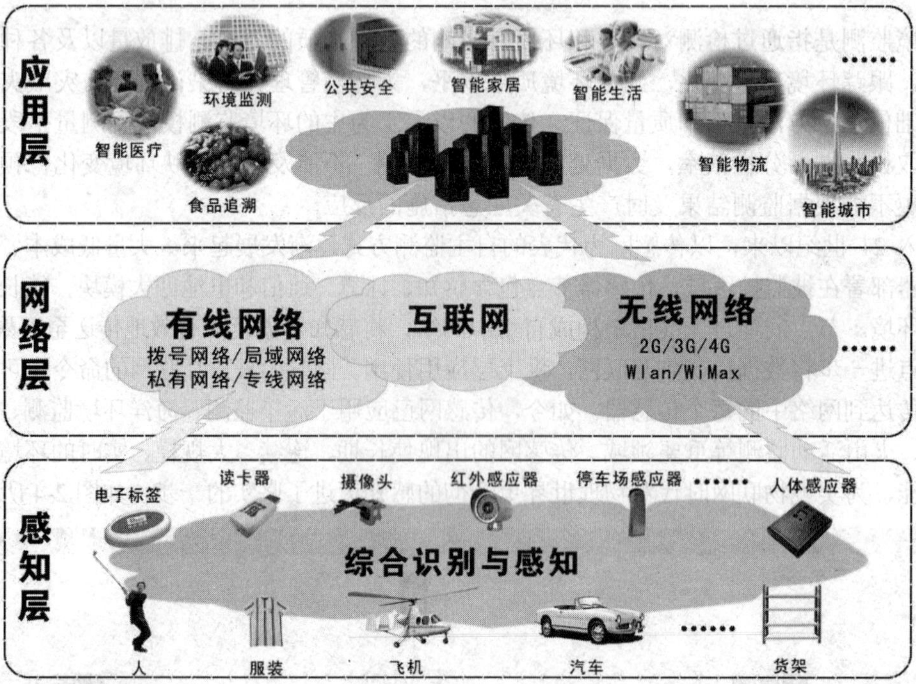


图 2-5 物联网架构

RFID（射频识别）确实是实现物联网的关键性技术之一，它带来了实时捕获个体物品信息的可能性。其实 RFID 只是自动识别技术家族的一部分，这整个家族都是促进物联网的关键性技术，但是并不仅仅只有它们而已。

除了自动识别技术之外，另外一项很重要的技术是传感器，因为需要有一项技术把物品与互联网相连接。如果房间里有一个物品，其中只有 RFID 的，那么它所起的作用是告诉我们有这样一个东西是在那里的，但是更具体的信息我们并不知道；比如说，我们可以知道房间里有一把剪刀、一包牛奶，但是我们并不知道那包牛奶是否已经过期了，或者它是否被污染了，在这些方面就是传感器起作用的地方。传感器不仅仅能够告诉我们物品的存在，还能够告诉我们物品所处的环境、它所包含的物质等。

作为物联网的物物互联于网络，在感知层的（无线）传感网在很早以前就开始了相关研究。早在 1999 年，中国科学院就启动了传感网研究，由其提出的传感网络体系架构、标准体系、演进路线、协同架构等代表传感网络发展方向的顶层设计已被 ISO/IEC 国际标准认可。

传感网已经成为政府推进物联网发展的首要着力点，在政府高度关注和明确支持、以及产业技术发展、需求推动等协同作用下，我国传感网市场将在未来一段时间内以超过 200%的年均复合增长率增长，并于 2015 年达到 200 亿元人民币规模。

对于传感网，射频通信和感知设备是核心技术，也是利润最大产业。射频通信由于我国起步比较晚，因此在射频通信（无线芯片）方面比较薄弱，主要还是被国外所垄断，例如 TI 和飞思卡尔等公司。

国内目前在无线传感器网络软件方面也取得了相应的突破，在基于国外的操作系统之上，开发了自己的中间件软件。如南京邮电大学无线传感器网络研究中心开发的基于移动代理的无线传感器网络中间件平台；无线龙科技 C51RF-WSN 无线传感器网络开发平台，提供了功能齐全的硬件开发平台，对外提供便捷的接口，使用户无需了解底层细节，极大地降低了无线传感器网络应用开发的难度。

国内研究机构在理论研究方面，如对无线传感器网络网络协议、算法、体系结构等方面，提出了许多具有创新性的想法与理论。在这方面，国内的南京邮电大学、哈尔滨工业大学、清华大学、上海交通大学和北京邮电大学等都取得了一些相关的理论研究成果。

目前国内比较成功的无线传感器网络软件产品包括：南京邮电大学的无线传感器网络中间件软件、南京邮电大学的无线传感器网络集成开发平台、无线龙科技 C51RF-WSN 无线传感器网络开发平台及中间件、中国科学院无线传感器网络分析与管理平台。

目前，我国传感网标准体系已初步建立框架，向国际标准化组织提交的多项标准提案被采纳，传感网标准化工作已经取得积极进展。经国家标准化管理委员会批准，全国信息技术标准化技术委员会组建了传感器网络标准工作组。标准工作组聚集了中国科学院、中国移动通信集团公司等国内传感网主要的技术研究和应用单位，积极开展传感网标准制定工作，深度参与国际标准化活动，旨在通过标准化为产业发展奠定坚实技术基础。

我国对传感网发展高度重视，《国家中长期科学与技术发展规划（2006—2020 年）》和“新一代宽带移动无线通信网”重大专项中均将传感网列入重点研究领域。国内相关科研机构、企事业单位积极进行相关技术的研究，经过长期艰苦努力，攻克了大量关键技术，取得了国际标准制定的重要话语权，传感网发展具备了一定产业基础，在电力、交通、安防等相关领域的应用也初见成效。

## 思考题

- 你觉得将物联网体系分成三层是否合理？有没有其他更科学的划分方式？

## 2.2 感知层

物联网与传统网络的主要区别在于，物联网扩大了传统网络的通信范围，即物联网不仅仅局限于人与人之间的通信，还扩展到人与物、物与物之间的通信。在物联网具体实现过程中，如何完成对物的感知这一关键环节？本节将针对这一问题，对感知层及其关键技术进行介绍。

### 2.2.1 感知层功能需求

物联网在传统网络的基础上，从原有网络用户终端向“下”延伸和扩展，扩大通信的对象，即通信不仅仅局限于人与人之间的通信，还扩展到人与现实世界的各种物体之间的通信。

这里的“物”并不是自然物品，而是要满足一定的条件才能够被纳入物联网的范围，例如有相应的信息接收器和发送器、数据传输通路、数据处理芯片、操作系统、存储空间等，遵循物联网的通信协议，在物联网中有可被识别的标识。可以看到现实世界的物品未必能满足这些要求，这就需要在特定的物联网设备的帮助下才能满足以上条件，并加入物联网。物联网设备具体来说就是嵌入式系统、传感器、RFID 等。

物联网感知层解决的就是人类世界和物理世界的数据获取问题，包括各类物理量、标识、音频、视频数据。感知层处于三层架构的最底层，是物联网发展和应用的基础，具有物联网全面感知的核心能力。作为物联网的最基本一层，感知层具有十分重要的作用。

感知层一般包括数据采集和数据短距离传输两部分，即首先通过传感器、摄像头等设备采集外部物理世界的数据，通过蓝牙、红外、ZigBee 和工业现场总线等短距离有线或无线传输技术进行协同工作或者传递数据到网关设备。也可以只有数据的短距离传输这一部分，特别是在仅传递物品的识别码的情况下。实际上，感知层这两个部分有时很难明确区分开。

### 2.2.2 感知层关键技术

感知层所需要的关键技术包括检测技术、中低速无线或有线短距离传输技术等。具体来说，感知层综合了传感器技术、嵌入式计算技术、智能组网技术、无线通信技术、分布式信息处理技术等，能够通过各类集成化的微型传感器的协作实时监测、感知和采集各种环境或监测对象的信息。通过嵌入式系统对信息进行处理，并通过随机自组织无线通信网络以多跳中继方式将所感知信息传送到接入层的基站节点和接入网关，最终到达用户终端，从而真正实现“无处不在”的物联网的理念。

本节将对感知层涉及的主要技术，即传感器技术、物品标识技术（RFID 和二维码）进行概述。

#### 1. 传感器技术

人是通过视觉、嗅觉、听觉及触觉等感觉来感知外界的信息；感知的信息输入大脑进行分析判断和处理，大脑再指挥人做出相应的动作，这是人类认识世界和改造世界具有的最基本的能力。但是通过人的五官感知外界的信息非常有限，例如，人无法利用触觉来感知超过几十甚至上千度的温度，而且也不可能辨别温度的微小变化，这就需要电子设备的帮助。同样，利用电子仪器特别像计算机控制的自动化装备来代替人的劳动时，计算机类似于人的大脑，而仅有大脑而没有感知外界信息的“五官”显然是不够的，计算机也还需要它们的“五官”——传感器。

传感器是一种检测装置，能感受到被测的信息，并能将检测感受到的信息按一定规律变换成为电信号或其他所需形式的信息输出，以满足信息的传输、处理、存储、显示、记录和控制等要求。它是实现自动检测和自动控制的首要环节。在物联网系统中，对各种参量进行信息采集和简单加工处理的设备，被称为物联网传感器。传感器可以独立存在，也可以与其他设备以一体方式呈现，但无论哪种方式，它都是物联网中的感知和输入部分。在未来的物联网中，传感器及其组成的传感器网络将在数据采集前端发挥重要的作用。

传感器的分类方法多种多样，比较常用的有按传感器的物理量、工作原理、输出信号的性质这 3 种方式来分类。此外，按照是否具有信息处理功能来分类的意义越来越重要，特别是在未来的物联网时代。按照这种分类方式，传感器可分为一般传感器和智能传感器。一般传感器采集的信息需要计算机进行处理；智能传感器带有微处理器，本身具有采集、处理、交换信息的能力，具备数据精度高、高可靠性与高稳定性、高信噪比与高分辨力、强自适应性、低价格性能比等特点。

传感器是摄取信息的关键器件，它是物联网中不可缺少的信息采集手段，也是采用微电子技术改造传统产业的重要方法，对提高经济效益、科学研究与生产技术的水平有着举足轻重的作用。传感器技术水平高低不但直接影响信息技术水平，而且还影响信息技术的发展与应用。目前，传感器技术已渗透到科学和国民经济的各个领域，在工农业生产、科学研究及改善人民生活等方面起着越来越重要的作用。

#### 2．RFID 技术

RFID 是 20 世纪 90 年代开始兴起的一种自动识别技术，既可以看作是一种设备标识技术，也可以归类为短距离传输技术，在本书中更倾向于前者。

RFID 是一种能够让物品“开口说话”的技术，也是物联网感知层的一个关键技术。在对物联网的构想中，RFID 标签中存储着规范而具有互用性的信息，通过有线或无线的方式把它们自动采集到中央信息系统，实现物品（商品）的识别，进而通过开放式的计算机网络实现信息交换和共享，实现对物品的“透明”管理。

RFID 系统主要由三部分组成：电子标签（Tag）、读写器（Reader）和天线（Antenna）。其中，电子标签芯片具有数据存储区，用于存储待识别物品的标识信息；读写器是将约定格式的待识别物品的标识信息写入电子标签的存储区中（写入功能），或在读写器的阅读范围内以无接触的方式将电子标签内保存的信息读取出来（读出功能）；天线用于发射和接收射频信号，往往内置在电子标签和读写器中。

RFID 技术的工作原理是：电子标签进入读写器产生的磁场后，读写器发出的射频信号，凭借感应电流所获得的能量发送出存储在芯片中的产品信息（无源标签或被动标签），或者主动发送某一频率的信号（有源标签或主动标签）；读写器读取信息并解码后，送至中央信息系统进行有关数据处理。

由于 RFID 具有无需接触、自动化程度高、耐用可靠、识别速度快、适应各种工作环境、可实现高速和多标签同时识别等优势，因此可用于广泛的领域，如物流和供应链管理、门禁安防系统、道路自动收费、航空行李处理、文档追踪/图书馆管理、电子支付、生产制造和装配、物品监视、汽车监控、动物身份标识等。以简单 RFID 系统为基础，结合已有的网络技术、数据库技术、中间件技术等，构筑一个由大量联网的读写器和无数移动的标签组成的，比 Internet 更为庞大的物联网成为 RFID 技术发展的趋势。

#### 3．二维码技术

二维码（2-Dimensional Bar Code）技术是物联网感知层实现过程中最基本和关键的技术之一。二维码也叫二维条码或二维条形码，是用某种特定的几何形体按一定规律在平面上分布（黑白相间）的图形来记录信息的应用技术。从技术原理来看，二维码在代码编制上巧妙地利用构成计算机内部逻辑基础的“0”和“1”比特流的概念，使用若干与二进制相对应的几何形体来表示数值信息，并通过图像输入设备或光电扫描设备自动识读以实现信息的自动处理。

与一维条形码相比二维码有着明显的优势，归纳起来主要有以下几个方面：数据容量更大，二维码能够在横向和纵向两个方位同时表达信息，因此能在很小的面积内表达大量的信息；超越了字母数字的限制：条形码相对尺寸小；具有抗损毁能力；此外，二维码还可以引入保密措施，其保密性较一维码要强很多。

二维码可分为堆叠式，行排式二维码和矩阵式二维码。其中，堆叠式/行排式二维码形态上是由多行短截的一维码堆叠而成：矩阵式二维码以矩阵的形式组成，在矩阵相应元素位置上用“点”表示二进制“1”，用“空”表示二进制“0”，并由“点”和“空”的排列组成代码，如图 2-6 所示。

图 2-6　二维码

二维码具有条码技术的一些共性：每种码制有其特定的字符集：每个字符占有一定的宽度；具有一定的校验功能等。二维码的特点归纳如下。

（1）高密度编码，信息容量大。可容纳多达 1850 个大写字母或 2710 个数字或 1108 个字节或 500 多个汉字，比普通条码信息容量约高几十倍。

（2）编码范围广。二维码可以把图片、声音、文字、签字、指纹等以数字化的信息进行编码，并用条码表示。

（3）容错能力强，具有纠错功能。二维码因穿孔、污损等引起局部损坏时，甚至损坏面积达 50%时，仍可以正确得到识读。

（4）译码可靠性高。比普通条码译码错误率百万分之二要低得多，误码率不超过千万分之一。

（5）可引入加密措施。保密性、防伪性好。

（6）成本低，易制作，持久耐用。

（7）条码符号形状、尺寸大小比例可变。

（8）二维码可以使用激光或 CCD 摄像设备识读，十分方便。

与 RFID 相比，二维码最大的优势在于成本较低，一条二维码的成本仅为几分钱，而 RFID 标签因其芯片成本较高，制造工艺复杂，所以价格较高。表 2-1 对这两种标识技术进行了比较。

**表 2-1　　RFID 与二维码功能比较**

| 功能 | RFID | 二维码 |
|---|---|---|
| 读取数量 | 可用畴读取多个 RFID 标签 | 一次只能读取一个二维码 |
| 读取条件 | RFID 标签不需要光线就可以读取或更新 | 二维码读取时需要光线 |
| 容量 | 存储资料的容量大 | 存储资料的容量小 |
| 读写能力 | 电子资料可以重复写 | 资料不可更新 |
| 读取方便性 | RFID 标签可以很薄，如在包内仍可读取资料 | 二维码读取时需要清晰可见 |
| 资料准确性 | 准确性高 | 需靠人工读取，有人为疏失的可能性 |
| 坚固性 | RFID 标签在严酷、恶劣与肮脏的环境下仍然可读取资料 | 当二维码污损将无法读取，无耐久性 |
| 高速读取 | 在高速运动中仍可读取 | 移动中读取有所限制 |

## 思考题

- ZigBee、蓝牙技术应该归为感知层还是网络层？说说你的看法。

## 2.3 网络层

物联网是什么？我们经常会说 RFID，这只是感知，其实感知的技术已经有，虽然说未必成熟，但是开发起来并不很难。但是物联网的价值在什么地方？物联网的价值主要在于网，而不在于物。

感知只是第一步，但是感知的信息，如果没有一个庞大的网络体系，不能进行管理和整合，那这个网络就没有意义。本节将对物联网架构中的网络层进行介绍。

### 2.3.1 网络层功能需求

物联网网络层是在现有网络的基础上建立起来的，它与目前主流的移动通信网、国际互联网、企业内部网、各类专网等网络一样，主要承担着数据传输的功能，特别是当三网融合后，有线电视网也能承担数据传输的功能。

在物联网中，要求网络层能够把感知层感知到的数据无障碍、高可靠性、高安全性地进行传送。网络层解决的是感知层所获得的数据在一定范围内，尤其是远距离的传输问题。同时，物联网网络层将承担比现有网络更大的数据量和面临更高的服务质量要求，所以现有网络尚不能满足物联网的需求，这就意味着物联网需要对现有网络进行融合和扩展，利用新技术以实现更加广泛和高效的互联功能。

由于广域通信网络在早期物联网发展中的缺位，早期的物联网应用往往在部署范围、应用领域等诸多方面有所局限，终端之间以及终端与后台软件之间都难以开展协作。随着物联网发展，必须建立端到端的全局网络。

### 2.3.2 网络层关键技术

由于物联网网络层是建立在 Internet 和移动通信网等现有网络基础上，除具有目前已经比较成熟的如远距离有线、无线通信技术和网络技术外，为实现“物物相连”的需求，物联网网络层将综合使用 IPv6、2G/3G、Wi-Fi 等通信技术，实现有线与无线的结合、宽带与窄带的结合、感知网与通信网的结合。同时，网络层中的感知数据管理与处理技术是实现以数据为中心的物联网的核心技术。感知数据管理与处理技术包括物联网数据的存储、查询、分析、挖掘、理解以及基于感知数据决策和行为的技术。

本节将对物联网依托的 Internet、移动通信网和无线传感器网络 3 种主要网络形态以及涉及的 IPv6、Wi-Fi 等关键技术进行介绍。

#### 1. Internet

Internet，中文称因特网。广义的因特网叫互联网，是以相互交流信息资源为目的，基于一些共同的协议，并通过许多路由器和公共互联网连接而成，它是一个信息资源和资源共享的集合。Internet 采用了目前最流行的客户机/服务器工作模式，凡是使用 TCP/IP 并能与 Internet 中任意主机进行通信的计算机，无论是何种类型、采用何种操作系统，均可看成是 Internet 的一部分，可见 Internet 覆盖范围之广。物联网也被认为是 Internet 的进一步延伸。

Internet 将作为物联网主要的传输网络之一，然而为了让 Internet 适应物联网大数据量和多终端的要求，业界正在发展一系列新技术。其中，由于 Internet 中用 IP 地址对节点进行标识，而目前的 IPv4 受制于资源空间耗竭，已经无法提供更多的 IP 地址，所以 IPv6 以其近乎无限的地址空间将在物联网中发挥重大作用。IPv6 技术的引入，使网络不仅可以为人类服务，还将服务于众多硬件设备，如家用电器、传感器、远程照相机、汽车等，它将使物联网无所不在、无处不在地深入社会每个角落。

#### 2. 移动通信网

要了解移动通信网，首先要知道什么是移动通信？移动通信就是移动体之间的通信，或移动体与固定体之间的通信。通过有线或无线介质将他们连接起来进行语音等服务的网络就是移动通信网。

移动通信网由无线接入网、核心网和骨干网三部分组成。无线接入网主要为移动终端提供接入网络服务，核心网和骨干网主要为各种业务提供交换和传输服务。从通信技术层面看，移动通信网的基本技术可分为传输技术和交换技术两大类。

在物联网中，终端需要以有线或无线方式被连接起来，发送或者接收各类数据；同时，考虑到终端连接方便性、信息基础设施的可用性（不是所有地方都有方便的固定接入能力）以及某些应用场景本身需要监控的目标就是在移动状态下，因此，移动通信网络以其覆盖广、建设成本低、部署方便、终端具备移动性等特点将成为物联网重要的接入手段和传输载体，为人与人之间通信、人与网络之间的通信、物与物之间的通信提供服务。

在移动通信网中，当前比较热门的接入技术有 3G/4G、Wi-Fi 和 WiMAX。在移动通信网中，3G/4G 是指第三代/第四代支持高速数据传输的蜂窝移动通信技术。3G 网络则综合了蜂窝、无绳、集群、移动数据、卫星等各种移动通信系统的功能，与固定电信网的业务兼容，能同时提供语音和数据业务。3G 的目标是实现所有地区（城区与野外）的无缝覆盖，从而使用户在任何地方均可以使用系统所提供的各种服务。

3G 包括 3 种主要国际标准：cdma2000、WCDMA 和 TD-SCDMA。其中 TD-SCDMA 是第一个由中国提出的，以我国知识产权为主的、被国际上广泛接受和认可的无线通信国际标准。

4G 技术包括 TD-LTE 和 FDD-LTE 两种制式（严格意义上来讲，LTE 只是 3.9G，尽管被宣传为 4G 无线标准，但它其实并未被 3GPP 认可为国际电信联盟所描述的下一代无线通讯标准 IMT-Advanced，因此在严格意义上其还未达到 4G 的标准。只有升级版的 LTE Advanced 才满足国际电信联盟对 4G 的要求）。4G 集 3G 与 WLAN 于一体，并能够快速传输数据、高质量音频、视频和图像等。4G 能够以 100Mbit/s 以上的速度下载，比目前的家用宽带 ADSL（4Mbit/s）快 25 倍，并能够满足几乎所有用户对无线服务的要求。

Wi-Fi 是 Wireless Fidelity（无线保真技术）的缩写，传输距离有几百米，可实现各种便携设备（如手机、笔记本电脑、PDA 等）在局部区域内的高速无线连接或接入局域网。Wi-Fi 是由接入点（Access Point，AP）和无线网卡组成的无线网络。主流的 Wi-Fi 技术无线标准有 IEEE 802.llb 及 IEEE 802.1lg 两种，分别可以提供 11Mbit/s 和 54Mbit/s 两种传输速率。

WiMAX（World Interoperability for Microwave Access，全球微波接入互操作性）是一种城域网（MAN）无线接入技术，是针对微波和毫米波频段提出的一种空中接口标准，其信号传输半径可以达到 50km，基本上能覆盖到城郊。正是由于这种远距离传输特性，WiMAX 不仅能解决无线接入问题，还能作为有线网络接入（有线电视、DSL）的无线扩展，方便地实现边远地区的网络连接。

### 3. ZigBee

ZigBee 是一种短距离、低功耗的无线传输技术，是一种介于无线标记技术和蓝牙之间的技术，它是 IEEE 802.15.4 协议的代名词。ZigBee 的名字来源于蜂群使用的赖以生存和发展的通信方式，即蜜蜂靠飞翔和“嗡嗡”（Zig）地抖动翅膀与同伴传递新发现的食物源的位置、距离和方向等信息，也就是说蜜蜂依靠这样的方式构成了群体中的通信网络。

ZigBee 采用分组交换和跳频技术，并且可使用 3 个频段，分别是 2.4GHz 的公共通用频段、欧洲的 868MHz 频段和美国的 915MHz 频段。ZigBee 主要应用在传输距离短并且数据传输速率不高的各种电子设备之间。与蓝牙相比，ZigBee 更简单、速率更慢、功率及费用也更低。同时，由于 ZigBee 技术的低速率和通信范围较小的特点，也决定了 ZigBee 技术只适合于承载数据流量较小的业务。

ZigBee 技术主要包括以下特点。

（1）数据传输速率低：只有 10～250kbit/s，专注于低传输应用。

（2）低功耗：ZigBee 设备只有激活和睡眠两种状态，而且 ZigBee 网络中通信循环次数非常少，工作周期很短，所以一般来说两节普通 5 号干电池可使用 6 个月以上。

（3）成本低：因为 ZigBee 数据传输速率低、协议简单，所以大大降低了成本。

（4）网络容量大：ZigBee 支持星状、簇状和网状网络结构，每个 ZigBee 网络最多可支持 255 个设备，也就是说每个 ZigBee 设备可以与另外 254 台设备相连接。

（5）有效范围小：有效传输距离 10～75m，具体依据实际发射功率的大小和各种不同的应用模式而定，基本上能够覆盖普通的家庭或办公室环境。

（6）工作频段灵活：使用的频段分别为 2.4GHz、868MHz（欧洲）及 915MHz（美国），均为免执照频段。

（7）可靠性高：ZigBee 采用了碰撞避免机制，同时为需要固定带宽的通信业务预留了专用时隙，避免了发送数据时的竞争和冲突；节点模块之间具有自动动态组网的功能。信息在整个 ZigBee 网络中通过自动路由的方式进行传输，从而保证了信息传输的可靠性。

（8）时延短：ZigBee 针对时延敏感的应用进行了优化，通信时延和从休眠状态激活的时延都非常短。

（9）安全性高：ZigBee 提供了数据完整性检查和鉴定功能，采用 AES-128 加密算法，同时根据具体应用可以灵活确定其安全属性。

由于 ZigBee 技术具有成本低、组网灵活等特点，可以嵌入各种设备，因此在物联网中发挥重要作用。其目标市场主要有 PC 外设（鼠标、键盘、游戏操控杆）、消费类电子设备（电视机、CD、VCD、DVD 等设备上的遥控装置）、家庭内智能控制（照明、煤气计量控制及报警等）、玩具（电子宠物）、医护（监视器和传感器）、工控（监视器、传感器和自动控制设备）等非常广阔的领域。

### 4．无线传感器网络

无线传感器网络（WSN）的基本功能是将一系列空间分散的传感器单元通过自组织的无线网络进行连接，从而将各自采集的数据通过无线网络进行传输汇总，以实现对空间分散范围内的物理或环境状况的协作监控，并根据这些信息进行相应的分析和处理。

很多文献将无线传感器网络归为感知层技术，实际上无线传感器网络技术贯穿物联网的 3 个层面，是结合了计算机、通信、传感器 3 项技术的一门新兴技术，具有较大范围、低成本、高密度、灵活布设、实时采集、全天候工作的优势，且对物联网其他产业具有显著带动作用。本书更侧重于无线传感器网络传输方面的功能，所以放在网络层介绍。

如果说 Internet 构成了逻辑上的虚拟数字世界，改变了人与人之间的沟通方式，那么无线传感器网络就是将逻辑上的数字世界与客观上的物理世界融合在一起，改变人类与自然界的交互方式。传感器网络是集成了监测、控制以及无线通信的网络系统，相比传统网络其特点是：

（1）节点数目更为庞大（上千甚至上万），节点分布更为密集。

（2）由于环境影响和存在能量耗尽问题，节点更容易出现故障。

（3）环境干扰和节点故障易造成网络拓扑结构的变化。

（4）通常情况下，大多数传感器节点是固定不动的。

（5）传感器节点具有的能量、处理能力、存储能力和通信能力等都十分有限。

因此，传感器网络的首要设计目标是能源的高效利用，这也是传感器网络和传统网络最重要的区别之一，涉及节能技术、定位技术、时间同步等关键技术。

### 5．蓝牙

蓝牙（Bluetooth）是一种无线数据与语音通信的开放性全球规范，和 ZigBee 一样，也是一种短距离的无线传输技术。其实质内容是为固定设备或移动设备之间的通信环境建立通用的短距离无线接口，将通信技术与计算机技术进一步结合起来，是各种设备在无电线或电缆相互连接的情况下，能在短距离范围内实现相互通信或操作的一种技术。

蓝牙采用高速跳频（Frequency Hopping）和时分多址（Time Division Multiple Access,

TDMA）等先进技术，支持点对点及点对多点通信。其传输频段为全球公共通用的 2.4GHz 频段，能提供 1Mbit/s 的传输速率，传输距离为 10m，并采用时分双工传输方案实现全双工传输。

蓝牙除具有和 ZigBee 一样的性能，可以全球范围适用、功耗低、成本低、抗干扰能力强等特点外，还有许多它自己的特点。

（1）同时可传输语音和数据。蓝牙采用电路交换和分组交换技术，支持异步数据信道、三路语音信道以及异步数据与同步语音同时传输的信道。

（2）可以建立临时性的对等连接（Ad hoc Connection）。

（3）开放的接口标准。为了推广蓝牙技术的使用，蓝牙技术联盟（Bluetooth SIG）将蓝牙的技术标准全部公开，全世界范围内的任何单位和个人都可以进行蓝牙产品的开发，只要最终通过 Bluetooth SIG 的蓝牙产品兼容性测试，就可以推向市场。

蓝牙作为一种电缆替代技术，主要有以下 3 类应用：语音/数据接入、外围设备互连和个人局域网（PAN）。在物联网的感知层，主要是用于数据接入。蓝牙技术有效地简化移动通信终端设备之间的通信，也能够成功地简化设备与因特网之间的通信，从而数据传输变得更加迅速高效，为无线通信拓宽了道路。ZigBee 和蓝牙是物联网感知层典型的短距离传输技术。

## 思考题

- ZigBee、蓝牙技术应该归为感知层还是网络层？说说你的看法。

## 2.4 应用层

物联网的最终目的是要把感知和传输来的信息更好地利用，甚至有学者认为，物联网本身就是一种应用，可见应用在物联网中的地位。本节将介绍物联网架构中处于关键地位的应用层及其关键技术。

### 2.4.1 应用层功能需求

应用是物联网发展的驱动力和目的。应用层的主要功能对把感知和传输来的信息进行分析和处理，做出正确的控制和决策，实现智能化的管理、应用和服务。这一层解决的是信息处理和人机界面的问题。

具体地讲，应用层将网络层传输来的数据通过各类信息系统进行处理，并通过各种设备与人进行交互。这一层也可按形态直观地划分为两个子层：一个是应用程序层；另一个是终端设备层。应用程序层进行数据处理，完成跨行业、跨应用、跨系统之间的信息协同、共享、互通的功能，包括电力、医疗、银行、交通、环保、物流、工业、农业、城市管理、家居生活等，可用于政府、企业、社会组织、家庭、个人等，这正是物联网作为深度信息化网络的重要体现。而终端设备层主要是提供人机界面，物联网虽然是“物物相连的网”，但最终是要以人为本的，还是需要人的操作与控制，不过这里的人机界面已远远超出现在人与计算机交互的概念，而是泛指与应用程序相连的各种设备与人的反馈。

物联网的应用可分为监控型（物流监控、污染监控）、查询型（智能检索、远程抄表）、控制型（智能交通、智能家居、路灯控制）、扫描型（手机钱包、高速公路不停车收费）等。

目前，软件开发、智能控制技术发展迅速，应用层技术将会为用户提供丰富多彩的物联网应用。同时，各种行业和家庭应用的开发将会推动物联网的普及，也给整个物联网产业链带来利润。

### 2.4.2　应用层关键技术

物联网应用层能够为用户提供丰富多彩的业务体验，然而，如何合理高效地处理从网络层传来的海量数据，并从中提取有效信息，是物联网应用层要解决的一个关键问题。本节将对应用层的 M2M 技术、用于处理海量数据的云计算技术等关键技术进行介绍。

#### 1．M2M

根据不同应用场景，机器对机器（Machine-to-Machine，M2M）往往也被解释为人对机器（Man-to-Machine）、机器对人（Machine-to-Man）、移动网络对机器（Mobile-to-Machine）、机器对移动网络（Machine-to-Mobile）。由于 Machine 一般特指人造的机器设备，而物联网（The Internet of Things）中的 Things 则是指更抽象的物体，范围也更广。例如，树木和动物属于 Things，可以被感知、被标记，属于物联网的研究范畴，但它们不是 Machine，不是人为事物。冰箱则属于 Machine，同时也是一种 Things。所以，M2M 可以看作是物联网的子集或应用。

M2M 是现阶段物联网普遍的应用形式，是实现物联网的第一步。M2M 业务现阶段通过结合通信技术、自动控制技术和软件智能处理技术，实现对机器设备信息的自动获取和自动控制。这个阶段通信的对象主要是机器设备，尚未扩展到任何物品，在通信过程中，也以使用离散的终端节点为主。并且，M2M 的平台也不等于物联网运营的平台，它只解决了物与物的通信，解决不了物联网智能化的应用。所以，随着软件的发展，特别是应用软件的发展和中间件软件的发展，M2M 平台可以逐渐过渡到物联网的应用平台上。

M2M 将多种不同类型的通信技术有机地结合在一起，将数据从一台终端传送到另一台终端，也就是机器与机器的对话。M2M 技术综合了数据采集、GPS、远程监控、电信、工业控制等技术，可以在安全监测、自动抄表、机械服务、维修业务、自动售货机、公共交通系统、车队管理、工业流程自动化、电动机械、城市信息化等环境中运行并提供广泛的应用和解决方案。

M2M 技术的目标就是使所有机器设备都具备连网和通信能力，其核心理念就是网络一切（Network Everything）。随着科学技术的发展，越来越多的设备具有了通信和联网能力，网络一切逐步变为现实。M2M 技术具有非常重要的意义，有着广阔的市场和应用，将会推动社会生产方式和生活方式的新一轮变革。

#### 2．云计算

云计算（Cloud Computing）是分布式计算（Distributed Computing）、并行计算（Parallel Computing）和网格计算（Grid Computing）的发展，或者说是这些计算机科学概念的商业实现。

云计算通过共享基础资源（硬件、平台、软件）的方法，将巨大的系统池连接在一起以提供各种 IT 服务，这样企业与个人用户无需再投入昂贵的硬件购置成本，只需要通过互联网来租赁计算力等资源。用户可以在多种场合，利用各类终端，通过互联网接入云计算平台来共享资源。

云计算涵盖的业务范围，一般有狭义和广义之分。狭义云计算指 IT 基础设施的交付和使用模式，通过网络以按需、易扩展的方式获得所需的资源（硬件、平台、软件）。提供资源的网络被称为“云”。“云”中的资源在使用者看来是可以无限扩展的，并且可以随时获取、按需使用、随时扩展、按使用付费。这种特性经常被称为像水电一样使用的 IT 基础设施。广义云计算指服务的交付和使用模式，通过网络以按需、易扩展的方式获得所需的服务。这种服务可以是 IT 和软件、互联网相关的，也可以使用任意其他的服务。

云计算由于具有强大的处理能力、存储能力、带宽和极高的性价比，可以有效用于物联网应用和业务，也是应用层能提供众多服务的基础。它可以为各种不同的物联网应用提供统一的服务交付平台，可以为物联网应用提供海量的计算和存储资源，还可以提供统一的数据存储格式和数据处理方法。利用云计算大大简化了应用的交付过程，降低交付成本，并能提高处理效率。同时，物联网也将成为云计算最大的用户，促使云计算取得更大的商业成功。

#### 3. 人工智能

人工智能（Artificial Intelligence）是探索研究使各种机器模拟人的某些思维过程和智能行为（如学习、推理、思考、规划等），使人类的智能得以物化与延伸的一门学科。目前对人工智能的定义大多可划分为四类，即机器“像人一样思考”“像人一样行动”“理性地思考”和“理性地行动”。人工智能企图了解智能的实质，并生产出一种新的能以与人类智能相似的方式做出反应的智能机器。该领域的研究包括机器人、语言识别、图像识别、自然语言处理和专家系统等。目前主要的方法有神经网络、进化计算和粒度计算 3 种。在物联网中，人工智能技术主要负责分析物品所承载的信息内容，从而实现计算机自动处理。

人工智能技术的优点在于：大大改善操作者作业环境，减轻工作强度；提高作业质量和工作效率；一些危险场合或重点施工应用得到解决；环保、节能；提高机器的自动化程度及智能化水平；提高设备的可靠性，降低维护成本；故障诊断实现智能化等。

#### 4. 数据挖掘

数据挖掘（Data Mining）是从大量的、不完全的、有噪声的、模糊的及随机的实际应用数据中，挖掘出隐含的、未知的、对决策有潜在价值的数据的过程。数据挖掘主要基于人工智能、机器学习、模式识别、统计学、数据库、可视化技术等，高度自动化地分析数据，做出归纳性的推理。它一般分为描述型数据挖掘和预测型数据挖掘两种：描述型数据挖掘包括数据总结、聚类及关联分析等；预测型数据挖掘包括分类、回归及时间序列分析等。通过对数据的统计、分析、综合、归纳和推理，揭示事件间的相互关系，预测未来的发展趋势，为决策者提供决策依据。

在物联网中，数据挖掘只是一个代表性概念，它是一些能够实现物联网“智能化”“智慧化”的分析技术和应用的统称。细分起来，包括数据挖掘和数据仓库（Data Warehousing）、决策支持（Decision Support）、商业智能（Business Intelligence）、报表（Reporting）、ETL（数据抽取、转换和清洗等）、在线数据分析、平衡计分卡（Balanced Scoreboard）等技术和应用。

5．中间件

中间件是为了实现每个小的应用环境或系统的标准化以及它们之间的通信，在后台应用软件和读写器之间设置的一个通用的平台和接口。在许多物联网体系架构中，经常把中间件单独划分一层，位于感知层与网络层或网络层与应用层之间。本书参照当前比较通用的物联网架构，将中间件划分到应用层。在物联网中，中间件作为其软件部分，有着举足轻重的地位。物联网中间件是在物联网中采用中间件技术，以实现多个系统或多种技术之间的资源共享，最终组成一个资源丰富、功能强大的服务系统，最大限度地发挥物联网系统的作用。具体来说，物联网中间件的主要作用在于将实体对象转换为信息环境下的虚拟对象，因此数据处理是中间件最重要的功能。同时，中间件具有数据的搜集、过滤、整合与传递等特性，以便将正确的对象信息传到后端的应用系统。

目前主流的中间件包括 ASPIRE 和 Hydra。ASPIRE 旨在将 RFID 应用渗透到中小型企业。为了达到这样的目的，ASPIRE 完全改变了现有的 RFID 应用开发模式，它引入并推进一种完全开放的中间件，同时完全有能力支持原有模式中核心部分的开发。ASPIRE 的解决办法是完全开源和免版权费用，这大大降低了总的开发成本。Hydra 中间件特别方便实现环境感知行为和在资源受限设备中处理数据的持久性问题。Hydra 项目的第一个产品是为了开发基于面向服务结构的中间件，第二个产品是为了能基于 Hydra 中间件生产出可以简化开发过程的工具，即供开发者使用的软件或者设备开发套装。

物联网中间件的实现依托于中间件关键技术的支持，这些关键技术包括 Web 服务、嵌入式 Web、Semantic Web 技术、上下文感知技术、嵌入式设备及 Web of Things 等。

## 思考题

- 说说在我们的日常生活中，还有哪些地方应用了“物联网”技术。

# 课后习题

1．当前社会我们怎样定义“物联网”的概念？
2．RFID 技术和二维码相比各自的优点是什么？
3．ZigBee 是一种什么技术，有什么特点？
4．物联网网络层的关键技术有哪些？
5．物联网的“网络层”和传统的计算机“网络”是不是一回事？说说它们之间的异同。
6．简单说明什么是“云计算”，目前哪些服务可以称为云服务。
7．谈谈和世界发达国家相比中国发展物联网技术的优势和劣势。

# 第3章 嵌入式系统

学习目标

- 掌握嵌入式的定义、特点等。
- 了解嵌入式硬件平台。
- 了解嵌入式软件平台。
- 掌握嵌入式软件开发的方法、特点。
- 熟悉嵌入式技术对物联网的作用。

预习题

- 什么嵌入式系统?
- 嵌入式系统有哪些特点?
- 嵌入式系统的体系结构是什么?
- 嵌入式处理器的主要功能有哪些?
- 常见的嵌入式操作系统有哪些?
- 嵌入式与物联网的关系是什么?
- 简述嵌入式系统开发流程。

## 3.1 嵌入式系统概述

嵌入式系统在我们的生活中无处不在，像我们平时常常见到的手机、PDA、电子词典、可视电话、VCD/DVD/MP3Player、数字相机（DC）、数字摄像机（DV）、U-Disk、机顶盒（Set Top Box）、高清电视（HDTV）、游戏机、智能玩具、交换机、路由器、数控设备或仪表、汽车电子、家电控制系统、医疗仪器、航天航空设备等都是典型的嵌入式系统。嵌入式系统将会是我们数字化生存的基础。

### 3.1.1 嵌入式系统的发展

#### 1. 现代计算机的技术发展史

（1）始于微型机时代的嵌入式应用

电子数字计算机诞生于1946年，在其后漫长的历史进程中，计算机始终是供养在特殊的机房中，实现数值计算的大型昂贵设备。直到20世纪70年代，微处理器的出现，计算机才出现了历史性的变化。以微处理器为核心的微型计算机以其小型、价廉、高可靠性等特点，迅速走出机房。基于高速数值解算能力的微型机，表现出的智能化水平引起了控制专业人士的兴趣，要求将微型机嵌入一个对象体系中，实现对象体系的智能化控制。例如，将微型计算机经电气加固、机械加固，并配置各种外围接口电路，安装到大型舰船中构成自动驾驶仪或轮机状态监测系统。这样一来，计算机便失去了原来的形态与通用的计算机功能。为了区别于原有的通用计算机系统，把嵌入到对象体系中、实现对象体系智能化控制的计算机称作“嵌入式计算机系统”，简称为嵌入式系统。嵌入式系统诞生于微型机时代，嵌入式系统的嵌入性本质是将一个计算机嵌入到一个对象体系中去，这些是理解嵌入式系统的基本出发点。

（2）现代计算机技术的两大分支

由于嵌入式计算机系统要嵌入到对象体系中，实现的是对象的智能化控制，因此，它有着与通用计算机系统完全不同的技术要求与技术发展方向。

通用计算机系统的技术要求是高速、海量的数值计算；技术发展方向是总线速度的无限提升，存储容量的无限扩大。而嵌入式计算机系统的技术要求则是对象的智能化控制能力；技术发展方向是与对象系统密切相关的嵌入性能、控制能力与控制的可靠性。

早期，人们勉为其难地将通用计算机系统进行改装，在大型设备中实现嵌入式应用。然而，众多的对象系统（如家用电器、仪器仪表、工控单元……）无法嵌入通用计算机系统，况且嵌入式系统与通用计算机系统的技术发展方向完全不同。因此，必须独立地发展通用计算机系统与嵌入式计算机系统，这就形成了现代计算机技术发展的两大分支。

如果说微型机的出现，使计算机进入到现代计算机发展阶段，那么嵌入式计算机系统的诞生，则标志着计算机进入了通用计算机系统与嵌入式计算机系统两大分支并行发展时代，从而导致 20 世纪末计算机的高速发展。

（3）两大分支发展的里程碑事件

通用计算机系统与嵌入式计算机系统的专业化分工发展，导致 20 世纪末、21 世纪初计算机技术的飞速发展。计算机专业领域集中精力发展通用计算机系统的软、硬件技术，不必兼顾嵌入式应用要求，通用微处理器迅速从 286、386、486 发展到奔腾系列；操作系统则迅速扩张计算机基于高速海量的数据文件处理能力，使通用计算机系统进入到尽善尽美阶段。

嵌入式计算机系统则走上了一条完全不同的道路，这条独立发展的道路就是单芯片化道路。它动员了原有的传统电子系统领域的厂家与专业人士，接过起源于计算机领域的嵌入式系统，承担起发展与普及嵌入式系统的历史任务，迅速地将传统的电子系统发展到智能化的现代电子系统时代。

因此，现代计算机技术发展的两大分支的里程碑意义在于：不仅形成了计算机发展的专业化分工，而且将发展计算机技术的任务扩展到传统的电子系统领域，使计算机成为进入人类社会全面智能化时代的有力工具。

### 2. 嵌入式系统的独立发展道路

（1）单片机开创了嵌入式系统独立发展道路

嵌入式系统虽然起源于微型计算机时代，然而，微型计算机的体积、价位、可靠性都无法满足广大对象系统的嵌入式应用要求，因此，嵌入式系统必须走独立发展道路。这条道路就是芯片化道路。将计算机做在一个芯片上，从而开创了嵌入式系统独立发展的单片机时代。

在探索单片机的发展道路时，有过两种模式，即“Σ模式”与“创新模式”。“Σ模式”

本质上是通用计算机直接芯片化的模式，它将通用计算机系统中的基本单元进行裁剪后，集成在一个芯片上，构成单片微型计算机；“创新模式”则完全按嵌入式应用要求设计全新的、满足嵌入式应用要求的体系结构、微处理器、指令系统、总线方式、管理模式等。Intel 公司的 MCS-48、MCS-51 就是按照创新模式发展起来的单片形态的嵌入式系统。MCS-51 是在 MCS-48 探索基础上，进行全面完善的嵌入式系统。历史证明，“创新模式”是嵌入式系统独立发展的正确道路，MCS-51 的体系结构也因此成为单片嵌入式系统的典型结构体系。

（2）单片机的技术发展史

单片机诞生于 20 世纪 70 年代末，经历了 SCM、MCU、SoC 三大阶段。

单片微型计算机（Single Chip Microcomputer，SCM）阶段，主要是寻求最佳的单片形态嵌入式系统的最佳体系结构。“创新模式”获得成功，奠定了 SCM 与通用计算机完全不同的发展道路。在开创嵌入式系统独立发展道路上，Intel 公司功不可没。

微控制器（Micro Controller Unit，MCU）阶段，主要的技术发展方向是：不断扩展满足嵌入式应用时对象系统要求的各种外围电路与接口电路，突显其对象的智能化控制能力。它所涉及的领域都与对象系统相关。因此，发展 MCU 的重任不可避免地落在电气、电子技术厂家。从这一角度来看，Intel 逐渐淡出 MCU 的发展也有其客观因素。在发展 MCU 方面，最著名的厂家当数 Philips 公司。Philips 公司以其在嵌入式应用方面的巨大优势，将 MCS-51 从单片微型计算机迅速发展到微控制器。

片上系统（System on a Chip，SoC）阶段。单片机是嵌入式系统从独立发展之路向 MCU 阶段发展的重要因素，即寻求应用系统在芯片上的最大化解决；因此，专用单片机的发展自然形成了 SoC 化趋势。随着微电子技术、IC 设计、EDA 工具的发展，基于 SoC 的单片机应用系统设计会有较大的发展。因此，对单片机的理解可以从单片微型计算机、单片微控制器延伸到单片应用系统。

（3）嵌入式技术发展阶段

最早的嵌入式系统是为了满足某些特殊的控制要求而设计的特殊控制系统，一般是由单片机及其外围设备构成。单片机的出现是近代计算机技术发展史上的一个重要里程碑，单片机的诞生标志着计算机正式形成了通用计算机系统和嵌入式计算机系统两大分支。单片机作为最典型的嵌入式系统，它的成功应用推动了嵌入式系统的发展。

随着电子技术的发展，各种各样的微处理器相继出现，而性价比却越来越高，这为嵌入式系统的发展提供了良好的前提条件。另一方面，随着社会的进步和人们生活质量的不断提高，对产品质量的要求也越来越高，嵌入式系统就是以低价位、高性能而著称的，因此其空前繁荣是必然的。

嵌入式系统的出现至今已经有 30 多年的历史，近几年来，计算机、通信、电子消费的一体化趋势日益明显，嵌入式技术已成为一个研究热点。纵观嵌入式技术的发展过程，大致经历四个阶段。

第一阶段是以单芯片为核心的可编程控制器形式的系统，具有与监测、伺服、指示设备相配合的功能。这类系统大部分应用于一些专业性强的工业控制系统中，一般没有操作系统的支持，通过汇编语言编程对系统进行直接控制。这一阶段系统的主要特点是：系统结构和功能相对单一，处理效率较低，存储容量较小，几乎没有用户接口。由于这种嵌入式系统使用简单、价格低，以前在国内工业领域应用较为普遍，但是已经远不能适应高效的、需要大容量存储的现代工业控制和新兴信息家电等领域的需求。

第二阶段是以嵌入式CPU为基础、以简单操作系统为核心的嵌入式系统。主要特点是：CPU种类繁多，通用性比较弱；系统开销小，效率高；操作系统达到一定的兼容性和扩展性；应用软件较专业化，用户界面不够友好。

第三阶段是以嵌入式操作系统为标志的嵌入式系统。主要特点是：嵌入式操作系统能运行于各种不同类型的微处理器上，兼容性好；操作系统内核小、效率高，并且具有高度的模块化和扩展性；具备文件和目录管理、多任务、网络支持、图形窗口以及用户界面等功能；具有大量的应用程序接口API，开发应用程序较简单；嵌入式应用软件丰富。

第四阶段是以Internet为标志的嵌入式系统。这是一个正在迅速发展的阶段。目前大多数嵌入式系统还孤立于Internet之外，但随着Internet的发展以及Internet技术与信息家电、工业控制技术结合日益密切，嵌入式设备与Internet的结合将代表嵌入式系统的未来。在这种需求下，物联网的概念被人们无数次提起，它是把任何物品与互联网相连接，进行信息交换和通信，以实现对物品的智能化识别、定位、跟踪、监控和管理的一种网络。

### 3.1.2 主要应用领域

#### 1. 工业控制

基于嵌入式芯片的工业自动化设备将获得长足的发展，已经有大量的8位、16位、32位嵌入式微控制器在应用中，网络化是提高生产效率和产品质量、减少人力资源主要途径，如工业过程控制、数字机床、电力系统、电网安全、电网设备监测、石油化工等系统。就传统的工业控制产品而言，低端型采用的往往是8位单片机。但是随着技术的发展，32位、64位的处理器逐渐成为工业控制设备的核心，在未来几年内必将获得更多应用。

传统IPC工控整机与嵌入式工控整机对比分析如下。

（1）结构对比

传统工控机采用4U等类型冷轧板机箱＋金手指主板（全长或半长卡）＋底板＋大功率电源的组合方式，导致不稳定因素。

① CPU卡要插到底板上会有接触不良现象（如振动、运输过程松动、金手指氧化导致无法开机，找不到相关系统设备PCI设备或ISA设备）。

② 需要底板和CPU卡之间连接一些专用线（如ATX信号线）。

③ CPU卡由底板供电，当底板出现问题时会影响CPU卡无法正常供电，导致系统不稳定（如底板供电电路设计的不合理）；CPU为外插（PGA封装）方式，连接存在隐患，并需要风扇散热，风扇与CPU连接及使用寿命为最大安全隐患。

④ 供电电源功耗过大，电源需要风扇散热，当风扇出现故障时会导致电源及主板损坏。

⑤ CPU卡＋底板的结构会对装机带来麻烦，影响工作效率，不利于大量的装机工作。

总之CPU卡与底板或外部接口存在大量的连接线，容易导致系统连接松动或接错的问题，带来整个系统的不稳定。

嵌入式工控机采用全铝外壳＋嵌入式主板＋外置低功耗电源的组合方式，系统优点如下。

① 全铝结构的外壳，使散热更充分，体积小、重量轻。便于安装携带。

② 采用先进的嵌入式、低功耗CPU主板及最新嵌入式技术，和相关外设接口集成在CPU主板上，减少了联接问题，可避免相关松动问题。

③ 嵌入式CPU主板采用单+5V或+12V直流供电方式，同时配有交流适配器，使现场

电源供电方式更丰富，供电更可靠。

④ 由于嵌入式主板的 CPU 采用 BGA（板载）封装方式，无需顾虑连接问题，并采用免风扇设计，使可靠性大大提高，彻底解决了传统工控机散热不足及寿命问题。

⑤ 对于客户安装时只需利用外接插口连接硬盘及内存即可使用，缩短了装机时间，提高了工作效率。

总之，嵌入式工控机采用先进的技术，从根本上解决了传统工控机无法解决的问题，使系统更稳定，结构更精悍。

（2）功能对比

传统工控机由 CPU 卡驱动无源底板上的相关接口卡，存在如下隐患。

① CPU 卡与相关外设卡之间的信号走线长，存在信号衰减与干扰（对于高精度信号采集行业影响更大）。

② 由于外设卡要插在无源底板上，受主板驱动能力的影响有时无法驱动更多的外设卡。

③ 传统工控机对于更先进的外设没有预留接口（如 AGP 槽，对于要求更高显示性能的要求无法实现，给客户带来不便，只能付出更高成本采用 PCI 显卡）。

传统工控机的优点如下。

① 扩展槽较多，提供传统 ISA、PCI 扩展。

② 传统的 ISA、PCI 设备价格便宜。

嵌入式工控机采用嵌入式主板，采用 PC104 或 PCI104 等扩展方式，系统优点如下。

① 嵌入式主板一般采用 PC104（相当于 IAS）、PCI104（相当于 PCI）、MIN PCI 等扩展形式，信号线更短，信号衰减与干扰更小，接插更牢固、可靠。

② PCI、ISA 桥芯片集成在主板上，系统驱动能力更强。

③ 嵌入式主板集成 DIO、TV-OUT、Audio、单双网口、多串口、多 USB 口等主流接口，为客户提供了更丰富的接口，使客户扩展更容易，成本更低。

④ LCD 接口是嵌入式主板的一大特色，它可以使用户直接连接液晶显示屏，比传统的 VGA 模式减少了 A/D 转换的麻烦，减少安全隐患。

⑤ 不仅可以用标准的操作系统，同时提供嵌入式操作系统：Windows CE、LINX 等，使系统更简洁、启动更快、稳定性更高，同时避免了意外关机造成的系统损坏等问题。

嵌入式工控机的缺点如下。

① 扩展性相对较弱，不提供传统 ISA 接口。

② PC104 等扩展设备价格较高。

总之嵌入式主板由于接口更丰富，接口更主流，为客户提供了很大的选择空间，降低了成本。

（3）性价比对比

传统工控机系统要由 CPU 卡和无源底板构成（两者必须同时使用）。

① CPU 卡＋无源底板的成本高。

② 故障率很高。

③ 维护成本很高。

④ 当采用不同厂家有价格优势产品的组合方式的，会存在兼容性问题且出现问题不好确定，售后不好保证（厂家相互推诿责任）。

⑤ 传统工控机市场竞争激烈，价格透明，使用户产品在市场的竞争力减弱。

总之，传统工控机给客户增加了采购成本，为了降低成本而采购不同厂家的产品导致无法保障售后等问题。

采用嵌入式工控机，不需要任何外设，其优点如下。

① 结构极其轻巧，可随身携带。

② 最新嵌入式技术，性能非常优越。

③ 故障极低，免维护。

④ 降低了采购成本，更不存在推诿售后的问题。

⑤ 降低综合成本，提高用户效益。

⑥ 促进用户设备品质，并提供 OEM 服务，使用户产品更具竞争力。

总之，嵌入式工控机性价比更高，免维护，售后服务更好。

### 2. 交通管理

在车辆导航、流量控制、信息监测与汽车服务方面，嵌入式系统技术已经获得了广泛的应用，内嵌 GPS 模块、GSM 模块的移动定位终端已经在各种运输行业获得了成功的使用。GPS 设备已经从尖端产品进入了普通百姓的家庭，只需要几千元，就可以随时随地找到你的位置。

智能交通系统（ITS）主要由交通信息采集、交通状况监视、交通控制、信息发布和通信 5 大子系统组成。各种信息都是 ITS 的运行基础，而以嵌入式为主的交通管理系统就像人体内的神经系统一样在 ITS 中起着至关重要的作用。嵌入式系统应用在测速雷达（返回数字式速度值）、运输车队遥控指挥系统、车辆导航系统等方面。在这些应用系统中能对交通数据进行获取、存储、管理、传输、分析和显示，以提供给交通管理者或决策者对交通状况进行决策和研究。

智能交通系统对产品的要求比较严格，而嵌入式系统产品的各种优势都可以非常好地符合要求。嵌入式一体化的智能化产品在智能交通领域内的应用已得到越来越多人的认同。

在智能交通的各类管理系统中，一般都要求系统能够在无人值守的状态下 24 小时不间断运行，对产品工作的稳定性要求很高，更不允许出现死机的现象，嵌入式产品的工作稳定特性正好适应这方面的严格要求。

嵌入式系统一般都是一体化形式设计的，在结构设计、功能模块设计中都充分考虑了对环境的适应能力。结构简单、元器件数量少、封闭式设计都使其比微机甚至于高档工控机的环境适应能力强得多。这一特性在智能交通管理系统中也可以得到充分的发挥。智能交通管理系统中使用的绝大部分设备都运行在室外，甚至于野外环境中，必须考虑到设备在冬季严寒、夏季酷热、南方潮湿、西北尘沙等恶劣气候和环境下能否保证正常稳定地工作，环境适应能力强将是智能交通系统设备选型工作中首先必须考虑的重要因素之一。而这正是嵌入式一体化产品的特点之一。

ITS 中的车辆监控系统、车载 GPS 导航产品、机顶盒电子地图等许多系统都使用的是嵌入式技术。

“电子警察”亦是嵌入式系统的典型应用。在该系统中，当车辆闯红灯时，地感线圈感应到车辆信号，检测器被触发，并给嵌入式系统发出一个信号，由信号灯控制器在发出“红灯”信号的同时也给计算机发出另一信号；两者同时具备时，嵌入式系统给摄像机发出一个控制信号。照相机动作，拍摄违章车辆图像。车辆经过检测线圈时，嵌入式系统检测车速，同时记录闯红灯时间。

嵌入式系统处理器运行速度高，能满足高速处理图像数据的要求。嵌入式系统可以根据数字化后的车辆灰度图像，对车辆颜色进行提取和识别，对车牌类型进行分类，对车辆字符进行识别。车辆字符识别系统包括图像二值转换，图像差分、滤波与平滑，车牌定位与旋转，字符切割，字符识别，车牌颜色提取与识别和车牌分类等功能模块。违章车辆速度和颜色、闯红灯时间、违章车辆类型和经过识别的车牌字符等信息，由嵌入式系统以数据信号形式发送给无线接入装置。无线接入装置把这些数据传给 Internet，Internet 再把这些数据传给交通管理系统数据中心。交通管理系统可以及时得到违章车辆信息，从而更好地对交通系统进行管理，保证交通管理系统正常运作。

“GPS 车辆监控系统”基于无线通信正常工作，通信子系统在中心站和各子站之间提供传输信息的必要条件。各子站配备的 GPS 接收机用以获取自己当前的位置、时间等信息，经差分修正后通过通信链路时向中心站发送状态和位置等信息；在中心站，系统配备的 GPS 接收机（基准 GPS 接收机）用以求解关于一定区域的差分修正信息并在指定时间发送给子站，无线接收机定时接收各子系统的位置信息，并通过通信控制器送往电子地图（监控子系统是由基于电子地图的监控软件构成），显示各子站的运动轨迹。

系统由监控软件实现对各子站的状态监控，并可利用无线通信对各子站进行调度指挥。这样就实现了对各子站的监控管理。在监控中心可以采取两种工作方式：主动查询方式和被动显示车辆信息方式。在查询方式下，子站只在查询时发送自身的数据；被动显示方式下，中心站定时接收各子站的位置及状态等相关信息。因此，此系统在 ITS 系统中的应用使整个交通系统的通行能力大有提高，也减少了车辆的堵塞时间，节省了能源，减少了交通造成的污染，该系统无疑对交通系统是一个巨大贡献。

为实现我国交通信息化的预期目标，最大限度地为社会公众提供优质服务，减少交通事故，提高工作效率，嵌入式系统在 ITS 中的应用势必在全国推广。这样，就可以更充分发挥出现有交通基础设施的潜力，改善交通安全、提高运输效率、经济效益，减少事故、违章等现象，为建立更和谐的社会做出巨大贡献。

### 3．信息家电

信息家电将成为嵌入式系统最大的应用领域，冰箱、空调等的网络化、智能化将引领人们的生活步入一个崭新的空间。即使你不在家里，也可以通过电话、网络进行远程控制。在这些设备中，嵌入式系统将大有用武之地。

嵌入式系统开始全面进入信息家电时代，处理的对象包括文字、图片、音乐、电视、电影等多媒体内容，嵌入式系统不仅要求具备一定的媒体处理能力，而且还需要拥有丰富的外部接口和一定的网络通信能力。此时，伴随着信息家电嵌入式系统的广泛应用，其软件架构也基本成型。

信息家电的嵌入式系统软件架构主要由系统核心层及一些可根据功能需要进行定制的系统模块组成。同时，系统功能模块需要在该系统核心底层配置相应的驱动以及在系统核心上层提供应用环境。这些系统核心、驱动、中间件以及应用环境开发即构成为信息家电嵌入式系统软件开发的主要组成部分。

从软件的层次架构来看，整个系统软件由低到高分为：系统引导层、驱动层、核心层、支持层、中间层以及应用层。系统引导层是该软件架构中最低的一层，完成系统在初始上电启动过程的硬件初始化和引导系统核心的作用。良好的引导代码能够快速而可靠地引导系统启动，同时也能在产品开发过程为开发人员带来诸多便利。硬件驱动层是连接硬件与应用程序的桥梁。系统核心层，即操作系统是整个系统调度与管理的核心单元，也是系统硬件驱动的聚集单元，其稳定性、尺寸大小等将直接影响整个系统的性能、成本以及开发弹性。在信息家电产品兴起后，主流的硬件平台主要包括 X86、ARM、68k、MIPS 等处理器。

目前在信息家电嵌入式系统产品中，最主要的操作系统包括：Linux、WinCE、Palm OS 等。

信息家电通常涉及的中间层应用较多，例如：数字电视 EPG、数字版权保护 CA、可录时移 PVR、网络应用 P2P、网络服务 HTTP、媒体版权 DRM、Java 扩展、媒体点播 VoD 等。这些应用是信息家电嵌入式系统软件的重要组成部分。在中间层基础上，信息家电可以为家庭用户提供网络服务、媒体播放、娱乐服务以及事务处理等传统家电所不具有的应用服务。

#### 4. 家庭智能管理

水、电、煤气表的远程自动抄表，安全防火、防盗系统，其中嵌入的专用控制芯片将代替传统的人工检查，并实现更高、更准确和更安全的性能。在服务领域，如远程点菜器等已经体现了嵌入式系统的优势。

“智能家庭管理系统”是基于智能家庭能源管理系统发展的新一代家居生活智能化系统。智能家庭能源管理系统的核心是能源管理，这套系统建立在高速通信技术、智能采集技术、智能交互终端技术的基础上，解决能源供应方与用户之间的实时交互响应，与能源供应方实现信息交互与营销互动，用户侧能源应用智能化管理可以将能源供应方与用户紧密联系起来，有效解决了能源营销与末端用户的沟通和管理问题。

该系统主要是对电表、气表、水表数据进行监控，让用户更好地节约能源，以及实现部分的家庭自动化管理。而智能家庭管理系统在智能家庭能源管理系统的基础上，提出了家庭能源管理、家庭自动化、家庭娱乐、家庭安全四位一体的全方位智能化应用。

“智能家庭管理系统”主要由数据中心、智能交互终端（IHD）、智能插座、智能电表、智能水表、智能气表、智能热表、智能家电、家庭智能安防设备、智能家居设备、物业管理服务系统等构成。

数据中心：是智能家庭信息管理中心，可对智能电表、智能水表、智能气表、智能热表、智能交互终端等设备进行统一管理。通过对以上设备的远程采集，实现对能源数据的统一管理、统计分析、异常监控、用户互动、增值服务等各种功能，并可帮助公共事业公司平衡能源的供求。同时，为物业服务中心提供信息发布平台，为用户提供对家庭远程能源管理、安全管理、家庭自动化应用、家庭娱乐应用等服务。

智能交互终端：是本系统的核心平台，是整个系统的信息传输枢纽。承担着对家庭内部能源数据采集、数据存储、数据管理分析，对家庭各种设备自动化应用，家庭安全处理，与数据中心进行互动、接受社区服务信息等功能，同时为用户提供人机界面。

智能插座：智能插座可以测量当前所接电器设备的电流、电压、功率、功率因素，总电量等用电信息，并可通过无线的方式将数据提供给智能交互终端。智能插座具有电源远程通断功能，可以在智能终端设置定时通断电时间，实现根据实际需要调节电器工作时间与休息时间，实现对各类电器设备用电的智能管理。智能插座是实现用电用户按需用电的主要配套设备。

智能电表：是智能用电的核心模块，相较于普通的电表，智能电表能够提供更多的电力使用情况细节。包括双向计量、电价实时结算、数据冻结、用电异常记录、预付费、通/断电等功能，是智能电网用户侧实施的主要支撑。

智能水表：支持用水数据远程采集，可通过无线的方式将数据提供给智能交互终端，方便远程结算和用户查询历史数据。

智能气表：支持用气数据远程采集，可通过无线的方式将数据提供给智能交互终端，方便远程结算和用户查询历史数据。

智能热表：支持用热数据远程采集，可通过无线的方式将数据提供给智能交互终端，方便远程结算和用户查询历史数据。

智能家电：智能家电内嵌通信模块，可通过无线方式与智能交互终端直接通信，通过智能交互终端可对智能家电设备进行远程运行控制，也可配置运行方案，实现家庭自动化应用。

家庭智能安防设备：包括门禁、入侵探测器、火灾探测器、燃气泄漏探测器等设备。当此类设备被触发时，可自动通过无线方式上报给智能交互终端进行处理，从而实现在第一时间发现并排除危险，提高居住环境的安全性。

智能家居设备：包括窗帘系统、音响系统、温度调节系统等设备。用户可根据生活习惯通过智能交互终端配置智能家居设备运行方案，提高家庭生活环境舒适性。

物业管理服务系统：可提供包括能源供应信息发布、物业服务信息、社区服务信息、公共政策宣传、生活资讯信息等物业服务内容。用户可通过智能交互终端、网络电视机、电脑等设备查阅相关信息。

信息交互是智能家庭管理系统的核心业务内容，信息交互的实时、高效是该系统的基本要求。因而，高速通信技术是智能小区与智能家庭能源管理系统的基础保障。为获得高速、稳定、可靠的通讯网络，可采用 EPON 技术作为远程通信的主要方式。这种通信方式的主要优点在于低成本、高带宽、扩展性强、灵活快速的服务重组、与现有以太网的兼容性、方便管理等。而在家庭本地网络根据需要可采用 RF/ZigBee/Wi-Fi/PLC/Wmbus（通讯接口模块化设计，可互换）。

“智能家庭管理系统”部署一套系统主站，一个统一的通信接入平台，直接采集系统范围内的所有现场计量设备以及与智能交互终端进行通信，集中处理信息采集、数据存储和业务应用。用户可通过手机、互联网、家庭智能交互终端统一登录到系统主站，根据各自权限访问数据和执行规定范围内的运行管理职能。

#### 5．其他应用领域

（1）POS 网络

公共交通无接触智能卡（Contactless Smart Card，CSC）发行系统、公共电话卡发行系统、自动售货机、各种智能 ATM 终端将全面走入人们的生活，到时手持一卡就可以行遍天下。

（2）环境工程与自然

水文资料实时监测，防洪体系及水土质量监测、堤坝安全，地震监测网，实时气象信息网，水源和空气污染监测。在很多环境恶劣、地况复杂的地区，嵌入式系统将实现无人监测。

（3）机器人

嵌入式芯片的发展将使机器人在微型化、高智能方面的优势更加明显，同时会大幅度降低机器人的价格，使其在工业领域和服务领域获得更广泛的应用。

综上所述，嵌入式系统技术日益完善，嵌入式操作系统已经从简单走向成熟。嵌入式系统已由原先单一的、非实时的控制系统发展成多元的、实时控制系统。嵌入式系统的性能越来越完善，使得它的应用涉及很多领域。因此，嵌入式技术俨然成为物联网发展的重要基石。

### 3.1.3 嵌入式系统的定义

美国电气和电子工程师学会（Institute of Electrical and Electronics Engineers，IEEE）对嵌入式系统的定义是:“用于控制、监视或者辅助操作机器和设备的装置”。原文为: Devices Used to Control，Monitor or Assist the Operation of Equipment，Machinery or Plants。

嵌入式系统是一种专用的计算机系统，作为装置或设备的一部分。通常，嵌入式系统是一个控制程序，存储在 ROM 中的嵌入式处理器控制板。事实上，所有带有数字接口的设备，如手表、微波炉、录像机、汽车等，都使用嵌入式系统，有些嵌入式系统还包含操作系统。从应用对象上加以定义，嵌入式系统是软件和硬件的综合体，还可以涵盖机械等附属装置。

在嵌入式系统行业内普遍认同的嵌入式系统定义为：以应用为中心，以计算机控制系统为基础，并且软硬件可裁剪，适应于应用系统对功能、可靠性、成本、体积、功耗等严格要求的专用计算机系统。

### 3.1.4 嵌入式系统的特点

嵌入式系统通常由特定功能模块和计算机控制模块组成，主要由嵌入式微处理器、外围硬件设备、嵌入式操作系统以及用户应用软件等部分组成。它具有“嵌入性”“专用性”“计算机系统”3 个基本要素。嵌入式系统的特点有以下几点。

（1）嵌入式系统通常是面向特定应用的。嵌入式 CPU 与通用型的最大不同就是嵌入式 CPU 大多工作在为特定用户群设计的系统中，它通常都具有低功耗、体积小、集成度高等特点，能够把通用 CPU 中许多由板卡完成的任务集成在芯片内部，从而有利于嵌入式系统设计趋于小型化，移动能力大大增强，与网络的耦合也越来越紧密。

（2）嵌入式系统是将先进的计算机技术、半导体技术和电子技术与各个行业的具体应用相结合后的产物。这一点就决定了它必然是一个技术密集、资金密集、高度分散、不断创新的知识集成系统。

（3）嵌入式系统的硬件和软件都必须高效率地设计，量体裁衣、去除冗余，力争在同样的硅片面积上实现更高的性能，这样才能在具体应用中对处理器的选择更具有竞争力。

（4）嵌入式系统和具体应用有机地结合在一起，它的升级换代也是和具体产品同步进行，因此嵌入式系统产品一旦进入市场，就具有较长的生命周期。

（5）为了提高执行速度和系统可靠性，嵌入式系统中的软件一般都固化在存储器芯片或单片机本身中，而不是存储于磁盘等载体中。

（6）嵌入式系统本身不具备自主开发能力，即使设计完成以后用户通常也是不能对其中的程序功能进行修改的，必须有一套开发工具和环境才能进行开发。

嵌入式系统的核心是嵌入式微处理器。嵌入式微处理器一般具备以下 4 个特点。

（1）对实时多任务有很强的支持能力，能完成多任务并且有较短的中断响应时间，从而使内部的代码和实时内核心的执行时间减少到最低限度。

（2）具有功能很强的存储区保护功能。这是由于嵌入式系统的软件结构已模块化，而为了避免在软件模块之间出现错误的交叉作用，需要设计强大的存储区保护功能，同时也有利于软件诊断。

（3）可扩展的处理器结构，以便能最迅速地开发出满足应用的最高性能的嵌入式微处理器。

（4）嵌入式微处理器必须功耗很低，尤其是用于便携设备。

### 3.1.5 嵌入式系统的体系结构

嵌入式系统是一类特殊的计算机系统，一般包括硬件设备、嵌入式操作系统、应用软件。它们之间的关系如图 3-1 所示。

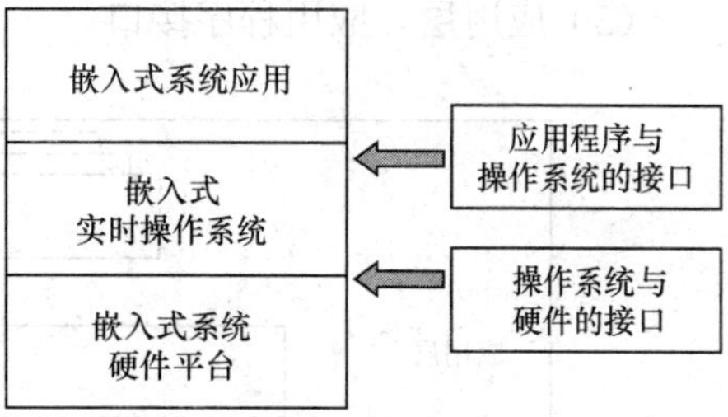

图 3-1 嵌入式系统的体系结构

#### 1. 硬件平台

嵌入式系统的硬件由嵌入式处理器、外围电路和外部设备三大部分所组成，如图 3-2 所示。

（1）嵌入式处理器包括：嵌入式微处理器（MPU）、微控制器（MCU）、数字信号处理器（DSP）。

（2）外围电路包括：各式存储器（RAM、ROM、FLASH）、时钟电路、各种 I/O 接口电路、调试接口（JTAG、BDM 等）。

（3）外部设备包括：存储卡（CF、SD 卡）、LCD 屏、触摸屏、手写笔、键盘等。

经过不断地发展，嵌入式系统原有的 3 层结构逐步演化成为 4 层结构。

这个新增加的中间层称为硬件抽象层（Hardware Abstraction Layer，HAL），有时也称为板级支持包（Board Support Package，BSP），位于操作系统和硬件之间，包含了操作系统中与硬件相关的大部分功能，如图 3-3 所示。它能够通过特定的上层接口与操作系统进行交互，向操作系统提供底层硬件信息，并根据操作系统的要求完成对硬件的直接操作。

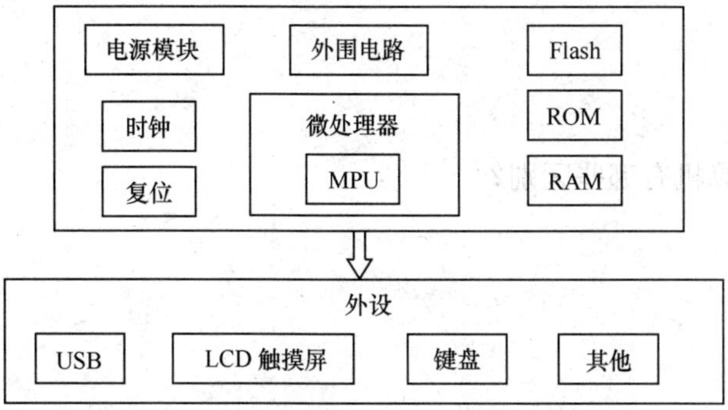

图 3-2 嵌入式系统的硬件平台

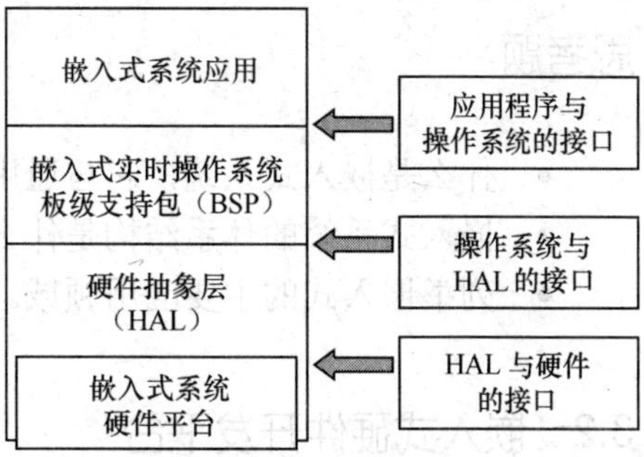

图 3-3 完善的嵌入式系统体系结构

板级支持包是介于主板硬件和操作系统中驱动层程序之间的一层，一般认为它属于操作系统的一部分，主要是实现对操作系统的支持，为上层的驱动程序提供访问硬件设备寄存器的函数包，使之能够更好地运行于硬件主板。

#### 2. 软件平台

软件部分包括嵌入式操作系统以及相应的各种应用程序。

嵌入式操作系统是一种支持嵌入式系统应用的操作系统软件，具有编码体积小、面向应用、可裁剪和移植、实时性强、可靠性高、专用性强等特点，如图 3-4 所示。嵌入式 OS 通常包括 3 层结构。

（1）驱动层。硬件相关的底层驱动软件和设备驱动接口，如 LCD、触摸屏的驱动及接口、视频、音频。

（2）操作系统层。系统内核（基本模块），扩展模块（可裁剪）。

（3）应用层。应用程序接口。

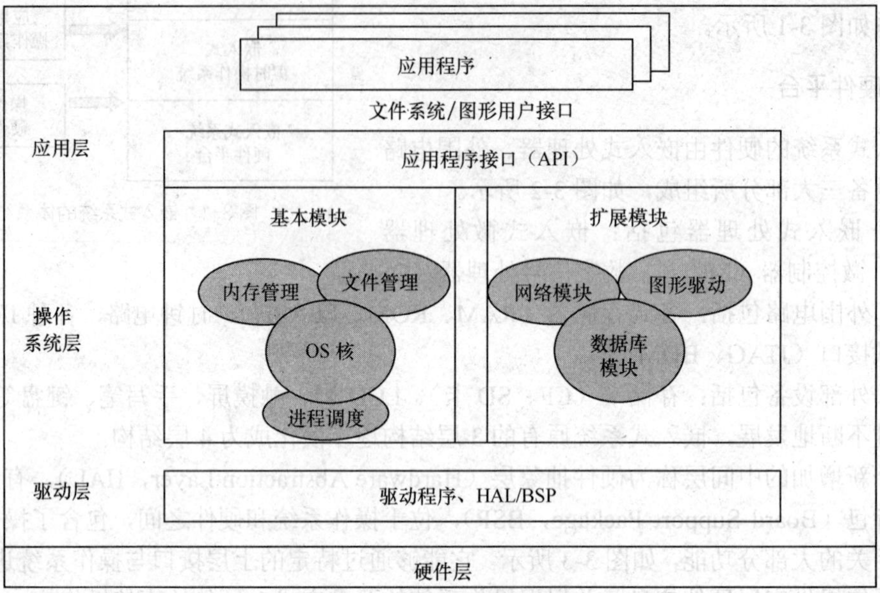


图 3-4　嵌入式系统的软件平台

## 思考题

- 什么是嵌入式系统，它与通用计算机有哪些区别？
- 嵌入式系统的体系结构是什么？
- 列举嵌入式的主要应用领域。

## 3.2 嵌入式硬件开发平台

### 3.2.1 嵌入式处理器简介

嵌入式系统硬件层的核心是嵌入式微处理器，嵌入式微处理器与通用 CPU 最大的不同在于嵌入式微处理器大多工作在为特定用户群专用设计的系统中，它将通用 CPU 许多由板卡完成的任务集成在芯片内部，从而有利于嵌入式系统在设计时趋于小型化，同时还具有很高的效率和可靠性。

嵌入式微处理器的体系结构可以采用冯•诺依曼体系或哈佛体系结构；指令系统可以选用精简指令系统（Reduced Instruction Set Computer，RISC）和复杂指令系统 CISC（Complex Instruction Set Computer，CISC）。RISC 计算机在通道中只包含最有用的指令，确保数据通道快速执行每一条指令，从而提高了执行效率并使 CPU 硬件结构设计变得更为简单。

嵌入式微处理器有各种不同的体系，即使在同一体系中也可能具有不同的时钟频率和数据总线宽度，或集成了不同的外设和接口。据不完全统计，全世界嵌入式微处理器已经超过 1000 多种，体系结构有 30 多个系列，其中主流的体系有 ARM、MIPS、PowerPC、X86 和 SH 等。但与全球 PC 市场不同的是，没有一种嵌入式微处理器可以主导市场，仅以 32 位的产品而言，就有 100 种以上的嵌入式微处理器。嵌入式微处理器的选择是根据具体的应用而决定的。

### 1. 嵌入式 RISC 微处理器

RISC 是精简指令集计算机，RISC 把着眼点放在如何使计算机的结构更加简单和如何使计算机的处理速度更加快速。RISC 选取了使用频率更高的简单指令，抛弃复杂指令，固定指令长度，减少指令格式和寻址方式，不用或少用微码控制。这些特点使得 RISC 非常适合嵌入式处理器。

嵌入式微控制器将整个计算机系统或者一部分集成到一块芯片中。嵌入式微控制器一般以某一种微处理器内核为核心，比如以 MIPS 或 ARM 核为核心，在芯片内部集成 ROM、RAM、内部总线、定时/计数器、看门狗、I/O 端口、串行端口等各种必要的功能和外设。

与嵌入式微处理器相比，嵌入式微控制器的最大特点是单片化，实现同样功能时系统的体积大大减小。嵌入式微控制器的品种和数量较多，比较有代表性的通用系列包括 Atmel 公司的 AT91 系列、Samsung 公司的 S3C 系列、Marvell 公司的 PXA 系列等。

### 2. 嵌入式 CISC 微处理器

CISC 是复杂指令集计算机，它包含更丰富的指令集，但许多指令使用频率并不高。嵌入式微处理器的基础是通用计算机中的 CPU 在不同应用中将微处理器装配在专门设计的电路板上，只保留和嵌入式应用有关的功能，这样可以大幅度减小系统体积和功能。嵌入式微处理器目前主要由 Intel 公司的 X86 系列、Motorola 公司的 68k 系列等。表 3-1 所示描述了 RISC 与 CISC 的主要区别。

**表 3-1　RISC 与 CISC 的主要特征对比**

| 比较内容 | RISC | CISC |
|---|---|---|
| 指令系统 | 简单，精简 | 复杂，庞大 |
| 指令数目 | 一般小于 100 条 | 一般大于 200 条 |
| 指令格式 | 一般小于 4 种 | 一般大于 4 种 |
| 寻址方式 | 一般小于 4 种 | 一般大于 4 种 |
| 指令字长 | 等长 | 不固定 |
| 可访存指令 | 只有 LOAD/STORE 指令 | 不加限制 |
| 各种指令使用频率 | 相差不大 | 相差很大 |
| 各种指令执行时间 | 绝大多数在一个周期内完成 | 指令长度不固定，执行可能需要多个周期 |
| 优化编译实现 | 较容易 | 很难 |
| 程序源代码长度 | 较长 | 较短 |
| 控制器实现方式 | 绝大多数为硬布线控制 | 绝大多数为微程序控制 |
| 软件系统开发时间 | 较长 | 较短 |

### 3.2.2 ARM 处理器介绍

#### 1. ARM 发展史

ARM 处理器是 Acorn 计算机有限公司面向低预算市场设计的第一款 RISC 微处理器，更早称作 Acorn RISC Machine。

1978 年 12 月 5 日，物理学家 Hermann Hauser 和工程师 Chris Curry 在英国剑桥创办了 CPU 公司（Cambridge Processing Unit），主要业务是为当地市场供应电子设备。1979 年，CPU 公司改名为 Acorn 计算机公司。

起初，Acorn 公司打算使用摩托罗拉公司的 16 位芯片，但是发现这种芯片太慢也太贵。"一台售价 500 英镑的机器，不可能使用价格 100 英镑的 CPU！"他们转而向 Intel 公司索要 80286 芯片的设计资料，但是遭到拒绝，于是被迫自行研发。

1985 年，Roger Wilson 和 Steve Furber 设计了他们自己的第一代 32 位、6MHz 的处理器，用它做出了一台 RISC 指令集的计算机，简称 ARM（Acorn RISC Machine）。这就是 ARM 这个名字的由来。

RISC 支持的指令比较简单，所以功耗小、价格便宜，特别合适移动设备。早期使用 ARM 芯片的典型设备，就是苹果公司的牛顿 PDA。

20 世纪 80 年代后期，ARM 很快开发成 Acorn 的台式机产品，形成英国的计算机教育基础。

1990 年 11 月 27 日，Acorn 公司正式改组为 ARM 计算机公司。苹果公司出资 150 万英镑，芯片厂商 VLSI 出资 25 万英镑，Acorn 本身则以 150 万英镑的知识产权和 12 名工程师入股。

20 世纪 90 年代，ARM 32 位嵌入式 RISC 处理器扩展到世界范围，占据了低功耗、低成本和高性能的嵌入式系统应用领域的领先地位。ARM 公司既不生产芯片也不销售芯片，它只出售芯片技术授权。

ARM 处理器是一个 32 位元精简指令集（RISC）处理器架构，其广泛地使用在许多嵌入式系统设计。

微软在 2012 年 10 月 26 日发布的 Windows 8 操作系统也支持 ARM 系列处理器。在同一天发布的 ARM 架构版本微软 Surface（搭载 Windows RT 操作系统）中，微软已经采用了 ARM 处理器，这款产品或许意味着 Windows 平板电脑已经成为现实。

#### 2. ARM 处理器特点

ARM 处理器的三大特点是：耗电少功能强，16 位/32 位双指令集，合作伙伴众多。

（1）体积小、低功耗、低成本、高性能。

（2）支持 Thumb（16 位）/ARM（32 位）双指令集，能很好地兼容 8 位/16 位器件。

（3）大量使用寄存器，指令执行速度更快。

（4）大多数数据操作都在寄存器中完成。

（5）寻址方式灵活简单，执行效率高。

（6）指令长度固定。

ARM 处理器具有高性能、低成本和低功耗的特点，使其适用于嵌入式控制、消费/教育类多媒体、DSP 和移动式应用等领域，ARM 已成为移动通信、手持计算和多媒体数字消费等嵌入式解决方案的RISC实际标准。

### 3. ARM处理器系列

ARM处理器的产品分为多个系列，包括ARM7系列、ARM9系列、ARM9E系列、ARM10E系列、SecurCore系列、StrongARM、ARM11系列和Xscale等。

其中，ARM7、ARM9、ARM9E和ARM10为4个通用处理器系列，每一个系列提供一套相对独特的性能来满足不同应用领域的需求。SecurCore系列专门为安全要求较高的应用而设计。

ARM公司在经典处理器ARM11以后的产品改用Cortex命名，并分成A、R和M三类，旨在为各种不同的市场提供服务。表3-2描述比较了ARM主要系列的特点。

表3-2 **ARM主要系列特点比较**

| 家族 | 架构 | 内核 | 特色 | 调整缓存（I/D）/MMU | 常规MIPS，MHz |
|---|---|---|---|---|---|
| ARM9TDMI | ARMv4T | ARM9TDMI | 五级流水线 | 无 | |
| | | ARM920T | | 16KB/16KB，MMU | 200MIPS@180MHz |
| | | ARM922T | | 8KB/8KB，MMU | |
| | | ARM940T | | 4KB/4KB，MPU | |
| ARM9E | ARMv5TE | ARM946E-S | | 可变动，tightly coupled memories，MPU | |
| | | ARM966E-S | | 无高速缓存，TCMs | |
| | | ARM968E-S | | 无高速缓存，TCMs | |
| | ARMv5TEJ | ARM926EJ-S | Jazelle DBX | 可变动，TCMs，MMU | 220MIPS@200MHz |
| | ARMv5TE | ARM996HS | 无振荡器处理器 | 无高速缓存，TCMs，MPU | |
| ARM10E | ARMv5TE | ARM1020E | VFP，六级流水线 | 32KB/32KB，MMU | |
| | | ARM1020E | VFP | 16KB/16KB，MMU | |
| | ARMv5TEJ | ARM1026EJ-S | Jazelle DBX | 可变动，MMU or MPU | |
| ARM11 | ARMv6 | ARM1136（F）-S | SIMD，Jazelle DBX，VFP，八级流水线 | 可变动，MMU | 从350MHz到1GHz |
| | ARMv6T2 | ARM1156T2（F）-S | SIMD，Thumb-2 VFP，九级流水线 | 可变动，MPU | |
| | ARMv6KZ | ARM1176JZ（F）-S | SIMD，Jazelle DBX，VFP | 可变动，MMU+Trust Zone | |
| | ARMv6K | ARM11 MPCore | 1-4核对称多处理器，SIMD，Jazelle DBX，VFP | 可变动，MMU | |

续表

| 家族 | 架构 | 内核 | 特色 | 调整缓存（I/D）/MMU | 常规 MIPS，MHz |
| --- | --- | --- | --- | --- | --- |
| Cortex | ARMv7-A | Cortex-A8 | Application profile，VFP，NEON，Jazelle RCT，Thumb-2，13-stage pipeline | 可变动（L1+L2），MMU+TrustZone | up to 2000（2.0 DMIPS/MHz 从 600MHz 到超过 1GHz 的速度） |
| | ARMv7-R | Cortex-R4（F） | Embedded profile，FPU | 可变动高速缓存，MMU 可选配 | 600DMIPS |
| | ARMv7-M | Cortex-M3 | Microcontroller profile | 无高速缓存，MPU | 120IPS@100MHz |

### 4．ARM 体系结构

（1）体系结构

RISC 结构优先选取使用频率最高的简单指令，避免复杂指令；将指令长度固定，指令格式和寻址方式种类减少；以控制逻辑为主，不用或少用微码控制等。

RISC 体系结构应具有如下特点。

① 采用固定长度的指令格式，指令归整、简单，基本寻址方式有 2～3 种。

② 使用单周期指令，便于流水线操作执行。

③ 大量使用寄存器，数据处理指令只对寄存器进行操作，只有加载/存储指令可以访问存储器，以提高指令的执行效率。

除此以外，ARM 体系结构还采用了一些特别的技术，在保证高性能的前提下尽量缩小芯片的面积，并降低功耗。

① 所有的指令都可根据前面的执行结果决定是否被执行，从而提高指令的执行效率。

② 可用加载/存储指令批量传输数据，以提高数据的传输效率。

③ 可在一条数据处理指令中同时完成逻辑处理和移位处理。

④ 在循环处理中使用地址的自动增减来提高运行效率。

（2）寄存器结构

ARM 处理器共有 37 个寄存器，被分为若干个组（BANK），这些寄存器包括两种。

① 31 个通用寄存器，包括程序计数器（PC 指针），均为 32 位的寄存器。

② 6 个状态寄存器，用以标识 CPU 的工作状态及程序的运行状态，均为 32 位，只使用了其中的一部分。

（3）指令结构

ARM 微处理器在较新的体系结构中支持两种指令集：ARM 指令集和 Thumb 指令集。其中，ARM 指令为 32 位的长度，Thumb 指令为 16 位长度。Thumb 指令集为 ARM 指令集的功能子集，但与等价的 ARM 代码相比较，可节省 30%～40%的存储空间，同时具备 32 位代码的所有优点。

（4）体系结构扩充

当前 ARM 体系结构的扩充包括：

① Thumb 16 位指令集，为了改善代码密度。

② DSP 应用的算术运算指令集。

③ Jazeller 允许直接执行 Java 字节码。

（5）解决方案

ARM 处理器系列提供的解决方案有：

① 无线、消费类电子和图像应用的开放平台。

② 存储、自动化、工业和网络应用的嵌入式实时系统。

③ 智能卡和 SIM 卡的安全应用。

### 5．ARM 处理器主要工作模式

ARM 处理器的主要工作模式包括如下 7 种。

（1）用户模式（usr）。ARM 处理器正常的程序执行状态。

（2）系统模式（sys）。运行具有特权的操作系统任务。

（3）快中断模式（fiq）。支持高速数据传输或通道处理。

（4）管理模式（svc）。操作系统保护模式。

（5）数据访问终止模式（abt）。用于虚拟存储器及存储器保护。

（6）中断模式（irq）。用于通用的中断处理。

（7）未定义指令终止模式（und）。支持硬件协处理器的软件仿真。

除用户模式外，其余 6 种模式称为非用户模式或特权模式；用户模式和系统模式之外的 5 种模式称为异常模式。ARM 处理器的运行模式可以通过软件改变，也可以通过外部中断或异常处理改变。

### 6．应用选型

（1）ARM 微处理器内核的选择从前面所介绍的内容可知，ARM 微处理器包含一系列的内核结构，以适应不同的应用领域，用户如果希望使用 WinCE 或标准 Linux 等操作系统以减少软件开发时间，就需要选择 ARM720T 以上带有 MMU（Memory Management Unit）功能的 ARM 芯片，ARM720T、ARM920T、ARM922T、ARM946T、Strong-ARM 都带有 MMU 功能。

而 ARM7TDMI 则没有 MMU，不支持 Windows CE 和标准 Linux，但目前有 uCLinux 等不需要 MMU 支持的操作系统可运行于 ARM7TDMI 硬件平台之上。事实上，uCLinux 已经成功移植到多种不带 MMU 的微处理器平台上，并在稳定性和其他方面都有比较好的表现。

（2）系统的工作频率在很大程度上决定了 ARM 微处理器的处理能力。ARM7 系列微处理器的典型处理速度为 0.9MIPS/MHz，常见的 ARM7 芯片系统主时钟为 20～133MHz，ARM9 系列微处理器的典型处理速度为 1.1MIPS/MHz，常见的 ARM9 的系统主时钟频率为 100～233MHz，ARM10 最高可以达到 700MHz。

不同芯片对时钟的处理不同，有的芯片只需要一个主时钟频率，有的芯片内部时钟控制器可以分别为 ARM 核和 USB、UART、DSP、音频等功能部件提供不同频率的时钟。

（3）大多数的 ARM 微处理器片内存储器的容量都不太大，需要用户在设计系统时外扩存储器，但也有部分芯片具有相对较大的片内存储空间，如 ATMEL 的 AT91F40162 就具有高达 2MB 的片内程序存储空间，用户在设计时可考虑选用这种类型，以简化系统的设计。

（4）片内外围电路的选择除 ARM 微处理器核以外，几乎所有的 ARM 芯片均根据各自不同的应用领域，扩展了相关功能模块，并集成在芯片之中，我们称之为片内外围电路，如 USB 接口、IIS 接口、LCD 控制器、键盘接口、RTC、ADC 和 DAC、DSP 协处理器等，设计者应分析系统的需求，尽可能采用片内外围电路完成所需的功能，这样既可简化系统的设计，又可提高系统的可靠性。

### 3.2.3 S3C2410 处理器介绍

S3C2410 处理器是 Samsung 公司基于 ARM 公司的 ARM920T 处理器核，采用 FBGA 封装，采用 0.18um 制造工艺的 32 位微控制器。该处理器拥有：独立的 16KB 指令 Cache 和 16KB 数据 Cache、MMU、支持 TFT 的 LCD 控制器、NAND 闪存控制器、3 路 UART、4 路 DMA、4 路带 PWM 的 Timer、I/O 口、RTC、8 路 10 位 ADC、Touch Screen 接口、IIC-BUS 接口、IIS-BUS 接口、2 个 USB 主机、1 个 USB 设备、SD 主机和 MMC 接口、2 路 SPI。S3C2410 处理器最高可运行在 203MHz。

核心板的尺寸仅相当于名片的 2/3 大小。开发商可以充分发挥想象力，设计制造出小体积、高性能的嵌入式应用产品。下面列举了 S3C2410 的主要功能单元。

① 内部 1.8V，存储器 3.3V，外部 I/O3.3V，16KB 数据 Cache，16KB 指令 Cache，MMU。

② 内置外部存储器控制器（SDRAM 控制和芯片选择逻辑）。

③ LCD 控制器，一个 LCD 专业 DMA。

④ 4 个带外部请求线的 DMA。

⑤ 3 个通用异步串行端口（IrDA1.0，16-Byte Tx FIFO and 16-Byte Rx FIFO），2 通道 SPI。

⑥ 一个多主 I2C 总线，一个 I2S 总线控制器。

⑦ SD 主接口版本 1.0 和多媒体卡协议版本 2.11 兼容。

⑧ 两个 USB HOST，一个 USB DEVICE（VER1.1）。

⑨ 4 个 PWM 定时器和一个内部定时器。

⑩ 看门狗定时器。

⑪ 117 个通用 I/O。

⑫ 56 个中断源。

⑬ 24 个外部中断。

⑭ 电源控制模式：标准、慢速、休眠、掉电。

⑮ 8 通道 10 位 ADC 和触摸屏接口。

⑯ 带日历功能的实时时钟。

⑰ 芯片内置 PLL。

⑱ 设计用于手持设备和通用嵌入式系统。

⑲ 16/32 位 RISC 体系结构，使用 ARM920T CPU 核的强大指令集。

⑳ 带 MMU 的先进的体系结构支持 WinCE、EPOC32、Linux。

㉑ 指令缓存（Cache）、数据缓存、写缓存和物理地址 TAG RAM，减小了对主存储器带宽和性能的影响。

㉒ ARM920T CPU 核支持 ARM 调试的体系结构。

㉓ 内部先进的位控制器总线（AMBA）（AMBA2.0，AHB/APB）。

图 3-5 为 S3C2410X 系统结构图。

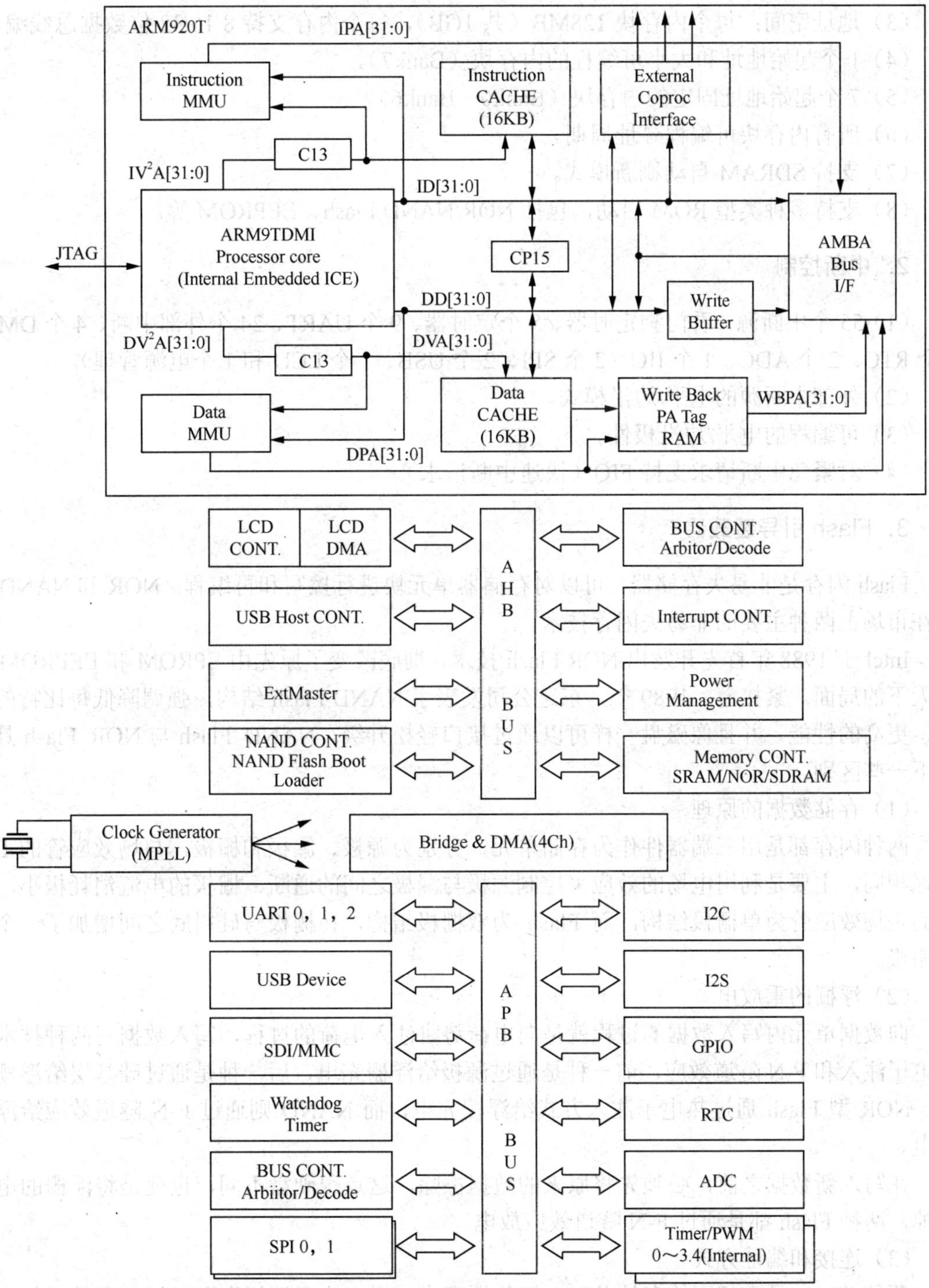


图 3-5　S3C2410X 系统结构图

### 1. 系统管理器

（1）支持大端/小端模式。

（2）8 个内存块：6 个用于 ROM、SRAM 及其他，2 个用于 ROM/SRAM/SDRAM。

（3）地址空间：每个内存块128MB（共1GB），每个内存支持8/16/32位数据总线编程。

（4）1个起始地址和大小可编程的内存块（Bank7）。

（5）7个起始地址固定的内存块（Bank0～Bank6）。

（6）所有内存块可编程寻址周期。

（7）支持SDRAM自动刷新模式。

（8）支持多种类型ROM启动，包括NOR/NAND Flash、EEPROM等。

### 2. 中断控制

（1）55个中断源（看门狗定时器、5个定时器、9个UART、24个外部中断、4个DMA、2个RTC、2个ADC、1个IIC、2个SPI、2个USB、1个LCD和1个电源管理）。

（2）外部中断源的电平/边沿模式。

（3）可编程的电平/边沿极性。

（4）对紧急中断请求支持FIQ（快速中断请求）。

### 3. Flash引导装载器

Flash闪存是非易失存储器，可以对存储器单元块进行擦写和再编程。NOR和NAND是现在市场上两种主要的非易失闪存技术。

Intel于1988年首先开发出NOR Flash技术，彻底改变了原先由EPROM和EEPROM一统天下的局面。紧接着，1989年，东芝公司发表了NAND Flash结构，强调降低每比特的成本，更高的性能，并且像磁盘一样可以通过接口轻松升级。NAND Flash与NOR Flash具有以下一些区别。

（1）存储数据的原理

两种闪存都是用三端器件作为存储单元，分别为源极、漏极和栅极，与场效应管的工作原理相同，主要是利用电场的效应来控制源极与漏极之间的通断，栅极的电流消耗极小，不同的是场效应管为单栅极结构，而Flash为双栅极结构，在栅极与硅衬底之间增加了一个浮置栅极。

（2）浮栅的重放电

向数据单元内写入数据的过程就是向电荷势阱注入电荷的过程，写入数据有两种技术，热电子注入和F-N隧道效应，前一种是通过源极给浮栅充电，后一种是通过硅基层给浮栅充电。NOR型Flash通过热电子注入方式给浮栅充电，而NAND则通过F-N隧道效应给浮栅充电。

在写入新数据之前，必须先将原来的数据擦除，这点跟硬盘不同，也就是将浮栅的电荷放掉，两种Flash都是通过F-N隧道效应放电。

（3）连接和编址方式

两种Flash具有相同的存储单元，工作原理也一样，为了缩短存取时间并不是对每个单元进行单独的存取操作，而是对一定数量的存取单元进行集体操作，NAND型Flash各存储单元之间是串联的，而NOR型Flash各单元之间是并联的。为了对全部的存储单元有效管理，必须对存储单元进行统一编址。

NAND器件使用复用的I/O口存取数据，8个引脚分时用来传送控制、地址和数据信息。NAND的全部存储单元分为若干个块，每个块又分为若干个页，每个页是512byte，就是512

个8位数，就是说每个页有512条位线，每条位线下有8个存储单元；所以NAND每次读取数据时都是制定块地址、页地址、列地址（列地址就是读的页内起始地址）。

每页存储的数据正好跟硬盘的一个扇区存储的数据相同，这是设计时为了方便与磁盘进行数据交换而特意安排的，那么块就类似硬盘的簇；容量不同，块的数量不同，组成块的页的数量也不同。

NAND Flash 的读写操作是以页为基本单位，写入数据也是首先在页面缓冲区内缓冲，数据首先写入这里，再写命令后，再统一写入页内，因此每次改写一个字节，都要重写整个页，因为它只支持页写，而且如果页内有未擦除的部分，则无法编程，在写入前必须保证页是空的。

NOR 的每个存储单元以并联的方式连接到位线，它带有 SRAM 接口，有足够的地址引脚来寻址，可以很容易地存取其内部的每一个字节。方便对每一位进行随机存取，它不需要驱动；具有专用的地址线，可以实现一次性的直接寻址；缩短了 Flash 对处理器指令的执行时间。

（4）性能

① 速度

在写数据和擦除数据时，NAND 由于支持整块擦写操作，所以速度比 NOR 要快得多，两者相差近千倍。读取时，由于 NAND 要先向芯片发送地址信息进行寻址才能开始读写数据，而它的地址信息包括块号、块内页号和页内字节号等部分，要顺序选择才能定位到要操作的字节。这样每进行一次数据访问需要经过三次寻址，至少要三个时钟周期。

NOR Flash 的操作则是以字或字节为单位进行的，直接读取，所以读取数据时，NOR 有明显优势。但擦除是扇区操作的。

② 容量和成本

NOR 型 Flash 的每个存储单元与位线相连，增加了芯片内位线的数量，不利于存储密度的提高。所以在面积和工艺相同的情况下，NAND 型 Flash 的容量比 NOR 要大得多，生产成本更低，也更容易生产大容量的芯片。

NOR Flash 占据了容量为 1～16MB 闪存市场的大部分，而 NAND Flash 只是用在 8～128MB 的产品当中，这也说明 NOR 主要应用在代码存储介质中，NAND 适合于数据存储，NAND 在 CompactFlash、Secure Digital、PC Cards 和 MMC 存储卡市场上所占份额最大。

③ 易用性

NAND Flash 的 I/O 端口采用复用的数据线和地址线，必须先通过寄存器串行地进行数据存取，各个产品或厂商对信号的定义不同，增加了应用的难度；在使用 NAND 器件时，必须先写入驱动程序，才能继续执行其他操作。向 NAND 器件写入信息需要相当的技巧，因为设计师绝不能向坏块写入，这就意味着在 NAND 器件上自始至终都必须进行虚拟映射。

NOR Flash 有专用的地址引脚来寻址，较容易与其他芯片进行连接，另外还支持本地执行，应用程序可以直接在 Flash 内部运行，可以简化产品设计。

④ 可靠性

NAND Flash 相邻单元之间较易发生位翻转而导致坏块出现，而且是随机分布的，如果想在生产过程中消除坏块会导致成品率太低、性价比很差，所以在出厂前要在高温、高压条件下检测生产过程中产生的坏块，写入坏块标记，防止使用时向坏块写入数据。但在使用过程中还难免产生新的坏块，所以在使用的时候要配合 EDC/ECC（错误探测/错误更正）和 BBM

（坏块管理）等软件措施来保障数据的可靠性。坏块管理软件能够发现并更换一个读写失败的区块，将数据复制到一个有效的区块。

⑤ 耐久性

Flash 由于写入和擦除数据时会导致介质的氧化降解，导致芯片老化，在这个方面 NOR 尤甚，所以并不适合频繁地擦写，NAND 的擦写次数是 100 万次，而 NOR 只有 10 万次。

综上所述，NAND Flash 与 NOR Flash 具有各自的优缺点，在嵌入式系统开发中按需求应用。

S3C2410X 支持从外部 nGCS0 片选的 NOR Flash 启动，也支持从 NAND Flash 启动，因为它把 NAND 前面的 4K 映射到了 RAM 的空间。支持启动后 NAND 存储器仍可作为外部储存器使用。在这两种启动模式下，各片选的存储空间分配是不同的。

### 4. Cache 存储器

S3C2410X Cache 储存器有如下特性。

（1）64 项全相连模式，采用 I-Cache（16KB）和 D-Cache（16KB）。

（2）每行 8 字节长度，其中每行带有一个有效位和 dirty 位。

（3）伪随机数或轮转循环替换算法。

（4）采用写穿式（Write-Through）和写回式（Write-Back）Cache 操作来更新主存储器。

（5）写缓冲器可以保存 16 字节的数据和 4 个地址。

### 5. 时钟和电源管理

时钟和电源管理模块包含了 3 部分：Clock 控制、USB 控制、POWER 控制。

时钟控制逻辑单元能够产生 2410 需要的时钟信号，包括 CPU 使用的主频 FCLK，AHB 总线设备使用的 HCLK，以及 APB 总线设备使用的 PCLK。2410 内部有 2 个 PLL（锁相环）：一个对应 FCLK，HCLK，PCLK；另外一个对应的是 USB 使用（48MHz）。时钟控制逻辑单元可以在不使用 PLL 情况下降低时钟 CLOCK 的频率，并且可以通过软件来驱使时钟和各个模块的连接/切断，这样做可以减少电源消耗。

对于电源控制逻辑单元，2410 有许多钟电源管理方法来针对不用任务保持相应的电源消耗。电源管理模块包含了 4 种方式：NORMAL、SLOW、IDLE、SLEEP。

（1）NORMAL 模式。这个模块支持 CPU 时钟以及 2410 相应的外围设备时钟。这个模式下，电源消耗是最大的。它允许通过软件编程来控制外部设备的操作。例如，如果一个定时器 Timer 不需要时，那么用户可以通过 CLKCON 寄存器来关闭时钟和 Timer 相连，来降低电源消耗。

（2）SLOW 模式。又叫 NON-PLL 模式，不通过 PLL，在这个模式下，电源的消耗仅仅和外部时钟频率有关，电源同 PLL 有关的消耗可以忽略。

（3）IDLE 模式。这个模式下 CPU 的时钟 FCLK 被关闭，而其他外围设备的时钟还继续工作。因此空闲模式的结果只是能够降低 CPU 核的电源消耗。注意，任何中断请求都能够将 CPU 唤醒。

（4）Sleep 模式。这个模式关闭了内部电源。因此 CPU 内部的逻辑单元都没有电源消耗，除了工作在这个模式下的一个 wake-up 。

在嵌入式系统中电源管理非常关键，它直接涉及功耗等各方面的系统性能，而 S3C2410X

的电源管理中独立的供电方式和多种模式可以有效地处理系统的不同状态，从而达到最优的配置。

## 思考题

- 比较 RISC 与 CISC 的区别。
- 简述 ARM 处理器的特点。
- 说明 S3C2410 处理器的工作原理。

## 3.3 嵌入式操作系统

嵌入式操作系统 EOS（Embedded Operating System）是一种用途广泛的系统软件，过去主要应用于工业控制和国防系统领域。EOS 负责嵌入系统的全部软、硬件资源的分配、调度，控制、协调并发活动。它必须体现其所在系统的特征，能够通过装卸某些模块来达到系统所要求的功能。

目前，已推出一些应用比较成功的 EOS 产品系列。随着 Internet 技术的发展、信息家电的普及应用及 EOS 的微型化和专业化，EOS 开始从单一的弱功能向高专业化的强功能方向发展。

嵌入式操作系统在系统实时高效性、硬件的相关依赖性、软件固化以及应用的专用性等方面具有较为突出的特点。EOS 是相对于一般操作系统而言的，它除具备了一般操作系统最基本的功能，如任务调度、同步机制、中断处理、文件处理等外，还有以下特点：

（1）可装卸性。开放性、可伸缩性的体系结构。

（2）强实时性。EOS 实时性一般较强，可用于各种设备控制当中。

（3）统一的接口。提供各种设备驱动接口。

（4）操作方便、简单、提供友好的图形 GUI，图形界面，追求易学易用。

（5）提供强大的网络功能，支持 TCP/IP 协议及其他协议，提供 TCP/UDP/IP/PPP 协议支持及统一的 MAC 访问层接口，为各种移动计算设备预留接口。

（6）强稳定性，弱交互性。嵌入式系统一旦开始运行就不需要用户过多的干预，这就要负责系统管理的 EOS 具有较强的稳定性。嵌入式操作系统的用户接口一般不提供操作命令，它通过系统的调用命令向用户程序提供服务。

（7）固化代码。在嵌入式系统中，嵌入式操作系统和应用软件被固化在嵌入式系统计算机的 ROM 中。辅助存储器在嵌入式系统中很少使用，因此，嵌入式操作系统的文件管理功能应该能够很容易地拆卸，因而用于各种内存文件系统。

（8）更好的硬件适应性，也就是良好的移植性。

常见的嵌入式系统有嵌入式 Linux、Windows CE、Palm OS、VxWorks 等。

### 3.3.1 嵌入式 Linux

嵌入式 Linux 是将日益流行的 Linux 操作系统进行裁剪修改，使之能在嵌入式计算机系统上运行的一种操作系统。嵌入式 Linux 既继承了 Internet 上无限的开放源代码资源，又具有嵌入式操作系统的特性。

嵌入式 Linux 的特点是版权费免费，全世界的自由软件开发者提供技术支持，网络特性免费，而且性能优异，软件移植容易，代码开放，有许多应用软件支持，应用产品开发周期短，新产品上市迅速，因为有许多公开的代码可以参考和移植，实时性、稳定性好、安全性好。

嵌入式 Linux 的应用领域非常广泛，主要的应用领域有信息家电、PDA、机顶盒、Digital Telephone、Answering Machine、Screen Phone、数据网络、Ethernet Switches、Router、Bridge、Hub、Remote access servers、ATM、Frame relay、远程通信、医疗电子、交通运输计算机外设、工业控制、航空航天领域等。

Linux 做嵌入式有许多优势，包括如下几个方面。

（1）Linux 是开放源代码的，遍布全球的众多 Linux 爱好者又是 Linux 开发者的强大技术支持。

（2）Linux 的内核小、效率高，内核的更新速度快，Linux 是可以定制的，其系统内核最小只有约 134KB，满足嵌入式体积小的需求。

（3）Linux 适应于多种 CPU 和多种硬件平台，是一个跨平台的系统。

（4）性能稳定，裁剪性很好，开发和使用都很容易。很多 CPU 包括家电业芯片，都开始做 Linux 的平台移植工作。移植的速度远远超过 Java 的开发环境。也就是说，如果今天用 Linux 环境开发产品，那么将来换 CPU 就不会遇到困扰。

（5）Linux 内核的结构在网络方面是非常完整的，Linux 对网络中最常用的 TCP/IP 协议有最完备的支持。提供了包括十兆、百兆、千兆的以太网络（速率分别为 10Mbit/s、100Mbit/s、1Gbit/s 级别），以及无线网络、Token ring（令牌环网）、光纤甚至卫星的支持。所以 Linux 很适于做信息家电的开发。

（6）Linux 在快速增长的无线连接应用主场中有一个非常重要的优势。

（7）Linux 固有的模块性，适应性和可配置性，使得 Linux 更适合嵌入式操作系统开发。

（8）Linux 的图形界面发展很快，像 GNOME、KDE 等都是很优秀的桌面管理器，并且其背后有着众多的社团支持，可定制性强，已经在 Unix 和 Linux 世界普及开来。

此外，使用 Linux 来开发无线连接产品的开发者越来越多。Linux 在快速增长的无线连接应用主场中有一个非常重要的优势，就是有足够快的开发速度。这是因为 Linux 有很多工具，并且 Linux 为众多程序员所熟悉。因此，我们要在嵌入式系统中使用 Linux 操作系统。

Linux 的大小适合嵌入式操作系统——Linux 固有的模块性、适应性和可配置性，使得这很容易做到。另外，Linux 源码的实用性和成千上万的程序员热切期望它用于无数的嵌入式应用软件中，导致很多嵌入式 Linux 的出现，包括：Embedix、uCLinux、muLinux、ThinLinux 等。

### 3.3.2 Windows CE

Windows CE 是微软开发的一个开放的、可升级的 32 位嵌入式操作系统，是基于掌上型电脑类的电子设备操作。Windows CE 的图形用户界面相当出色。其中 CE 中的 C 代表袖珍（Compact）、消费（Consumer）、通信能力（Connectivity）和伴侣（Companion）；E 代表电子产品（Electronics）。

与 Windows 95/98、Windows NT 不同的是，Windows CE 是所有源代码全部由微软自行开发的嵌入式新型操作系统，其操作界面虽来源于 Windows 95/98，但 Windows CE 是基于 Win32 API 重新开发的、新型的信息设备平台。

Windows CE 具有模块化、结构化和基于 Win32 应用程序接口以及与处理器无关等特点。Windows CE 不仅继承了传统的 Windows 图形界面，而且在 Windows CE 平台上可以使用 Windows 95/98 上的编程工具（如 Visual Basic、Visual C++等）、使用同样的函数、使用同样的界面风格，使绝大多数的应用软件只需简单的修改和移植就可以在 Windows CE 平台上继续使用。

Windows CE 的设计目标是：模块化及可伸缩性、实时性能好、通信能力强大、支持多种 CPU。它的设计可以满足多种设备的需要，这些设备包括了工业控制器、通信集线器以及销售终端之类的企业设备，还有像照相机、电话和家用娱乐器材之类的消费产品。一个典型的基于 Windows CE 的嵌入系统通常为某个特定用途而设计，并在不联机的情况下工作。

Windows CE 有以下几个特点。

（1）具有灵活的电源管理功能，包括睡眠/唤醒模式。

（2）使用了对象存储（Object Store）技术，包括文件系统、注册表及数据库。它还具有很多高性能、高效率的操作系统特性，包括按需换页、共享存储、交叉处理同步、支持大容量堆（Heap）等。

（3）拥有良好的通信能力。广泛支持各种通信硬件，亦支持直接的局域连接以及拨号连接，并提供与 PC、内部网以及 Internet 的连接，还提供与 Windows 9x/NT 的最佳集成和通信。

（4）支持嵌套中断。允许更高优先级别的中断首先得到响应，而不是等待低级别的 ISR 完成。这使得该操作系统具有嵌入式操作系统所要求的实时性。

（5）更好的线程响应能力。对高级别 IST（中断服务线程）的响应时间上限的要求更加严格，在线程响应能力方面的改进，帮助开发人员掌握线程转换的具体时间，并通过增强的监控能力和对硬件的控制能力帮助他们创建新的嵌入式应用程序。

（6）256 个优先级别。可以使开发人员在控制嵌入式系统的时序安排方面有更大的灵活性。

（7）Windows CE 的 API 是 Win32 API 的一个子集，支持近 1500 个 Win32 API。有了这些 API，足可以编写任何复杂的应用程序。当然，在 Windows CE 系统中，所提供的 API 也可以随具体应用的需求而定。

在掌上型电脑中，Windows CE 包含如下一些重要组件：Pocket Outlook 及其组件、语音录音机、移动频道、远程拨号访问、世界时钟、计算器、多种输入法、GBK 字符集、中文 TTF 字库、英汉双向词典、袖珍浏览器、电子邮件、Pocket Office、系统设置、Windows CE Services 软件。

### 3.3.3 Palm OS

Palm OS 是一种 32 位的嵌入式操作系统，其在 PDA 和掌上电脑有着庞大的用户群。Palm 提供了串行通信接口和红外线传输接口，利用它可以方便地与其他外部设备通信、传输数据；拥有开放的 OS 应用程序接口，开发商可根据需要自行开发所需的应用程序。

Palm OS 是一套具有很强开放性的系统，现在有大约数千种专门为 Palm OS 编写的应用程序。从程序内容上看，小到个人管理、游戏，大到行业解决方案，Palm OS 无所不包。在丰富的软件支持下，基于 Palm OS 的掌上电脑功能得以不断扩展。

在编写程序时，Palm OS 充分考虑了掌上电脑内存相对较小的情况，因此它只占有非常小的内存。由于基于 Palm OS 编写的应用程序占用的空间也非常小（通常只有几十 KB），所以，基于 Palm OS 的掌上电脑（虽然只有几 MB 的 RAM）可以运行众多应用程序。

由于 Palm 产品的最大特点是使用简便、机体轻巧，因此决定了 Palm OS 应具有以下特点。

（1）操作系统的节能功能。由于掌上电脑要求使用电源尽可能小，因此在 Palm OS 的应用程序中，如果没有事件运行，则系统设备进入半休眠的状态。如果应用程序停止活动一段时间，则系统自动进入休眠状态。

（2）合理的内存管理。Palm 的存储器全部是可读写的快速 RAM，动态 RAM 类似于 PC 机上的 RAM，它为全局变量和其他不需永久保存的数据提供临时的存储空间。存储 RAM 类似于 PC 机上的硬盘，可以永久保存应用程序和数据。

（3）Palm OS 的数据是以数据库的格式来存储的。数据库是由一组记录和一些数据库头信息组成的。为保证程序处理速度和存储器空间，在处理数据的时候，Palm OS 不是把数据从存储堆拷贝到动态堆后再进行处理，而是在存储堆中直接处理。为避免错误地调用存储器地址，Palm OS 规定，这一切都必须调用其内存管理器里的 API 来实现。

Palm OS 与同步软件结合可以使掌上电脑与 PC 机上的信息实现同步，把台式机的功能扩展到了掌上电脑。Palm 应用范围相当广泛，如：联络及工作表管理、电子邮件及互联网通信、销售人员及组别自动化等。Palm 外围硬件也十分丰富，有数码相机、GPS 接收器、调制解调器、GSM 无线电话、数码音频播放设备、便携键盘、语音记录器、条码扫描、无线寻呼接收器、探测仪。其中 Palm 与 GPS 结合的应用，不但可以进行导航定位，还可以结合 GPS 进行气候监测、地名调查等。

### 3.3.4 VxWorks

VxWorks 是美国 Wind River System（WRS）公司（以下简称风河公司）推出的一个实时操作系统。Tornado 是 WRS 公司推出的一套实时操作系统开发环境，类似 Microsoft Visual C，但是提供了更丰富的调试、仿真环境和工具。

VxWorks 操作系统具有良好的持续发展能力、高性能的内核以及友好的用户开发环境，在嵌入式实时操作系统领域占据一席之地。它以其良好的可靠性和卓越的实时性被广泛地应用在通信、军事、航空、航天等高精尖技术及实时性要求极高的领域中，如卫星通信、军事演习、弹道制导、飞机导航等。在美国的 F-16、FA-18 战斗机、B-2 隐形轰炸机和“爱国者”导弹上，甚至连 1997 年 4 月在火星表面登陆的火星探测器、2008 年 5 月登陆的“凤凰号”，和 2012 年 8 月登陆的“好奇号”也都使用到了 VxWorks 上。

#### 1. VxWorks 操作系统组成部件

（1）内核

① 多任务调度（采用基于优先级抢占方式，同时支持同优先级任务间的分时间片调度）。

② 任务间的同步。

③ 进程间通信机制。

④ 中断处理。

⑤ 定时器和内存管理机制。

（2）I/O 系统

VxWorks 提供了一个快速灵活的与 ANSI C 兼容的 I/O 系统，包括 UNIX 标准的 Basic I/O

（creat()，remove()，open()，close()，read()，write()，ioctl()），Buffer I/O（fopen()，fclose()，fread()，fwrite()，getc()，putc()）以及 POSIX 标准的异步 I/O。

VxWorks 包括以下驱动程序：网络驱动、管道驱动、RAM 盘驱动、SCSI 驱动、键盘驱动、显示驱动、磁盘驱动、并口驱动等。

（3）文件系统

① 支持 4 种文件系统：dosFs、rt11Fs、rawFs 和 tapeFs。

② 支持在一个单独的 VxWorks 系统上同时并存几个不同的文件系统。

③ 板级支持包 BSP（Board Support Package）。

④ 板级支持包向 VxWorks 操作系统提供了对各种板子的硬件功能操作的统一软件接口，它是保证 VxWorks 操作系统可移植性的关键，它包括硬件初始化、中断的产生和处理、硬件时钟和计时器管理、局域和总线内存地址映射、内存分配等。每个板级支持包包括一个 ROM 启动（Boot ROM）或其他启动机制。

（4）网络支持

它提供了对其他 VxWorks 系统和 TCP/IP 网络系统的“透明”访问，包括与 BSD 套接字兼容的编程接口、远程过程调用（RPC）、SNMP（可选项）、远程文件访问（包括客户端和服务端的 NFS 机制以及使用 RSH、FTP 或 TFTP 的非 NFS 机制）以及 BOOTP 和代理 ARP、DHCP、DNS、OSPF、RIP。无论是松耦合的串行线路、标准的以太网连接还是紧耦合的利用共享内存的背板总线，所有的 VxWorks 网络机制都遵循标准的 Internet 协议。

### 2. VxWorks 主要应用领域

① 数据网络：以太网交换机、路由器、远程接入服务器等。

② 远程通信：电信用的专用分组交换机和自动呼叫分配器，蜂窝电话系统等。

③ 医疗设备：放射理疗设备。

④ 消费电子：个人数字助理等。

⑤ 交通运输：导航系统、高速火车控制系统等。

⑥ 工业：机器人等。

⑦ 航空航天：卫星跟踪系统。

⑧ 多媒体：电视会议设备。

⑨ 计算机外围设备：X 终端、I/O 系统等。

总之，VxWorks 的系统结构是一个相当小的微内核的层次结构。内核仅提供多任务环境、进程间通信和同步功能。这些功能模块足够支持 VxWorks 在较高层次所提供的丰富的性能要求。

## 思考题

- 简述嵌入式 Linux 的特点及应用领域。
- 简述 Windows CE 的特点及应用领域。
- 简述 Palm OS 的特点及应用领域。
- 简述 VxWorks 的特点及应用领域。

## 3.4 嵌入式系统在物联网中的应用

### 3.4.1 嵌入式系统和物联网之间的区别与联系

物联网是在互联网基础上的延伸和扩展的网络，其用户端延伸和扩展到了任何物品与物品之间，进行信息交换和通信。因此物联网的实现必须具备嵌入式系统构建的智能终端。

物联网不仅仅提供了传感器的连接，其本身也具有智能处理的能力，能够对物体实施智能控制，这就是我们今天所说的嵌入式系统所能做到的。

（1）物联网是集多种专用或通用系统于一体，因而具有信息采集、处理、传输、交互等功能。

（2）嵌入式系统强调的是嵌入到宿主对象的专用计算系统，相对物联网而言更具备专用性，实现某些单一、特定的功能。

（3）从技术的角度来看，首先物联网与嵌入式系统融合了非常相似的技术，其次物联网技术中又包含有嵌入式系统技术。举例来说，物联网和嵌入式系统均具备如电子硬件技术、软件技术；而在 RFID、传感器技术、通信技术等方面物联网是必须具备的，而嵌入式系统不一定全部具备。

（4）目前的很多嵌入式系统，只要能提升系统设备的网络通信能力和加入智能信息处理的技术，就都可以应用于物联网。两者之间的系统构成也非常相似，唯一嵌入式系统不具备的是标签识别模块。

物联网的功能包括了嵌入式系统的功能，但随着嵌入式系统的不断发展，其功能日趋复杂化。如现今发展比较成熟的手机、GPS 定位等系统，均可以直接融入到物联网当中。

物联网将传感器和智能处理相结合，利用云计算、模式识别等各种智能技术，扩充其应用领域。从传感器获得的海量信息中可以分析、加工和处理出有意义的数据，以适应不同用户的不同需求，发现新的应用领域和应用模式。

### 3.4.2 嵌入式智能终端设备

智能终端设备是指那些具有多媒体功能的智能设备，这些设备支持音频、视频、数据等方面的功能。如：可视电话、会议终端、内置多媒体功能的 PC、PDA 等。

#### 1. 家居智能终端

家庭智能化就是将家居生活中所涉及的信息传输、信息处理和设备控制集成起来，形成一个自动的或半自动的现代家居环境空间。人在生活和工作中需要大量的信息交流，而信息技术的突破是以 1895 年马可尼成功实现 2.5 公里电报传输为标志，它的现实意义在于突破有限空间进行信息交流。此后出现的电话、计算机也是突破空间的信息交流方式，使得人们的工作和生活发生了巨大的变化，而将计算机网络/互联网技术应用到家居智能化领域，又使我们看到了一片新天地。最近出现市场上已出现的完全基于 TCP/IP 的家居智能终端，完全实现了原来多个独立系统完成功能的集成，并在此基础上增加了一些新的功能。让我们来看看，新一代的基于 TCP/IP 的家居智能终端能给我们带来什么。

（1）电脑应用软件功能

① 电话、名片、邮件、特色铃声、便笺、结合，整体应用功能。

② OFFICE 功能（WORD、EXEL 阅读和字处理软件）。

③ 手写识别、文档管理、数据同步（如和 PC 通过名片录入共享）。

（2）PSTN 智能电话功能

① 电话管理：姓名、电话号码统一管理，便捷查找，“一击”拨号，来电直接显示姓名。

② 来电屏蔽功能：如果你在一定时期内不希望受到某几个特定电话的骚扰，就可以使用这个功能。

③ 特色铃声（个性化音乐歌曲振铃、个人来电铃声预设）。

④ 通话过程录音、针对某个特定来电的专用留言。

⑤ 提供电子记事便笺，以便通话时随手记录需要的信息。

⑥ IP 拨号（IP 卡预设自动前缀拨号）。

（3）家庭信息助理功能

① 临时记事便笺。

② 特殊事件提醒（个性化音乐提醒，自动发送。手机短消息提醒）。

③ 收发电子邮件。

④ 上网浏览。

⑤ MP3 音乐播放。

⑥ 社区网络手写聊天：无论男女老少，只要会写汉字，都可以通过该智能终端在本电子社区内进行交流。

⑦ 网络游戏。

### 2. 数字会议桌面智能终端

随着当今科技的飞速发展，加之政府和部队对智能化会议室建设要求逐渐提高，传统的会议形式已无法适应现代化会议系统的要求，现代化的会议系统要求 “网络化、数字化、智能化、集成化”。数字会议桌面智能终端系统就是在以“四化”为核心的基础上不断创新会议，集成了 IT 技术、数字化技术、网络化技术、微电子技术、计算机的交互性、通信的分布性、通信技术等多项技术，实现了人与人、人与机、机与机之间相互联络，营造交互式的会议环境。

与传统会议系统相比，以往要实现一些会议功能，就要买单独的设备，比如人名显示要用电子桌牌显示系统，会议签到要用签到系统，呼叫要用呼叫系统，投票要用投票系统，会议室桌面设备五花八门，桌面混乱不堪，布线错综复杂，且重复投入浪费资源。因此针对这些问题，推出了“数字会议桌面智能终端系统”。

这套系统高度集成了电子桌牌显示、音视频播放、会议签到、投票表决、信息收发、呼叫服务、图片显示、会议内容、资料共享、上网、计时服务、Office 办公、会议日程等会议的控制管理和服务，系统充分考虑系统的高性价比、实用性、安全性、可靠性，迎合了网络化、数字化、智能化、集成化的会议系统发展趋势，并充分考虑了今后设备升级换代以及扩展的可能。

数字会议桌面智能终端系统以数字技术取代了传统的会议模式，开启了会议室桌面格局的新革命，是会议室桌面显示设备的一大创新，对智能数字会议有着深远而重大的影响。终端系列产品与现代先进的会议设备融合，体验会议带来的全新享受，同其他音视频会议设备相结合，共同营造一个现代化的多媒体会议环境。

“数字会议桌面智能终端”的应用功能包括：

（1）信息显示。参会人员姓名、职称、会徽会标、企业Logo、单位名称、时间日期、电池电量。

（2）会议签到。触控式操作，后台自动记录签到者和签到时间。

（3）智能呼叫。定义输入文字信息，触控式呼叫茶水、音响设备、麦克、笔、纸、紧急情况等。

（4）会议内容。触控查看会议信息（会议日程安排、会议主题、会议报告、讲稿导读等自定义）。

（5）讲稿导读。可以在会议内容查看或者编辑WORD时查看导读，个性化选择。

（6）图片显示。触控查看高清图片资料。

（7）投票表决。触控式表决、选举、即时结果显示，支持多种表决和选举模式。

（8）信息收发。编辑信息与后台互动交流，可实现点对点，点对多即时消息发布及通知。

（9）视频播放。支持多种视频格式。

（10）音频播放。支持音频文件播放，有声读物、优美音乐，边看边听。

（11）在线点播。支持在线功能，点播讲稿、OFFICE办公文档、图片、视频等。

（12）上网功能。内置浏览器功能，阅读新闻、搜索资料、在线视频等等，随时随地移动办公。

（13）字幕功能。字幕以滚动信息形式显示当前会议发言人的文稿、会议背景文字、短信息及其他可编辑信息。

（14）OFFICE办公。触摸查看WORD、EXCEL、PPT、PDF、TXT文件。

（15）会议计时。自定义编辑时间，会议发言倒计时，轻松掌握发言时间。

（16）文件管理。全面管理会议文件夹，管理会议所需的资料。

（17）多种语言。支持各国文字、字体、字号和字体颜色设置与显示，满足了大型国际性会议会场的需求。

（18）壁纸功能。外侧屏背景模板、内侧屏墙纸随心设定，让触控界面更亮丽，带来更多人性化界面。

（19）多种通信。适合多种复杂的工作环境，根据会场实际情况选择有线或者无线会场布局。

（20）省电功能。支持调节屏幕亮度及关闭背光，进而达到省电和保护眼睛的功能。

（21）高效电能。选配高容量聚合物锂电池，性能稳定，可超长时间持续待机。

（22）智能电源管理。动态显示当前可用时间。

（23）日期和时间。即时显示当前日期和时间，与控制主机时间保持同步。

（24）智能场景布局。可根据会场实际情况，智能调整会场布局。

（25）控制方式。远程集中控制模式，可以实现群组控制也可以实现单点控制。

（26）传输方式。基于TCP/IP网络管理，超5类或超6类以太网传输，布线简单方便。

### 3．4G智能终端

智能手机采用的是开放式操作系统，可装载相应的程序来实现相应的功能，为软件运行和内容服务提供了广阔的舞台，很多增值业务可以就此展开，如股票、新闻、天气、交通、商品、应用程序下载、音乐图片下载等。同时结合 4G 通信网络的支持，智能手机的发展趋势，势必将成为功能强大，集通话、短信、网络接入、影视娱乐为一体的综合性个人手持终端设备。

4G 智能终端的特点有：

（1）具备普通手机的全部功能，能够进行正常的通话、发短信等手机应用。

（2）具备无线接入互联网的能力，即需要支持 GSM 网络下的 GPRS、CDMA 网络下的 CDMA 1X 或者 4G 网络。

（3）具备 PDA 的功能，包括 PIM（个人信息管理）、日程记事、任务安排、多媒体应用、浏览网页。

（4）具备一个具有开放性的操作系统平台，可以安装更多的应用程序，从而使智能手机的功能得到无限的扩充。

（5）具有人性化的一面，可以根据个人需要扩展机器的功能。

（6）功能强大，扩展性能强，第三方软件支持多。

#### 4．金融智能终端机

金融智能终端机覆盖金融服务网点网络，覆盖社区（以便利店居多），用户在家门口即可完成还款、付款、缴费、充值、转账等日常金融业务，从而缓解银行柜面压力，解决用户在银行营业厅的排队难题。沃尔玛、华润万家、苏宁、国美等全国所有知名便利店、商超和社区店都配备金融智能终端机进行便利支付。

智能终端机商家主要通过消费者刷卡支付商户消费款的手续费获得利润，银行获取的终端消费利润与智能终端机商家按比例进行分红，使得智能终端机商家获取高额利润。知名智能终端机商家有拉卡拉、鑫邦易富通、腾富通、卡友等，各商家分红比例不同也是争取市场、赢得商户的法宝。

“机器里坐着理财小团队”，这是券商人士对智能金融终端机（VTM）的构想蓝图。行业人士普遍认为，VTM 机在帮助营业部“瘦身”及支持传统营业部业务方面拥有明显优势。

按照成本计算，3 个柜台人员 1 年工资相当于 1 台基础服务的 VTM 成本，1 个轻型营业部 1 年总成本至少可以换作 5 台 VTM 机。“VTM 机未来会在一定程度上取代传统网点。”

若 VTM 机最终实现多项金融服务功能，则意味着 VTM 能提供比轻型营业部更专业的全方位服务。业务人士认为，智能化、虚拟化应用范围除远程柜台业务办理之外，理财产品销售也可以拓宽至远程投资顾问服务。

“非现场展业获准后，智能金融终端机可以设立在银行、商场周边。过去 1 个人搭 1 个桌子开户的场景就会转变为 1 个多功能的机器，而机器里‘坐着’的是 1 个或者多个专业证券服务人员。理想状态下，1 个服务人员可同时远程处理多个智能金融终端机的业务，而多个服务人员根据自身擅长业务不同服务同一个客户。从这个角度而言，单个客户获得的服务相当于多个投资顾问组成的理财团队的综合现场服务。”华东地区某上市券商经纪业务的一位负责人表示。

国泰君安某经纪业务相关人士指出，即使今后所有证券销售人员都能够通过移动终端为客户提供多种金融服务，智能金融系统仍有存在的必要性。“例如，客户身份确认、一线人员业务深度介绍以及业务办理时均可能需要智能金融系统的支持和配合，最终达到消解客户业务风险和避免因业务介绍不准确而错失业务机会的目的。”智能金融终端机实际上承载了轻型营业部和新型营业部的大部分功能。

## 思考题

- 嵌入式系统与物联网有哪些关联？
- 嵌入式系统与物联网有哪些区别？
- 列举 3～5 种嵌入式智能终端，并说明其在物联网中的应用。

## 3.5 嵌入式系统开发流程

### 3.5.1 总体开发流程

由嵌入式系统本身的特性所影响，嵌入式系统开发与通用系统的开发有很大区别。嵌入式系统的开发主要分为系统总体开发、嵌入式硬件开发和嵌入式软件开发 3 大部分，其总体流程如图 3-6 所示。

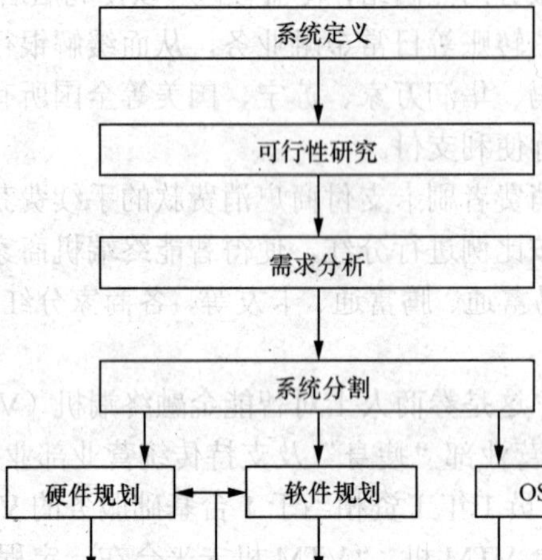

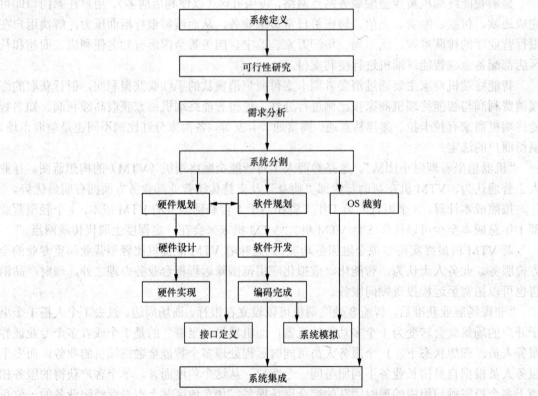


图 3-6 嵌入式系统开发流程图

在系统总体开发中，由于嵌入式系统与硬件依赖非常紧密，往往某些需求只能通过特定的硬件才能实现，因此需要进行处理器选型，以更好地满足产品的需求。

再次，开发环境的选择对嵌入式系统的开发也有很大影响，包括嵌入式 OS 的选择以及开发工具的选择等。

### 3.5.2 嵌入式系统的软件开发

嵌入式软件的开发工具根据不同的开发过程而划分，如在需求分析阶段，可以选择IBM的Rational Rose等软件，而在程序开发阶段可以采用CodeWarrior等，在调试阶段可以使用Multi-ICE等。同时，不同的嵌入式操作系统往往会有配套的开发工具，比如VxWorks的集成开发环境Tornado，Windows CE的集成开发环境Windows CE Platform等。此外，不同的处理器可能还有对应的开发工具，比如ARM的常用集成开发工具ADS、IAR和RealView等。大多数软件都有比较高的使用费用，但也可以大大加快产品的开发进度，用户可以根据需求自行选择。

一般将嵌入式开发分为以下八个步骤进行。

（1）建立开发环境

操作系统一般使用Linux，选择定制安装或全部安装，通过网络下载相应的GCC交叉编译器进行安装（比如arm-linux-gcc、arm-uclibc-gcc），或者安装产品厂家提供的相关交叉编译器。

（2）配置开发主机

配置MINICOM，一般的参数为波特率115200 Baud/s，数据位8位，停止位为1和9，无奇偶校验，软件硬件流控设为无。在Windows下的超级终端的配置也是这样。MINICOM软件的作用是作为调试嵌入式开发板的信息输出监视器和键盘输入的工具。配置网络主要是配置NFS网络文件系统，需要关闭防火墙，简化嵌入式网络调试环境设置过程。

（3）建立引导装载程序BOOTLOADER

下载一些公开源代码的BOOTLOADER，如U-BOOT、BLOB、VIVI、LILO、ARM-BOOT、RED-BOOT等，根据具体芯片进行移植修改。有些芯片没有内置引导装载程序，比如，三星的ARV17、ARM9系列芯片，这样就需要编写开发板上FLASH的烧写程序，可以在网上下载相应的烧写程序，也有Linux下的公开源代码J-FLASH程序。如果不能烧写自己的开发板，就需要根据自己的具体电路进行源代码修改。这是让系统可以正常运行的第一步。购买厂家的仿真器比较容易烧写FLASH，虽然无法了解其中的核心技术，但对于需要迅速开发自己应用的人来说可以极大提高开发速度。

（4）下载已经移植好的Linux操作系统

如MCLiunx、ARM-Linux、PPC-Linux等，如果有专门针对所使用的CPU移植好的Linux操作系统那是再好不过，下载后再添加特定硬件的驱动程序，然后进行调试修改，对于带MMU的CPU可以使用模块方式调试驱动，而对于MCLiunx这样的系统只能编译内核进行调试。

（5）建立根文件系统

下载使用BUSYBOX软件进行功能裁减，产生一个最基本的根文件系统，再根据自己的应用需要添加其他的程序。由于默认的启动脚本一般都不会符合应用的需要，所以就要修改根文件系统中的启动脚本，它存放于/etc目录下，包括：/etc/init.d/rc.S、/etc/profile、/etc/.profile等，自动挂装文件系统的配置文件/etc/fstab，具体情况会随系统不同而不同。根文件系统在嵌入式系统中一般设为只读，需要使用mkcramfs、genromfs等工具产生烧写映像文件。

（6）建立应用程序的FLASH磁盘分区

一般使用JFFS2或YAFFS文件系统，这需要在内核中提供这些文件系统的驱动，有的系统使用一个线性FLASH（NOR型）512KB～32MB，有的系统使用非线性FLASH（NAND

型）8～512MB，有的两个同时使用，需要根据应用规划 FLASH 的分区方案。

（7）开发应用程序

可以放入根文件系统中，也可以放入 YAFFS、JFFS2 文件系统中，有的应用不使用根文件系统，直接将应用程序和内核设计在一起。

（8）烧写内核

烧写根文件系统和应用程序，发布产品。

嵌入式系统的软件开发与通常软件开发的区别主要在于软件实现部分，软件实现又可以分为编译和调试两部分。

### 1. 交叉编译

嵌入式软件开发所采用的编译为交叉编译。所谓交叉编译就是在一个平台上生成可以在另一个平台上执行的代码。编译的最主要工作就在将程序转化成运行该程序的 CPU 所能识别的机器代码。由于不同的体系结构有不同的指令系统，因此，不同的 CPU 需要有相应的编译器，而交叉编译就如同翻译一样，把相同的程序代码翻译成不同 CPU 对应的可执行二进制文件。要注意的是，编译器本身也是程序，也要在与之对应的某一个 CPU 平台上运行。嵌入式系统交叉编译环境如图 3-7 所示。

与交叉编译相对应，平时常用的编译称为本地编译。

这里一般将进行交叉编译的主机称为宿主机，也就是普通的通用 PC，而将程序实际的运行环境称为目标机，也就是嵌入式系统环境。

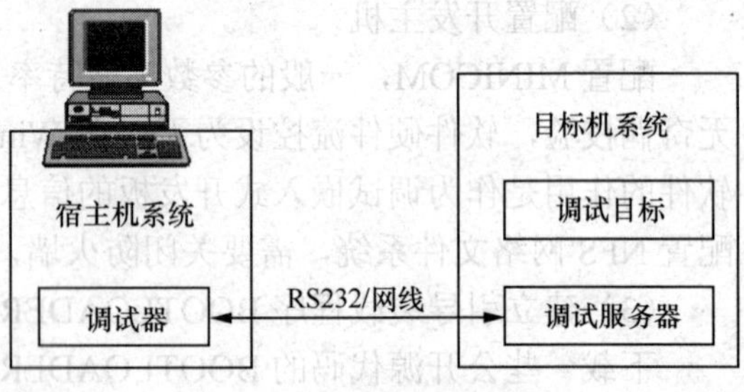

图 3-7　交叉编译环境示意图

由于一般通用计算机拥有非常丰富的系统资源、使用方便的集成开发环境和调试工具等，而嵌入式系统的系统资源非常紧缺，无法在其上运行相关的编译工具，因此，嵌入式系统的开发需要借助宿主机（通用计算机）来编译出目标机的可执行代码。

由于编译的过程包括编译、连接等几个阶段，因此，嵌入式的交叉编译也包括交叉编译、交叉连接等过程。通常 ARM 的交叉编译器为 arm-elf-gcc、arm-linux-gcc 等，交叉连接器为 arm-elf-ld、arm-linux-ld 等，交叉编译过程如图 3-8 所示。

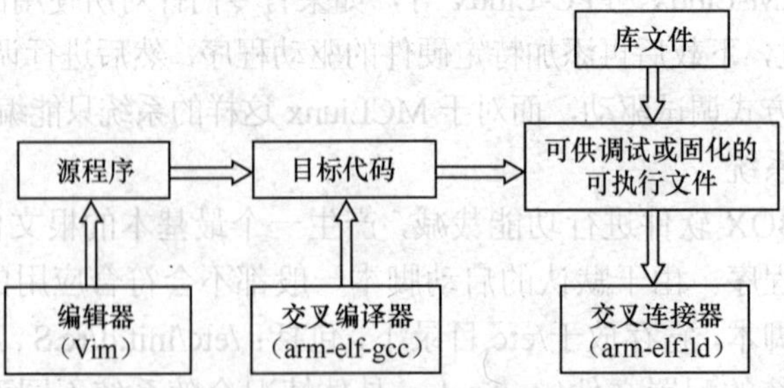

图 3-8　交叉编译过程示意图

### 2. 交叉调试

嵌入式软件经过编译和连接后即进入调试阶段，调试是软件开发过程中必不可少的一个环节，嵌入式软件开发过程中的交叉调试与通用软件开发过程中的调试方式有很大的差别。在常见软件开发中，调试器与被调试的程序往往运行在同一台计算机上，调试器是一个单独运行着的进程，它通过操作系统提供的调试接口来控制被调试的进程。

而在嵌入式软件开发中，调试时采用的是在宿主机和目标机之间进行的交叉调试，调试器仍然运行在宿主机的通用操作系统之上，但被调试的进程却是运行在基于特定硬件平台的嵌入式操作系统中，调试器和被调试进程通过串口或者网络进行通信，调试器可以控制、访问被调试进程，读取被调试进程的当前状态，并能够改变被调试进程的运行状态。

嵌入式系统的交叉调试有多种方法，主要可分为软件方式和硬件方式两种。它们一般都具有如下一些典型特点。

（1）调试器和被调试进程运行在不同的机器上，调试器运行在 PC 机（宿主机），而被调试的进程则运行在各种专业调试板上（目标板）。

（2）调试器通过某种通信方式（串口、并口、网络、JTAG 等）控制被调试进程。

（3）在目标机上一般会具备某种形式的调试代理，它负责与调试器共同配合完成对目标机上运行进程的调试。这种调试代理可能是某些支持调试功能的硬件设备，也可能是某些专门的调试软件（如 Gdbserver）。

（4）目标机可能是某种形式的系统仿真器，通过在宿主机上运行目标机的仿真软件，整个调试过程可以在一台计算机上运行。此时物理上虽然只有一台计算机，但逻辑上仍然存在着宿主机和目标机的区别。

下面分别就软件调试桩方式和硬件片上调试两种方式进行详细介绍。

（1）软件方式

软件调试主要是通过插入调试桩的方式来进行的。调试桩方式进行调试是通过目标操作系统和调试器内分别加入某些功能模块，二者互通信息来进行调试。该方式的典型调试器有 gdb 调试器。

gdb 的交叉调试器分为 GdbServer 和 GdbClient，其中的 GdbServer 就作为调试桩在安装在目标板上，GdbClient 就是驻于本地的 gdb 调试器。它们的调试原理如图 3-9 所示。

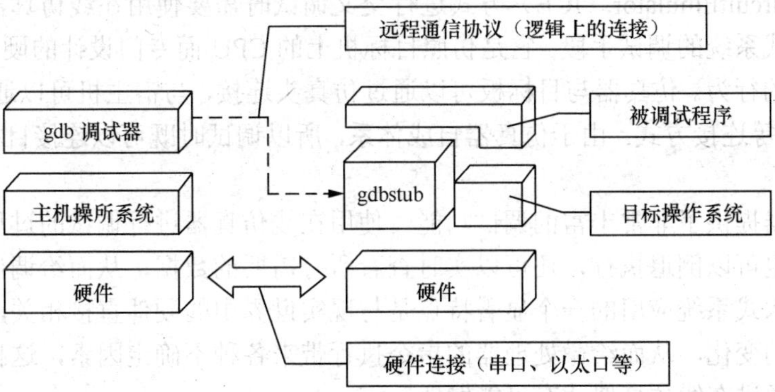


图 3-9　GDB 远程调试结构图

gdb 调试的工作流程如下。

① 首先，建立调试器（本地 gdb）与目标操作系统的通信连接，可通过串口、网卡、并口等多种方式。

② 然后，在目标机上开启 GdbServer 进程，并监听对应端口。

③ 在宿主机上运行调试器 gdb，这时，gdb 就会自动寻找远端的通信进程，也就是 GdbServer 的所在进程。

④ 在宿主机上的 gdb 通过 GdbServer 请求对目标机上的程序发出控制命令。这时，GdbServer 将请求转化为程序的地址空间或目标平台的某些寄存器的访问，这对于没有虚拟存储器的简单嵌入式操作系统而言，是十分容易的。

⑤ GdbServer 把目标操作系统的所有异常处理转向通信模块，并告知宿主机上 gdb 当前有异常。

⑥ 宿主机上的 gdb 向用户显示被调试程序产生了哪一类异常。

（2）硬件调试

相对于软件调试而言，使用硬件调试器可以获得更强大的调试功能和更优秀的调试性能。硬件调试器的基本原理是通过仿真硬件的执行过程，让开发者在调试时可以随时了解到系统的当前执行情况。目前嵌入式系统开发中最常用到的硬件调试器是 ROMMonitor、ROMEmulator、In-CircuitEmulator 和 In-CircuitDebugger。

① ROMMonitor 方式

采用 ROMMonitor 方式进行交叉调试需要在宿主机上运行调试器，在宿主机上运行 ROM 监视器（ROMMonitor）和被调试程序，宿主机通过调试器与目标机上的 ROM 监视器遵循远程调试协议建立通信连接。ROM 监视器可以是一段运行在目标机 ROM 上的可执行程序，也可以是一个专门的硬件调试设备，它负责监控目标机上被调试程序的运行情况，能够与宿主机端的调试器一同完成对应用程序的调试。

在使用这种调试方式时，被调试程序首先通过 ROM 监视器下载到目标机，然后在 ROM 监视器的监控下完成调试。

优点：ROM 监视器功能强大，能够完成设置断点、单步执行、查看寄存器、修改内存空间等各项调试功能。

缺点：同软件调试一样，使用 ROM 监视器目标机和宿主机必须建立通信连接。

② In-CircuitEmulator 方式

采用 In-CircuitEmulator（ICE）方式进行交叉调试时需要使用在线仿真器，它是目前最为有效的嵌入式系统的调试手段。它是仿照目标机上的 CPU 而专门设计的硬件，可以完全仿真处理器芯片的行为。仿真器与目标板可以通过仿真头连接，与宿主机可以通过串口、并口、网线或 USB 口等连接方式。由于仿真器自成体系，所以调试时既可以连接目标板，也可以不连接目标板。

在线仿真器提供了非常丰富的调试功能。使用在线仿真器进行调试的过程中，可以按顺序单步执行，也可以倒退执行，还可以实时查看所有需要的数据，从而给调试过程带来了很多的便利。嵌入式系统应用的一个显著特点是与现实世界中的硬件直接相关，并存在各种异变和事先未知的变化，从而给微处理器的指令执行带来各种不确定因素，这种不确定性在目前情况下只有通过在线仿真器才有可能发现。

优点：功能强大，软硬件都可做到完全实时在线调试。

缺点：价格昂贵。

③ In-CircuitDebugger 方式

采用 In-CircuitDebugger（ICD）方式进行交叉调试时需要使用在线调试器。由于 ICE 的价格非常昂贵，并且每种 CPU 都需要一种与之对应的 ICE，使得开发成本非常高。一个比较好的解决办法是让 CPU 直接在其内部实现调试功能，并通过在开发板上引出的调试端口发送调试命令和接收调试信息，完成调试过程。如使用非常广泛的 ARM 处理器的 JTAG 端口技术就是由此而诞生的。

JTAG 是 1985 年指定的检测 PCB 和 IC 芯片的一个标准。1990 年被修改成为 IEEE 的一个标准，即 IEEE 1149.1。JTAG 标准所采用的主要技术为边界扫描技术，它的基本思想就是在靠近芯片的输入/输出管脚上增加一个移位寄存器单元。因为这些移位寄存器单元都分布在芯片的边界上（周围），所以被称为边界扫描寄存器（Boundary-Scan Register Cell）。

当芯片处于调试状态时候，这些边界扫描寄存器可以将芯片和外围的输入/输出隔离开来。通过这些边界扫描寄存器单元，可以实现对芯片输入/输出信号的观察和控制。对于芯片的输入管脚，可通过与之相连的边界扫描寄存器单元把信号（数据）加载到该管脚中去；对于芯片的输出管脚，可以通过与之相连的边界扫描寄存器单元"捕获"（CAPTURE）该管脚的输出信号。这样，边界扫描寄存器提供了一个便捷的方式用于观测和控制所需要调试的芯片。

现在较为高档的微处理器都带有 JTAG 接口，包括 ARM7、ARM9、StrongARM、DSP 等，通过 JTAG 接口可以方便地对目标系统进行测试，同时，还可以实现 Flash 编程，这是非常受欢迎的。

优点：连接简单，成本低。

缺点：特性受制于芯片厂商。

其原理如图 3-10 所示。

图 3-10 JTAG 调试系统示意图

### 3.5.3 嵌入式系统的硬件开发

嵌入式系统的硬件开发大致可以分为以下过程。

#### 1. 项目需求、计划阶段

嵌入式硬件开发主要进行硬件设计需求分解，包括硬件功能需求、性能指标、可靠性指标、可制造性需求、可服务性需求及可测试性等需求；对硬件需求进行量化，并对其可行性、合理性、可靠性等进行评估，硬件设计需求是硬件工程师总体技术方案设计的基础和依据。

#### 2. 原型阶段

输入为总体技术方案，直到完成硬件概要设计为止。主要对硬件单元电路、局部电路或有新技术、新器件应用的电路的设计与验证及关键工艺、结构装配等不确定技术的验证及调测，为概要设计提供设计依据和设计支持。

#### 3. 开发阶段

开始于硬件概要设计评审通过后，结束于初样成功转为试样。主要有原理图及详细设计、PCB 设计、初样研制/加工及调测，每一个阶段都要进行严格、有效的技术评审，以保证"产品的正确”。

4 验证阶段

各要素进行验证、优化的阶段，为大批量投产做最后的准备，开始于初样评审通过，结束于试样成功转产。主要有试样生产及优化改进、试样样机评审、转产；验证、改进过程要及时、同步修订、受控设计文档、图纸、料单等。

5. 维护阶段

维护阶段开始于产品成功转产后，结束于产品生命周期结束。

## 思考题

- 简述嵌入式系统总体开发流程。
- 嵌入式系统软件开发与MIS系统软件开发的关键区别是什么？
- 什么是交叉编译，嵌入式系统开发为什么需要交叉编译？

# 课后习题

1. 简述嵌入式系统的定义与特点。
2. 简述嵌入式系统的体系结构。
3. ARM处理器的工作特点有哪些？
4. 列举常见的嵌入式OS特点及应用。
5. 简述嵌入式软件开发中交叉编译与调试的原理。
6. 简述嵌入式系统一般的开发步骤。
7. 论述嵌入式技术对物联网的作用与影响。

# 第4章 WSN无线传感器网络

**学习目标**

- 了解无线传感器网络的体系结构。
- 了解无线传感器网络的发展现状。
- 了解无线传感器网络涉及的技术。
- 了解无线传感器网络与传统计算机网络的异同。

**预习题**

- 说说无线传感器网络的组成。
- 无线传感器网络可以应用到哪些地方。
- 说说无线传感器网络和传统网络的关系。

## 4.1 WSN无线传感器网络概述

### 4.1.1 无线传感器网络的定义

无线传感器网络（Wireless Sensor Networks，WSN）也称为无线感知网，是当前在国际上备受关注的、涉及多学科高度交叉、知识高度集成的前沿热点研究领域。

它综合了传感器技术、嵌入式计算技术、现代网络及无线通信技术、分布式信息处理技术等，能够通过各类集成化的微型传感器协作地实时监测、感知和采集各种环境或监测对象的信息，这些信息通过无线方式被发送，并以自组多跳网络方式传送到用户终端，从而实现物理世界、计算世界以及人类社会三元世界的连通。

无线传感器网络以最小的成本和最大的灵活性连接任何有通信需求的终端设备，采集数据（见图4-1），发送指令。若把无线传感器网络各个包含传感器的执行单元（节点）设备视为“豆子”，将一把“豆子“（少则几百粒，多则上万粒）任意抛撒开，经过有限的“种植时间”，就可从某一粒“豆子”那里得到其他任何“豆子”的信息。作为无线自组双向通信网络，传感网络能以最大的灵活性自动完成不规则分布的各种传感器与控制节点的组网，同时具有一定的移动能力和动态调整能力。

一个典型无线传感器网络的系统架构（见图4-2）包括分布式无线传感器节点（群）、接收发送器汇聚节点（网关）、数据中心（任务管理）等。大量传感器节点随机部署在监测区域内部或附近，能够通过自组织方式构成网络。传感器节点监测的数据经过其他传感器节点逐跳地进行传输，在传输过程中监测数据可能被多个节点处理，经过多跳后路由到汇聚节点，最后通过互联网、卫星或其他方式传达到数据中心。传感器节点通常是一个微型嵌入式系统，它的处理能力、存储能力和通信能力相对较弱，通过携带能量有限的电池供电。

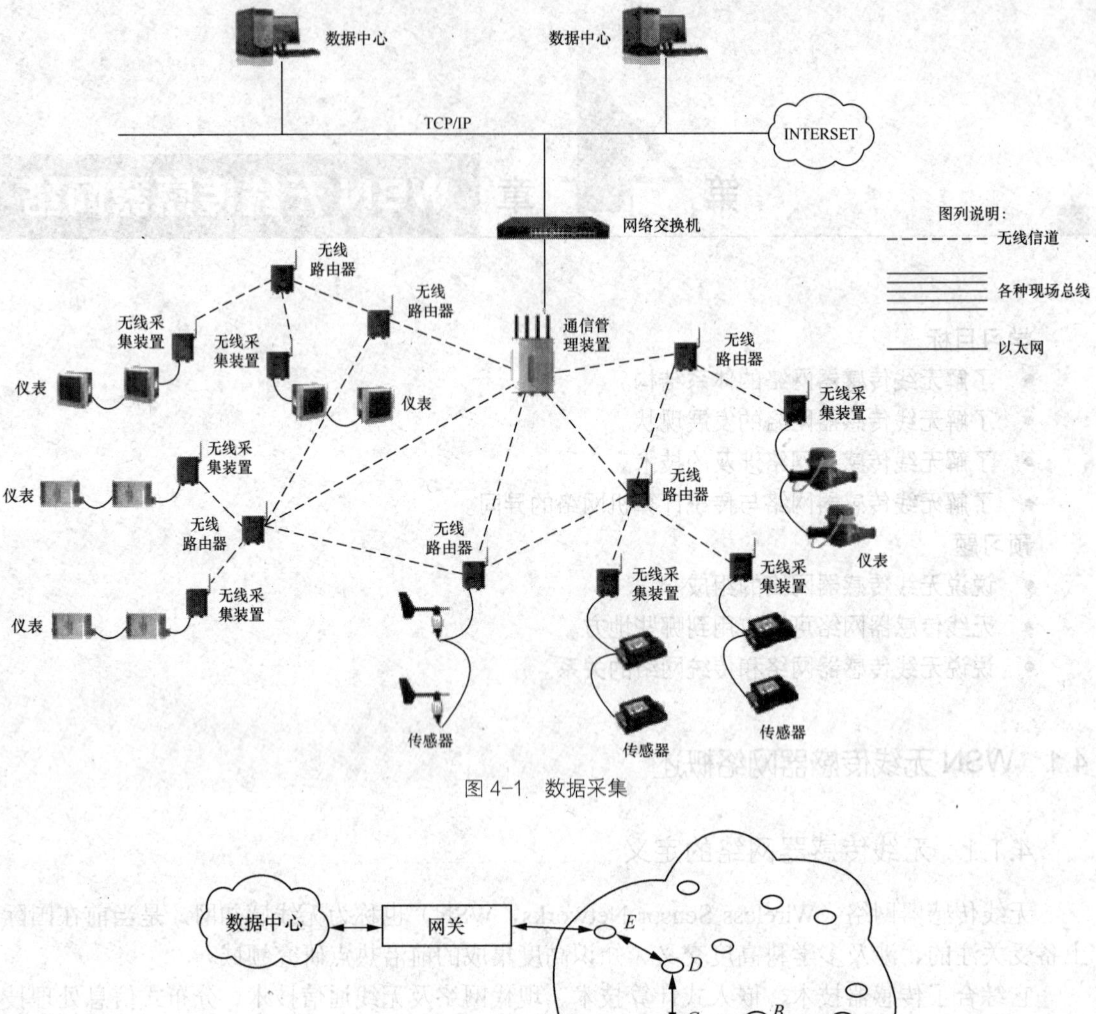


图 4-1 数据采集

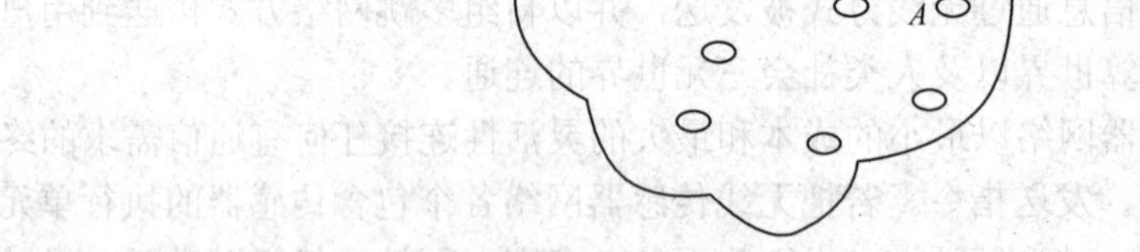


图 4-2 无线传感器网络系统架构

### 4.1.2 无线传感器网络的体系结构

在传感器网络中，节点可以通过飞机布撒或人工放置等方式，大量部署在被感知对象内部或者附近区域。这些节点通过自组织方式构成无线网络，以协作的方式实时感知、采集和处理网络覆盖区域中的信息，并通过多跳网络将数据经由汇聚节点（或称为网关）链路将整个区域内的信息传送到远程控制管理中心。反之远程管理中心也可以对网络节点进行实时控制和操纵。

无线传感器网络结构如图 4-3 所示，整个网络主要包括以下几部分。

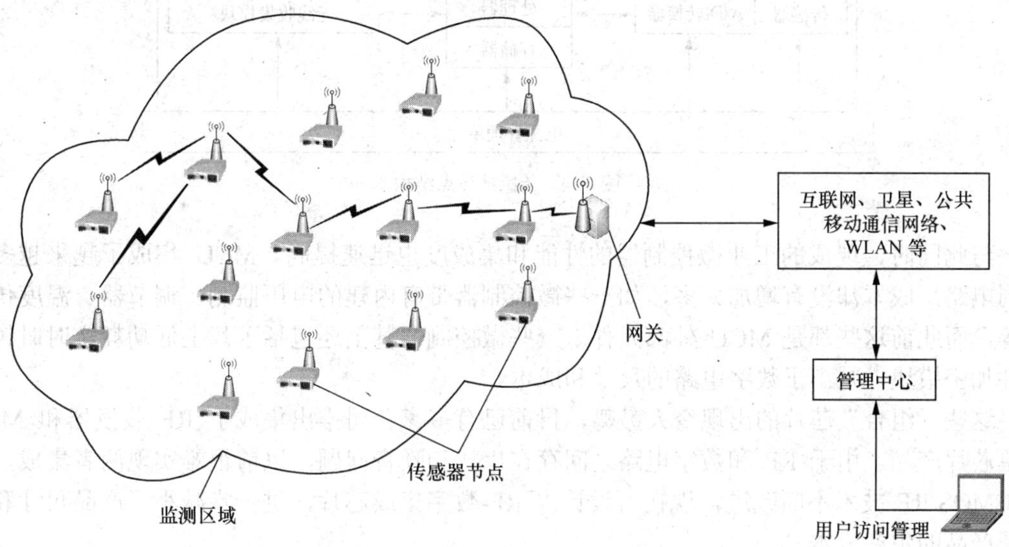


图 4-3 无线传感器网络结构

（1）管理中心（数据中心）。它负责从网络中获取所需要的信息，同时也可以对网络做出各种各样的指示、应用支撑技术操作等。

（2）传输介质（有线网络如互联网或通信卫星）。它是管理中心与传感网络之间的桥梁和纽带。

（3）汇聚节点（或称为网关）。在传输前聚集收到的数据以便节省传输能量，聚合通过每个节点类型和不同应用特有的过滤器实现。它拥有足够的能量，可以将从传感器网络中的能量有限的节点上传来的信息转发到传输介质上。

（4）传感器节点。负责数据采集及数据传输。

（5）传感网络。这是传感器网络的核心。在感知区域中，大量的节点自组成网，监测、感知信息向汇聚节点发送，或接收来自汇聚节点的操作命令，改变自身的工作状态。

下面着重介绍一下传感器节点和传感器网络。

在不同应用中，传感器节点的组成不尽相同，但一般都由数据采集、数据处理、数据传输和电源这 4 部分组成（见图 4-4）。根据具体应用需求，还可能会有定位系统以确定传感节点的位置，有移动单元使得传感器可以在待监测地域中移动，或具有供电装置以从环境中获得必要的能源。此外，还必须有一些应用相关部分，例如，某些传感器节点有可能在深海或者海底，也有可能出现在化学污染或生物污染的地方，这就需要在传感器节点的设计上采用一些特殊的防护措施。

无线传感器网络节点典型配置包括几个主要组成部分：RF 收发器（模拟器件，工作频率为 300MHz～2.4GHz 的 ISM 高频频段）、MCU（数字器件，通常工作在 kHz~MHz 的低频频段）和传感器。RF 收发器通常带有各种外部元件，如电感、电容或滤波器等。

由于这些外部元件体积庞大而且成本较高，因此 RF 电路很难满足尺寸和成本要求。随着 CMOS 工艺迅速进步，目前市面上出现了一些小型的低成本高集成度 RF 收发器。

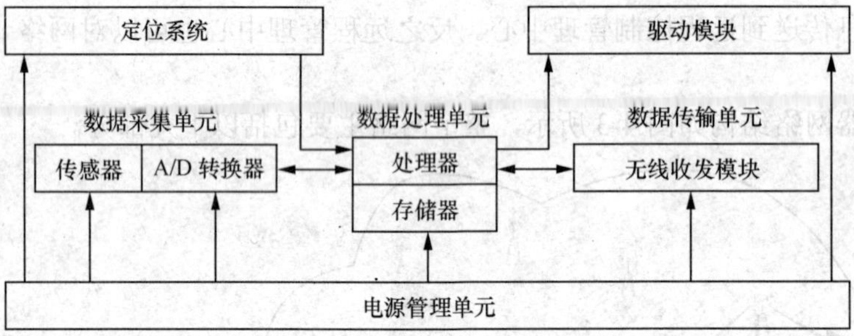


图 4-4 传感器节点结构

与此同时，现成的工业微控制器的性能和集成度也迅速提高。MCU 集成了越来越多的外周电路，成本却没有增加太多，如一些微控制器带有内建的电压监测、调节器、温度传感器等，而此前这些都是 MCU 外部元件。一些微控制器甚至还包括了片上低功耗实时时钟和硬件加密模块，减小了数字电路的尺寸和成本。

这些“组合”芯片的出现令人鼓舞，日前已有多家公司推出集成了 RF 收发器和 MCU 的单芯片产品。由于 RF 和数字电路之间存在串扰和噪音问题，以前很难实现两者集成，随着 CMOS/RF 技术不断改进，现在可设计出 RF-数字集成芯片，进一步减小了产品尺寸和降低了产品的生产成本。

微电机系统、低功耗无线电路和数字电路设计的飞速发展在很大程度上加快了这种无线传感器网络应用。

无线传感器网络的一个重要优势是摆脱了传统网络的连线限制和成本问题。但是如果没有合适的无线电源，这一优势就无法体现出来，因此电源效率是设计考虑的关键因素，因为如果必须时常更换电池（例如每周或每月），那么相关的劳动力成本便会远远超过它相对有线网络节省的成本。因此电池必须具有较长的寿命（通常几个月到 10 年）。此外由于传感器网络的理念是“随时随地无线”，减小节点尺寸也是必须考虑的设计要素，对传感器节点来说，很多时候即使采用 AA 电池也会超出体积要求，因此只能选择纽扣式电池供电。

传感器节点能量的供应是采用电池，节点能量有限，考虑尽可能地延长整个传感器网络的生命周期，在设计传感器节点时，保证能量供应的持续性是一个重要的设计原则。传感器节点能量消耗的模块主要包括传感器模块、信息处理模块和无线通信模块，而绝大部分的能量消耗是集中在无线通信模块上，约占整个传感器节点能量消耗的 80%。因此，目前提出的传感器节点通信路由协议主要是围绕着减少能量消耗。延长网络生命周期而进行设计的。

在无线传感器网络中，节点在不网的状态具有不同的能量消耗，传感器节点共有 6 种工作状态。

（1）睡眠状态：传感器模块关闭，通信模块关闭，能量消耗最低。

（2）感知状态：传感器模块开启，通信模块关闭，节点感知事件发生。

（3）侦听状态：传感器模块开启，通信模块空闲。

（4）接收状态：传感器模块开启，通信模块接收。

（5）发送状态：传感器模块开启，通信模块发送。

（6）长期睡眠状态：表示该节点能量已低于阈值，不响应任何事件。

目前无线传感器网络的功耗可降低到毫安级甚至微安级以下，因此传感器节点可使用一颗 3V 直流纽扣式电池来供电，根据不同的采样率，其工作时间可以达五年或以上。采用纽扣式电池的此类传感器节点外形小巧，便于携带且易于设计到小型设备中。这些低功耗、低数据率的应用包括工厂中各种精密数字辅助测量仪器，如水表和煤气抄表、供应链出货量监测和个人标记佩戴报告等。这些应用有三个共同要求：外形小、电池寿命长以及具有鲁棒（Robust）性，满足这些要求的前提条件是选择适当的网络结构。

无线传感器网络的传感器网络相对于传统网络，其最明显的特色可以用六个字来概括，即"自组织，自愈合"。自组织是指在无线传感器网络中不像传统网络需要人为指定拓扑结构，其各个节点在部署之后可以自动探测邻居节点并形成网状的最终汇聚到网关节点的多跳路由，整个过程不需人为干预。同时整个网络具有动态鲁棒性，在任何节点损坏或加入新节点时，网络都可以自动调节路由随时适应物理网络的变化。这就是所谓的自愈合特性。

这些特点使得无线传感器网络能够适应复杂多变的环境，去监测人力难以到达的恶劣环境地区。汶川地震发生之后所有通信设施中断，在后期只能依靠人力对余震、山体滑坡、堰塞湖等进行检测，效率低下，且缺乏量化数据进行科学分析预测。如果能够在灾区部署无线传感器网络就能有效地解决这一问题。

无线传感器网络节点体积大多小巧，电池供电可以保证数月工作时间，不需现场拉线供电，非常方便在应急情况下进行灵活部署监测并预测地质灾害的发生情况。

因汶川地震而形成的唐家山堰塞湖，在湖区不同位置安置配备液位传感器的无线节点实时监测水位变化状况，再汇总至监控中心后，就可以结合地理位置信息和历史数据，形成三维数据，观察水位变化趋势，推导对坝体压力以及在关键点水深超过危险值时自动产生报警信息。其部署效率和能够为决策者提供的信息量都远远超过单纯的人力监测。

当然这只是一种设想。我们希望的是能够从这次灾害中归纳提炼出一些无线传感器网络方案，在以后遇到类似灾害时可以更加有效率地去救灾，能够减轻解放军战士的工作量和为救灾专家们提供更多更简单的手段，就像地震中得到广泛应用的生命探测仪一样。

网络体系结构是网络的协议分层以及网络协议的集合，是对网络及其部件所应完成功能的定义和描述。对无线传感器网络来说，其网络体系结构不同于传统的计算机网络和通信网络。网络体系结构由分层的网络通信协议、传感器网络管理以及应用支撑技术三部分组成。

分层的网络通信协议结构类似于 TCP/IP 协议体系结构；传感器网络管理技术主要是对传感器节点自身的管理以及用户对传感器网络的管理；在分层协议和网络管理技术的基础上，支持了传感器网络的应用支撑技术。

传感器网络体系结构具有二维结构，即横向的通信协议层和纵向的传感器网络管理面。通信协议层可以划分为物理层、链路层、网络层、传输层、应用层，而网络管理面则可以划分为能耗管理面、移动性管理面以及任务管理面。

管理面的存在主要是用于协调不同层次的功能以求在能耗管理、移动性管理和任务管理方面获得综合考虑的最优设计。

## 思考题

- 无线传感器网络的"自组织"和"自愈合"特性相比传统网络提供了什么优势？

## 4.2 WSN的应用及关键技术

### 4.2.1 WSN的应用

无线传感器网络是由部署在监测区域内部或附近区域的大量廉价的具有通信、感测及计算能力的微型传感器节点通过自组织构成的“智能”测控网络。无线传感器网络在军事、农业、环境监测、医疗卫生、工业、智能交通、建筑物监测、空间探索等领域有着广阔的应用前景和巨大的应用价值，被认为是未来改变世界的十大技术之一、全球未来四大高技术产业之一。

传感器网络的应用与具体的应用环境密切相关，因此针对不同的应用领域，存在性能不同的无线传感器网络系统。

#### 1. 环境监测

无线传感器网络应用于环境监测，能够完成传统系统无法完成的任务。环境监测应用领域包括：植物生长环境、动物活动环境、生化监测、山体滑坡监测、森林火灾监测、洪水监测、地震监控等。

我国幅员辽阔，物种众多，环境和生态问题严峻。无线传感器网络可以广泛地应用于生态环境监测、生物种群研究、气象和地理研究、洪水、火灾检测。一些常见的应用领域如下。

（1）可通过跟踪珍稀鸟类、动物和昆虫的栖息、觅食习惯等进行濒临种群的研究等。

（2）可在河流沿线分区域布设传感器节点，随时监测水位及相关水资源被污染的信息。

（3）在山区中泥石流、滑坡等自然灾害容易发生的地方布设节点，可提前发出预警，以便做好准备，采取相应措施，防止进一步的恶性事故的发生。

（4）可在重点保护林区铺设大量节点随时监控内部火险情况，一旦有危险，可立刻发出警报，并给出具体方位及当前火势大小。

（5）布放在地震、水灾、强热带风暴灾害地区，边远或偏僻野外地区，用于紧急和临时场合应急通信。

2005年，澳大利亚的科学家利用无线传感器网络来探测北澳大利亚蟾蜍的分布情况。由于蟾蜍的叫声响亮而独特，因此利用声音作为检测特征非常有效。科研人员将采集到的信号在节点上就地处理，然后将处理后的少量结果数据发回给控制中心。通过处理，就可以大致了解蟾蜍的分布、栖息情况。

加州大学在南加利福尼亚San Jacinto建立了可扩展的无线传感器网络系统，主要监测局部环境条件下小气候和植物甚至动物的生态模式。监测区域分为100多个小区域，每个小区域包含各种类型的传感器节点，该区域的网关负责传输数据到基站，系统由多个网关，经由传输网络到Internet互联网。

加州大学伯克利分校利用部署于一颗高 70m 的红杉树上的无线传感器系统来监测其生存环境，节点间距2m，监测周围空气温度、湿度、太阳光强（光合作用）等变化。

利用无线传感器网络系统监测牧场中牛的活动，目的是防止两头牛相互争斗。系统中节点是动态的，因此要求系统采用无线通信模式和高数据速率。

在印度西部多山区域监测泥石流部署的无线传感器网络系统，目的是在灾难发生前预测泥石流的发生，采用大规模、低成本的节点构成网络，每隔预定的时间发送一次山体状况的最新数据。Intel 公司在美国俄勒冈州的一个葡萄园中部署了监测其环境微小变化的无线传感器网络。

香港由于存在大量山地地貌，城市居民人口众多，要求土地必须保持较高的利用率，因此大量建筑和道路都位于山区附近。由于地处中国南方，地理位置决定了该地区降雨量常年偏高，尤其在每年夏季的梅雨季节，会出现大量的降水。不稳定的山地地貌在受到雨水侵蚀后．容易产生山体滑坡现象，对居民生命财产安全造成巨大的威胁。

过去数十年内在某些极其危险地域发生了多次山体滑坡现象，因此香港政府部门试图部署一种灵活稳定的系统对山体滑坡进行监测和预警。该市政府部门尝试部署过多套有线方式的监测网络，但是由于监测区域往往为人迹罕至的山间，缺乏道路，野外布线、电源供给等都受到限制，使得有线系统部署起来非常困难。此外有线方式往往采用就近部署数据采集器的方式记录采集数据，需要专人定时前往监测点下载数据，系统得不到实时数据，灵活性较差。

地理监测专家进行多次交流，并进行数次实地考察后，地质专业公司在香港青山和大屿山地区部署了基于无线传感器网络的山体滑坡监测方案。

山体滑坡的监测主要依靠两种传感器的作用，即液位传感器和倾角传感器的作用。在山体容易发生危险的区域，将会沿着山势走向竖直设置多个孔洞。

每个孔洞都会在最下端部署一个液位传感器，在不同深度部署数个倾角传感器。由于该地区的山体滑坡现象主要是由雨水侵蚀产生的，因此地下水位深度是标识山体滑坡危险度的第一指标。该数据由部署在孔洞最下端的液位深度传感器采集并由无线网络发送，如图 4-5 所示。

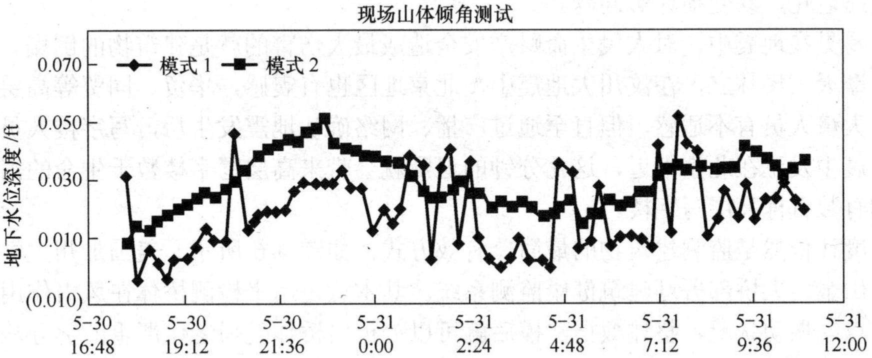

图 4-5 监测数据

通过倾角传感器可以监测山体的运动状况，山体往往由多层土壤或岩石组成，不同层次间由于物理构成和侵蚀程度不同，其运动速度不同。发生这种现象时我们部署在不同深度的倾角传感器将会返回不同的倾角数据，如图 4-5 所示。在无线网络获取到各个倾角传感器的数据后，通过数据融合处理，专业人员就可以据此判断出山体滑坡的危势和强度，并判断其威胁性大小。

山体滑坡在地震之后的灾区随处可见，尤其是交通要道两侧的山体滑坡对救援更是会造成巨大的威胁，相信无数人仍然记得在听到理县到汶川的生命线在打通后不到一天的时间就又因山体滑坡而中断时那揪心的感觉。

地震是由地壳变化释放能量在地表形成机械波传递的现象。因此安置在地表的振动传感器可以用来检测地震的发生和强度。汶川的地震强度 8 级以及后续的各次余震都是通过地震局汇聚部署在各地的振动传感器信息，再还原为地震中心点的振动数据。

当然长期的地震监测网络，由于其部署地点确定，使用有线监测方式是较为合适的选择。但是在应急情况下，可以随时部署获取数据的无线地震监测网络也具有相当重要的意义。如在地震之后用以监测余震的发生，机械波的传递远远慢于无线电波，因此可以抢出宝贵的几分钟预警时间给救援人员后撤。

美国哈佛大学在去年部署了一套类似的应急地震监测系统，主要部署在火山地区用来检测因火山爆发而导致的地震信息。

系统采用 TelosB 无线传感器节点，搭载 24 位 ADC 用以监测 MEMS 加速度计传送的微弱振动信息。节点以火山口为中心径向部署，间隔数百米部署一个节点。在部署完毕后可以检测出地震沿径向传播各点的振动信息。

节点在本地进行检测，一旦判断出超过预设值的振动信息立即发送报警信息，同时通知所有节点开始采集振动波形。所有节点的振动数据会被传送回监控中心，用以进行数学建模还原地震波传递情况。

类似的系统在余震监测和震后应急补充部署时具有重要的意义。中国地震局、哈尔滨工程力学研究所、中国台湾地震研究中心在近年都开始进行类似项目的研究。期待可以看到在不远的将来能有类似装备问世。

### 2. 建筑监测

无线传感器网络用于监测建筑物的健康状况，不仅成本低廉，而且能解决传统监测布线复杂、线路老化、易受损坏等问题。

显而易见在地震中，对人民生命财产安全造成最大伤害的就是建筑物的倒塌。而现今大都市中，摩天大楼林立，在汶川大地震中，北京地区也有震感，华贸、同贸等高层写字楼均有晃动，大量人员有不适感，但直至通过广播、网络确认地震发生后，写字楼人员方开始撤离。如果震中发生在北京附近，这几分钟的迟疑就会带来高层写字楼数千生命的消逝，而北京至少拥有数百栋高层写字楼。

加速度计依然是监测建筑物的最简单有效方式，如图 4-6 所示。美国加州大学伯克利分校对旧金山金门大桥部署过建筑健康监测系统。其本意是用来检测桥体在风力作用下的各个关键受力点的振动状况，整体数据建模后就可以分析出桥体受损老化严重的部分从而进行有针对性的修补。

桥体和高层建筑有一个共同的特点，就是建筑结构极其敏感，因此其前端的测量点部署很难采用有线方式，否则极易损害建筑受力结构。而无线技术，特别是不需供电的低功耗无线技术，在解决建筑物健康监测前端数据获取中具有极其重大的意义。节点具有无线能力，体积较为小巧，可以很容易地安装在建筑物的关键受力点上，而不影响建筑物外观。具有低功耗能力，节点一经部署不需要频繁更换。省去了复杂耗时的布线操作，只要打开节点开关，位于建筑物监控中心的接收终端就可以实时获取数据，与建筑报警系统联动后，一旦探测到可能威胁到建筑物的震动信息，立即发出报警通知建筑物内人员撤离。平时该系统收集的数据还可以用来监测建筑物老化状况，为建筑物维护提供辅助决策信息。

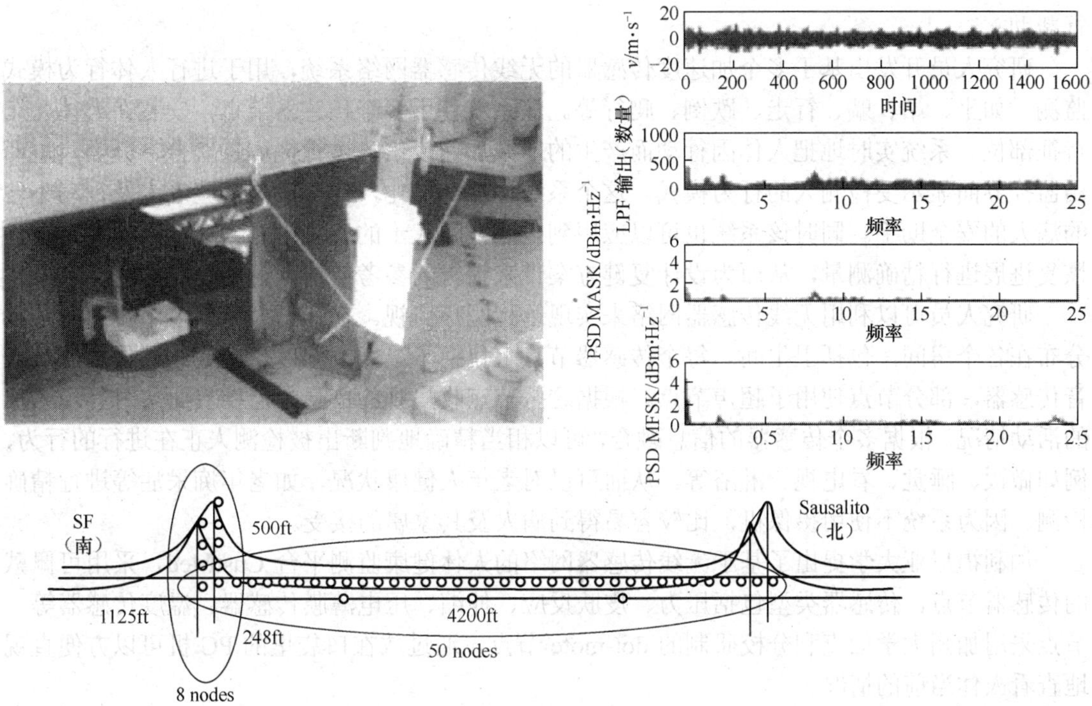


图 4-6　检测建筑物

哈尔滨工业大学欧进萍院士领导的研究团队建立了实验室，专门针对建筑物健康监测进行研究。相关研究成果已经在国内数座桥梁的维护工作中得到应用。

斯坦福大学提出了基于无线传感器网络的建筑物监测系统，采用基于分簇结构的两层网络系统。传感器节点由 EVK915 模块和 ADXL210 加速度传感器构成，簇首节点由 PrximRangelLAN2 无线调制器和 EVK915 连接而成。

南加州大学开发了一种监测建筑物的无线传感器网络系统 NETSHM，该系统除了监测建筑物的健康状况外，还能够定位出建筑物受损伤的位置。系统部署于 Los Angeles 的 The Four Seasons 大楼内。系统采用分簇结构，采用 Mica-Z 系列节点。

对珍贵的古老建筑进行保护，是文物保护单位长期以来的一个工作重点。将具有温度、湿度、压力、加速度、光照等传感器的节点布放在重点保护对象当中，无需拉线钻孔，便可有效地对建筑物进行长期的监测。此外，对于珍贵文物而言，在保存地点的墙角、天花板等位置监测环境的温度、湿度是否超过安全值，可以更妥善地保护展览品的品质。

### 3．智能医疗

无线传感器网络在检测人体生理数据、老年人健康状况、医院药品管理以及远程医疗等方面可以发挥出色的作用。在病人身上安置体温采集、呼吸、血压等测量传感器，医生可以远程了解病人的情况。利用传感器网络长时间地收集人的生理数据，这些数据在制定治疗方案和研制新药品的过程中非常有用。

美国 Intel 公司日前正在研制家庭护理的无线传感器网络系统。该系统是美国“应对老龄化社会技术项目”的一个环节。根据演示，该系统在鞋、家具以及家用电器中嵌入传感器，帮助老年人及患者、残障人士独立地进行家庭生活，并在必要时由医务人员、社会工作者进行帮助。

研究人员开发出基于多个加速度传感器的无线传感器网络系统，用于进行人体行为模式监测，如坐、站、躺、行走、跌倒、爬行等。该系统使用多个传感器节点，安装在人体几个特征部位。系统实时地把人体因行动而产生的三维加速度信息进行提取、融合、分类，进而由监控界面显示受检测人的行为模式。这个系统稍加产品化，便可成为一些老人及行动不便的病人的安全助手。同时该系统也可以应用到一些残障人士的康复中心，对病人的各类肢体恢复进展进行精确测量，从而为设计复健方案带来宝贵的参考依据。

研究人员可以利用无线传感器网络来实现远程医疗监视。在一个公寓内多个传感器节点分布在各个房间，包括卫生间。每个传感器节点上包括了温度、湿度、光、红外传感器及声音传感器，部分节点使用了超声节点。根据这些节点收集到的信息，监控界面实时显示人员的活动情况。根据多个传感器的信息融合，可以相当精确地判断出被检测人正在进行的行为，例如做饭、睡觉、看电视、淋浴等，从而可以对老年人健康状况，如老年痴呆症等进行精确检测。因为系统不使用摄像机，比较容易得到病人及其家属的接受。

加利福尼亚大学提出了基于无线传感器网络的人体健康监测平台 CustMed，采用可佩戴的传感器节点，传感器类型包括压力、皮肤反应、伸缩、压电薄膜传感器、温度传感器等。节点采用加州大学伯克利分校研制的 dot-mote 节点，通过放在口袋里的 PC 机可以方便直观地查看人体当前的情况。

纽约 Stony Brook 大学针对当前社会老龄化的问题提出了监测老年人生理状况的无线传感器网络系统（Health Tracker 2000），除了监测用户的生理信息外，还可以在生命发生危险的情况下及时通报其身体情况和位置信息。

#### 4. 智能交通

上海市重点科技研发计划中的智能交通监测系统，采用声音、图像、视频、温度、湿度等传感器，节点部署于十字路口周围，部署于车辆上的节点还包括 GPS 全球定位设备。重点强调了系统的安全性问题，包括耗能、网络动态安全、网络规模、数据管理融合、数据传输模式等。

1995 年，美国交通部提出了到 2025 年全面投入使用的“国家智能交通系统项目规划”。该计划利用大规模无线传感器网络，配合 GPS 定位系统等资源，除了使所有车辆都能保持在高效低耗的最佳运行状态、自动保持车距外，还能推荐最佳行使路线，对潜在的故障发出警告。

中国科学院沈阳自动化所提出了基于无线传感器网络的高速公路交通监控系统，节点采用图像传感器，在能见度低、路面结冰等情况下，能够实现对高速路段的有效监控。

#### 5. 智能农业

我国是农业大国，农作物的优质高产对国家的经济发展意义重大。在这些方面，无线传感器网络有着卓越的技术优势。它可用于监视农作物灌溉情况、土壤空气变更、牲畜和家禽的环境状况以及大面积的地表检测。

一个典型的系统通常由环境监测节点、基站、通信系统、互联网以及监控软硬件系统构成。根据需要，人们可以在待测区域安放不同功能的传感器并组成网络，长期大面积地监测微小的气候变化，包括温度、湿度、风力、大气、降雨量，收集有关土地的湿度、氮浓缩量和土壤 PH 值等，从而进行科学预测，帮助农民抗灾、减灾，科学种植，获得较高的农作物产量，“工厂高效农业工程”已经把智能传感器和传感器网络化的研制列为国家重点项目。

2002 年，英特尔公司率先在俄勒冈建立了世界上第一个无线葡萄园。传感器节点被分布在葡萄园的每个角落，每隔一分钟检测一次土壤温度、湿度和该区域有害物的数量，以确保葡萄可以健康生长。研究人员发现，葡萄园气候的细微变化可极大地影响葡萄酒的质量。通过长年的数据记录以及相关分析，便能精确地掌握葡萄酒的质地与葡萄生长过程中的日照、温度、湿度的确切关系。这是一个典型的精准农业、智能耕种的实例。

北京市科委计划项目“蔬菜生产智能网络传感器体系研究与应用”正式把农用无线传感器网络示范应用于温室蔬菜生产中。在温室环境里单个温室即可成为无线传感器网络的一个测量控制区，采用不同的传感器节点构成无线网络来测量土壤湿度、土壤成分、PH 值、降水量、温度、空气湿度和气压、光照强度、$CO_2$ 浓度等，获得农作物生长的最佳条件，为温室精准调控提供科学依据。最终使温室中传感器、执行机构标准化、数字化、网络化，从而达到增加作物产量、提高经济效益的目的。

无线传感器网络通信便利、部署方便的优点使其在节水灌溉的控制中得以应用。同时，节点还具有土壤参数、气象参数的测量能力，再与互联网、GPS 技术结合，可以比较方便地实现灌区动态管理、作物需水信息采集与精量控制专家系统的构建，并可进而实现高效、低能耗、低投入、多功能的农业节水灌溉平台。可在温室、庭院花园绿地、高速路隔离带、农田井用灌溉区等区域，实现农业与生态节水技术的定量化、规范化、模式化、集成化，促进节水工业的快速和健康发展。

Digital Sun 公司发展的自动洒水系统 S.Sense Wireless Sensor 目前受到国际上多家媒体的报道。它使用无线传感器感应土壤的水分，并在必要时与接收器通信，控制灌溉系统阀门的打开和关闭，从而达到自动、节水灌溉的目的。

西北农林科技大学的教授认为，无线传感器网络的诸多优势，特别适用于以下方面的生产和科学研究。例如，大棚种植室内及土壤的温度、湿度、光照监测、珍贵经济作物生长规律分析与测量、葡萄优质育种和生产等，可为农村发展与农民增收项目带来高科技的辅助手段。此外，该项技术还为贵重药材生长条件检测与模拟、果园、高经济价值作物的生长条件分析与人工干预、林业防火防盗等提供有力手段。

陕西秦巴山区的许多珍贵药材的生长规律，可以通过该项技术得到精确测量，通过无线信道、卫星或互联网传输到控制中心，从而可以精确掌握这类药材的生长周期、水分、湿度、光照、雨水等资料。根据分析结果，农业人员就可以在人造环境下进行逼真的模拟，有望提高产量、改善稀有药材紧缺的现状。

采用无线传感器网络建设农业环境自动监测系统，用同一套网络分别完成风、光、水、电、热和农药等的数据采集和环境控制，可有效提高农业集约化生产程度，简化系统复杂性，降低设备成本。

### 6. 工业领域

英国石油公司总裁卡萨尔称，传感器网络可用于危险工作环境，在煤矿、石油钻井、核电厂和组装线工作的员工将可以得到随时监控。这些传感器网络可以告知工作现场有哪些员工、他们在做什么以及他们的安全保障等重要信息。在相关的工厂每个排放口安装相应的无线节点，可以完成对工厂废水、废气污染源的监测，样本的采集、分析和流量测定。“无线传感器网络技术几乎在我们的各项业务中都将得到应用。我们不会仅停留在几十只或几百只的使用规模。最终，这个数字将会数以万计。”

煤矿、石化、冶金行业对工作人员安全以及易燃、易爆、有毒物质监测的成本一直居高不下，无线传感器网络把部分操作人员从高危环境中解脱出来的同时，提高了险情的反应精度和速度。

我国有大型煤矿六百多家，中型煤矿两千多家，中小型煤矿一万余家。煤炭行业对先进的井下安全生产保障系统的需求巨大。陕西某矿区的孙斌建高工认为，无线传感器网络对运动目标的跟踪功能、对周边环境的多传感器融合监测功能，使其在井下安全生产的诸多环节有着很大的发展空间。

北京邮电大学的研究人员开展了煤矿瓦斯报警和矿工定位无线传感器网络系统的研究，一个节点上包括了温湿度传感器、瓦斯传感器、粉尘传感器等。传感器网络经防爆处理和技术优化后，可用于危险工作环境，便煤矿工作的员工及其周围环境得到随时监控。

陕西天和集团研发矿工井下区段定位系统，其结构框图如图 4-7 所示。各个工作地点放置一定数量的传感器节点，通过接收矿工随身携带的节点所发射的具有唯一识别码的无线信号进行人员定位。同时各个传感器节点还可以进行温度、湿度、光、声音、风速等参量的实时检测，并将结果传输至基站，进而传至管理中心。

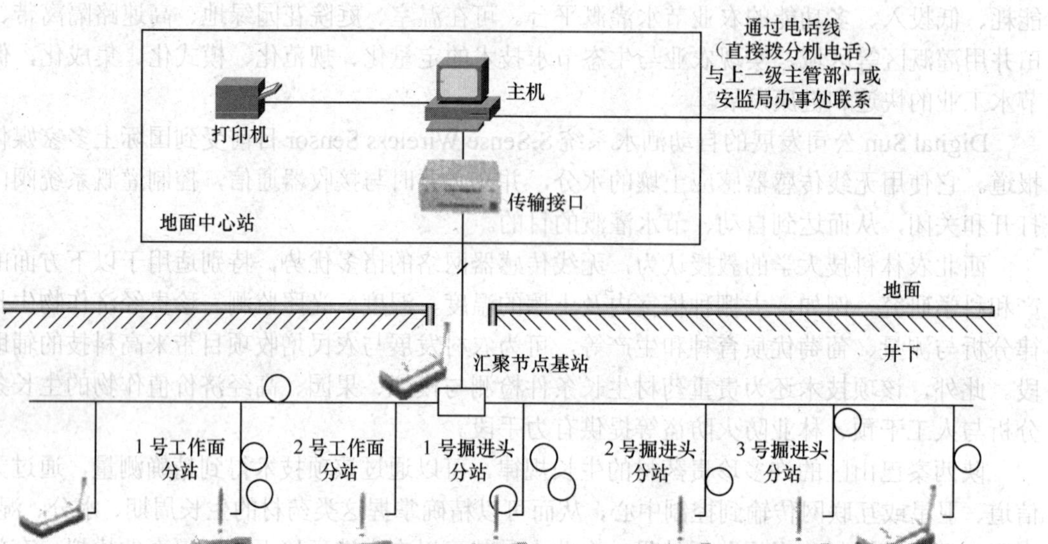


图 4-7　井下定位系统

随着制造业技术的发展，各类生产设备越来越复杂精密。现在工作人员从生产流水线到复杂机器设备，都尝试着安装相应的传感器节点，以便时刻掌握设备的工作健康状况，及早发现问题及早处理，从而有效地减少损失，降低事故发生率。

电子科技大学、中国空气动力研究与发展中心以及北京航天指挥控制中心的研究人员，利用无线传感器网络进行大型风洞测控环境的监测，对旋转机构、气源系统、风洞运行系统以及其他没有基础设施而有线传感器系统安装又不方便或不安全的应用环境进行全方位检测。

美国英特尔公司为俄勒冈的一家芯片制造厂安装了 200 台无线传感器，用来监控部分工厂设备的振动情况，并在测量结果超出规定时提供监测报告。Intel 研究中心的主管助理汉斯•穆德尔说，这项计划目前虽然只涵盖了工厂 4000 种可测部件中的少数部件，但是效果却非常显著。如今，研究人员再也不需要每隔两三个月就到每台机器处来回巡视了。

我国高科技企业林立，在诸如集成电路芯片生产、大型精密设备状态监测等方面有着巨大的技术需求和市场，无线传感器网络技术在这些领域将大有作为。

**7. 军事领域**

无线传感器网络具有可快速部署、可自组织、隐蔽性强和高容错性的特点，因此非常适合在军事上应用。利用无线传感器网络能够实现对敌军兵力和装备的监控、战场的实时监视、目标的定位、战场评估、核攻击和生物化学攻击的监测和搜索等功能。目前国际许多机构的课题都是以战场需求为背景展开的。例如，美军开展的如 C4KISR 计划、Smart Sensor Web、灵巧传感器网络通信、无人值守地面传感器群、传感器组网系统、网状传感器系统 CEC 等。

在军事领域应用方面，该项技术的远景目标是：利用飞机或火炮等发射装置，将大量廉价传感器节点按照一定的密度布放在待测区域内，对周边的各种参数，如温度、湿度、声音、磁场、红外线等各种信息进行采集，然后由传感器自身构建的网络，通过网关、互联网、卫星等信道，传回信息中心。

该技术可用于敌我军情监控。在友军人员、装备及军火上加装传感器节点以供识别，随时掌控自己情况。通过在敌方阵地部署各种传感器，做到知己知彼，先发制人。另外，该项技术可用于智慧型武器的引导器，与雷达、卫星等相互配合，利用自身接近环境的特点，可避免盲区，使武器的使用效果大幅度提升。

美国军方研究的用于军事侦察的 NSOF（Networked Sensors for the Objective Force）系统是美国军方目前研究的未来战斗系统的一部分，能够收集侦查区域的情报信息并将此信息及时地传送给战术互联网。系统由大约 100 个静态传感器和用于接入战术互联网的指挥控制节点 C2（Command and Control）构成，系统架构如图 4-8 所示。

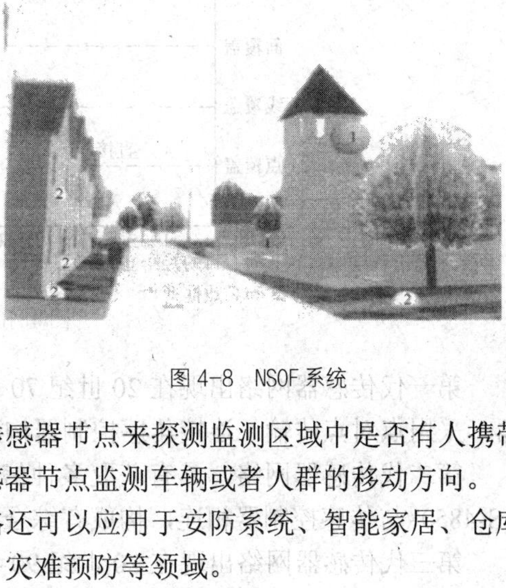

图 4-8　NSOF 系统

2005 年美国军方构建了枪声定位系统，节点部署于目标建筑物周围，系统能够有效地自组织构成监测网络，监测突发事件（如枪声、爆炸等）的发生，为救护、反恐提供了有力的帮助。

美国科学应用国际公司采用无线传感器网络构建了一个电子防御系统，为美国军方提供军事防御和情报信息。系统采用多个微型磁力计传感器节点来探测监测区域中是否有人携带枪支、是否有车辆行驶，同时，系统利用声音传感器节点监测车辆或者人群的移动方向。

除了上述提到的应用领域外，无线传感器网络还可以应用于安防系统、智能家居、仓库物流管理、空间海洋探索、资源勘探、污染监控、灾难预防等领域。

## 4.2.2 WSN 的发展现状

### 1. WSN 发展历程

信息的生成、获取、存储、传输、处理及其应用是现代信息科学的六大组成部分，其中信息获取是信息技术产业链上重要的环节之一，没有它就没有信息的传输、处理和应用，信息化也就成了无水之源、无本之木。

随着现代微电子技术、微机电系统（Micro-Electro-Mechanical System，MEMS）、片上系统 SoC（System on Chip）、纳米材料、无线通信技术、信号处理技术、计算机网络技术等的进步以及互联网的迅猛发展，传统传感器信息获取技术从独立的单一化模式向集成化、微型化，进而向智能化、网络化方向发展，成为信息获取最重要和最基本的技术之一。现代传感器如图 4-9 所示。

图 4-9 现代传感器

传感网是集传感器、数据处理单元和通信模块的微小节点随机分布，并通过自组织方式构成的网络，借助节点中内置形式多样传感器测量所在周边环境中热、红外、声纳、雷达、射频和地震波等信号，从而探测包括温度、湿度、噪声、光强度、压力、气体成分及浓度、土壤成分、移动物体大小、速度和方向等众多感兴趣的物质现象。在通信方式上，可以采用有线、无线、红外、超声波和光等任意一种或多种方式。

因此传感器网络可以根据通信方式分类为有线传感器网络、无线传感器网络、超声波传感器网络等。

一般认为采用无线通信技术的传感器网络称作无线传感器网络（WSN）。无线传感器网络是从传感器网络开始的，传感器网络经历了图 4-10 所示的发展历程。

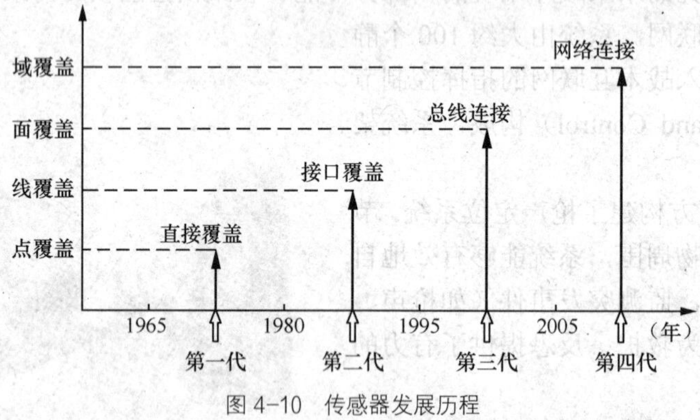


图 4-10 传感器发展历程

第一代传感器网络出现在 20 世纪 70 年代，使用具有简单信息信号获取能力的传统传感器，采用点对点传输、连接传感控制器构成传感器网络。

第二代传感器网络，具有获取多种信息信号的综合能力，采用串/并接口（如 RS-232、RS-485）与传感控制器相连，构成有综合多种信息的传感器网络。

第三代传感器网络出现在 20 世纪 90 年代后期和 21 世纪初，用具有智能获取多种信息信号的传感器，采用现场总线连接传感控制器，构成局域网络，成为智能化传感器网络。

第四代传感器网络正在开发和更新中，一般使用大量的具有多功能多信息信号获取能力的传感器，采用自组织无线接入网络，与传感器网络控制器连接，构成无线传感器网络。

无线传感器网络是新兴的下一代传感器网络。最早的代表性论述出现在 1999 年，题为“传感器走向无线时代”。随后在美国的移动计算和网络国际会议提出，无线传感器网络是下一个世纪面临的发展机遇。2003 年，美国《技术评论》杂志论述未来新兴十大技术时，无线传感器网络被列为第一项未来新兴技术。同年美国《商业周刊》未来技术专版，论述四大新技术时，无线传感器网络也列入其中。美国《今日防务》杂志更认为无线传感器网络的应用和发展，将引起一场划时代的军事技术革命和未来战争的变革。2004 年 *IEEE Spectrum* 杂志发表一期专集：传感器的国度，论述无线传感器网络的发展和可能的广泛应用。可以预计，无线传感器网络的发展和广泛应用，将对人们的社会生活和产业变革带来极大的影响和产生巨大的推动。

总体来说，无线传感器网络思想起源于 20 世纪 70 年代；1978 年 DARPA 在卡耐基・梅隆大学成立了分布式传感器网络工作组；1980 年 DARPA 的分布式传感器网络项目（DSN）开启了传感器网络研究的先河；20 世纪 80～90 年代，研究主要在军事领域，成为网络中心战的关键技术，拉开了无线传感器网络研究的序幕；20 世纪 90 年代中后期，无线传感器网络引起了学术界、军事界和工业界的广泛关注，发展了现代意义的无线传感器网络技术。

### 2. 国外研究现状

美国军方最先开始无线传感器网络技术的研究，开展了包括有 CEC、REMBASS、TRSS、Sensor IT、WINS、Smart Dust、Sea Web、μAMPS、NEST 等研究项目。美国国防部远景计划研究局已投资几千万美元，帮助大学进行无线传感器网络技术的研发。

美国国家自然基金委员会（NSF）也开设了大量与其相关的项目，NSF 于 2003 年制定 WSN 研究计划，每年拨款 3400 万美元支持相关研究项目，并在加州大学洛杉矶分校成立了传感器网络研究中心。2005 年对网络技术和系统的研究计划中，主要研究下一代高可靠、安全的可扩展的网络，可编程的无线网络及传感器系统的网络特性，资助金额达到 4000 万美元。此外，美国交通部、美国能源部、美国国家航空航天局也相继启动了相关的研究项目。

美国所有著名院校几乎都有研究小组在从事 WSN 相关技术的研究，加拿大、英国、德国、芬兰、日本和意大利等国家的研究机构也加入了 WSN 的研究。加州大学洛杉矶分校、加州大学伯克利分校、麻省理工学院、康奈尔大学、哈佛大学、卡耐基・梅隆大学等在 WSN 研究领域成绩较为突出。国际相关学术会议对 WSN 的研讨增多，检索论文数目逐年以较大幅度增加。美国的 Crossbow、Dust Network、Ember、Chips、Intel、Freescale 等公司也开展了 WSN 的研究工作。

除此之外，欧盟第 6 个框架计划也将“信息社会技术”作为优先发展领域之一，其中多处涉及对 WSN 的研究，启动了 EYES 等研究计划。日本总务省在 2004 年 3 月成立了“泛在传感器网络”调查研究会。韩国情报通信部制订了信息技术“839”战略，其中“3”是指 IT 产业的三大基础设施，即宽带融合网络、泛在传感器网络、下一代互联网协议。企业界中，欧盟的 Philips、Siemens、Ericsson、ZMD、France Telecom、Chipcon 等公司，日本的 NEC、OKI、SKYLEYNETWORKS、世康、欧姆龙等公司都开展了 WSN 的研究。

### 3．国内研究现状

无线传感器网络技术的研究首次正式启动出现于 1999 年中国科学院知识创新工程试点领域方向研究专题报告之一的“信息与自动化领域研究报告”中，是该领域的五大重点项目之一。2001 年中国科学院依托上海微系统所成立微系统研究与发展中心，旨在引领中科院 WSN 的相关工作。

国家自然科学基金已经审批了 WSN 相关的一个重点课题和多项课题。2004 年将一项无线传感器网络项目（面上传感器网络的分布自治系统关键技术及协调控制理论）列为重点研究项目。2005 年将网络传感器中的基础理论和关键技术列入计划。2006 年将水下移动传感器网络的关键技术列为重点研究项目。国家发改委下一代互联网（CNGI）示范工程中，也部署了 WSN 的相关课题。

在一份我国未来 20 年预见技术的调查报告中，信息领域 157 项技术课题中有 7 项与传感器网络直接相关。2006 年初发布的《国家中长期科学与技术发展规划纲要》为信息技术定义了三个前沿方向，其中两个与无线传感器网络研究直接相关，即智能感知技术和自组织网络技术。我国 2010 年远景规划和“十五”规划中将 WSN 列为重点发展的产业之一。

## 4.2.3 WSN 的关键技术

### 1．传感器技术

科学技术的高速发展带领人们走向信息时代。随着人们对物理世界的建设与完善、对未知领域与空间的拓展，人们需要的信息来源、种类、数量不断增加，这对信息的获取方式提出了更高的要求。在人类历史发展的很长一段时间内，人类是通过视觉、听觉、嗅觉等方式感知周围环境的，这是人类认识世界的基本途径。然而，依靠人类对物理世界的本能感知已远远不能满足信息时代的发展要求。例如，人类不能感知上千度的温度，也不能辨别温度的微小变化。

最早的传感器出现在 1861 年，作为连接物理世界与电子世界的重要媒介，在当今信息化的过程中发挥着关键作用。事实上，传感器已经渗透到人们当今的日常生活中。只要细心观察，就可以发现日常生活中的各类传感器，如热水器的温控器、电视机的遥控器、空调的温湿度传感器等。此外，传感器也广泛应用到工农业、医疗卫生、军事国防、环境保护等领域，极大地提高了人类认识世界和改造世界的能力。传统传感器组成如图 4-11 所示。

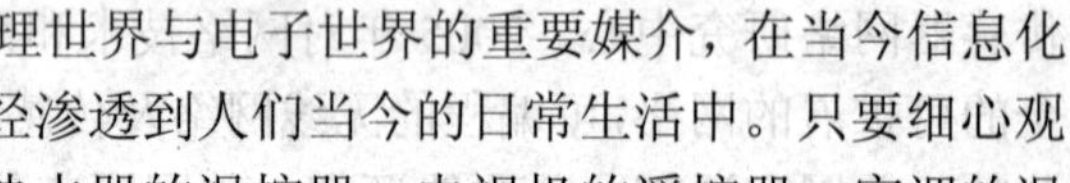


图 4-11 传统传感器组成

传感器作为信息获取的重要手段，与通信技术和计算机技术共同构成了信息技术的三大支柱。然而，传统传感器网络化、智能化的程度十分有限。具体来讲，传统传感器数据处理与分析能力极其有限，缺少信息共享的有效渠道。现代科技的进步，特别是微电子机械系统（Micro Electro Mechanical Systems，MEMS）、超大规模集成技术（Very Large Scale Integrated circuits，VLSI）的发展，使得现代传感器走上微型化、智能化和网络化的发展道路，其典型的代表是无线传感器节点（Wireless Sensor Nodes）。

和传统的传感器不同，无线传感器节点不仅包括了传感器部件，而且集成了微型处理器和无线通信芯片等，能够对感知的信息进行分析处理和网络传输，如图 4-12 所示。

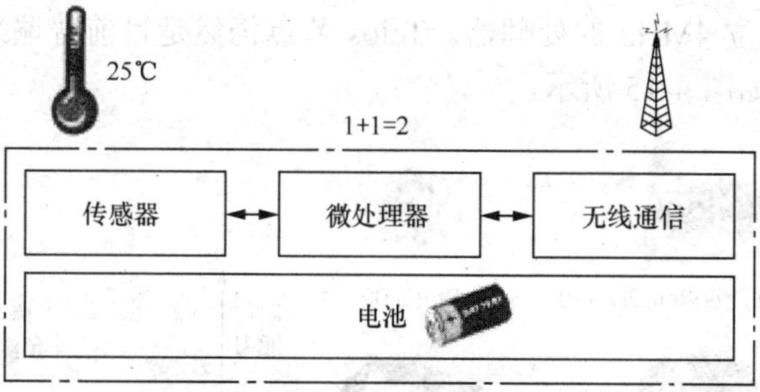


图 4-12 无线传感器节点组成

网络化催生了全新的传感器应用模式——传感网。无线传感器网络是由部署在监测区域内的大量微型、低成本、低功耗的传感器节点组成的多跳无线网络。它主要用于长期、实时、大规模、自动化的环境监测。

对无线传感器的研究始于 20 世纪 90 年代。1996 年，在美国国防部的资助下，加州大学洛杉矶分校（UCLA）开展了旨在开发低功耗的无线传感器设备的 LWIM（Low-power Wireless Integrated Microsensors）项目。LWIM 团队将多种传感器、控制和通信芯片集成在一个设备上，开发了 LWIM 节点。两年后，LWIM 团队和 Rockwell 科学中心合作开发了 WINS（Wireless Integrated Network Sensors）节点。该节点使用 Intel StrongARM 32 位的处理器（1MB 的内存和 4MB 的闪存），100Kb/s 数据率的通信芯片，具有较强的信息处理能力。在正常和睡眠状态下，处理器的功率分别为 200mW 和 0.8mW。UCLA 制作的节点如图 4-13 所示。

（a）LWIM III节点　　（b）Rockwell WINS 节点

图 4-13 UCLA 制作的节点

同时，加州大学伯克利分校（UCB）发起了“智慧尘埃”（SmartDust）项目，旨在开发微型化的传感器节点。1999 年，该校发布了 WeC 节点。该节点使用 8 位 Atmel 系列的微型处理器（512B 的内存和 8KB 的闪存）。在正常和睡眠状态下，处理器的功率分别仅为 15mW 和 45μW。之后，该校又发布了一系列微型化、低功耗的节点平台，包括后来被研究者广泛使用的 Mica，Mica2、Mica2Dot 和 MicaZ。UCB 制作的节点如图 4-14 所示。

回顾传感器节点的发展，我们能得到怎样的启示？传感器节点的未来发展将会怎样呢？摩尔定律告诉我们，集成电路上可容纳的晶体管数量，约每隔 18 个月增加一倍，性能也将提升一倍。之后的个人计算机的发展证实了这一定律，并且发展速度还在加快。从芯片制造工艺来看，在 1965 年推出的 10μm 处理器后，经历了 6μm、3μm、1μm、0.5μm、0.35μm、0.25μm、0.18μm、0.13μm、0.09μm、0.065μm，而 0.045μm 的制造工艺是目前 CPU 的最高工艺。然而，从传感器节点的发展历史看，节点的性能并没有像摩东定律预测的速度发展。1999 年，WeC 节点采用 8 位 4MHz 主频的处理器，2002 年 Mica 节点采用 8 位 7.37MHz 的处理器，2004

年 Telos 节点采用 16 位 4MHz 的处理器。Telos 节点仍然是目前普遍采用的传感器节点。传感器节点的发展曲线如图 4-15 所示。

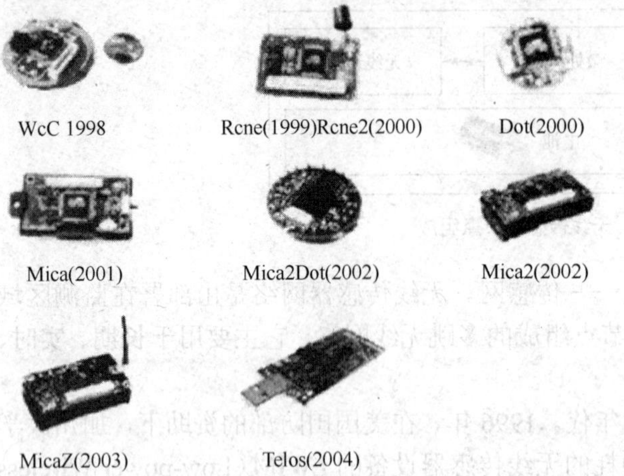


图 4-14 UCB 制作的节点

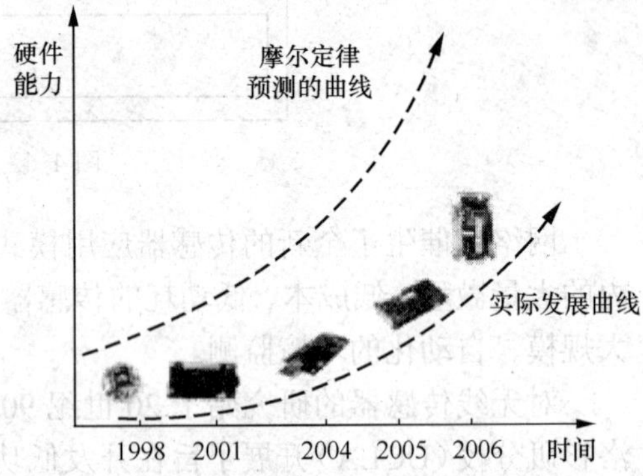


图 4-15 传感器节点的发展

可以看出，节点性能的提升十分缓慢。这是什么原因呢？分析传感器节点的应用，不难发现节点性能的发展主要受到以下三方面因素的制约：

（1）功耗的制约。无线传感节点一般被部署在野外，不能通过有线供电。其硬件设计必须以节能为重要设计目标。例如，在正常工作模式下，WeC 的处理器的功率为 15mW，Mica 节点的处理器的功率为 8mW，Telos 节点的处理器的功率为 3mW。

（2）价格的制约。无线传感节点一般需要大量组网，以完成特定的功能。其硬件设计必须以廉价为重要设计目标。价格的因素制约了传感器节点的功能。

（3）体积的制约。无线传感节点一般需要容易携带，易于部署。其硬件设计必须以微型化为重要设计目标。体积的因素制约了传感器节点的功能。

### 2．路由技术

（1）路由协议的特点

与传统网络的路由协议相比，无线传感器网络的路由协议具有以下特点：

① 能量优先。传统路由协议在选择最优路径时，很少考虑节点的能量消耗问题，而无线传感器网络中节点的能量有限，延长整个网络的生存期成为传感器网络路由协议设计的重要目标，因此需要考虑节点的能量消耗以及网络能量均衡使用的问题。

② 局部拓扑信息。无线传感器网络为了节省通信能量，通常采用多跳的通信模式，而节点有限的存储资源和计算资源，使得节点不能存储大量的路由信息，不能进行太复杂的路由计算。在节点只能获取局部拓扑信息和资源有限的情况下，如何实现简单高效的路由机制是无线传感器网络的一个基本问题。

③ 以数据为中心。传统的路由协议通常以地址作为节点的标识和路由的依据，而无线传感器网络中大量节点随机部署，所关注的是监测区域的感知数据，而不是具体哪个节点获取的信息，不依赖于全网唯一的标识。传感器网络通常包含多个传感器节点到少数汇聚节点的数据流，按照对感知数据的需求、数据通信模式和流向等，以数据为中心形成消息的转发路径。

④ 应用相关。传感器网络的应用环境千差万别，数据通信模式不同，没有一个路由机制适合所有的应用，这是传感器网络应用相关性的一个体现。设计者需要针对每一个具体应用的需求，设计与之适应的特定路由机制。

（2）路由机制需满足的要求

针对传感器网络路由机制的上述特点，在根据具体应用设计路由机制时，要满足下面的传感器网络路由机制的要求：

① 能量高效。传感器网络路由协议不仅要选择能量消耗小的消息传输路径，而且要从整个网络的角度考虑，选择使整个网络能量均衡消耗的路由。传感器节点的资源有限，传感器网络的路由机制要能够简单而且高效地实现信息传输。

② 可扩展性。在无线传感器网络中，检测区域范围或节点密度不同，造成网络规模大小不同；节点失败、新节点加入以及节点移动等，都会使得网络拓扑结构动态发生变化，这就要求路由机制具有可扩展性，能够适应网络结构的变化。

③ 鲁棒性（Robust）。能量用尽或环境因素造成传感器节点的失败、周围环境影响无线链路的通信质量以及无线链路本身的缺点等，这些无线传感器网络的不可靠特性要求路由机制具有一定的容错能力。

④ 快速收敛性。传感器网络的拓扑结构动态变化，节点能量和通信带宽等资源有限，因此要求路由机制能够快速收敛，以适应网络拓扑的动态变化，减少通信协议开销，提高消息传输的效率。

（3）路由协议的种类

在无线传感器网络的体系结构中，网络层中的路由协议非常重要。网络层主要的目标是寻找用于无线传感器网络高能效路由的建立和可靠的数据传输方法，从而使网络寿命最长。由于无线传感器网络有几个不同于传统网络的特点，因此它的路由非常有挑战性。第一，由于节点众多，不可能建立一个全局的地址机制；第二，产生的数据流有显著的冗余性，因此可以利用数据聚合来提高能量和带宽的利用率；第三，节点能量和处理存储能力有限，需要精细的资源管理；第四，由于网络拓扑变化频繁，需要路由协议有很好的鲁棒性和可扩展性。从可以获得的文献资料来看，目前无线传感器网络基本处于起步阶段，从具体应用出发，根据不同应用对无线传感器网络的各种特性的敏感度不同，大致可将路由协议分为 4 种。

① 能量感知路由协议。高效利用网络能量是传感器网络路由协议的一个显著特征，早期提出的一些传感器网络路由协议往往仅考虑了能量因素。为了强调高效利用能量的重要性，在此将它们划分为能量感知路由协议。能量感知路由协议从数据传输中的能量消耗出发，讨论最优能量消耗路径以及最长网络生存期等问题。

② 基于查询的路由协议。在诸如环境检测、战场评估等应用中，需要不断查询传感器节点采集的数据，汇聚节点（查询节点）发出任务查询命令，传感器节点向查询节点报告采集的数据。在这类应用中，通信流量主要是查询节点和传感器节点之间的命令和数据传输，同时传感器节点的采样信息在传输路径上通常要进行数据融合，通过减少通信流量来节省能量。

③ 地理位置路由协议。在诸如目标跟踪类应用中，往往需要唤醒距离跟踪目标最近的传感器节点，以得到关于目标的更精确位置等相关信息。在这类应用中，通常需要知道目的节点的精确或者大致地理位置。把节点的位置信息作为路由选择的依据，不仅能够完成节点路由功能，还可以降低系统专门维护路由协议的能耗。

④ 可靠的路由协议。无线传感器网络的某些应用对通信的服务质量有较高要求，如可靠

性和实时性等；而在无线传感器网络中，链路的稳定性难以保证，通信信道质量比较低，拓扑变化比较频繁，要实现服务质量保证，需要设计相应的可靠的路由协议。

（4）能量感知路由协议

高效利用网络能量是无线传感器网络路由协议的最重要特征。能量感知路由协议从数据传输中的能量消耗出发，讨论最优能量消耗路径以及最长网络生存期等问题，其最终目的是实现能量的高效利用。

① 能量路由

能量路由的基本思想是根据节点的可用能量（Power Available，PA），即节点的剩余能量或传输路径上的能量需求来选择数据的转发路径。在图4-16所示的网络中，圆圈表示节点，括号内的数据为该节点的可用能量。图中双向线表示节点间的通信链路，链路上的数字表示在该链路上传输数据所消耗的能量。源节点可以选取下列路径中的一条将数据传送至汇聚节点：

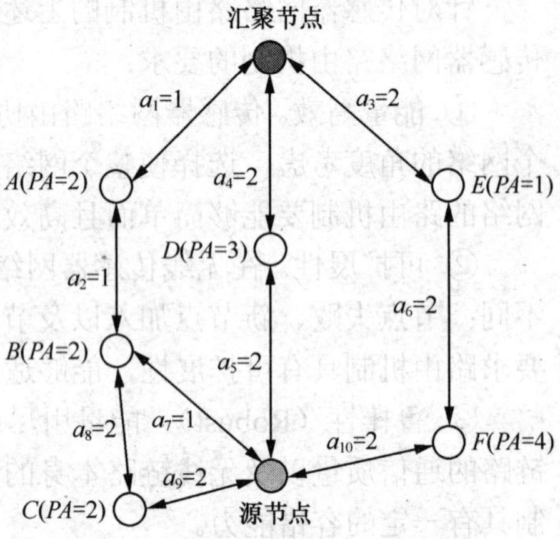

图 4-16　能量路由协议示意图

路径 1：源节点→*B*→*A*→汇聚节点，路径上 *PA* 之和为 4，所需的能量之和为 3；

路径 2：源节点→*C*→*B*→*A*→汇聚节点，路径上 *PA* 之和为 6，所需的能量之和为 6；

路径 3：源节点→*D*→汇聚节点，路径上 *PA* 之和为 3，所需的能量之和为 4；

路径 4：源节点→*F*→*E*→汇聚节点，路径上 *PA* 之和为 5，所需的能量之和为 6。

能量路由策略主要有以下几种：

a．最大 *PA* 路由，从数据源到汇聚节点的所有路径中选取节点 *PA* 之和最大的路径，在图 4-16 中路径 2 的 *PA* 之和最大，但路径 2 包含了路径 1，因此不是高效的从而被排除，选择路径 4；

b. 最小能量消耗路由，从数据源到汇聚节点的所有路径中选取节点耗能之和最少的路径，在图 4-16 中选择路径 1；

c．最少跳数路由，选取从数据源到汇聚节点跳数最少的路径，在图 4-16 中选择路径 3；

d．最大最小 *PA* 节点路由，每条路径上有多个节点，且节点的可用能量不同，从中选取每条路径中可用能量最小的节点来表示这条路径的可用能量，如路径 4 中节点 *E* 的可用能量最小为 1，所以该路径的可用能量是 1，最大最小 *PA* 节点路由策略就是选择路径可用能量最大的路径。在图 4-16 中选择路径 3。

上述能量路由算法需要节点知道整个网络的全局信息。由于传感器网络存在资源约束，节点只能获取局部信息，因此上述能量路由方法只是理想情况下的路由策略。

② 能量多路径路由

无线传感器网络中如果频繁使用同一路径传输数据，会造成该路径上的节点因能量消耗过快而提早失效，缩短网络生存时间。为此，研究人员提出了一种能量多路径路由机制，该机制在源节点和目的节点之间建立多条路径，根据路径上节点的能量消耗以及节点的剩余能量状况，给每条路径赋予一定的选择概率，使得数据传输均衡地消耗整个网络的能量。

能量多路径路由协议包括路径建立、数据传播和路由维护 3 个过程。

a．路由建立阶段。这一阶段是该协议的重点，每个节点需要知道到达目的节点的所有下一跳节点，并根据节点到目的节点的通信代价来计算选择每个下一跳节点传输数据的概率。记节点 $N_j$ 发送的数据经由本地路由表 $FT_j$ 中的节点 $N_i$ 到达目的节点的通信代价为 $C_{N_j,N_i}$，则可以使用如下公式计算节点 $N_i$ 作为节点 $N_j$ 的下一条节点的选择概率：

$$P_{N_j,N_i}=\frac{1/C_{N_j,N_i}}{\sum\limits_{k\in FT_j}1/C_{N_j,N_i}}$$

节点将下一跳节点选择概率作为加权系数，根据路由表中每项的能量代价计算自身到目的节点的代价，并替代消息中原有的代价值，然后向邻节点广播该路由建立消息。

b. 数据传播阶段。对于接收数据，节点根据选择概率从多个下一跳节点中选择一个节点，并将数据转发给该节点。

c. 路由维护阶段。周期性地从目的节点到源节点实施洪泛查询维持所有路径的活动性。

能量多路径协议综合考虑了通信路径上的消耗能量和剩余能量，节点根据选择概率在路由表中选择一个节点作为路由的下一跳节点。由于这个概率是与能量相关的，可以将通信能耗分散到多条路径上，从而可实现整个网络的能量平稳降级，最大限度地延长网络的生存期。

（5）基于查询的路由协议

① 定向扩散路由

基于查询的路由通常是指目的节点通过网络传播一个来自某个节点数据查询消息（感应任务），收到该查询数据消息的节点又将匹配该查询消息的数据发回给原来的节点。一般这些查询是以自然语言或者高级语言来描述的。

定向扩散（Directed Diffusion，DD）是一种基于查询的路由机制。汇聚节点通过兴趣消息（Interest Message）发出查询任务，采用洪泛方式传播兴趣消息到整个区域或部分区域内的所有传感器节点。兴趣消息用来表示查询的任务，表达网络用户对监测区域内感兴趣的信息，例如监测区域内的温度、湿度和光照等环境信息。在兴趣消息的传播过程中，协议逐跳地在每个传感器节点上建立反向放入从数据源到汇聚节点的数据传输梯度（Gradient）。传感器节点将采集到的数据沿着梯度方向传送到汇聚节点。

定向扩散路由机制可以分为周期性的兴趣扩散、梯度建立以及路径加强三个阶段。图 4-17 显示了这三个阶段的数据传播路径和方向。

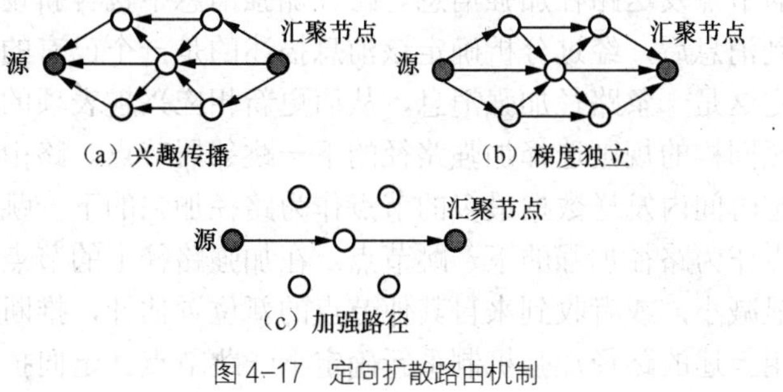


图 4-17　定向扩散路由机制

a. 兴趣扩散阶段

在兴趣扩散阶段，汇聚节点周期性地向邻居节点广播兴趣消息。兴趣消息中含有任务类型、目标区域、数据发送速率、时间戳等参数。每个节点在本地保存一个兴趣列表，对于每一个兴趣，列表中都有一个表项记录发来该兴趣消息的邻居节点、数据发送速率和时间戳等任务相关信息，以建立该节点向汇聚节点传递数据的梯度关系。每个兴趣可能对应多个邻居节点，每个邻居节点对应一个梯度信息。通过定义不同的梯度相关参数，可以适应不同的应用需求。每个表项还有一个字段用来表示该表项的有效时间值，超过这个时间后，节点将删除这个表项。当节点收到邻居节点的兴趣消息时，首先检查兴趣列表中是否存有参数类型与收到兴趣相同的表项，而且对应的发送节点是该邻居节点。如果有对应的表项，就更新表项的有效时间值；如果只是参数类型相同，但不包含发送该兴趣消息的邻居节点，就在相应表项中添加这个邻居节点；对于任何其他情况，都需要建立一个新表项来记录这个新的兴趣。如果收到的兴趣消息和节点刚刚转发的兴趣消息一样，为避免消息循环则丢弃该信息。否则，转发收到的兴趣消息。

b．数据传播阶段

当传感器节点采集到与兴趣匹配的数据时，把数据发送到梯度上的邻居节点，并按照梯度上的数据传输速率设定传感器模块采集数据的速率。由于可能从多个邻居节点收到兴趣消息，节点向多个邻居节点发送数据，汇聚节点可能收到经过多个路径的相同数据。中间节点收到其他节点转发的数据后，首先查询兴趣列表的表项，如果没有匹配的兴趣表项就丢弃数据；如果存在相应的兴趣表项，则检查与这个兴趣对应的数据缓冲池（Data Cach），数据缓冲池用来保存最近转发的数据。如果在数据缓冲池中有与接收到的数据匹配的副本，说明已经转发过这个数据，为避免出现传输环路而丢弃这个数据；否则，检查该兴趣表项中的邻居节点信息。如果设置的邻居节点数据发送速率大于等于接收的数据速率，则全部转发接收的数据；如果记录的邻居节点数据发送速率小于接收的数据速率，则按照比例转发。对于转发的数据，数据缓冲池保留一个副本，并记录转发时间。

c．路径加强阶段

定向扩散路由机制通过正向加强机制来建立优化路径，并根据网络拓扑的变化修改数据转发的梯度关系。兴趣扩散阶段是为了建立源节点到汇聚节点的数据传输路径，数据源节点以较低的速率采集和发送数据，称这个阶段建立的梯度为探测梯度（Probe Gradient）。汇聚节点在收到从源节点发来的数据后，启动建立到源节点的加强路径，后续数据将沿着加强路径以较高的数据速率进行传输，加强后的梯度称为数据梯度（Data Gradient）。假设以数据传输延迟作为路由加强的标准，汇聚节点选择首先发来最新数据的邻居节点作为加强路径的下一跳节点，向该邻居节点发送路径加强消息。路径加强消息中包含新设定的较高发送数据速率值。邻居节点收到消息后，经过分析确定该消息描述的是一个已有的兴趣，只是增加了数据发送速率，则断定这是一条路径加强消息，从而更新相应兴趣表项的到邻居节点的发送数据速率。同时，按照同样的规则选择加强路径的下一跳邻居节点。路由加强的标准不是唯一的，可以选择在一定时间内发送数据最多的节点作为路径加强的下一跳节点，也可以选择数据传输最稳定的节点作为路径加强的下一跳节点。在加强路径上的节点如果发现下一跳节点的发送数据速率明显减小，或者收到来自其他节点的新位置估计，推断加强路径的下一跳节点失效，就需要使用上述的路径加强机制重新确定下一跳节点。定向扩散路由是一种经典的以数据为中心的路由机制。汇聚节点根据不同应用需求定义不同的任务类型、目标区域等参数的兴趣消息，通过向网络中广播兴趣消息启动路由建立过程。中间传感器节点通过兴趣表建立从数据源到汇聚节点的数据传输梯度，自动形成数据传输的多条路径。按照路径优化的标准，定向扩散路由使用路径加强机制生成一条优化的数据传输路径。为了动态适应节点失效、拓扑变化等情况，定向扩散路由周期性进行兴趣扩散、数据传播和路径加强三个阶段的操作。但是，定向扩散路由在路由建立时需要一个兴趣扩散的洪泛传播，能量和时间开销都比较大，尤其是当底层 MAC 协议采用休眠机制时可能造成兴趣建立的不一致。

② 谣传路由

有些传感器网络的应用中，数据传输量较少或者已知事件区域，如果采用定向扩散路由，需要经过查询消息的洪泛传播和路径增强机制才能确定一条优化的数据传输路径。因此，在这类应用中，定向扩散路由并不是高效的路由机制。Boulis 等人提出了谣传路由（Rumor Routing），适用于数据传输量较小的传感器网络。

谣传路由机制引入了查询消息的单播随机转发，克服了使用洪泛方式建立转发路径带来的开销过大问题。它的基本思想是：事件区域中的传感器节点产生代理（Agent）消息，代理消息沿随机路径向外扩散传播，同时汇聚节点发送的查询消息也沿随机路径在网络中传播。当代理消息和查询消息的传输路径交叉在一起时，就会形成一条汇聚节点到事件区域的完整路径。

谣传路由的原理如图 4-18 所示，灰色区域表示发生事件的区域，圆点表示传感器节点，黑色圆点表示代理消息经过的传感器节点，灰色节点表示查询消息经过的传感器节点，连接灰色节点和部分黑色节点的路径表示事件区域到汇聚节点的数据传输路径。

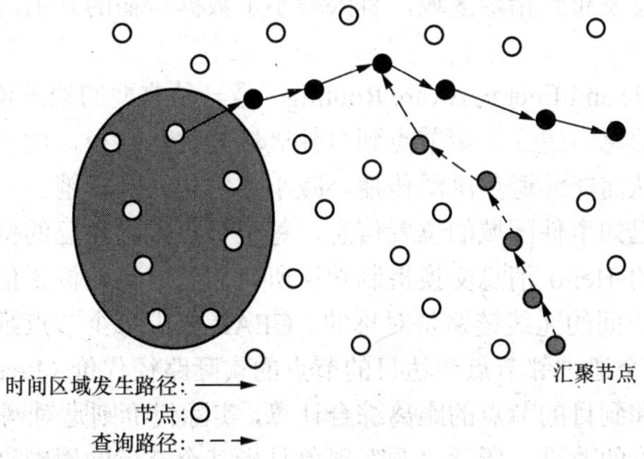


图 4-18 谣传路由

谣传路由的工作过程如下。

a. 每个传感器节点维护一个邻居列表和一个事件列表。事件列表的每个表项都记录事件相关的信息，包括事件名称、到事件区域的跳数和到事件区域的下一跳邻居等信息。当传感器节点在本地监测到一个事件发生时，在事件列表中增加一个表项，设置事件名称、跳数（为零）等，同时根据一定的概率产生一个代理消息。

b. 代理消息是一个包含生命期等事件相关信息的分组，用来将携带的事件信息通告给它传输经过的每一个传感器节点。对于收到代理消息的节点，首先检查事件列表中是否有该事件相关的表项，列表中存在相关表项就比较代理消息和表项中的跳数值，如果代理中的跳数小，就更新表项中的跳数值，否则更新代理消息中的跳数值；如果事件列表中没有该事件相关的表项，就增加一个表项来记录代理消息携带的事件信息。然后，节点将代理消息中的生存值减 1，在网络中随机选择邻居节点转发代理消息，直到其生存值减少为零。通过代理消息在其有限生存期的传输过程，形成一段到达事件区域的路径。

c. 网络中的任何节点都可能生成一个对特定事件的查询消息。如果节点的事件列表中保存有该事件的相关表项，说明该节点在到达事件区域的路径上，它沿着这条路径转发查询消息。否则，节点随机选择邻居节点转发查询消息。查询消息经过的节点按照同样方式转发，并记录查询消息中的相关信息，形成查询消息的路径。查询消息也具有一定的生存期，以解决环路问题。

d. 如果查询消息和代理消息的路径交叉，交叉节点会沿查询消息的反向路径将事件信息传送到查询节点。如果查询节点在一段时间没有收到事件消息，就认为查询消息没有到达事件区域，可以选择重传、放弃或者洪泛查询消息的方法。由于洪泛查询机制的代价过高，一般作为最后的选择。

与定向扩散路由相比，谣传路由可以有效地减少路由建立的开销。但是，由于谣传路由使用随机方式生成路径，所以数据传输路径不是最优路径，并且可能存在路由环路问题。

（6）地理位置路由协议

无线传感器网络的许多应用都需要传感器节点的位置信息。例如，在森林防火的应用里，消防人员不仅要知道森林中发生火灾事件，而且还要知道火灾的具体位置。地理位置路由假设节点知道自己的地理位置信息，以及目的节点或者目的区域的地理位置，利用这些地理位置信息作为路由选择的依据，节点按照一定策略转发数据到目的节点。这样，利用节点的位置信息，就能够将信息发布到指定区域，有效减小了数据传输的开销。

① GEAR 路由

GEAR（Geographic and Energy Aware Routing）是一种典型的地理位置路由协议。它根据实际区域的地理位置信息，建立汇聚节点到事件区域的优化路径，由于只用考虑向某个特定区域发送兴趣消息，从而能够避免洪泛传播，减小路由建立的开销。

GEAR 路由假设已知事件区域的位置信息，每个节点知道自己的位置信息和剩余能量信息，并通过一个简单的 Hello 消息交换机制知道所有邻居节点的位置信息和剩余能量信息。在 GEAR 路由中，节点间的无线链路是对称的。GEAR 要求每个节点维护一个预估路径代价（Estimated Cost）和一个通过邻节点到达目的节点的实际路径代价（Learned Cost）。预估代价要结合节点剩余能量和到目的节点的距离综合计算，实际代价则是对网络中环绕在洞（Hole）周围路由所需预估代价的改进。所谓“洞”现象是指某个节点的周围没有任何邻节点比它到事件区域的路径代价更大。如果没有洞现象产生，那么预估代价就等于实际代价。每当一个数据包成功到达目的地，该节点的实际代价就要被传播到上一跳以便对下一个数据包的路由建立调整。GEAR 协议的运行包括以下两个阶段：

a. 向事件区域传送查询消息。从汇聚节点开始的路径建立过程采用贪婪算法。节点在邻节点中选择到事件区域代价最小的节点作为下一跳节点，并将自己的路径代价设置为该下一跳节点的路径代价加上到该节点一跳通信的代价。当有“洞”现象发生，如图 4-19 所示，节点 $C$ 是节点 $S$ 的邻节点中到目的节点 $T$ 代价最小的节点，但节点 $G$、$H$、$I$ 为失效节点，节点 $C$ 的所有邻节点到节点 $T$ 的代价都比节点 $C$ 大，这就陷入了路由空洞。可用如下办法解决，节点 $C$ 选择邻节点中代价最小的节点 $B$ 作为下一跳节点，并将自己的代价值设为 $B$ 的代价值加上节点 $C$ 到 $B$ 的一跳通信代价，同时将这个新代价通知节点 $S$。当节点 $S$ 再转发查询命令到节点 $T$ 时，就会选择节点 $B$ 而不是节点 $C$ 作为下一跳节点。

b. 查询消息在事件区域内传播。当查询消息传送到事件区域后，采用迭代地理路由转发策略。如图 4-20 所示，事件区域内首先受到查询命令的节点将事件区域分为若干子区域，并向所有子区域的中心位置转发查询命令。在每个子区域中，最靠近区域中心的节点接收查询命令，并将自己所在的子区域再划分为若干子区域并向各个子区域中心转发查询命令。该消息传播过程是一个迭代过程，当节点发现自己是某个子区域内唯一的节点，或者某个子区域没有节点存在时，则停止向这个子区域发送查询命令。当所有子区域转发过程全部结束时，整个迭代过程终止。

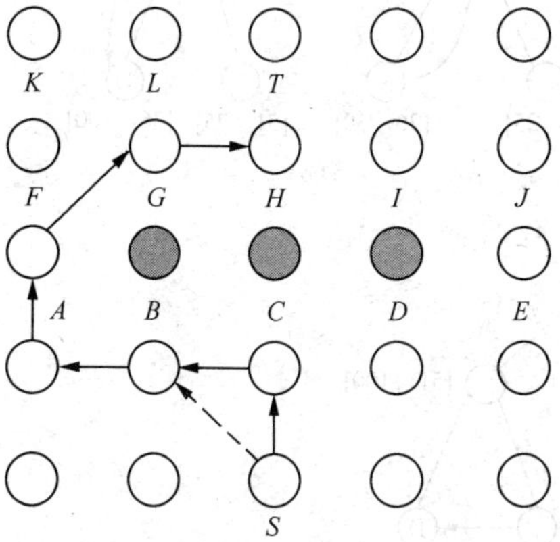


图 4-19 “洞”现象的解决办法

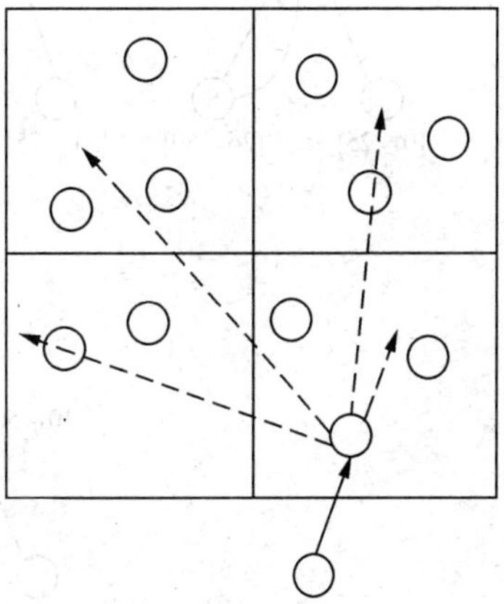

图 4-20 事件区域内的迭代地理开发

GEAR 协议通过维护预估代价和实际代价对数据传输的路径进行优化，形成能量高效的路由。它所采用的贪婪算法是一个局部最优算法，适合于节点只知道局部拓扑信息的情况；其缺点是由于缺乏足够的拓扑信息，路由过程可能遇到“洞”现象，反而降低了路由效率。另外，GEAR 假设节点的地理位置固定或者变化不频繁，适用于节点移动性不强的应用。

② GEM 路由

GEM 是一种适用于数据中心存储方式的地理路由。其基本思想是建立一个虚拟极坐标系统来表示实际的网络拓扑结构，由于汇聚节点将角度范围分配给每个子节点，例如[0，90]。每个子节点得到的角度范围正比于以该节点为根的子树大小。每个子节点按照同样的方式将自己的角度范围分配给它的子节点。这个过程一直持续进行，直到每个叶节点都分配到一个角度范围。这样，节点可以根据一个统一规则（如顺时针方向）为子节点设定角度范围，使得同一级节点的角度范围顺序递增成递减，于是到汇聚节点跳数相同的节点就形成了一个环形结构，整个网络则形成一个以汇聚节点为根的带环树。

GEM 路由机制是：节点在发送消息时，如果目的节点位置的角度不在自己的角度范围内，就将消息传送给父节点；父节点按照同样的规则处理，直到该消息到达角度范围包含目的节点位置的某个节点，这个节点是源节点和目的节点的共同祖先。消息再从这个节点向下传送，直至到达目的节点，如图 4-21（a）所示。上述算法需要上层节点转发消息，开销比较大，可作适当改进——节点在向上传送消息之前首先检查邻节点是否包含目的节点位置的角度。如果包含，则直接传送给该邻节点而不再向上传送，如图 4-21（b）所示。更进一步的改进算法是可利用前面提到的环形结构——节点检查相邻节点的角度范围是否离目的地的位置更近，如果更近就将消息传送给该邻节点，否则才向上层传送，如图 4-21（c）所示。

GEM 路由不依赖于节点精确的位置信息，所采用的虚拟极坐标方法能够简单地将网络实际拓扑信息映射到一个易于进行路由处理的逻辑拓扑中，而且不改变节点间的相对位置。但是由于采用了带环树结构，实际网络拓扑发生变化时，树的调整比较复杂，因此 GEM 路由适用于拓扑结构相对稳定的无线传感器网络。

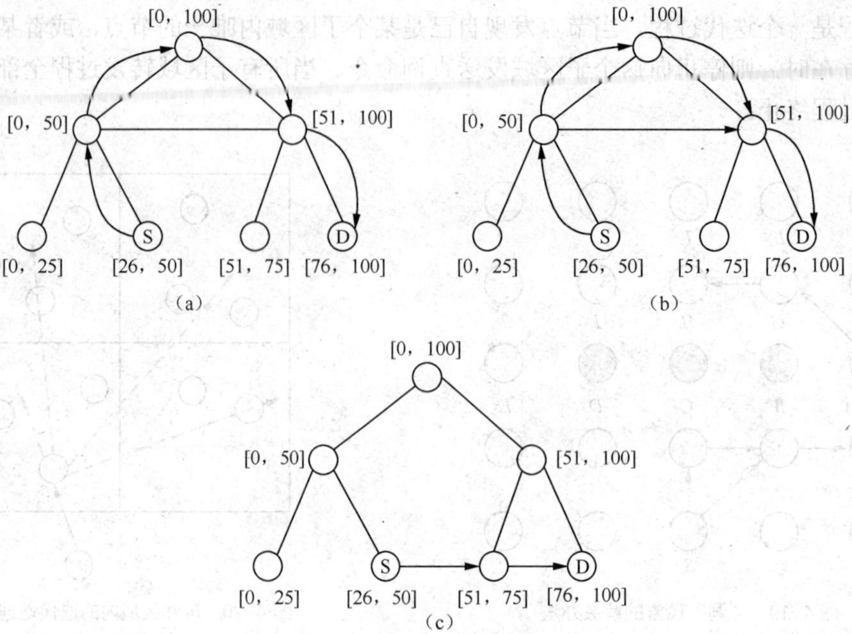


图 4-21 GAM 路由机制

（7）基于 QoS 的路由

无线传感器网络的某些应用对通信质量有较高要求，如高可靠性和实用性等；而由于网络链路的稳定性难以保证，通信信道质量比较低，拓扑变化比较频繁，要在无线传感器网络中实现一定服务质量的保证，需要设计基于 QoS 的路由协议。

① SPEED 路由

SPEED 协议是一种有效的可靠路由协议，在一定程度上实现了端到端的传输速率保证、网络拥塞控制以及负载平衡机制。该协议首先在相邻节点之间交换传输延迟，以得到网络负载情况；然后利用局部地理信息和传输速率信息选择下一跳节点；同时通过邻居反馈机制保证网络传输畅通，并通过反向压力路由变更机制避开延迟太大的链路和“洞”现象。

SPEED 协议主要由四部分组成。

a．延迟估计机制

在 SPEED 协议中，延迟估计机制用来得到网络的负载状况，判断网络是否发生拥塞。节点记录到邻节点的通信延迟以表示网络的局部通信负载。具体过程是：发送节点给数据分组并加上时间戳；接收节点计算从收到数据分组到发出 ACK 的时间间隔，并将其作为一个字段加入 ACK 报文；发送节点收到 ACK 后，从收发时间差中减去接收节点的处理时间，得到一跳的通信延迟。

b．SNGF 算法

SNGF 算法用来选择满足传输速率要求的下一跳节点。邻节点分为两类：比自己距离目标区域更近的节点和比自己距离目标区域更远的节点。前者称为“候选转发节点集合（FCS）”，节点计算到其 FCS 集合中的每个节点的传输速率。FCS 集合中的节点又根据传输速率是否满足预定的传输速率阈值，再分为两类：大于速率阈值的邻节点和小于速率阈值的邻节点。若 FCS 集合中有节点的传输速率大于速率阈值，则在这些节点中按照一定的概率分布选择下一跳节点。节点的传输速率越高，被选中的概率越大。

c. 邻居反馈策略

当 SNGF 路由算法中找不到满足传输速率要求的下一跳节点时，为保证节点间的数据传输满足一定的传输速率要求，引入邻居反馈机制 NFL，如图 4-22 所示。

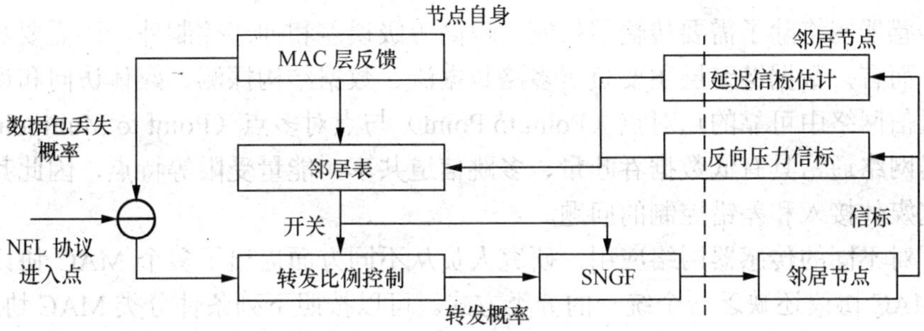


图 4-22 邻居反馈机制

由图 4-22 可知，MAC 层收集差错信息，并把到邻节点的传输差错率通告给转发比例控制器。转发比例控制器根据这些差错率计算出转发概率，方法是节点首先查看 FCS 集合的节点，若某节点的传输差错率为零（存在满足传输要求的节点），则设置转发概率为 1，即全部转发；若 FCS 集合中所有节点的传输差错率大于零，则按一定的公式计算转发概率。

对于满足传输速率阈值的数据，按照 SNGF 算法决定的路由传输给邻节点，而不满足传输速率阈值的数据传输则由邻居反馈机制计算转发概率。这个转发概率表示网络能够满足传输速率要求的程度，因此节点将按照这个概率进行数据转发。

d. 反向压力路由变更机制

反向压力路由变更机制在 SPEED 协议中是用来避免拥塞和“洞”现象。当网络中某个区域发生事件时，节点不能够满足传输速率要求，体现在通信数据量突然增多，传输负载突然加大，此时节点就会使用反向压力信标消息向上一跳节点报告拥塞，以此表明拥塞后的传输延迟，上一跳节点则会按照上述机制重新选择下一跳节点。

② SAR 路由

有序分配路由 SAR（Sequential Assignment Routing）协议也是一个典型的具有 QoS 意识的路由协议。该协议通过构建以汇聚节点的单跳邻节点为根节点的多播树来实现传感器节点到汇聚节点的多跳路径，即汇聚节点的所有一跳邻节点都以自己为根创建生成树，在创建生成树过程中考虑节点的时延、丢包率等 QoS 参数的多条路径。节点发送数据时选择一条或多条路径进行传输。

SAR 的特点是路由决策不仅要考虑每条路径的能源，还要涉及端对端的延迟需求和待发送数据包的优先级。仿真结果表明，与只考虑路径能量消耗的最小能量度量协议相比，SAR 的能量消耗较少。该算法的缺点是不适用于大型的和拓扑频繁变化的网络。

③ ReInForM

ReInForM（Reliable Information Forwarding using Multiple Paths）路由从数据源节点开始，考虑可靠性要求、信道质量以及传感器节点到汇聚节点的跳数，决定需要的传输路径数目，以及下一跳节点数目和相应的节点，实现满足可靠性要求的数据传输。

ReInForM 路由的建立过程是，首先源节点根据传输的可靠性要求计算需要的传输路径数目。然后在邻节点中选择若干节点作为下一跳转发节点，并将每个节点按照一定比例分配路径数目。最后，源节点将分配的路径作为数据报头中的一个字段发给邻节点。邻节点在接收到源节点的数据后，将自身视作源节点，重复上述源节点的选路过程。

### 3. 无线传感器网络 MAC 协议

无线传感器网络除了需要传输层机制实现高等级误差和拥塞控制外，还需要数据链路层功能。总体而言，数据链路层主要负责多路数据流、数据结构探测、媒体访问和误差控制，从而确保通信网络中可靠的点对点（Point to Point）与点对多点（Point to Multipoint）连接。由于传感器网络通常具有低数据吞吐量、多跳信道共享、能量受限等特点，因此其数据链路层主要研究媒体接入和差错控制的问题。

目前针对不同的传感器网络应用，研究人员从不同方面提出了多个 MAC 协议，但对传感器网络 MAC 协议还缺乏一个统一的分类方式。可以按照下列条件分类 MAC 协议。第一，采用分布式控制还是集中控制；第二，使用单一共享信道还是多个信道；第三，采用分配信道方式还是随机访问信道方式。本书将传感器 MAC 协议网络的 MAC 协议分为 3 类。

（1）采用无线信道的时分复用方式（Time Division Multiple Access，TDMA），给每个传感器节点分配固定的元线信道使用时段，从而避免节点之间的相互干扰。

（2）采用无线信道的随机竞争方式，节点在需要发送数据时随机使用无线信道，重点考虑尽量减少节点间的干扰。

（3）其他 MAC 协议，如通过采用频分复用或者码分复用等方式，实现节点间无冲突的无线信道的分配。

下面按照上述传感器网络 MAC 协议分类，介绍目前已提出的主要传感器网络 MAC 协议，在说明其基本工作原理的基础上，分析协议在节约能量、可扩展性和网络效率等方面的性能。

（1）基于竞争的 MAC 协议

基于无线信道随机竞争方式的 MAC 协议采用按需使用信道的方式，主要思想就是当节点有数据发送请求时，通过竞争方式占用无线信道，当发送数据发生冲突时，按照某种策略（如 IEEE 802.11MAC 协议的分布式协调工作模式 DCF 采用的是二进制退避重传机制）重发数据，直到数据发送成功或彻底放弃发送数据。由于在 IEEE 802. 11 MAC 协议基础上，研究者们提出了多个适合无线传感器网络的基于竞争的 MAC 协议，故本小节重点介绍 IEEE 802. 11 MAC 协议及近期提出改进的无线传感器网络 MAC 协议。

① IEEE 802.11 MAC 协议

IEEE 802.11 MAC 协议有分布式协调（Distributed Coordination Function，DCF）和点协调（Point Coordination Function，PCF）两种访问控制方式，其中 DCF 方式是 IEEE 802.11 协议的基本访问控制方式。由于在无线信道中难以检测到信号的碰撞，因而只能采用随机退避的方式来减少数据碰撞的概率。在 DCF 工作方式下，节点在侦听到无线信道忙之后，采用 CSMA/CA 机制和随机退避时间，实现无线信道的共享。另外，所有定向通信都采用立即的主动确认（ACK 帧）机制：如果没有收到 ACK 帧，则发送方会重传数据。

PCF 工作方式是基于优先级的无竞争访问，是一种可选的控制方式。它通过访问接入点（Access Point，AP）协调节点的数据收发，通过轮询方式查询当前哪些节点有数据发送的请求，并在必要时给予数据发送权。

在 DCF 工作方式下，载波侦听机制通过物理载波侦听和虚拟载波侦听来确定无线信道的状态。物理载波侦听由物理层提供，而虚拟载波侦听由MAC层提供。如图4-23所示，节点*A*希望向节点*B*发送数据，节点*C*在*A*的无线通信范围内，节点*D*在节点*B*的无线通信范围内，但不在节点*A*的无线通信范围内。节点*A*首先向节点*B*发送一个请求帧（Request-to-Send，RTS），节点*B*返回一个清除帧（Clear-to-Send）进行应答。在这两个帧中都有一个字段表示这次数据交换需要的时间长度，称为网络分配矢量（Network Allocation Vector，NAV），其他帧的MAC头也会捎带这一信息。节点*C*和*D*在侦听到这个信息后，就不再发送任何数据，直到这次数据交换完成为止。NAV可看作一个计数器，以均匀速率递减计数到零。当计数器为零时，虚拟载波侦听指示信道为空闲状态；否则，指示信道为忙状态。

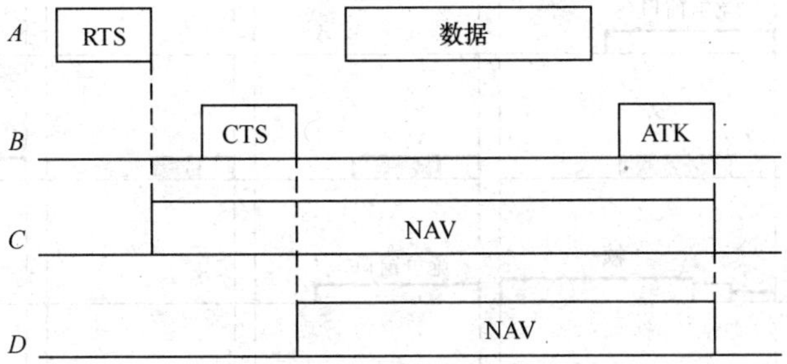


图4-23 CSMA/CA中的虚拟载波侦听

IEEE802.11MAC协议规定了3种基本帧间间隔（Interframe Spacing，IFS），用来提供访问无线信道的优先级。3种帧间间隔分别为：

a．SIFS（Short，IFS），最短帧间间隔，使用SIFS的帧优先级最高，用于需要立即响应的服务，如ACK帧、CTS帧和控制帧等；

b．PIFS（PCFIFS），PCF方式下节点使用的帧间间隔，用以获得在无竞争访问周期启动时访问信道的优先权；

c．DIFS（DCFIFS），DCF方式下节点使用的帧间间隔，用以发送数据帧和管理帧。

上述各帧间间隔满足关系：DIFS>PIFS>SIFS。

根据CSMA/CA协议，当一个节点要传输一个分组时，它首先侦听信道状态。如果信道空闲，而且经过一个帧间间隔时间DIFS后，信道仍然空闲，则站点立即开始发送信息。如果信道忙，则站点一直侦听信道直到信道的空闲时间超过DIFS。当信道最终空闲下来时，节点进一步使用二进制退避算法（Binary Backoff Algorithm），进入退避状态来避免发生碰撞。图4-24描述了CSMA/CA的基本访问机制。

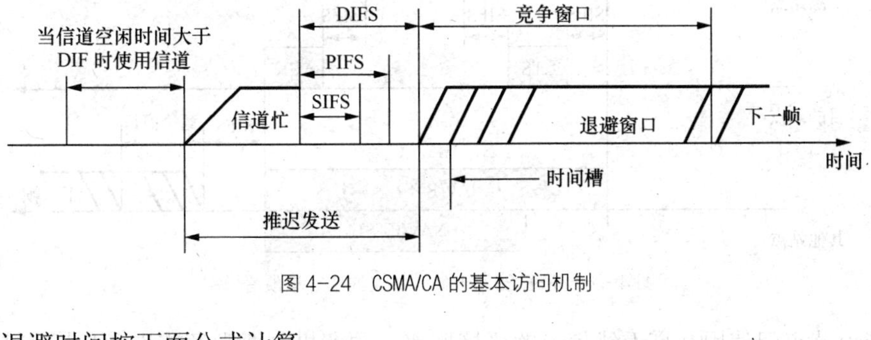


图4-24 CSMA/CA的基本访问机制

随机退避时间按下面公式计算：

$$退避时间 = Random() \times aSlottime$$

其中，Random()是在竞争窗口[0，*CW*]内均匀分布的伪随机整数；*CW* 是整数随机数，其值处于标准规定的 aCWmin 和 aCWmax 之间；aSlottime 是一个时槽时间，包括发射启动时间、媒体传播时延、检测信道的响应时间等。

节点在进入退避状态时，启动一个退避计时器，当计时达到退避时间后结束退避状态。在退避状态下，只有当检测到信道空闲时才进行计时。如果信道忙，退避计时器中止计时，直到检测到信道空闲时间大于 DIFS 后才继续计时。当多个节点推迟且进入随机退避时，利用随机函数选择最小退避时间的节点作为竞争优胜者，如图 4-25 所示。

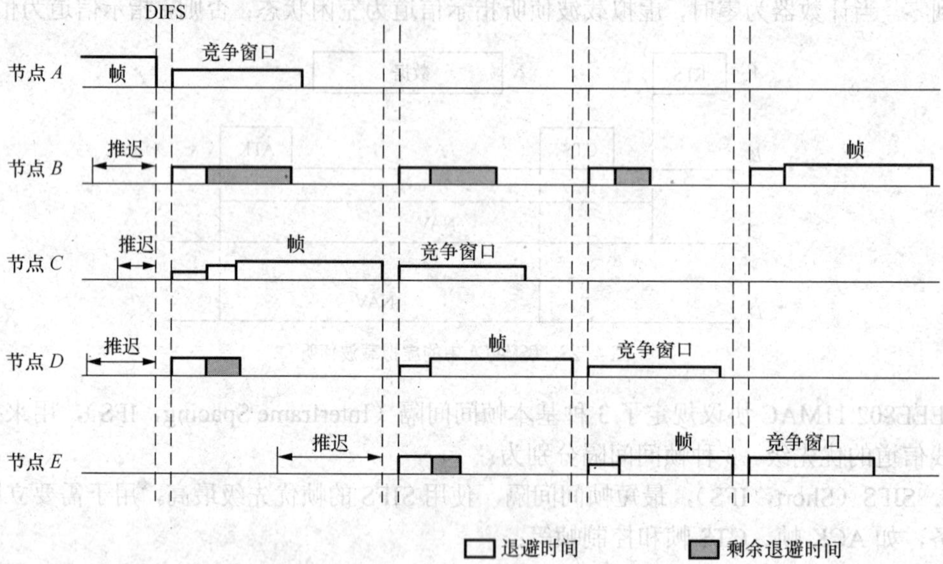


图 4-25 802.11 MAC 协议的退避机制

IEEE 802.11 MAC 协议中通过立即主动确认机制和预留机制来提高性能，如图 4-26 所示。在主动确认机制中，当目标节点收到一个发给它的有效数据帧（DATA）时，必须向源节点发送一个应答帧（ACK），确认数据已被正确接收到。为了保证目标节点在发送 ACK 过程中不与其他节点发生冲突，目标节点使用 SIFS 帧间隔。主动确认机制只能用于有明确目标地址的帧，不能用于组播报文和广播报文传输。

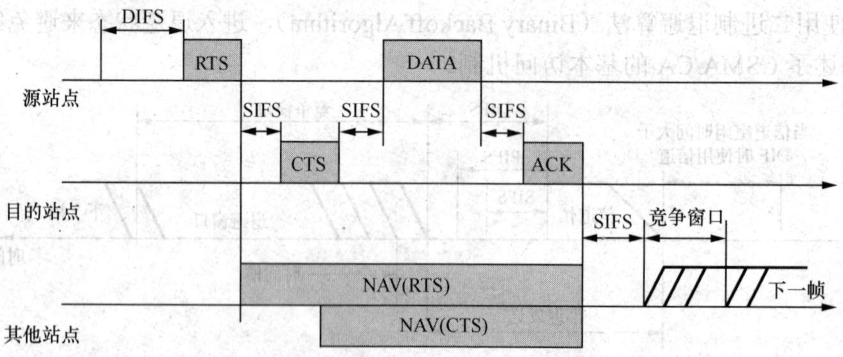


图 4-26 IEEE 802.11 MAC 协议的应答与预留机制

为减少节点间使用共享无线信道的碰撞概率，预留机制要求源节点和目标节点在发送数据帧之前交换简短的控制帧，即发送请求帧 RTS 和清除帧 CTS。从 RTS（或 CTS）帧开始到

ACK 帧结束的这段时间，信道将一直被这次数据交换过程占用。RTS 帧和 CTS 帧中包含有关于这段时间长度的信息。每个站点维护一个定时器，记录网络分配向量 *NAV*，指示信道被占用的剩余时间。一旦收到 RTS 帧或 CTS 帧，所有节点都必须更新它们的 *NAV* 值。只有在 NAV 减至零，节点才可能发送信息。通过此种方式，RTS 帧或 CTS 帧为节点的数据传输预留了无线信道。

② S-MAC 协议

S-MAC 协议是较早提出的适用于无线传感器网络的 MAC 协议之一。它是由美国南加利福尼亚大学的 Wei Ye 等人在总结传统无线传感器网络的 MAC 协议基础上，根据无线传感器网络数据传输量少，对通信延迟及节点间的公平性要求相对较低等特点提出的，其主要设计目标是降低能耗和提供大规模分布式网络所需要的可扩展性。S-MAC 协议设计参考了 IEEE 802.11 的 MAC 协议以及 PAMAS 等 MAC 协议。

S-MAC 协议主要采用了以下机制：采用周期性侦听和休眠机制延长节点休眠时间，从而降低能耗；节点间通过协商形成虚拟簇，其作用是使一定范围内的节点的休眠周期趋于一致，从而缩短空闲侦听时间；结合使用物理载波侦听和虚拟载波侦听机制以及带内信令，解决消息碰撞和串音问题；采用消息分割和改进的 RTS/CTS 信令，提高长消息的传输效率。

a．周期性侦听和休眠

图 4-27 为周期性侦听和休眠的示意图。网络中每个节点都周期性地休眠一段时间，关闭其射频等电路以降低功耗，并通过设定定时器在一定时间长度后将其唤醒。节点在唤醒阶段观察是否有其他节点要与之通信。节点侦听和休眠的时间长度根据具体应用的需求而定。

图 4-27 周期性侦听和休眠示意图

b．消息碰撞和串音问题的解决

消息碰撞和串音是基于竞争的 MAC 协议需要解决的基本问题之一。S-MAC 协议采用物理载波侦听和虚拟载波侦听机制以及带内 RTS/CTS 信令减少碰撞和避免串音。S-MAC 的物理载波侦听机制与一般的 CSMA 物理载波侦听机制类似，这里不再赘述。

S-MAC 的虚拟载波侦听源自于 IEEE 802.11 的虚拟载波侦听机制。每个节点传输数据时，都要经历 RTS/CTS/DATA/ACK 的过程（广播包除外），每个发送数据包中都包含一个表示剩余通信过程将持续的时间的阈值。所以，在某个节点接收到一个发往其他节点的数据包时，会立刻知道自己应该保持沉默的时间。该节点将该时间记录在网络分配向量（*NAV*）中，该变量随着不断接收到的数据包而持续刷新。节点通过倒计时的方式更新 *NAV*，*NAV* 非零意味着信道正被占用。在 *NAV* 非零期间，节点保持休眠状态；在需要通信时，节点首先检查自己的 *NAV*，然后再进入物理载波侦听过程，开始信道竞争。可见，虚拟载波侦听实质是一种信道预约机制，它可以有效降低消息碰撞概率并部分解决串音问题。

为了有效进行虚拟载波侦听，节点应该尽量多地侦听信道中的数据包以刷新 *NAV*；但这会带来串音问题，造成能量浪费。S-MAC 采用带内信令解决串音问题，在节点接收到任何不属于自己的 RTS 和 CTS 数据包时都将进入休眠状态，这就避免了侦听其后的 DATA 和 ACK 数据包。

c．长消息的传递

某些情况下可能需要传递较长的消息。如果将长消息作为一个数据包发送，则数据包一旦发送失败就必须重传几个数据包；而如果将长消息简单地分割为多个短数据包，则虽然发送失败是只需重传错数据包，但又会增加总体的协议控制开销（包括发送每个数据包时的控制报文以及每个数据包本身的差错控制等开销）。

与 IEEE 802.11 的处理方式类似，S-MAC 协议将长消息分成若干短消息发送，但与 802.11 不同，S-MAC 进行信道预约时预约整个长消息的传送时间，而不是每个短数据包的传送时间。采用这种处理方式可以尽量延长其他节点的休眠时间，有效降低碰撞概率，节省能量。当然，这也意味着在整个长消息发送期间其他节点的信道访问被完全禁止，这种先人为主的信道控制方式显然会影响信道访问的公平性，但考虑到无线传感器网络的需求和特点，这种设计是合理的。

总之，S-MAC 协议的扩展性较好，能适应网络拓扑结构的变化；缺点是协议实现非常复杂，需要占用大量存储空间，这对于资源受限的传感器节点显得尤为突出。

③ T-MAC 协议

T-MAC（Timeout-MAC）协议在 S-MAC 的基础上引入了适应性占空比，来应付不同时间和位置上负载的变化。它动态地终止节点活动，通过设定细微的超时间隔来动态地选择占空比，因此减少了现实监听浪费的能量，但仍保持合理的吞吐量。T-MAC 通过仿真与典型无占空比的 CSMA 和占空比固定的 S-MAC 比较，发现不变负载时 T-MAC 和 S-MAC 节能相仿（最多节约 CSMA 的 98%）；但在简单的可变负载的场景，T-MAC 在 5 个因素上胜过 S-MAC。仿真中存在“早睡”问题，虽然提出了未来请求发送和满缓冲区优先两种办法，但仍未在实践中得到验证。

S-MAC 协议通过采用周期性侦听/睡眠工作方式来减少空闲侦听，周期长度是固定不变的，节点侦听活动时间也是固定的。而周期长度受限于延迟要求和缓存大小，活动时间主要依赖于消息速率。这样就存在一个问题：延迟要求和缓存大小是固定的，而消息速率通常是变化的，如果要保证可靠及时的消息传输，节点的活动时间必须适应最高通信负载。当负载动态较小时，节点处于空闲侦听的时间相对增加。针对这个问题，T-MAC 协议在保持周期长度不变的基础上，根据通信流量动态地调整活动时间，用突发方式发送消息，减少空间侦听时间。T-MAC 协议相对 S-MAC 协议减少了处于活动状态的时间。

在 T-MAC 协议中，发送数据时仍采用 RTS/CTS/DATA/ACK 的通信过程，节点周期性唤醒进行侦听，如果在一个固定时间内没有发生下面任何一个激活事件，则活动结束：周期时间定时器溢出；在无线信道上收到数据；通过接收信号强度指示 RSSI 感知存在无线通信；通过侦听 RTS/CTS 分组，确认邻居的数据交换已经结束。

④ SIFT 协议

SIFT 协议的核心思想是采用 CW（竞争窗口）值固定的窗口，节点不是从发送窗口选择发送时隙，而是在不同的时隙中选择发送数据的概率。因此，SIFT 协议的关键在于如何在不同的时隙为节点选择合适的发送概率分布，使得检测到同一个事件的多个节点能够在竞争窗口前面的各个时隙内不断无冲突地发送消息。

如果节点有消息需要发送，则首先假设当前有个 $N$ 个节点与其竞争发送，如果在第一个时隙内节点本身不发生消息，也没有其他节点发送消息，节点就减少假设的竞争发送节点的数目，并相应地增加选择在第二个时隙发送数据的概率；如果节点没有选择第二个时隙，而且在第二时隙上还没有其他节点发送消息，节点再减少假设的竞争发送节点数目，进一步增加选择第三个时隙发送数据的概率，依此类推。

SIFT 协议是一个新颖而不简单的不同于传统的基于窗口的 MAC 层协议，但对接收节点的空闲状态考虑较少，需要节点间保持时间同步，因此适于在无线传感器网络的局部区域内使用。在分簇网络中，簇内节点在区域上距离比较近，多个节点往往容易同时检测到同一个事件，而且只需要部分节点将消息传输给簇头，所以 SIFT 协议比较适合在分簇网络中使用。

（2）基于时分复用的 MAC 协议

时分复用（Time Division Multiple Access，TDMA）是实现信道分配的简单成熟的机制，蓝牙（Bluetooth）网络采用了基于 TDMA 的 MAC 协议。在传感器网络中采用 TDMA 机制，就是为每个节点分配独立的用于数据发送或接收的时槽，而节点在其他空闲时槽内转入睡眠状态。TDMA 机制的一些特点非常适合传感器网络节省能量的需求。TDMA 机制没有竞争机制的碰撞重传问题、数据侍输时不需要过多的控制信息、节点在空闲时槽能够及时进入睡眠状态。TDMA 机制需要节点之间比较严格的时间同步。时间同步是传感器网络的基本要求，多数传感器网络都使用了侦听/睡眠的能量唤醒机制，利用时间同步来实现节点状态的自动转化。节点之间为了完成任务需要协同工作，这同样不可避免地需要时间同步。TDMA 机制在网络扩展性方面存在不足，很难调整时间帧的长度和时槽的分配，对于传感器网络的节点移动、节点失效等动态拓扑结构适应性较差，对于节点发送数据量的变化也不敏感。研究者利用 TDMA 机制的优点，针对 TDMA 机制的不足，结合具体的传感器网络应用，提出了多个基于 TDMA 的传感器网络 MAC 协议。下面介绍其中的几个典型协议。

① 基于分簇网络的 MAC 协议

对于分簇结构的传感器网络，Arisha K.A 等提出了基于 TDMA 机制的 MAC 协议。所有传感器节点固定划分或自动形成多个簇，每个簇内有一个簇头节点如图 4-28 所示。簇头负责为簇内所有传感器节点分配时槽，收集和处理簇内传感器节点发来的数据，并将数据发送给汇聚节点。

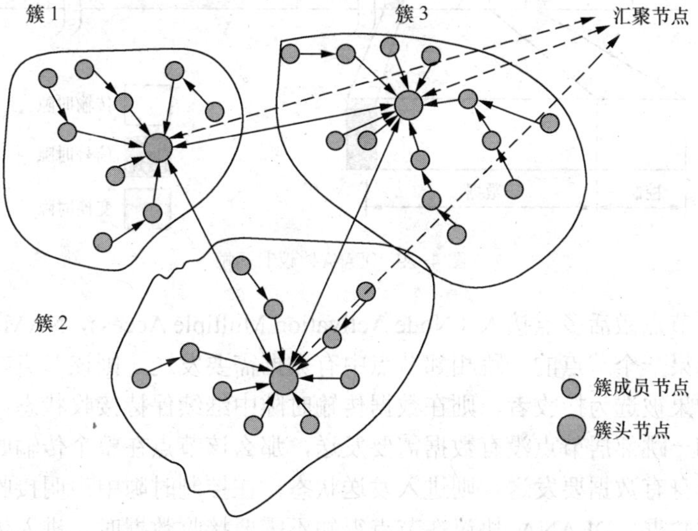


图 4-28 基于分簇的 TDMA MAC 协议

在基于分簇网络的 MAC 协议中，节点状态分为感应（Sensing）、转发（Relaying）、感应并转发（Sensing&Relaying）和非活动（Inactive）4 种状态。节点在感应状态时，采集数据并向其相邻节点发送；在转发状态时，接收其他节点发送的数据并发送给下一个节点；在感应并转发状态的节点，需要完成上述两项的功能；节点没有数据需要接收和发送时，自动进入非活动状态。

为了适应簇内节点的动态变化、及时发现新的节点、使用能量相对高的节点转发数据等目的，协议将时间帧分为周期性的 4 个阶段：

a．数据传输阶段，簇内传感器节点在各自分配的时槽内，发送采集数据给簇头；

b．刷新阶段，簇内传感器节点向簇头报告其当前状态；

c．刷新引起的重组阶段，紧跟在刷新阶段之后，簇头节点根据簇内节点的当前状态，重新给簇内节点分配时槽；

d．事件触发酌重组阶段，节点能量小于特定值、网络拓扑发生变化等事件发生时，簇头就要重新分配时槽。通常在多个数据传输阶段后有这样的事件发生。

上述基于分簇网络的 MAC 协议在刷新和重组阶段重新分配时槽，适应簇内节点拓扑结构的变化及节点状态的变化。簇头节点要求具有比较强的处理和通信能力，能量消耗也比较大，如何合理地选取簇头节点是一个需要深入研究的关键问题。

② DEANA 协议

DEANA（Distributed Energy-Aware Node Activation，分布式能量感知节点激活）协议为每个节点分配了固定的时隙用于数据的传输，与传统的 TDMA 协议不同，在每个节点的数据传输时隙前加入了短控制时隙，用于通知相邻节点是否需要接收数据，如果不需要就进入休眠状态。DEANA 协议的时间帧由多个传输时隙组成，如图 4-29 所示，每个传输时隙又细分为控制时隙和数据传输时隙两部分。

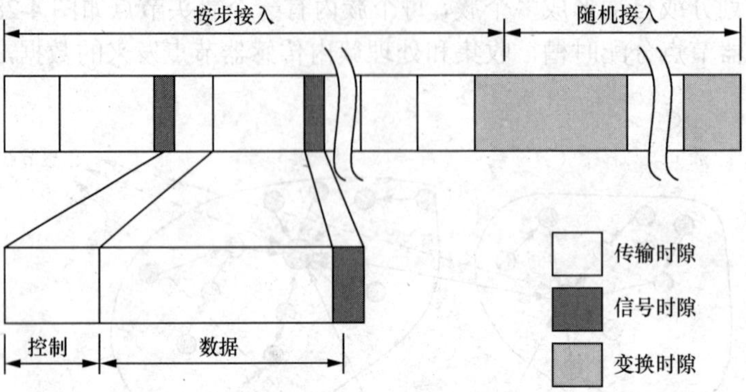


图 4-29　DEANA 协议时间帧

该协议通过节点激活多点接入（Node Activation Multiple Access，NAMA）协议控制节点的状态转换。如果一个节点的一跳相邻节点中有数据需要发送，则该节点在控制时隙被设置为接收状态；如果被选为接收者，则在数据传输时隙中继续保持接收状态；否则转为休眠状态。如果节点的一跳邻居节点没有数据需要发送，那么该节点在整个传输时隙都进入休眠状态；如果节点自身有数据要发送，则进入发送状态，在控制时隙中声明接收的对象，在数据传输时隙中发送数据。DEANA 协议在节点得知不需要接收数据时，进入休眠状态，从而能够解决串听的问题，延长节点的休眠时间。但是，它对所有节点的时间同步要求严格，可扩展性差。

③ TRAMA 协议

流量自适应介质访问（Traffic Adaptive Medium Access，TRAMA）协议将时间划分为连

续时槽，根据局部两跳内的邻居节点信息，采用分布式选举机制确定每个时槽的无冲突发送者。同时，通过避免把时槽分配给无流量的节点，并让非发送和接收节点处于睡眠状态达到节省能量的目的。TRAMA 协议包括邻居协议 NP（Neighbor Protocol）、调度交换协议 SEP（Schedule Exchange Protocol）和自适应时槽选择算法 AEA（Adaptive Election Algorithm）。

在 TRAMA 协议中，为了满足无线传感器网络拓扑结构的动态变化，如部分节点的失效或者向无线传感器网络中添加新节点等操作时，将时间划分为交替的随机接入周期和调度接入周期时隙。随机接入周期和调度接入周期的时隙个数根据具体应用情况而定。通过时隙机制，用基于各节点流量信息的分布式选举算法来决定哪个节点可以在某个特定的时隙传输，以此来达到一定的吞吐量和公平性。仿真显示，由于节点最多可以睡眠 87%，所以 TRAMA 节能效果明显。在与基于竞争类似的协议比较时，TRAMA 也达到了更高的吞吐量（比 S-MAC 和 CSMA 高 40%左右，比 802.11 高 20%左右），因此它有效地避免了隐藏终端引起的竞争。但 TRAMA 的延迟较长，更适用于对延迟要求不高的应用。

（3）错误控制

数据链路层的另一个作用是错误控制。网络中信号传送的错误主要是由无线链路噪声引起的，包括高斯（Gaussian）噪声和脉冲噪声。高斯噪声的振幅在频谱上是均匀一致的，它通常引发随机的单一位独立差错；脉冲噪声最具破坏性，它的特点是长时间静止，突然爆发高振幅的脉冲，数字通信系统中的大部分差错都是由脉冲噪声造成的。无线传感器网络中，两个主要的错误控制模式是前向错误修正（FEC）和自动重复请求（ARQ）。FEC 算法要求在传输的数据中提供足够的冗余信息，当接收的数据出现错误时，接收站点可以根据冗余信息来修正错误。FEC 对于改正单一位差错是行之有效的，但是对于多重错误的修正则需要传输大量的冗余信息，而且解码复杂性相对较高。如果解码由微处理器来执行，则 FEC 是不节能的，建议采用硬件实现。

ARQ 方法有：连续 ARQ 和停止、等待 ARQ 两种，连续 ARQ 要求接收节点有大量的缓冲空间，来存储已经接收的数据，由于硬件条件的限制，这一点难以实现，所以在无线传感器网络中主要使用的是停止，等待 ARQ。其基本思想是源节点发出一个信息包后，等待目标节点的回复，若目标节点发现一个错误，或者源节点未收到确认信号，源节点将数据包重新发送。这种方法要求目标节点对每个接收的信息包进行确认，占用了带宽，使得能量开销增大，因而在无线传感器网络中的作用受到了限制。

综合考虑这些因素，具有低复杂性编码、解码的简单错误控制方案可能是无线网络传感器的最佳解决方案。

### 4. ZigBee 技术

ZigBee 是一种新兴的无线网络通信规范，主要用于近距离无线连接。ZigBee 的基础是 IEEE 无线个域网工作组所制定的 IEEE 802.15.4 技术标准口。802.15.4 标准旨在为低能耗简单设备提供有效覆盖范围在 100m 左右的低速连接，可广泛用于交互玩具、库存跟踪监测等消费与商业应用领域。

ZigBee 当然不仅只是 802.15.4 的名字。IEEE 802.15.4 仅处理低级 MAC 层和物理层协议，ZigBee 联盟对其网络层协议和 API 进行了标准化，还开发了安全层，以保证这种便携设备不会意外泄漏其标识，而且这种利用网络的远距离传输不会被其他节点获得。此外 ZigBee 还具有低传输速率、低功耗、协议简单、时延短、安全可靠、网络容量大、优良的网络拓扑能力等优点。

ZigBee 这些优点极好地支持了无线传感器网络：它能够在众多微小的传感器节点之间相互协调实现通信，这些节点只需要很低的功耗．以多跳接力的方式在节点间传送数据，因而通信效率非常高。目前 ZigBee 联盟正在进行协议标准的应用推广工作，该标准的成功制定对于无线传感器网络的推广使用将有着深远、重要的意义。更多关于 ZigBee 的内容将在第 6 章中介绍。

## 思考题

- 无线传感器网络路由协议的基本原则是什么？
- 无线传感器网络传输协议中有哪些防碰撞的方法？

## 4.3 WSN 的特点

目前常见的无线网络包括移动通信网、无线局域网、蓝牙网络、Ad hoc 网络等，与这些网络相比，无线传感器网络具有以下特点。

（1）硬件资源有限。节点由于受价格、体积和功耗的限制，其计算能力、程序空间和内存空间比普通的计算机功能要弱很多。这一点决定了在节点操作系统设计中，协议层次不能太复杂。

（2）电源容量有限。网络节点由电池供电，电池的容量一般不是很大。其特殊的应用领域决定了在使用过程中，不能给电池充电或更换电池，一旦电池能量用完，这个节点也就失去了作用（死亡）。因此在传感器网络设计过程中，任何技术和协议的使用都要以节能为前提。

（3）无中心。无线传感器网络中没有严格的控制中心，所有节点地位平等，是一个对等式网络。节点可以随时加入或离开网络，任何节点的故障不会影响整个网络的运行，具有很强的抗毁性。

（4）自组织。网络的布设和展开无需依赖于任何预设的网络设施，节点通过分层协议和分布式算法协调各自的行为，节点开机后就可以快速、自动地组成一个独立的网络。

（5）多跳路由。网络中节点通信距离有限，一般在几百米范围内，节点只能与它的邻居直接通信。如果希望与其射频覆盖范围之外的节点进行通信，则需要通过中间节点进行路由。固定网络的多跳路由使用网关和路由器来实现，而无线传感器网络中的多跳路由是由普通网络节点完成的，没有专门的路由设备。这样每个节点既可以是信息的发起者，也是信息的转发者。

（6）动态拓扑。无线传感器网络是一个动态的网络，节点可以随处移动；一个节点可能会因为电池能量耗尽或其他故障，退出网络运行；一个节点也可能由于工作的需要而被添加到网络中。这些都会使网络的拓扑结构随时发生变化，因此网络应该具有动态拓扑组织功能。

（7）节点数量众多，分布密集。为了对一个区域执行监测任务，往往有成千上万传感器节点空投到该区域。传感器节点分布非常密集，利用节点之间高度连接性来保证系统的容错性和抗毁性。

## 4.4 WSN 与传统网络的差异

无线传感器网络是一种独立出现的计算机网络，它的基本组成单位是节点，这些节点集成了传感器、微处理器、无线接口和电源四个模块。传统的计算机网络技术中业已成熟的解决方案可以借鉴到无线传感器网络中来。但是基于无线传感器网络自身的用途和应用特点，出现了许多传统计算机网络未考虑过的问题。

### 4.4.1 通信距离

在将无线传感器网络应用到野外时最大的问题是如何保证节点在重植被覆盖下仍能正常组网通信。容易发生地质灾害的山区往往植被密集，在进行项目（环境非常类似山区，人迹罕至，高达一人高的野草和大量树木）之前数次派人进行实地考察，并进行了详细的讨论和分析，最终 2.4GHz 被认为最为适合该环境的使用。

由表 4-l 可以看出，重植被与暴雨都会对无线信号产生衰减。433MHz 由于其波长较长，因此绕射性能较好，在雨中具有较好的表现。2.4GHz 由于波长较短，穿透性较好，在重植被环境下具有较好的表现。重植被造成的衰减为暴雨的数千倍，且系统工作在降雨环境下的时间应该在 50%以下。因此 2.4GHz 应该更适合野外环境的使用。

**表 4-1　重植被与暴雨对无线信号产生的衰减**

| 环境 | 衰减 | 环境 | 衰减 |
|---|---|---|---|
| 暴雨（101.6mm/h） | 0.05dB/km（0.08dB/mile） | 植被 | 2dB/m |
| 倾盆大雨 | 0.1dB/km | 灌木林 | 3～4dB/m |
| 浓雾 | 0.02dB/km（0.03dB/mile） | 针叶林 | 8～10dB/m |
| 少量树木 | 0.3～0.5dB/m | 森林 | 300dB/km |

此外考虑频谱环境，目前使用 2.4GHz 的商用设备如 Wi-Fi、Bluetooth 多为短距设备，因此 2.4GHz 频段较为干净，干扰较少。400MHz 与 900MHz 的干扰则相对较多。在地质灾害发生时，大量使用的单兵电台、步话机等极其容易造成相互干扰。从避免干扰的角度来说，2.4GHz 是较佳的选择。

尽管 2.4GHz 具有相对较好的表现，重植被和降雨仍然会对无线信号产生较大的衰减。现代传感器节点采用了全新的芯片组以及模块化设计生产，在通信距离指标上得到大幅提高而其功耗反而得到一定降低。

在进行湖面环境测试时，某节点达到了 1000m 的通信距离。在换装 5dBi 增益天线后，此节点在上下班高峰时期的车辆密集情况下也达到了 500m 的通信距离。而其功耗相对原有的节点降低了 1/3 左右。

### 4.4.2 能源消耗

无线传感器网络应用于特殊场合时，电源几乎不可更换，因此功耗问题显得至关重要。

在系统的功耗模型中，最关心的问题是：

(1) 微控制器的操作模式（休眠模式、操作模式，潜在的减慢时钟速率等），无线前端的工作模式（休眠、空闲、接收、发射等）；

（2）在每种模式中，每个功能模块的功耗量以及它与哪些参数有关；

（3）在发射功率受限的情况下，发射功率和系统功耗的映射关系；

（4）从一种操作模式转换到另外一种操作模式（假设可以直接转换）的转换时间及其功耗；

（5）无线调制解调器的接收灵敏度和最大输出功率；

（6）附加的品质因数（如发射前端的温漂和频稳度、接收信号场强指示信号的标准等）。

每个节点通过电池供电，在电源管理机制下，能够提供更加优异的电量表现，电池电量能维持节点连续工作几个月到几年。

### 4.4.3 可靠通信

无线传感器网络被布置在无人值守的环境中时，更换能源几乎不可能，为了节约能源，发射功率要尽可能小，传输距离要短，节点间通信需要中间节点作为中继。

在地震救灾或者是无人飞行器中，网络的自动配置和自动康复功能显得异常重要，而大规模的多跳无线传感器网络系统的可测量性（Scalability）也是一个关键问题。实现可测量性的一种方法是“分而治之（Divide and Conquer）”，或者说是分层控制（Hierarchical）。即用某种簇标准将网络节点分成簇组（Clusters），在每个簇中选出一个作为簇头（Leader），它在比较高的层次上代表本簇；同样的机制也应用到簇头中，使之形成一个层次，这个层次中，每个级别应用当地控制（Local Control）去实现某个全局目标。

大多数无线网络中的分类思想认为网络与地理位置无关，分类的标准是簇里的节点数量和簇间的逻辑直径（相对于地理直径而言）。但是当簇头（Cluster Leader）和簇内其他节点间的链路很长，相邻簇间地理位置交叠很大，且不同的簇间路由消息载荷（Routing Traffic Load）不平衡时，一个非簇头（Non-Leader）节点和它的簇头节点之间通过它们之间仅有的长链路通信将要消耗更多的能量，并且相邻簇间的并行通信冲突频发，簇间能量消耗不平衡，由此带来的结果是网络的寿命和通信质量与有效性都大幅度减小。

因此为了节约能量和改善通信质量和有效性，在设计簇算法时，簇的地理半径应该考虑。在传感器节点内用一种简单的细胞聚类结构去构成路由协议，这样可以维持一种可测量的能量有效的系统，其关键的问题是使这种细胞簇结构具有自动康复性。

针对大规模多跳传感器网络的自动配置和自动康复提出了一种分布式算法，这种算法可以保证网络节点在二维空间里自动配置成细胞簇结构，其细胞单元有紧凑的地理半径，细胞单元之间的交叠也很小。这种结构在各种扰动下是自动康复的，如节点加入、离开、死亡、移动、被敌方捕获等。

一种针对簇的分布式算法 LEACH，它是通过全局上重复簇操作来处理扰动的，但这种算法既不能保证系统中簇的定位也不能保证簇的数量。

另外一种簇算法，它仅考虑了簇的逻辑半径，而不考虑地理半径，当簇间存在比较大的交叠时，这种方法会降低无线传输的有效性。另外它的康复不在本地处理，而是依赖于消息在整个系统中的多次循环。

一种基于访问的簇算法，这种算法注重簇的稳定性，不考虑簇的大小，要求每个节点都有全球定位系统（GPS）的支持。

无线通信都存在一定的数据丢失率，用在环境监测中时，丢失一次采集信息并不会对全局的海量数据造成任何影响。但是当用在地质灾害监测中时，它所传递的信息关系重大，一旦丢失所造成的影响极其严重。端到端的发送信息确认，专门用以发送确认数据包，在该模式下每个数据包在经过多跳传输到达目的节点后，目的节点会立刻回传一个 ACK 数据包，发送端在经过确定时间延时（根据路由表跳数确定）没有收到 ACK 数据包，会立刻重新发送，重复该过程直到数据包安全到达目的地。

### 4.4.4 网络安全

传感器网络受到的安全威胁和移动网络所受到的安全威胁不同，所以现有的网络安全机制不适合此领域，需要开发针对无线传感器网络的专门协议，如图 4-30 所示。

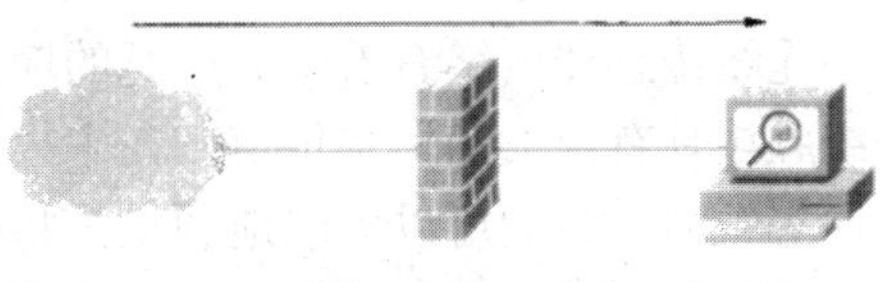

图 4-30 网络安全

一种思想是从维护路由安全的角度出发，寻找尽可能安全的路由以保证网络的安全。如果路由协议被破坏导致传送的消息被篡改，那么对于应用层上的数据包来说没有任何的安全性可言。前面提到的 SAR 路由，其思想是找出真实值和节点之间的关系，然后利用这些真实值去生成安全的路由。该方法解决了两个问题，即如何保证数据在安全路径中传送和路由协议中的信息安全性。假设两个军官利用“按需距离矢量路由”（Ad Hoc On Demand Distance Vector Routing，AODV）协议通过 ad hoc 网络来通信，他们的通信基于 Bell-La 安全模型（Padula Bell-La Padula Confidentiality Model），这种模型中，当节点的安全等级达不到要求时，其就会自动地从路由选择中退出以保证整个网络的路由安全。

可以通过多径路由算法改善系统的稳健性，数据包通过路由选择算法在多径路径中向前传送，在接收端内通过前向纠错技术得到重建。

无线传感器网络中传感器的数量众多并且功能有限，移动 ad hoc 网络中的路由方案不能直接应用到无线传感器网络中，所以可以使用一种网状多径路由协议。此协议中应用了选择性向前传送数据包和端到端的前向纠错解码技术，配合适合传感器网络的网状多径搜索机制，能减少信号开支（Signaling Overhead），简化节点数据库，增大系统的吞吐量，相对数据包复制或者有限泛洪法来说，这种方法消耗更少的系统资源（如信道带宽和电能）。

另一种思想是把着重点放在安全协议方面，在此领域也出现了大量的研究成果。假定传感器网络的任务是为高级政要人员提供安全保护，提供一个安全解决方案将为解决这类安全问题带来一个普适的模型。在具体的技术实现上，先假定基站总是正常工作的，并且总是安全的，满足必要的计算速度、存储器容量，基站功率满足加密和路由的要求；通信模式是点到点，通过端到端的加密保证了数据传输的安全性；射频层总是正常工作。基于以上前提，典型的安全问题可以总结为：

（1）信息被非法用户截获；

（2）一个节点遭破坏；

（3）识别伪节点；

（4）如何向已有传感器网络添加合法的节点。

提出的方案不采用任何的路由机制。在此方案中每个节点和基站分享一个唯一的 64 位密匙 Keyj 和个公共的密匙 KeyBS，当节点和基站距离超出了预定距离时，网络会在节点和基站之间选择一个节点作为媒介节点进行接力；发送端会对数据进行加密，接收端接收到数据后根据数据中的地址选择相应的密匙对数据进行解密。这种双加密方式可以防止暴露节点数目和地址，也可以防止数据被非法截获，即使个别节点被破译，也只有它自己的密匙泄露，整个网络仍然可以正常工作。

无线传感器网络有两种专用安全协议，即 SNEP（Sensor Network Encryption Protecol）和 TESLA。SNEP 的功能是提供节点到接收机之间数据的鉴权、加密、刷新，TESLA 的功能是对广播数据的鉴权。

## 4.5 WSN 的未来

无线传感器网络有着十分广泛的应用前景，它不仅在工业、农业、军事、环境、医疗等传统领域具有巨大的运用价值，在未来还将在许多新兴领域体现其优越性，如家用、保健、交通等领域。我们可以大胆地预见，将来无线传感器网络将无处不在，将完全融入我们的生活。比如微型传感器网最终可能将家用电器、个人电脑和其他日常用品同互联网相连，实现远距离跟踪，家庭采用无线传感器网络负责安全调控、节电等。无线传感器网络将是未来的一个无孔不入的十分庞大的网络，其应用可以涉及人类日常生活和社会生产活动的所有领域。

据 B&B Electronics 和 Sensicast Systems 进行的一项在线调查显示，在 200 家工业终端用户及系统集成商中，有超过 50%的公司正考虑在未来配置无线传感器网络。与此对应，也有一个类似的调查，结果则显示有 45%被调查者计划在今后三年内配置无线传感器网络。此外该调查还显示，2.4GHz 工作频率最受青睐，在早些时候的调查中，选择 2.4GHz 的被调查者人数是选择 900MHz 的两倍。这次的研究结果显示，被调查者中，对无线传感器网络络特别是工业监控感兴趣的人数在持续增长，有 73%的被调查者在研究无线网络在该领域中的应用。

2003 年，美国《技术评论》杂志论述最有影响的改变世界的十大技术之时，无线传感器网络被列为第一项未来新兴技术。同年美国《商业周刊》未来技术专版论述四大新技术时，无线传感器网络也列入其中。

无线传感器网络被麻省理工学院（MIT）技术评论列为全球未来的三大高科技产业。美国《今日防务》杂志更认为无线传感器网络的应用和发展，将引起一场划时代的军事技术革命和未来战争的变革。2004 年 *IEEE Spectrum* 杂志发表一期专集——传感器的国度，论述无线传感器网络的发展和可能的广泛应用。可以预计，无线传感阿的发展和广泛应用，将对人们的社会生话和产业变革带来极大的影响和产生巨大的推动。

在一份我国未来 20 年预见技术的调查报告中，信息领域 157 项技术课题中有 7 项与传感器网络直接相关。2006 年初发布的《国家中长期科学与技术发展规划纲要》为信息技术定义了三个前沿方向，其中两个与 WSN 的研究直接相关，即智能感知技术和自组织网络技术。我国 2010 年远景规划和“十一五”规划中将 WSN 列为重点发展的产业之一。

根据无线传感器网络的研究现状，无线传感器网络技术的发展趋势主要有以下 4 个方面。

（1）灵活、自适应的网络协议体系。无线传感器网络广泛地应用于军事、环境、医疗、家庭、工业等领域。其网络协议、算法的设计和实现与具体的应用场景有着紧密的关联。在环境监测中需要使用静止、低速的无线传感器网络；军事应用中需要使用移动的、实时性强的无线传感器网络；智能交通里还需要将 RFID 技术和无线传感器网络技术融合起来使用。这些面向不同应用背景的无线传感器网络所使用的路由机制、数据传输模式、实时性要求以及组网机制等都有着很大的差异，因而网络性能各有不同。目前无线传感器网络研究中所提出的各种网络协议都是基于某种特定的应用而提出的，这给无线传感器网络的通用化设计和使用带来了巨大的困难。如何设计功能可裁减、自主灵活、可重构和适应于不同应用需求的无线传感器网络协议体系结构，将是未来无线传感器网络发展一个重要方向。

（2）跨层设计。无线传感器网络有着分层的体系结构，因此在设计时也大多是分层进行的。各层的设计相互独立且具有一定局限性，因而各层的优化设计并不能保证整个网络的设计最优。针对此问题，一些研究者提出了跨层设计的概念。跨层设计目标就是实现逻辑上并不相邻的协议层之间的设计互动与性能平衡。对无线传感器网络，能量管理机制、低功耗设计等在各层设计中都有所体现；但要使整个网络的节能效果达到最优，还应采用跨层设计思想。

将 MAC 与路由相结合进行跨层设计可以有效节省能量，延长网络的寿命。同样，传感器网络的能量管理和低功耗设计也必须结合实际跨层进行。此外，在时间同步和节点定位方面，采用跨层优化设计的方式，能够使节点直接获取物理层的信息，有效避免本地处理带来误差，获得较为准确的相关信息。

（3）ZigBee 标准规范。ZigBee 是一种新兴的无线网络通信规范，主要用于近距离无线连接。ZigBee 的基础是 IEEE 无线个域网工作组所制定的 IEEE 802.15.4 技术标准口。802.15.4 标准旨在为低能耗的简单设备提供有效覆盖范围在 10m 左右的低速连接，可广泛用于交互玩具、库存跟踪监测等消费与商业应用领域。ZigBee 当然不仅只是 802.15.4 的名字。IEEE 802.15.4 仅处理低级 MAC 层和物理层协议，ZigBee 联盟对其网络层协议和 API 进行了标准化，还开发了安全层，以保证这种便携设备不会意外泄露其标识，而且这种利用网络的远距离传输不会被其他节点获得。此外 ZigBee 还具有低传输速率、低功耗、协议简单、时延短、安全可靠、网络容量大、优良的网络拓扑能力等优点。ZigBee 的这些优点极好地支持了无线传感器网络；它能够在众多微小的传感器节点之间相互协调实现通信，这些节点只需要很低的功耗，以多跳接力的方式在节点间传送数据，因而通信效率非常高。目前，ZigBee 联盟正在进行协议标准的整合工作，该标准的成功制定对于无线传感器网络的推广使用将有着深远、重要的意义。

（4）与其他网络的融合。无线传感器网络和现有网络的融合将带来新的应用。例如，无线传感器网络与互联网、移动通信网的融合，一方面使无线传感器网络得以借助这两种传统网络传递信息，另一方面这两种网络可以利用传感信息实现应用的创新。此外，将无线传感器网络作为传感与信息采集的基础设施融合进网格体系，构建一种全新的基于无线传感器网络的网格体系。传感器网络专注于探测和收集环境信息；复杂的数据处理和存储等服务则交给网格来完成，将能够为大型的军事应用、科研、工业生产和商业交易等应用领域提供一个集数据感知、密集处理和海量存储于一体的强大应用平台。

## 思考题

- 说说无线传感器网络与传统计算机网络的差异在哪里。

# 课后习题

1. 简述无线传感器网络路由协议的特点和分类及协议设计需要解决哪些问题。
2. 常用无线传感器网络路由协议有哪些？
3. 什么是无线传感器网络的 MAC？简述 DEANA 协议的工作原理。
4. 简述 ZigBee 网络工作的主要特点。
5. 简述能量感知路由协议的设计思路。

# 第5章 RFID射频识别技术

学习目标

- 了解RFID的定义。
- 了解RFID的工作原理和应用场景。
- 了解RFID的特点和发展形势。
- 了解RFID的技术标准。

预习题

- 什么是RFID?
- RFID的特点是什么?
- RFID的主要技术标准有哪些?

无线射频识别技术（Radio Frequency Identification，RFID）作为21世纪最有发展前途的信息技术之一，已得到全球业界的高度重视；中国拥有产品门类最为齐全的装备制造业，又是全球IT产品最重要的生产加工基地和消费市场，同时还是世界第三大贸易国。这些都为中国电子标签产业与应用的发展提供了巨大的市场空间，带来了难得的发展机遇，RFID技术与电子标签应用必将成为中国信息产业发展和信息化建设的一个新机遇，成为国民经济新的增长点。

很可能未来的十年内，所有的东西都会被植入RFID标签。虽然这项技术的有效范围一般都很小，但是其应用的方面却相当广泛，如征收车辆过路费、无接触式安全通道、汽车定位（利用内置感应标签的钥匙），以及医院病人或者家畜的身份识别等。下面将对RFID进行全面介绍，包括RFID技术的基础知识、特征、系统工作原理及其同其他识别技术的比较。

## 5.1 RFID技术概论

### 5.1.1 RFID技术的定义

RFID是20世纪90年代开始兴起并逐渐走向成熟的一种自动识别技术，是一项利用射频信号通过空间耦合（交变磁场或电磁场）实现无接触信息传递并通过所传递的信息达到识别目的的技术。

与目前广泛使用的自动识别技术例如摄像、条码、磁卡、IC卡等相比，射频识别技术具有很多突出的优点。

（1）非接触操作，长距离识别（几厘米至几十米），因此完成识别工作时无需人工干预，应用便利。

（2）无机械磨损，寿命长，并可工作于各种油渍、灰尘污染等恶劣的环境。

（3）可识别高速运动物体并可同时识别多个电子标签。

（4）读写器具有不直接对最终用户开放的物理接口，保证其自身的安全性。

（5）数据安全方面除电子标签的密码保护外，数据部分可用一些算法实现安全管理。

（6）读写器与标签之间存在相互认证的过程，实现安全通信和存储。

目前，RFID 技术在工业自动化、物体跟踪、交通运输控制管理、防伪和军事用途方面已经有着广泛的应用。RFID 系统由三部分组成。

（1）电子标签（Tag）。由耦合元件及芯片组成，且每个电子标签具有全球唯一的识别号（ID），无法修改、无法仿造，这样提供了安全性。电子标签附着在物体上标识目标对象。电子标签中一般保存有约定格式的电子数据，在实际应用中，电子标签附着在待识别物体的表面。

（2）天线（Antenna）。在标签和阅读器间传递射频信号，即标签的数据信息。

（3）读写器（Reader）。读取（或写入）电子标签信息的设备，可设计为手持式或固定式。读写器可无接触地读取并识别电子标签中所保存的电子数据，从而达到自动识别物体的目的。通常读写器与计算机相连，所读取的标签信息被传送到计算机上，进行下一步处理。

在过去的半个多世纪里，RFID 的发展经历了以下一些阶段：

1941～1950 年，雷达的改进和应用催生了 RFID 技术，1948 年奠定了 RFID 技术的理论基础。

1951～1960 年，早期 RFID 技术的探索阶段，主要处于实验室实验研究阶段。

1961～1970 年，RFID 技术的理论得到了发展，开始了一些应用尝试。

1971～1980 年，RFID 技术与产品研发处于一个大发展时期，各种 RFID 技术测试得到加速，出现了一些最早的 RFID 应用。

1981～1990 年，RFID 技术及产品进入商业应用阶段，多种应用开始出现，然而 RFID 技术的成本成为制约其进一步发展的主要问题，同时国内也开始关注这项技术。

1991～2000 年，大规模生产使得 RFID 技术的成本可以被市场接受，技术标准化问题和技术支撑体系的建立也得到重视；同时，大量厂商进入，RFID 产品逐渐走入人们的生活，国内研究机构也开始跟踪和研究该技术。

2001 年至今，RFID 技术得到进一步的丰富和完善，其产品种类更加丰富，无源电子标签、半有源电子标签和有源电子标签均得到发展，电子标签的成本也不断降低；RFID 技术的应用领域不断扩大，与其他技术日益结合。

纵观 RFID 的发展历程不难发现，随着市场需求的不断发展，以及人们对 RFID 认识水平的日益提升，RFID 必然会逐步进入人们的生活，而 RFID 技术及其产品的不断开发也将引发其应用扩展的新高潮，必将带来 RFID 技术发展的新变革。

### 5.1.2 RFID 系统的分类

RFID 技术的分类方法常见的有下面 4 种。

（1）按根据供电方式的不同，电子标签可分为无源标签、半无源标签、有源标签。

无源系统——无源标签（被动标签，Passive Tag）：电子标签内没有内装电池，在读卡器的阅读范围之外时，电子标签处于无源状态；在读卡器的阅读范围之内时，电子标签从读卡器发出的射频能量中提取其工作所需的电能。无源标签读写距离近、价格低，它的使用寿命几乎无限制，但需要大功率的读写装置。

半无源系统——半无源标签（Semi-Passive Tag）：电子标签内装有电池，但电池仅对电子标签内要求供电维持数据的电路或芯片工作所需的电压作辅助支持，电子标签电路本身耗电很少。未进入工作状态前，电子标签一直处于休眠状态，相当于无源标签；电子标签进入读卡器的阅读范围时，受到读卡器发出的射频能量的激励，进入工作状态，且其用于传输通信的射频能量与无源标签的一样都来自读卡器。半无源系统结合有源 RFID 和无源 RFID 的优势，在 125kHz 频率的触发下，使微波 2.45GHz 的优势发挥出来。半有源 RFID 技术也叫低频激活触发技术，它利用低频近距离精确定位、微波远距离识别和上传数据，来解决有源 RFID 和无源 RFID 没有办法解决的问题。简单地说，半有源 RFID 技术就是近距离激活定位、远距离识别及上传数据。

有源系统——有源标签（主动标签，Active Tag）：电子标签的工作电源完全由内部电池供给，同时电子标签电池的能量供应部分转化为电子标签与读卡器通信所需的射频能量。目前有源标签逐步采用无线单片机来进行设计，具有持久性、信息传播穿透性强、存储信息容量大、种类多等特点。有源标签最重要的特点是电子标签工作的能量由电池提供，与无源标签系统感应读卡器的能量不一样。有源 RFID 可以提供更远的读写距离，但是需要电池供电，成本要更高一些。有源 RFID 适用于远距离读写的应用场合，使用寿命有限，但对读写装置的依赖小。

（2）根据应用频率的不同，RFID 可分为低频（LF，30 kHz～1 MHz）、高频（HF，3～30 MHz）、超高频（UHF，300～1000 MHz）、微波（MW，2.4 GHz 或 5.8 GHz）这 4 种。

不同频段的 RFID，其工作原理不同，低频的和高频的电子标签一般采用电磁耦合原理，而超高频的及微波的 RFID 一般采用电磁发射原理。由图 5-1 可知，RFID 的频率范围非常广，应用领域也很广。

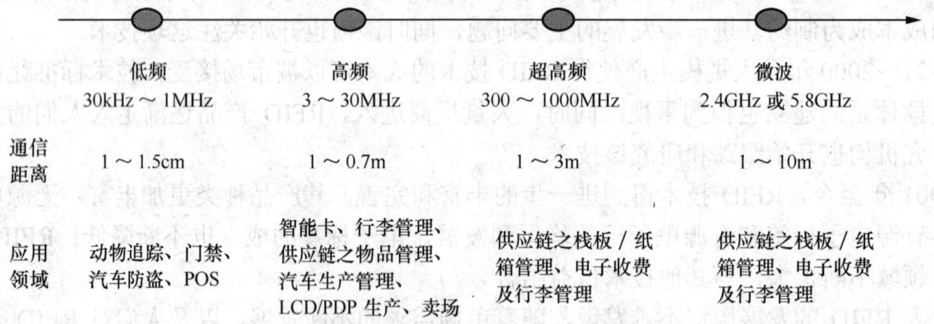

低频
30kHz ~ 1MHz
高频
3 ~ 30MHz
超高频
300 ~ 1000MHz
微波
2.4GHz 或 5.8GHz
通信距离
1 ~ 1.5cm
1 ~ 0.7m
1 ~ 3m
1 ~ 10m
应用领域
动物追踪、门禁、汽车防盗、POS
智能卡、行李管理、供应链之物品管理、汽车生产管理、LCD/PDP 生产、卖场
供应链之栈板 / 纸箱管理、电子收费及行李管理
供应链之栈板 / 纸箱管理、电子收费及行李管理


图 5-1 RFID 的频率划分及应用领域

低频段电子标签（或低频标签）的工作频率范围为 30kHz～1MHz，其典型的工作频率为 125kHz 和 133kHz。低频标签一般为无源标签，其工作能量通过电感耦合方式从读卡器耦合线圈的辐射近场中获得。与读卡器之间传送数据时，低频标签须位于读卡器天线辐射的近场区内，其阅读距离一般情况下小于 1m。低频标签的典型应用有：动物识别、容器识别、工具识别、电子闭锁防盗（带有内置应答器的汽车钥匙）等。

中高频段电子标签的工作频率一般为 3～30MHz，其典型的工作频率为 13.56MHz。中高频电子标签因其工作原理与低频标签的完全相同，即采用电感耦合方式工作，所以宜将其归为低频标签类中。另一方面，根据无线电频率的一般划分，中高频射频标签的工作频段又在高频范围内，所以也常将其称为高频标签。鉴于中高频段的电子标签可能是应用最多的一种电子标签，因而只要将高、低理解成为一个相对的概念，就不会造成理解上的混乱。为了便于叙述，将中高频段电子标签称为中频电子标签（或中频标签）。中频标签一般是无源标签，其工作能量同低频标签的一样，也是通过电感（磁）耦合方式从读卡器耦合线圈的辐射近场中获得。中频标签与读卡器进行数据交换时，标签必须位于读卡器天线辐射的近场区内。中频标签的阅读距离一般情况下也小于 1m。中频标签由于可方便地做成卡状，因此其广泛应用于电子车票、电子身份证、电子闭锁防盗（电子遥控门锁控制器）、小区物业管理、大厦门禁等系统中。

超高频与微波频段的电子标签的典型工作频率有 433.92MHz、862（或 902）～928 MHz、2.45GHz、5.8GHz。微波电子标签可分为有源标签与无源标签两类。工作时，超高频或微波电子标签位于读卡器天线辐射场的远场区内，其与读卡器之间的耦合方式为电磁耦合方式；读卡器天线辐射场为无源标签提供射频能量，将有源标签唤醒，其相应的射频识别系统的阅读距离一般大于 1m，典型情况为 4～6m，最大可达 10m。读卡器天线一般均为定向天线，只有在读卡器天线定向波束范围内的电子标签可被读、写。由于阅读距离的增加，应用中有可能在阅读区域中同时出现多个电子标签，从而提出了多标签同时读取的需求。目前，先进的射频识别系统均将多标签识读问题作为系统的一个重要指标。超高频标签主要用于铁路车辆自动识别、集装箱识别中，还可用于公路车辆识别与自动收费系统（ETC）中。

以目前的技术水平来说，无源微波电子标签比较成功的产品相对集中在 902～928MH 范围内。2.45GHz 和 5.8GHz 的射频识别系统多以半无源微波电子标签产品面世。半无源标签一般采用钮扣电池供电，具有较远的阅读距离。微波电子标签的典型特点主要集中在是否无源、无线读写距离、是否支持多标签读写、是否适合高速识别应用、读卡器的发射功率容限、电子标签及读卡器的价格等方面。对于可无线写的电子标签而言，通常情况下写入距离要小于识读距离，其原因在于写入要求更大的能量。微波电子标签的数据存储容量一般限定在 2KB 以内，再大的存储容量似乎没有太大的意义；从技术及应用的角度来说，微波电子标签并不适合作为大量数据的载体，其主要功能在于标识物品并完成无接触的识别过程。微波电子标签典型的数据容量指标有：1KB、128B、64B 等，由 Auto-ID Center 制定的产品电子代码（EPC）的容量为 90B。微波电子标签的典型应用包括移动车辆识别、电子闭锁防盗（电子遥控门锁控制器）、医疗科研等行业。

不同频率的电子标签有不同的特点，例如，低频标签比超高频标签便宜、省能量、穿透废金属物体能力强、工作频率不受无线电频率管制约束，最适合用于含水成分较高的物体中，例如水果等；超高频标签作用范围广、数据传送速度快，但是比较耗能、穿透力较弱，且其作业区域内不能有太多干扰，适用于监测港口、仓储等物流领域的物品；高频标签属中短距识别，读写速度居中，产品价格也相对便宜，可应用在电子票证一卡通上。

目前，对于相同波段，不同国家使用的频率也不尽相同。欧洲使用的超高频是 868MHz，美国则是 915MHz，而日本目前不允许将超高频用到射频技术中。

在实际应用中，比较常用的是 13.56MHz、860～960MHz、2.45GHz 等频段。近距离 RFID 系统主要使用 125kHz、13.56MHz 等频段，其技术也最为成熟；远距离 RFID 系统主要使用433MHz、860～960MHz以及2.45GHz、5.8GHz等频段，目前还多在测试当中，没有大规模应用。

我国在低频和高频频段电子标签芯片设计方面的技术比较成熟，高频频段方面的设计技术接近国际先进水平，已经自主开发出符合IS0 14443 TypeA、IS0 14443 TypeB和ISO 15693标准的RFID芯片，并成功地应用于交通一卡通和第二代身份证等项目中。

（3）根据RFID卡的不同可分为可读写卡（RW）、一次写入多次读出卡（WORM）和只读卡（RO）。

RM卡一般比WORM卡和RO卡贵得多，如电话卡、信用卡等；WROM卡是用户可以一次性写入的卡，写入后数据不能改变，比RW卡要便宜；RO卡存有一个唯一的号码，不能修改，保证了安全性。

（4）根据RFID调制方式的不同还可分为主动式（Active tag）和被动式（Passive tag）。

主动式的RFID标签用自身的射频能量主动地发送数据给读写器，主要用于有障碍物的应用中，距离较远（可达30m）；被动式的RFID标签，使用调制散射方式发射数据，它必须利用读写器的载波调制自己的信号，适宜在门禁或交通的应用中使用。

### 5.1.3 RFID产业的发展现状

自2004年起，全球范围内掀起了一场无线射频识别的热潮，包括沃尔玛、宝洁、波音公司在内的商业巨头无不积极地推动RFID在制造、零售、交通等行业中的应用。目前，RFID技术及其应用正处于迅速上升的时期，被业界公认为是21世纪最有潜力的技术之一，它的发展和应用推广将是自动识别行业的一场技术革命。然而当前RFID技术的发展和应用还面临一些关键问题与挑战，主要包括：标签成本问题、标准制定问题、公共服务体系问题、产业链形成问题以及技术和安全问题。

#### 1．RFID的国内外发展现状

从全球范围来看，美国已经在RFID标准的建立、相关软硬件技术的开发、应用等领域走在世界的前列；欧洲RFID标准追随美国主导的EPC global标准，在封闭系统应用方面，欧洲与美国基本处在同一阶段；日本虽然已经提出UID标准，但主要得到的是本国厂商的支持，如要成为国际标准还有很长的路要走：RFID在韩国的重要性得到了加强，政府也给予了高度的重视，但至今韩国在RFID标准上仍摸索前进。

（1）美国

在产业方面，TI、Intel等美国集成电路厂商目前都在RFID领域投入巨资进行芯片开发；Symbol等已经研发出同时可以阅读条形码和RFID的扫描器；IBM、Microsoft和HP等也在积极地开发相应的软件及系统来支持RFID的应用。目前，美国的交通、车辆管理、身份识别、生产线自动化控制、仓储管理及物资跟踪等领域已经开始逐步应用RFID技术。在物流方面，美国已有100多家企业承诺支持RFID应用，这其中包括：零售商沃尔玛；制造商吉列、强生、宝洁；物流行业的联合包裹服务公司以及政府方面国防部的物流应用。

另外，美国政府是RFID应用的积极推动者。按照美国国防部的合同规定，2004年10月1日或者2005年1月1日以后，所有军需物资都要使用RFID标签；美国食品及药物管理局（FDA）建议制药商从2006年起利用RFID技术跟踪最常造假的药品；美国社会福利局（SSA）于2005年年初正式使用RFID技术追踪SSA的各种表格和手册。

（2）欧洲

在产业方面，欧洲的 Philips、STMicroelectronics 在积极地开发廉价的 RFID 芯片；Checkpoint 在开发支持多系统的 RFID 识别系统；Nokia 在开发能够基于 RFID 的移动电话购物系统；SAP 则在积极开发支持 RFID 的企业应用管理软件。在应用方面，欧洲在诸如交通、身份识别、生产线自动化控制、物资跟踪等封闭系统与美国基本处在同一阶段。目前，欧洲许多大型企业都纷纷进行 RFID 的应用实验。例如，英国的零售企业 Tesco 于 2003 年 9 月结束了第一阶段的试验，该试验由 Tesco 公司的物流中心和英国的两家商店进行，对物流中心和两家商店之间的包装盒及货物的流通路径进行追踪，使用的频率为 915MHz。

（3）日本

日本是一个制造业强国，它在电子标签研究领域起步较早，政府也将 RFID 作为一项关键技术来发展。MPHPT 在 2004 年 3 月发布了针对 RFID 的“关于在传感网络时代运用先进的 RFID 技术的最终研究草案报告”，报告称 MPHPT 将继续支持测试在超高频段的被动及主动的电子标签技术，并在此基础上进一步讨论管制的问题；2004 年 7 月，日本经济产业省 METI 选择了七大产业做 RFID 的应用试验，包括消费电子、书籍、服装、音乐 CD、建筑机械、制药和物流。从近年来日本 RFID 领域的动态来看，与行业应用相结合的基于 RFID 技术的产品和解决方案开始集中出现，这为 RFID 在日本应用的推广，特别是在物流等非制造领域的推广，奠定了坚实的基础。

（4）中国

中国人口众多，经济规模在不断扩大，已经成为全球制造中心，因此 RFID 技术有着广阔的应用市场。近年来，中国已初步开展了 RFID 相关技术的研发及产业化工作，并在部分领域开始应用，且已经将 RFID 技术应用于铁路车号识别、身份证和票证管理、动物标识、特种设备与危险品管理、公共交通以及生产过程管理等多个领域中，但规模化的应用项目还很少。目前，我国 RFID 应用以低频和高频标签产品为主，如城市交通一卡通和中国第二代身份证等项目。我国超高频标签产品的应用刚刚兴起，还未开始规模生产，产业链尚未形成。

### 2. RFID 的发展趋势

随着 RFID 技术的不断发展和应用系统的推广普及，其在性能等各方面都会有较大的提高，成本将逐步降低。因此，可以预见未来 RFID 技术的发展趋势。

（1）标签产品多样化。未来用户的个性化需求较强，单一产品将不能适应未来的发展和市场需求。因此，要求芯片频率、容量、天线、封装材料等组合形成系列化产品，并与其他高科技融合，如与传感器、GPS、生物识别结合，实现产品由单一识别向多功能识别发展。

（2）系统网络化。当 RFID 系统应用普及到一定程度时，每件产品通过电子标签赋予身份标识，与互联网、电子商务结合将是必然趋势，也必将改变人们传统的生活、工作和学习方式。

（3）系统的兼容性更好。随着 RFID 标准的统一，RFID 系统的兼容性将会得到更好的发挥，产品替代性也将更强。

（4）与其他产业融合。与其他 IT 产业一样，当 RFID 标准和关键技术解决和突破之后，与其他产业如 3G 等融合将形成更大的产业集群，并得到更加广泛的应用，实现跨地区、跨行业应用。

因此，RFID 产业的发展潜力是巨大的，它将是未来经济发展的一个新的增长点，也将与人们的日常生活密不可分。

### 5.1.4 RFID的应用与展望

基于RFID标签对物体的唯一标识特性引发了人们对物联网研究的热潮。世界上一些国家正在积极研究基于RFID物联网的应用，日本和韩国在未来的IT发展规划中均把RFID作为一项关键发展技术。泛在网络（Ubiquitous Network，UN）是日本政府提出的一个无所不在的未来网络概念。其核心是通过IPv6协议把包括PC、移动电话、数字电视、信息家电、汽车导航系统、RFID标签、传感器甚至过去不被当作信息装置的设备进行网络连接和信息交换，从而实现泛在个人服务、泛在商业服务、泛在公共服务和泛在行政服务。韩国政府提出的泛传感网络（Ubiquitous Sensor Network，USN）是通过嵌入各种物品的传感器，实现在传感器之间自主采用无线方式传递信息的网络。其特点是通过相互连接的各种传感器收集的信息来识别环境，通过网络对覆盖的区进行控制。相比之下，日本提出的泛在网络概念比韩国提出的泛传感网络概念更加宽泛，而RFID在UN和USN中均扮演重要角色。

我国早在20世纪90年代就开始了物联网产业的相关研究和应用试点的探索，国家金卡工程非接触式智能卡已广泛地于不停车收费、路桥管理、铁路机车识别管理以及电子证照身份识别等方面开展了成功试点和规模应用。其中典型的应用包括电信智能卡整合电子钱包功能推出的移动支付应用；以手机作为RFID的读写器开展的食品、药品安全管理与贵重物品的识别防伪；遍布30个试点城市的“一卡通”工程等。这一系列利民惠民工程，推动了社会信息化进程，并取得了明显成效。在此基础上于2004年启动了物联网的重要应用——无线射频识别RFID的行业应用试点工作。该工作主要涉及农业领域的生猪、肉牛的饲养及食品加工的实时、动态、可追溯的管理；工业领域的煤矿安全生产，对矿工的安全监护；工业生产的托盘管理；物流领域的邮政包裹，民航行李、远洋运输集装箱、铁路货车调度监管等；总后军用物资供给、军械动态管理等；城市交通、公路、水运等交通管理以及智能交通综合应用等。在这些领域RFID的应用均初见成效。

RFID虽然存在一些问题，但由于其产业前景广阔、市场潜力巨大，同时政府支持、企业重视，因此，应对RFID产业的发展充满信心。此外，我国的航天信息将会加大投入、自主创新，积极参与RFID行业标准的制定和行业试点应用，为各行业提供产品和完整的系统解决方案，为我国RFID产业的发展贡献自己的力量。

尽管RFID技术已经应用于多个领域，但是其应用局限在某一封闭市场内，因此其市场规模受到了极大的限制。但是随着RFID技术的发展演进以及其成本的降低，未来几年内RFID技术主要以供应链的应用为盈利的主体，全球开放的市场将为RFID带来巨大的商机。简单来讲，从采购、仓储、生产、包装、卸载、流通加工、配送、销售到服务，这些都是供应链上的业务流程和环节。在供应链运转时，企业必须随时地、精确地掌握供应链上的商流、物流、信息和资金的流向，才能发挥出最大的效率。但实际上，物体在流动的过程中各种环节比较松散，商流、物流、信息和资金常常随着时间和位置的变化而变化，这使企业对这四种流的控制能力大大下降，从而产生失误造成不必要的损失。RFID技术正是有效解决供应链上各项业务运作资料的输入与输出、业务过程的控制与跟踪，以及减少出错率等难题的一种技术。例如，最近中国香港工业工程师学会及中国香港生产力促进局就开展了一项名为“提升制造及工业工程师应用无线标签来实施供应链管理”的项目，该项目主要是为中国香港制造及工业工程师设计，包括一系列的工业及技术专题研讨会、工作坊等。香港正是借助 RFID 技术在产品供应链上的每个环节发挥的效用，实现物料供应、生产、储存、包装，以及物流、货运出境、船务运输、存货控制及零售等各个环节的管理，帮助企业加快物流速度、改善生产效率、促进贸易活动。

当然，RFID 的发展也面临一些障碍，其中最主要的是电子标签的价格。一般情况下，价格在 5 美元以上的芯片，主要为应用于军事、生物科技和医疗方面的有源器件；价格在 10 美分～1 美元之间的常为用于运输、仓储、包装、文件等的无源器件；消费应用如零售的标签在 5 美分～10 美分；医药、各种票证（车票、入场券等）、货币等应用的标签则在 5 美分以下，因此标签价格将直接影响 RFID 的市场规模。其次是隐私权的问题难于解决，由于在非接触的条件下，可以对标签中的数据进行读取，这引发了人们对 RFID 技术侵犯个人隐私权的争议。尽管如此，标签价格将会随着技术的发展及生产规模的扩大而得以解决，隐私问题则需要各个国家通过立法对用户的隐私权加以保护来逐步解决。RFID 技术所独有的优势，最终将在全球形成一个巨大的产业，值得各个领域加以关注。

目前 RFID 应用的领域有：

（1）物流。物流过程中的货物追踪、信息自动采集、仓储应用、港口应用、邮政、快递。

（2）零售。商品的销售数据实时统计、补货、防盗。

（3）制造业。生产数据的实时监控、质量追踪、自动化生产。

（4）服装业。自动化生产、仓储管理、品牌管理、单品管理、渠道管理。

（5）医疗。医疗器械管理、病人身份识别、婴儿防盗。

（6）身份识别。电子护照、身份证、学生证等各种电子证件。

（7）防伪。贵重物品（烟，酒，药品）的防伪、票证的防伪等。

（8）资产管理。各类资产（贵重的或数量大相似性高的或危险品等）。

（9）交通。高速不停车、出租车管理、公交车枢纽管理、铁路机车识别等。

（10）食品。水果、蔬菜、生鲜、食品等保鲜度管理。

（11）动物识别。训养动物、畜牧牲口、宠物等识别管理。

（12）图书馆。书店、图书馆、出版社等应用。

（13）汽车。制造、防盗、定位、车钥匙。

（14）航空。制造、旅客机票、行李包裹追踪。

（15）军事。弹药、枪支、物资、人员、卡车等识别与追踪。

## 思考题

- 简述 RFID 系统的特点和组成结构。
- 举出几个 RFID 技术在生活中的应用。

## 5.2 RFID 系统的组成及原理

### 5.2.1 RFID 系统的组成

RFID 系统包括三部分：标签、读卡器（含天线）和应用软件系统，如图 5-2 所示。

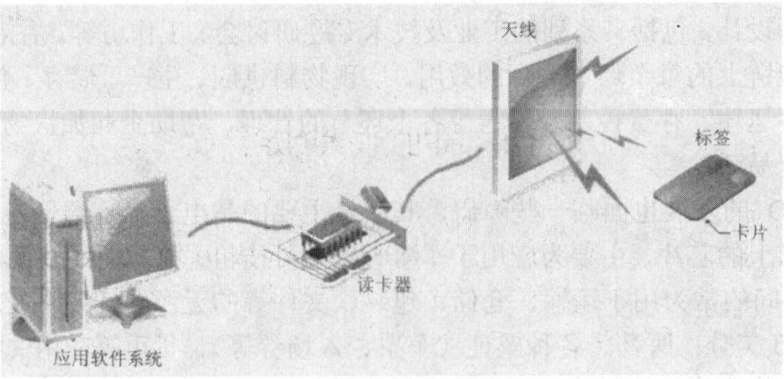


图 5-2 RFID 系统的组成

标签（Tag）：又称电子标签，由耦合元件及芯片组成，也称应答器、卡片等。每个电子标签具有唯一的电子编码，附着在物体上标识目标对象。电子标签通常由三部分组成，即读写电路、硅芯片以及相关的天线，它能够接收并发送信号。电子标签一般被做成低功率的集成电路，与外部的电磁波或电磁感应相互作用，得到其工作时所需的功率并进行数据传输。

读卡器（Reader）：读取（有时还可以写入）电子标签信息的设备，可设计为手持式或固定式，也称阅读器、读写器（取决于电子标签是否可以无线改写数据，可写时称为读写器、读头、读出装置、扫描器、通信器等。通过天线与电子标签进行无线通信，读卡器可以实现对电子标签识别码和内存数据的读出或写入操作。典型的 RFID 读卡器包含有 RFID 射频模块（发送器和接收器）、控制单元以及读卡器天线。电子标签上的芯片一旦被激活，就会进行数据读出、写入操作，而读卡器可把通过天线得到的标签芯片中的数据，经过译码送往主计算机处理。

天线（Antenna）：是电子标签与读卡器之间的联系通道，通过天线来控制系统信号的获得与交换。天线的形状和大小多种多样，它可以装在门框上，接收从该门通过的人或物品的相关数据；也可以安装在适当的地点，以监控道路上的交通情况等。

电子标签可以做成动物跟踪标签，嵌入在动物的皮肤下，其直径比铅笔芯还小，长度只有 1.27cm（0.5 英寸）；也可以做成卡的形状，许多商店在售卖的商品上附有硬塑料电子标签用于防盗。除此以外，12.7cm×10.16cm×5.08cm 的长方形电子标签可用于跟踪联运集装箱或重型机器、车辆等。读卡器发出的无线电波在几厘米到几十米甚至更远的范围内都有效，这主要取决于其功率与所用的无线电频率。图 5-3 和图 5-4 分别示出了读卡器、天线和电子标签及其封装。

在射频识别应用系统中，读卡器实现对电子标签数据的无接触收集后，收集的数据需送至后台（上位机）处理，这就形成了电子标签读写设备与应用系统程序之间的接口（Application Program Interface，API）。一般情况下，要求读卡器能够接收来自应用系统的命令，并且能根据应用系统的命令或约定的协议做出相应的响应（回送收集到的电子标签数据等）。

图 5-3 读卡器和天线

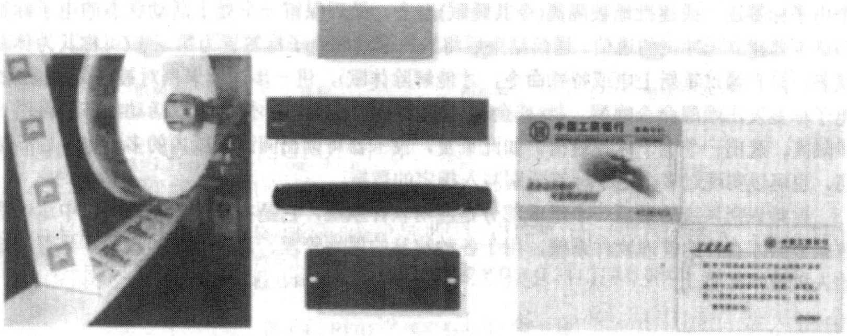

图5-4 不同类型的电子标签

从电路实现角度来说，读卡器又可划分为两大部分，即射频模块（射频通道）与基带模块。射频模块实现的任务主要有两项，第一项是将读卡器欲发往电子标签的命令调制（装载）到射频信号（也称为读卡器/电子标签的射频工作频率）上，经由发射天线发送出去。发送出去的射频信号（可能包含有传向电子标签的命令信息）经过空间传送（照射）到电子标签上，电子标签对照射其上的射频信号做出响应，形成返回给读卡器天线的反射回波信号。射频模块的第二项任务是对电子标签返回到读卡器的回波信号进行必要的加工处理，并从中解调（卸载）提取出电子标签回送的数据。

基带模块实现的任务也包含两项，第一项是将读卡器智能单元（通常为计算机 CPU 或 MPU）发出的命令加工（编码），形成便于调制（装载）到射频信号上的编码调制信号；第二项任务是实现对经过射频模块解调处理的电子标签回送数据信号进行必要的处理（包含解码），并将处理后的结果送入读卡器智能单元。

一般情况下，读卡器的智能单元划归为基带模块部分。从原理上来说，智能单元是读卡器的控制核心；从实现角度来说，智能单元通常采用嵌入式 MPU，并通过编写相应的 MPU 控制程序来实现收发信号的智能处理以及与终端应用程序之间的接口。

射频模块与基带模块的接口实现调制（装载）/解调（卸载）功能。在系统实现中，射频模块通常包括调制、解调部分，并且也包括解调之后对回波小信号必要的加工处理（如放大、整形）等、采用单天线系统时，射频模块的收发分离是射频模块必须处理好的一个关键问题。

实际应用中，根据读卡器读写区域中允许出现的电子标签数目的不同，将射频识别系统称为单标签识别系统（或射频识别系统）与多标签识别系统。在读卡器的阅读范围内有多个电子标签时，对于具有多标签识读功能的射频识别系统来说，一般情况下，读卡器处于主动状态，即读卡器先讲方式。读卡器通过发出一系列的隔离指令，使得读出范围内的多个电子标签逐一或逐批地被隔离（令其睡眠）出去，最后保留一个处于活动状态的电子标签与读卡器建立无冲突的通信。通信结束后将当前活动的电子标签置为第三态（可称其为休眠状态，只有通过重新上电或特殊命令，才能解除休眠），进一步由读卡器对被隔离（睡眠）的电子标签发出唤醒命令唤醒一批（或全部）被隔离的电子标签，使其进入活动状态，再进一步隔离，选出一个电子标签通信。如此重复，读卡器可读出阅读区域内的多个电子标签信息，也可以实现对多个电子标签分别写入指定的数据，

射频识别系统的最后一个组成部分是应用软件系统，它是在上位监控计算机中运行的包括数据库在内的管理软件系统，用于各种物品的属性管理、目标定位和跟踪，具有良好的人

机操作界面。

### 5.2.2 RFID系统基本工作原理

通常情况下，RFID的应用系统主要由读写器和RFID卡两部分组成的，如图5-5所示。其中，读写器一般作为计算机终端，用来实现对RFID卡的数据读写和存储，它是由控制单元、高频通信模块和天线组成。而RFID卡则是一种无源的应答器，主要是由一块集成电路（IC）芯片及其外接天线组成，其中RFID芯片通常集成有射频前端、逻辑控制、存储器等电路，有的甚至将天线一起集成在同一芯片上。

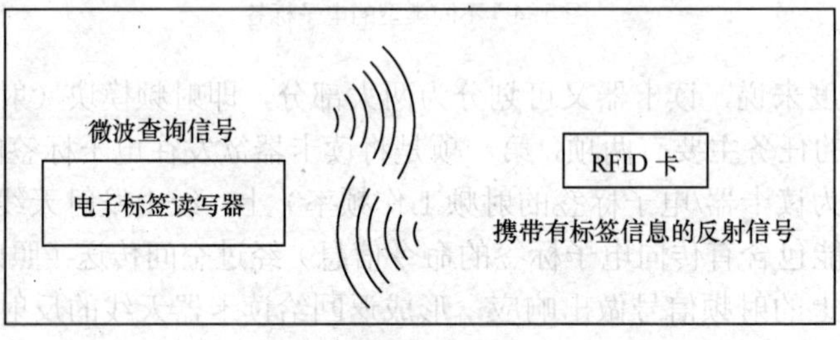


图5-5 RFID工作原理

RFID应用系统的基本工作原理是RFID卡进入读写器的射频场后，由其天线获得的感应电流经升压电路作为芯片的电源，同时将带信息的感应电流通过射频前端电路检得数字信号送入逻辑控制电路进行信息处理；所需回复的信息则从存储器中获取经由逻辑控制电路送回射频前端电路，最后通过天线发回给读写器。

目前RFID已经得到了广泛应用，且有国际标准ISO 10536、ISO 14443、ISO 15693、ISO 18000等几种。这些标准除规定了通信数据帧协议外，还着重对工作距离、频率、耦合方式等与天线物理特性相关的技术规格进行了规范。RFID同其他识别系统的比较如表5-1所示。

**表5-1　RFID与其他识别系统的比较**

| 参数<br>系统 | 数据量（bit/s） | 污染影响 | 受方向性影响 | 磨损 | 工作费用 | 阅读速度 | 最大读取距离 | 自动化程度 |
|---|---|---|---|---|---|---|---|---|
| RFID | 16～64k | 无 | 较小 | 无 | 一般 | 很快 | 10m | 高 |
| IC卡 | 16～64k | 可能 | 单方向 | 触点 | 一般 | 一般 | 接触 | 低 |
| 条形码 | 1～100 | 严重 | 单方向 | 严重 | 很小 | 慢 | 10cm | 低 |

在未来的8～10年内，几乎所有的东西都会被贴上感应标签，而这些感应标签将会得到广泛的应用。也许有一天，想象终将变成现实，当你走在下班回家的路上，你们家的智能冰箱会提醒你别忘了买牛奶。

## 思考题

- 说说RFID的工作原理。
- 简述RFID用天线传输能量的原理。

## 5.3 RFID 技术标准

目前，RFID 还未形成统一的全球化标准，然而市场走向多标准的统一已经得到业界的广泛认同。RFID 系统也可以说主要是由数据采集和后台数据库网络应用系统两大部分组成，目前已经发布或者是正在制定中的标准主要是与数据采集相关的，其中包括电子标签与读卡器之间的空气接口、读卡器与计算机之间的数据交换协议、电子标签与读卡器的性能和一致性测试规范以及电子标签的数据内容编码标准等；而后台数据库网络应用系统目前并没有形成正式的国际标准，只有少数产业联盟制定了一些规范，现阶段还在不断演变中。

RFID 标准的竞争非常激烈，各行业都在发展自己的 RFID 标准，这也是 RFID 技术目前国际上没有统一标准的一个原因。此外，RFID 不仅与商业利益有关，甚至还关系到国家或行业利益与信息安全。

目前全球有五大 RFID 技术标准化势力，即 ISO/EC、EPC global、UID Center（泛在中心）、AIMglobal 和 IP-X，其中前三个标准化组织势力较强大，AIM 和 IP-X 的势力则相对弱些。这五大 RFID 技术标准化组织纷纷制定 RFID 技术的相关标准，并在全球积极推广这些标准。

### 5.3.1 各种 RFID 标准体系之比较

#### 1. ISO 制定的 RFID 标准体系

RFID 系统与相应技术标准的关系如图 5-6 所示。

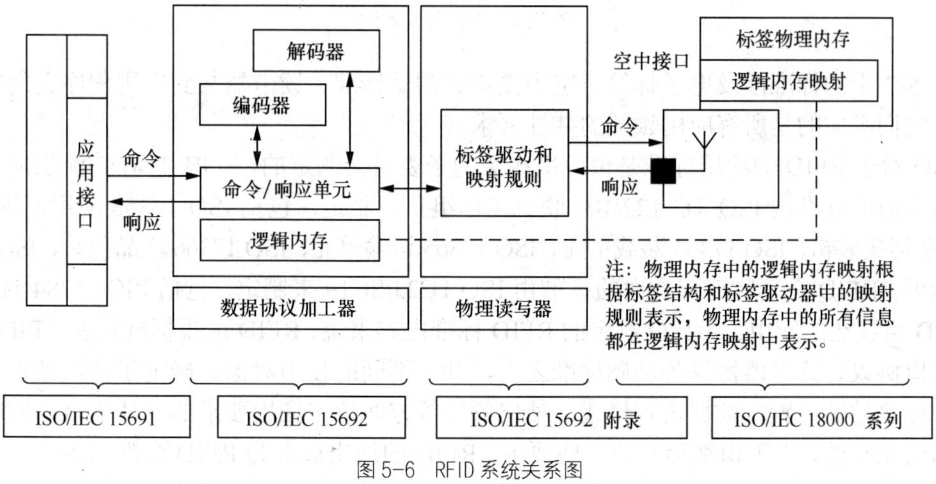


图 5-6 RFID 系统关系图

RFID 标准化工作最早可以追溯到 20 世纪 90 年代，1995 年国际标准化组织 ISO/IEC 联合技术委员会 JTCl 设立了子委员会 SC31（以下简称 SC31），负责 RFID 标准化的研究工作。SC31 委员会由来自各个国家的代表组成，如英国的 BSI IST/34 委员、欧洲的 CEN/TC 225 成员，他们既是各大公司内部的咨询者，也是不同公司利益的代表者。因此在 RFID 标准化的制定过程中，有企业、区域标准化组织和国家三个层次的利益代表者。SC31 委员会制定的 RFID 标准可以分为四个方面：数据标准（如编码标准 ISO/IEC 15691、数据协议 ISO/IEC 15692、ISO/IEC 15693，它们解决了应用程序、电子标签和空中接口多样性的要求，提供了一套通用的通信机制）、空中接口标准（ISO/IEC 18000 系列）、测试标准（性能测试标准 ISO/IEC 18047 和一致性测试标准 ISO/IEC 18046）、实时定位（ISO/IEC 24730 系列应用接口与空中接口通信标准）方面的标准，它们之间的关系如图 5-7 所示。

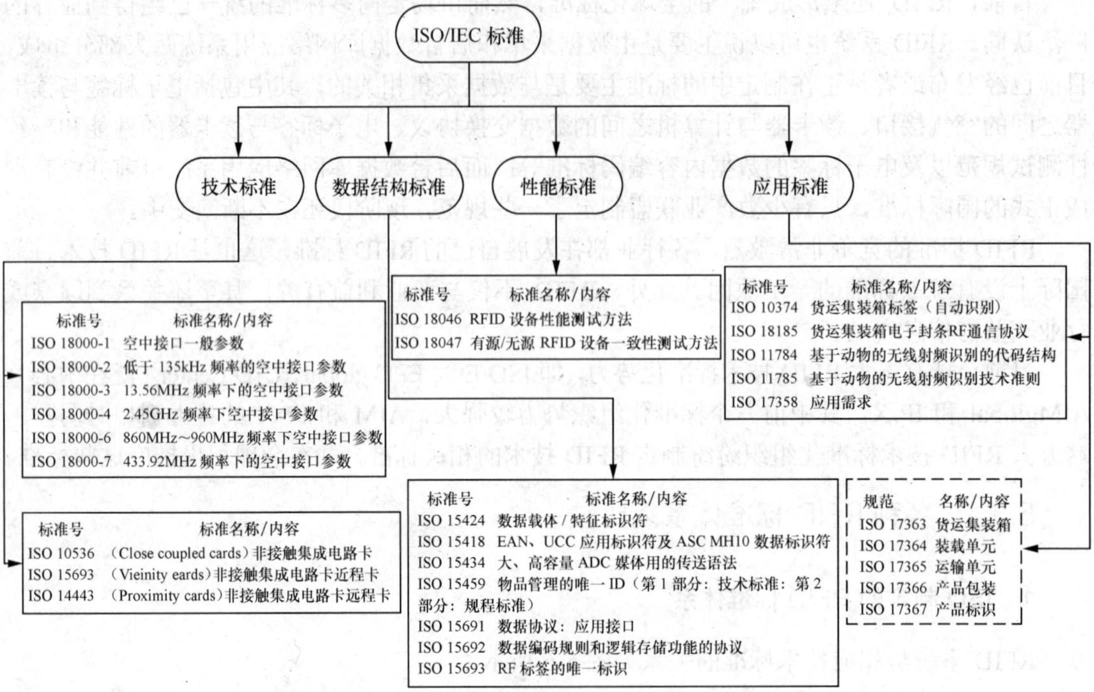


图 5-7 RFID 国际标准

图 5-7 中的标准涉及电子标签、空中接口、测试标准、读卡器与到应用程序之间的数据协议，它们考虑的是所有应用领域的共性要求。

ISO 对于 RFID 的应用标准是由应用相关的子委员会制定的，如 RFID 在物流供应链领域中应用方面的标准由 ISO TC 122/104 联合工作组负责制定，包括 ISO 17358 应用需求、ISO 17363 货运集装箱、ISO 17364 装载单元、ISO 17365 运输单元、ISO 17366 产品包装、ISO 17367 产品标识；RFID 在动物追踪方面的标准由 ISO TC23/SC19 来制定，包括 ISO 11784/11785 动物 RFID 畜牧业的应用。从 ISO 制定的 RFID 标准内容来说，RFID 应用标准是在 RFID 编码、空中接口协议、读卡器协议等基础标准之上，针对不同的使用对象，确定了使用条件、标签尺寸、标签粘贴位置、数据内容格式、使用频段等方面特定应用要求的具体规范，同时也包括数据的完整性、人工识别等其他一些要求。RFID 的通用标准为 RFID 标准提供了一个基本的框架，而应用标准是对它的补充和具体规定。RFID 这一标准制定思想，既保证了 RFID 技术具有互通与互操作性，又兼顾了应用领域的特点，能够很好地满足应用领域的具体要求。

2. EPC Global

与 ISO 通用性 RFID 标准相比，EPC Global 标准体系是面向物流供应链领域，可以看成是一个应用标准。EPC Global 的目标是解决供应链的透明性和追踪性，透明性和追踪性是指供应链各环节中所有合作伙伴都能够了解单件物品的相关信息，如位置、生产日期等信息。为此 EPC Global 制定了 EPC 编码标准，它可以实现对所有物品提供单件唯一标识。此外，EPC Global 也制定了空中接口协议、读卡器协议，这些协议与 ISO 标准体系类似。在空中接口协议方面，目前 EPC Global 的策略尽量与 ISO 兼容，如 CiGen2 UHF RFID 标准递交 ISO 将成为 IS0 18000 6C 标准，但 EPC Global 空中接口协议有其局限，如它仅仅关注 860～930 MHz 频段。除信息采集外，EPC Global 非常强调供应链各方之间的信息共享，为此制定了信息共享的物联网相关标准，包括 EPC 中间件规范、对象名解析服务（Object Naming Service，ONS）、物理标记语言（Physical Markup Language，PML）。物联网系列标准是根据自身的特点参照因特网标准制定的，物联网是基于因特网的，与因特网具有良好的兼容性。物联网标准是 EPC global 所特有的，ISO 仅仅考虑自动身份识别与数据采集的相关标准，但对数据采集以后如何处理、共享并没有做出规定。物联网是未来的一个目标，对当前应用系统建设来说具有指导意义。

### 3．日本 UID 制定的 RFID 标准体系

日本 UID 制定 RFID 相关标准的思路类似于 EPC Global 的，其目标也是构建一个完整的标准体系，即从编码体系、空中接口协议到泛在网络体系结构，但是每个部分的具体内容存在差异。为了制定具有自主知识产权的 RFID 标准，日本 UID 在编码方面制定了 uCode 编码体系，它能够兼容日本已有的编码体系，同时也能兼容国际上其他的编码体系。此外在空中接口方面，日本 UID 积极参与 ISO 的标准制定工作，并尽量考虑与 ISO 的相关标准兼容；在信息共享方面，它主要依赖于泛在网络，泛在网络可以独立于因特网实现信息的共享。泛在网络与 EPC Global 的物联网还是有区别的，EPC 采用业务链的方式，面向企业、面向产品信息的流动（物联网），比较强调与互联网的结合；而 UID 采用扁平式信息采集分析方式，强调信息的获取与分析，比较强调前端的微型化与集成。

### 4．AIM Global

AIM Global 是全球自动识别组织。AIDC（Automatic Identification and Data Collection）组织原先制定通行全球的条形码标准，它于 1999 年另成立了 AIM（Automatic Identification Manufacturers）组织，目的是推出 RFID 标准。AIM 在全球有 13 个国家与地区性的分支，且目前其全球会员数已超过 1000 个。

### 5．IP-X

IP-X 即南非、澳大利亚、瑞士等国的 RFID 标准组织，其标准主要在南非等国家推行。

### 6．ISO/IEC 制定的 RFID 标准体系中的主要标准

（1）空中接口标准。空中接口标准体系定义了 RFID 不同频段的空中接口协议及相关参数，所涉及的问题包括：时序系统、通信握手、数据帧、数据编码、数据完整性、多标签读写防冲突、干扰与抗干扰、识读率与误码率、数据的加密与安全性、读卡器与应用系统之间的接口等问题，以及读卡器与电子标签之间进行命令和数据双向交换的机制、电子标签与读卡器之间互操作性问题。

（2）数据格式管理标准。数据格式管理是对编码、数据载体、数据处理与交换的管理，而数据格式管理标准系统主要规范物品编码、编码解析和数据描述之间的关系。

（3）信息安全标准。电子标签与读卡器之间、读卡器中间件之间、中间件与中间件之间以及 RFID 相关信息网络方面均需要相应的信息安全标准的支持。

（4）测试标准。对于电子标签、读卡器、中间件，根据其通用产品规范制定测试标准；针对接口标准制定相应的一致性测试标准，这些标准包括编码一致性测试标准、电子标签测试标准、读卡器测试标准、空中接口一致性测试标准、产品性能测试标准、中间件测试标准。

（5）网络服务规范。网络服务规范是完成有效、可靠通信的一套规则，它是任何一个网络的基础，它包括物品注册、编码解析、检索与定位服务等。

（6）应用标准。RFID 技术标准包括基础性标准和通用性标准以及针对事务对象的应用标准，如动物识别、集装箱识别、身份识别、交通运输、军事物流、供应链管理等。

### 7. 三大标准体系空中接口协议的比较

目前，ISO/IEC 18000、EPC Global、日本 UID 三个空中接口协议正在完善中，这三个标准相互之间并不兼容，它们的主要差别在通信方式、防冲突协议和数据格式这三个方面，在技术上差距并不大。这三个标准都按照 RFID 的工作频率分为多个部分，在这些频段中，以 13.56MHz 频段的产品最为成熟，处于 860～960MHz 内的超高频段的产品因为工作距离远且最可能成为全球通用的频段而最受重视，发展也最快。

ISO/IEC 18000 标准是最早开始制定的关于 RFID 的国际标准，它按频段被划分为七个部分，目前支持 ISO/IEC 18000 标准的 RFID 产品最多。EPC Global 是由 UCC 和 EAN 两大组织联合成立的，并吸收了麻省理工 Auto ID 中心的研究成果后推出的系列标准草案。EPC Global 最重视超高频段的 RFID 产品，也极力推广基于 EPC 编码标准的 RFID 产品。目前，EPC Global 标准的推广和发展十分迅速，许多大公司如沃尔玛等都是 EPC 标准的支持者。日本的 UID 一直致力于本国标准的 RFID 产品的开发和推广，拒绝采用美国的 EPC 编码标准。与美国大力发展超高频段 RFID 不同的是，日本对 2.4GHz 微波频段的 RFID 似乎更加青睐，目前日本已经开始了许多 2.4GHz RFID 产品的实验和推广工作。

EPC Global 与日本 UID 标准体系的主要区别：一是编码标准不同，EPC Global 使用 EPC 编码，代码为 96 位；日本 UID 使用 uCode 编码，代码为 128 位；使用 uCode 的好处在于能够继续使用在流通领域中常用的“JAN 代码”等现有的代码体系。uCode 使用 UID 中心制定的标识符对代码种类进行识别，例如，若希望在特定的企业和商品中使用 JAN 代码时，在 IC 标签代码中写入表示“正在使用 JAN 代码”的标识符即可。同样，在 uCode 中还可以使用 EPC。二是根据 IC 标签代码检索商品详细信息的功能上有区别，EPC Global 标准的最大前提条件是经过网络，而 UID 中心还设想了离线使用的标准功能。

Auto ID 中心和 UID 中心在使用互联网进行信息检索的功能方面基本相同。UID 中心使用名为“读卡器”的装置，将所读取到的 IC 标签代码发送到数据检索系统中，数据检索系统通过互联网访问 UID 中心的“地址解决服务器”来识别代码，如果是 JAN 代码，就会使用 JAN 代码开发商一流通系统开发中心的服务器信息，检索企业和商品的基本信息，然后再由符合条件的企业的商品信息服务器中得到生产地址和流通渠道等详细信息。

除此之外，UID 中心还设想了不通过互联网就能够检索商品详细信息的功能。具体来说就是利用具备便携信息终端（PDA）的高性能读卡器，预先把商品详细信息保存到读卡器中，即便不接入互联网，也能够了解到与读卡器中 IC 标签代码相关的商品的详细信息。UID 中心认为：“如果必须随时接入互联网才能得到相关的信息，那么其方便性就会降低。如果最多只限定两万种商品的话，将所需信息保存到 PDA 中就可以了。”

EPC Global 与日本 UID 标准体系的第三个区别是日本的电子标签采用的频段为 2.45GHz

和 13.56 MHz，而欧美的 EPC 标准采用超高频段，例如 902～928MHz。此外，日本的电子标签标准可用于库存管理、信息发送和接收以及产品和零部件的跟踪管理等，而 EPC 标准更侧重于物流管理、库存管理等。

## 5.3.2　不同频率的电子标签与标准

### 1．低频标签与标准

低频段电子标签简称为低频标签，其工作频率范围为 30～300kHz，典型的工作频率为 125kHz、133kHz。低频标签一般为被动标签，其电能通过电感耦合方式从读卡器天线的辐射近场中获得。与读卡器之间传送数据时，低频标签须位于读卡器天线辐射的近场区内，其阅读距离一般情况下小于 1.2m。低频标签的典型应用有：动物识别、容器识别、工具识别、电子闭锁防盗（带有内置应答器的汽车钥匙）等。与低频标签相关的国际标准有：ISO 11784/11785（用于动物识别）、ISO 18000—2（125～135kHz）。

### 2．中频标签与标准

中高频段电子标签的工作频率一般为 3～30MHz，其典型的工作频率为 13.56MHz。中高频段的电子标签，从射频识别应用角度来说，因其工作原理与低频标签的完全相同，即采用电感耦合方式工作，所以宜将其归为低频标签类中；另一方面，根据无线电频率的一般划分，其工作频段又称为高频，所以也常将其称为高频标签。鉴于中高频段的电子标签可能是实际应用中最大量的一种电子标签，因而将高、低理解成为一个相对的概念，即不会在此造成理解上的混乱，但为了便于叙述，将其称为中频标签。中频标签可方便地做成卡状，其典型应用包括电子车票、电子身份证、电子闭锁防盗（电子遥控门锁控制器）等，相关的国际标准有 ISO 14443、ISO 15693、ISO 18000—3.1、ISO 18000—3.2（13.56MHz）等。中频标准的基本特点与低频标准的相似，由于相应的 RFID 系统工作频率的提高，可以选用较高的数据传输速率。中频标签天线的设计相对简单，标签一般制成标准卡片形状。ISO 14443 和 ISO 15693 功能对比如表 5-2 所示。

**表 5-2　　ISO 14443 和 ISO 15693 对比**

| 功能 | ISO 14443 | ISO 15693 |
|---|---|---|
| RFID 频率（MHz） | 13.56 | 13.56 |
| 读取距离 | 接触型，近旁型（0cm） | 非接触型，近距型（2～20cm） |
| IC 类型 | 微控制器（MCU）或者内存布线逻辑型 | 内存布线逻辑型 |
| 读/写（R/W） | 可写、可读 | 可写、可读 |
| 数据传输率（kbit/s） | 106，最高可到 848 | 106 |
| 防碰撞再读取 | 有 | 有 |
| IC 内可写内在容量/KB | 最大 64 | 最大 2 |

## 5.3.3　超高频 RFID 协议标准的发展与应用

超高频 RFID 协议标准在不断更新，已出现了第一代标准和第二代标准。第二代标准是从区域版本到全球版本的一次转移，它增加了灵活性操作、鲁棒防冲突算法、向后兼容性、使用会话、密集条件阅读、覆盖编码等功能。

### 1. 超高频 RFID 协议标准

（1）第一代超高频 RFID 协议标准（Gen 1 协议标准）

目前已经推出的第一代超高频 RFID 协议标准有：EPC Tag Data Standard l.1、EPC Tag Data Standard 1.3.1、EPC Tag Data Translation 1.0 等。美国的 MIT 实验室自动化识别系统中心（Auto-ID）建立了产品电子代码管理中心网络，并推出第一代超高频 RFID 协议标准：0 类、1 类。ISO 18000—6 标准是 ISO（国际标准化组织）和 IEC（国际电工委员会）共同制定的 860～960MHz 的空中接口 RFID 通信协议标准，其中的 A 类和 B 类是第一代标准。

（2）第二代超高频 RFID 协议标准（Gen 2 协议标准）

Auto-ID 在 2003 年就开始研究第二代超高频 RFID 协议标准，到 2004 年末，Auto-ID 的全球电子产品码管理中心（EPC global）推出了更广泛适用的超高频 RFID 协议标准版本 ISO 18000—6C，但直到 2006 年才被批准为第一个全球第二代超高频 RFID 标准协议。Gen 2 协议标准解决了第一代部署中出现的问题。因 Gen 2 协议标准适合于全球使用，ISO 组织接受了 ISO/IEC 18000—6 空中接口协议的修改版本 C 版本。事实上，由于 Gen 2 协议标准有很强的协同性，因此从 Gen l 协议标准到 Gen 2 协议标准的升级是从区域版本到全球版本的一次转移。

第二代超高频 RFID 协议标准的设计改进了 ISO 18000—6 超高频空中接口协议标准和第一代 EPC 超高频协议标准，弥补了第一代超高频协议标准的一些缺点，同时增加了一些新的安全技术。

### 2. Gen2 协议标准的安全漏洞

Gen 2 协议标准具有更大的存储空间、更快的阅读速度、更好的降低噪声易感性；Gen2 协议标准采用更安全的密码保护机制，它的 32 位密码保护也比 Gen1 协议标准的 8 位密码安全；Gen2 协议标准采用了读卡器永远锁住电子标签内存并启用密码保护阅读的技术。

EPC Global 和 ISO 标准组织还考虑了使用者和应用层次上的隐私保护问题。如果要避免通信渠道被偷听造成的隐私侵害或信息泄露，就需要关注安全漏洞在关键随机原始码的定义与管理。但是，Gen2 协议标准还没有解决覆盖编码的随机数交换、电子标签可能被复制等一些关键问题。对于研究人员来说，最大的挑战是防止射频中的信息偷窃和偷听行为。很多 RFID 协议标准在解决无线连接下通信的安全和可信赖问题时，却受到电子标签处理能力小、内存小、能量少等问题的困扰。虽然为确保电子标签在各种威胁条件下的阅读可靠性和安全性，Gen2 协议标准里采用了很多安全技术，但仍存在安全漏洞。

### 3. Gen2 协议标准的一些技术改进

（1）操作的灵活性

Gen2 协议标准的频率在 860～960MHz，覆盖了所有的国际频段，因而遵守 ISO 18000—6C 协议标准的电子标签在这个区间内的性能不会下降；Gen2 协议标准提供了欧洲使用的 865～868MHz 频段、美国使用的 902～928MHz 频段。因此，ISO 18000—6C 协议标准是一个真正灵活的全球 Gen2 协议标准。

（2）鲁棒防冲突算法

Gen1 协议标准要求 RFID 读卡器只识别序列号唯一的电子标签，如果两个电子标签的序列号相同，它们将拒绝阅读，但 Gen2 协议标准可同时识别两个或更多相同序列号的电子标签。Gen2 协议标准采用了时隙随机防冲突算法，当载有随机（或伪随机）数的电子标签进入槽计数器时，根据读卡器的命令槽计数器会相应地减少或增加，直到槽计数器为 0 时电子标签回答读卡器。

Gen2 协议标准的电子标签使用了不同的 Aloha 算法（也称为著名的 Aloha 槽）实现反向散射，Genl 协议标准和 ISO 协议标准也使用了这种算法，但 Gen2 协议标准在查询命令中引入一个 Q 参数。读卡器能从 0～15 之间选出一个 Q 参数对防冲突结果进行微调。例如，读卡器在阅读多个电子标签的同时也发出 Q 参数（初始值为 0）的查询命令，那么 Q 值的不断增加将会处理多个电子标签的回答，但也会减少多次回答的机会。如果电子标签没有给读卡器响应，Q 值的减少同时也会增加电子标签的回答机会。这种独特的通信序列使得反冲突算法更具鲁棒性，因此当读卡器与某些电子标签进行对话时，其他电子标签将不可能进行干扰。

（3）读取率和向后兼容性的改进

Gen2 协议标准的一个特点是读取率的多样性，它读取的最小值是 40kbit/s，高端应用的最大值是 640kbit/s。这个数据范围的一个好处是向后兼容性，即读卡器更新到 Gen2 协议标准只需要一个固件的升级，而不是任意固件都要升级。Gen1 协议标准中的 0 类与 1 类协议标准的数据读取速率分别被限制在 80kbit/s 和 140kbit/s，由于读取速率低，很多商业应用都使用基于微控制器的低成本读卡器，而不是使用基于数字信号处理器或高技术微处理控制器的读卡器。为享受 Gen2 协议标准的真正好处，厂商就会为更高的数据读取率去优化他们的产品，这无疑需要硬件升级。

一个理想的适应性产品是使最终用户根据不同的应用从读取率的最低值到最高值间任意挑选。无论是传送带上物品的快速阅读还是在嘈杂昏暗环境下的低速密集阅读，Gen2 协议标准的电子标签数据读取率都比 Gen1 协议标准的快 3～8 倍。

（4）会话的使用

在任意给定时间与不同给定预期下，Gen1 协议标准不支持一组电子标签与给定电子标签群间的通信，例如，在 Gen1 协议标准中为避免对一个电子标签的多次阅读，读卡器在阅读完成后给电子标签一个睡眠命令。如果别处的另一个读卡器靠近它，并在这个区域寻找特定项目时，就不得不调用和唤醒所有的电子标签。这种情况下将中断发出睡眠命令读卡器的计数，强迫读卡器重新开始计数。

Gen2 协议标准在读取电子标签时使用了会话概念，两个或更多的读卡器能使用会话方式分别与一个共同的电子标签群进行通信。

（5）密集阅读条件的使用

除使用会话进行数据处理外，Gen2 协议标准的阅读工作还可以在密集条件下进行，即 Gen2 协议标准可以克服 Gen1 协议标准中存在的阅读冲突状态，它通过分割频谱为多个通道来克服这个限制，使得读卡器工作时不能相互干涉或违反安全问题。

（6）使用查询命令改进 Ghost 阅读

阅读慢和阅读距离短限制了 RFID 技术的发展，Gen2 协议标准对此做了改进，其主要处理方法是 Ghost 阅读。Ghost 阅读是 Gen2 协议标准为保证电子标签序列号合法性、没有来自环境的噪声、没有由硬件引起的小故障引入的机制，它利用一个信号处理器处理电子标签序列号的噪声。因为 Gen2 协议标准是基于查询的，所以读卡器不能创造任何 Ghost 序列号，也就很容易地探测和排除电子标签的整合型攻击。

（7）覆盖编码（Cover Coding）

覆盖编码是在不安全通信连接下为减少偷听威胁而隐匿数据的一项技术。在开放环境下使用所有数据既不安全也不好实现。假如攻击者能偷听会话的一方（读卡器到电子标签）但不能偷听到另一方（电子标签到读卡器），Gen2 协议标准使用覆盖编码去阅读，写入电子标签内存，从而实现数据安全传输。

RFID 的应用越来越广，目前应用最多的是 Gen1 协议标准电子标签。Gen1 协议标准电子标签的主要应用领域有物流、零售、制造业、服装业、身份识别、图书馆、交通等，但应用中的突出问题主要有价格问题、隐私问题、安全问题等。随着国际通用的 Gen2 协议标准的出台，Gen2 协议标准电子标签的应用将会越来越多。目前，Gen2 协议标准电子标签已有了一些应用案例，例如基于 Gen2 协议标准的电子医疗系统，充分利用了 Gen2 协议标准的灵活性、可测量性、更高的智能性。超高频 Gen2 协议标准电子标签由于具有一次性读取多个电子标签、识别距离远、传送数据速度快、安全性高、可靠性和寿命高、耐受户外恶劣环境等特点，因此得到了世界各国的重视和欧美大企业的青睐。在我国，随着经济的高速发展和运用信息技术提高企业效益的形势推动，政府也提出大力发展物联网产业，加之电子标签价格逐年下降，这也将极大地促进超高频 Gen2 协议标准电子标签的使用和推广。

目前，超高频 Gen2 协议标准电子标签在我国市场的整体占有率还比较低，但预计未来十年内它将进入高速成长期。

## 思考题

- 总结 RFID 产业发展的现状和趋势。
- 说说 RFID 标准体系和主要标准的内容。

# 课后习题

1. 试总结 RFID 产业发展的现状和趋势。
2. 什么是 RFID 技术？
3. 简述 RFID 系统按照能源供给方式和应用频率分类。
4. 简述物品标签技术的发展历史。

# 第6章 物联网通信技术

学习目标

- 理解 IP 通信技术基础。
- 掌握路由器的工作原理及 IP 路由协议功能。
- 理解典型的近距离无线通信技术原理及应用。
- 掌握 Wi-Fi 网络的架构。
- 掌握移动通信系统的组成。
- 理解 4G 系统网络结构及其关键技术。

预习题

- IP 协议的主要功能是什么?
- 什么是短距离无线通信?
- Wi-Fi 技术具有哪些特点?
- 简述 3G 系统与 2G 系统的不同。

通信是物联网的关键功能，没有通信，物联网感知的大量信息无法进行有效地交换和共享，从而也不能利用基于这些物理世界的数据产生丰富的多层次的物联网应用。由于物联网对通信的强烈要求，物联网通信包含了几乎现有的所有通信技术，包括有线和无线通信。

## 6.1 IP 通信技术

为了支持大量新兴物联网应用，底层的网络技术必须具备可扩展性好、互操作性好，并且通过强有力的标准来支持未来大规模应用和创新。IP 已经被证明是历史悠久的、稳定的、高可扩展的通信技术，它支持各种类型的应用、十分广泛的设备、各种类型的通信接口。IP 通信技术采用分层的架构，具备高度的灵活性和创新性。IP 协议几乎可以运行在任何通信接口上，从高速以太网到低功耗的 802.15.4 射频，802.11（Wi-Fi）以及低功耗的电力载波通信（PLC）。

基于 IP 协议的设备可以实现全球互联，具有被任何设备在任何地点访问的优势，如 PC 机、手机、PDAs、数据库服务器以及其他智能化设备。目前，几乎所有的设备都支持 IP 通信网络，包括服务器集群、高速磁盘阵列、手机、低功耗嵌入式设备。尽管 IP 通信技术最初是为计算机网络设计的，然而其本质上的灵活性，已经使得 IP 通信网连接各种不同设备以及各种不同应用成为可能。

### 6.1.1 TCP/IP 协议

TCP/IP 协议体系是 20 世纪 70 年代中期美国国防部高级研究计划署为其专用网络 ARPANet（Advanced Research Projects Agency Network）开发的网络体系结构和协议标准，以它为基础组建的 Internet 是目前世界上规模最大的计算机互联网络，正因为 Internet 的广泛使用，使得 TCP/IP 协议体系成为事实上的标准。

与 OSI 参考模型一样，TCP/IP 也采用层次化结构，每一层负责不同的通信功能。但是 TCP/IP 协议简化了层次设计，只分为 4 层，由下向上依次是：网络接口层、网络层、传输层和应用层，如图 6-1 所示。

从实质上讲，TCP/IP 协议体系只有三层，即应用层、传输层和网络层，因为最下面的网络接口层并没有什么具体内容和定义，这也意味着各种类型的物理网络都可以纳入 TCP/IP 协议体系中，这也是 TCP/IP 协议体系流行的一个原因。下面分别介绍各层的主要功能。

（1）网络接口层。TCP/IP 的网络接口层大体对应于 OSI 参考模型的数据链路层和物理层，通常包括计算机和网络设备的接口驱动程序与网络接口卡等。

（2）网络层。网络层是 TCP/IP 体系的关键部分。它的主要功能是使主机能够将信息发往任何网络并传送到正确的目的主机。

（3）传输层。TCP/IP 的传输层主要负责为两台主机上的应用程序提供端到端的连接，使源、目的端主机上的对等实体可以进行会话。

（4）应用层。TCP/IP 模型没有单独的会话层和表示层，其功能融合在 TCP/IP 应用层中。应用层直接与用户和应用程序打交道，负责对软件提供接口以使程序能够使用网络服务。

TCP/IP 协议体系是用于计算机通信的一组协议，如图 6-2 所示。

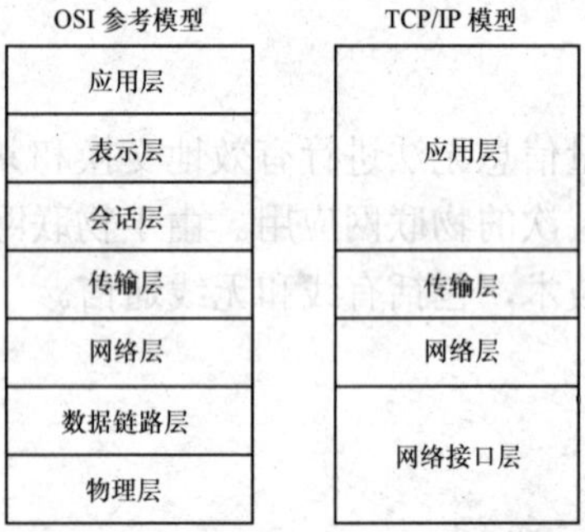


图 6-1 TCP/IP 模型与 OSI 参考模型

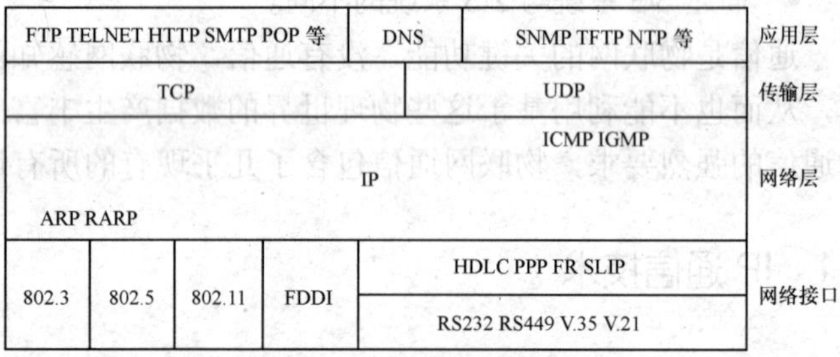


图 6-2 TCP/IP 协议栈

其中应用层的协议分为三类：一类协议基于传输层的 TCP 协议，典型的如 FTP、TELNET、HTTP 等；一类协议基于传输层的 UDP 协议，典型的如 TFTP、SNMP 等；还有一类协议既基于 TCP 协议又基于 UDP 协议，典型的如 DNS。传输层主要使用两个协议，即面向连接的可靠的 TCP 协议和面向无连接的不可靠的 UDP 协议。网络层最主要的协议是 IP 协议，另外还有 ICMP、IGMP、ARP、RARP 等协议。数据链路层和物理层根据不同的网络环境，如局域网、广域网等情况，有不同的帧封装协议和物理层接口标准。

IP 协议是 TCP/IP 网络层的核心协议，由 RFC 791 定义。IP 协议是尽力传输的网络协议，其提供的数据传输服务是不可靠、无连接的。IP 协议不关心数据包的内容，不能保证数据包是否能成功地到达目的地，也不维护任何关于数据包的状态信息。面向连接的可靠服务由上层的 TCP 协议实现。

IP 协议的主要作用如下。

（1）标识节点和链路。IP 协议为每条链路分配一个全局的网络号以标识每个网络；为每个节点分配一个全局唯一的 32 位 IP 地址，用以标识每一个节点。

（2）寻址和转发。IP 路由器根据所掌握的路由信息，确定节点所在的网络位置，进而确定节点所在的位置，并选择适当的路径将 IP 包转发到目的节点。

（3）适应各种数据链路。为了工作在多样化的链路和介质上，IP 协议必须具备适应各种链路的能力，例如可以根据链路的最大数据传输单元（Maximum Transfer Unit，MTU）对 IP 包进行分片和重组，可以建立 IP 地址到数据链路层地址的映射以通过实际的数据链路传递信息。

TCP（Transmission Control Protocol，传输控制协议）是一种面向连接的、可靠的、基于字节流的传输层通信协议，由 IETF 的 RFC 793 定义。TCP 为应用层提供了差错恢复、流控及可靠性等功能。

TCP 协议是一个面向连接的可靠的传输控制协议，在每次数据传输之前需要首先建立连接，当连接建立成功后才开始传输数据，数据传输结束后还要断开连接。

TCP 使用 3 次握手的方式来建立可靠的连接，如图 6-3 所示。TCP 为传输每个字段分配了一个序号，并期望从接收端的 TCP 得到一个肯定的确认（ACK）。如果在一个规定的时间间隔内没有收到一个 ACK，则数据会被重传。因为数据按块（TCP 报文段）的形式进行传输，所以 TCP 报文段中的每一个数据段的序列号被发送到目的主机。当报文段无序到达时，接收端 TCP 使用序列号来重排 TCP 报文段，并删除重复发送的报文段。

TCP 三次握手建立连接的过程如下。

（1）初始化主机通过一个 SYN 标志置位的数据段发出会话请求。

（2）接收主机通过发回具有以下项目的数据段表示回复：SYN 标志置位、即将发送的数据段的起始字节的顺序号，ACK 标志置位、期望收到的下一个数据段的字节顺序号。

（3）请求主机再回送一个数据段，ACK 标志置位，并带有对接收主机确认序列号。

当数据传输结束后，需要释放 TCP 连接，过程如图 6-4 所示。

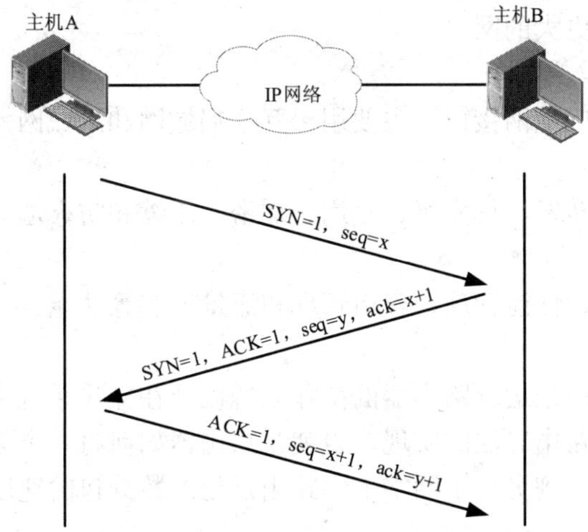


图 6-3　TCP 连接的建立

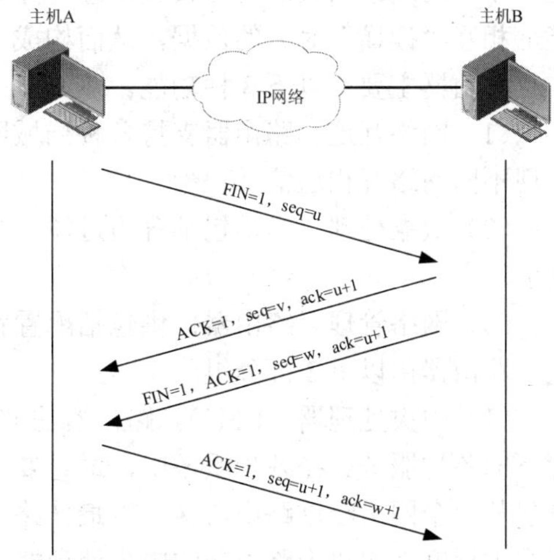


图 6-4　TCP 连接的释放

TCP/IP 协议体系的特点是上下两头大而中间小，应用层和网络接口层都有很多协议，而中间的 IP 层很小，上层的各种协议都向下汇聚到一个 IP 协议中，而 IP 协议又可以应用到各种数据链路层协议中，同时也可以连接到各种各样的网络类型，如图 6-5 所示，这种漏斗结构是 TCP/IP 协议体系得到广泛使用的主要原因。

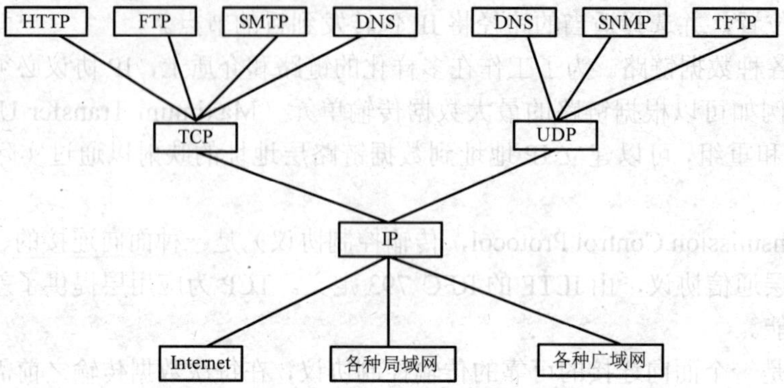


图 6-5　TCP/IP 协议体系的漏斗结构

## 6.1.2　路由器与 IP 路由选择协议

路由器提供了将异构网络互连起来的机制，实现将一个数据包从一个网络发送到另一个网络。路由就是指导 IP 数据包发送的路径信息。路由选择协议是用来计算、维护路由信息的协议。路由协议通常采用一定的算法来产生路由，并有一定的方法确定路由的有效性来维护路由。

### 1. 路由器

在互联网中进行路由选择要使用路由器，它实现了将数据包从一个网络发送到另一个网络。广义路由器是指可以在网络层进行数据包转发的任何设备；狭义路由器是指一种专用的连接多个网络或网段的网络设备，它能将不同网络或网段的数据信息进行“翻译”，以使它们能够相互“读懂”对方的数据，从而构成一个更大的网络。

路由器主要有以下 3 种功能。

（1）网络互连。路由器支持各种局域网和广域网接口，主要用于互连局域网和广域网，实现不同网络互相通信。

（2）数据处理。提供包括分组过滤、分组转发、优先级、复用、加密、压缩和防火墙等功能。

（3）网络管理。路由器提供包括配置管理、性能管理、容错管理和流量控制等功能。

路由器由以下 3 部分组成。

（1）中央处理器（CPU）。路由器的 CPU 用来运行路由器的操作系统以及在操作系统支撑下的各种服务。在各种服务中，最重要的是路由算法的实现，也就是路由器如何将一个数据包从一个网络经过路由器接口以最佳路径路由到另一个网络上。路由器处理数据包的速度在很大程度上取决于路由器的中央处理器。

（2）存储设备（Store Devices）。路由器上的存储设备用来存储路由器的引导程序、操作系统、路由器的配置文件以支持路由器操作系统的运行。因此路由器上的存储设备必定包含掉电内容就丢失的随机存储器和掉电内容不丢失的存储器。

（3）接口。路由器具有非常强大的网络连接和路由功能，它可以与不同类型的网络进行物理连接，这就决定了路由器的接口技术非常复杂。路由器的接口主要分局域网接口、广域网接口和配置接口3类。

路由器只是根据所收到的数据包头的目的地址选择一个合适的路径，将数据包传送到下一跳路由器，路径上最后的路由器负责将数据包交送给目的主机。数据包在网络上的传输是通过多台路由器一站一站地接力传送的，每台路由器只负责将数据包在本站通过最优的路径转发。当然有时候由于一些路由策略的实施，数据包通过的路径并不一定是最优的。

路由器的特点是逐跳转发。在图6-6所示的网络中，路由器A收到主机A发往主机B的数据包后，将数据包转发给路由器B，路由器A并不负责指导路由器B如何转发数据包。所以，路由器B必须自己将数据包发送给路由器C，路由器C再转发给路由器D，以此类推。这就是路由逐跳性，即路由只指导本地转发行为，不会影响其他设备转发行为，设备之间的转发是相互独立的。

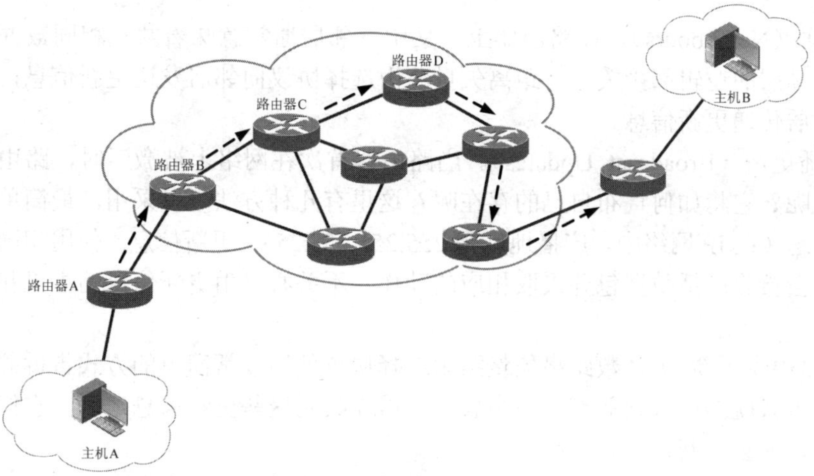


图6-6 路由报文示意图

### 2. IP路由选择协议

路由协议是用来计算、维护路由信息的协议。路由协议通常采用一定的算法来产生路由，并有一定的方法确定路由的有效性来维护路由。

使用路由协议后，各路由器间会通过相互连接的网络，动态地相互交换所知道的路由信息。通过这种机制，网络上的路由器会知道网络中其他网段的信息，动态地生成、维护相应的路由表。当存在到目的网络有多条路径，而且其中的一个路由器由于故障而无法工作时，到远程网络的路由可以自动重新配置。

根据路由器学习路由和维护路由表的算法，我们把路由协议大体上分为以下3类。

① 距离矢量路由协议。根据距离矢量算法，确定网络中节点的方向与距离。属于距离矢量类型的路由协议有RIPv1、RIPv2等路由协议。

② 链路状态路由协议。根据链路状态算法，计算生成网络的拓扑。属于链路状态类型的

路由协议有 OSPF、IS-IS 等路由协议。

③ 混合型路由协议。既具有距离矢量路由协议的特点，又具有链路状态路由协议的特点。混合型路由协议的代表是 EIGRP 协议，它是 Cisco 公司自己开发的路由协议。

（1）距离矢量路由协议原理

距离矢量名称的由来是因为路由是以矢量（距离，方向）的方式被通告出去的，其中距离是根据度量定义的，方向是根据下一条路由器定义的。运行距离矢量路由协议的路由器不知道整个网络的拓扑结构，每台路由器通过从邻居传递过来的路由表学习路由。因为每台路由器在信息上都依赖于邻居，而邻居又从它们的邻居那里学习路由，依次类推，所以距离矢量路由选择有时又被认为是“依照传闻进行路由选择”。

典型的距离矢量路由选择协议通常会使用一个路由选择算法，算法中路由器通过广播整个路由表，定期地向所有邻居发送路由更新信息。

① 定期更新（Periodic Updates）。定期更新意味着每经过特定时间周期就要发送更新信息。这个时间周期从 10s（AppleTalk 的 RTMP）到 90s（Cisco 的 IGRP）。这里有争议的是如果更新信息发送过于频繁可能会引起拥塞；但如果更新信息发送不频繁，收敛时间可能长得不能被接受。

② 邻居（Neighbours）。在路由器上下文中，邻居通常意味着共享相同数据链路的路由器或某种更高层的逻辑邻接关系。距离矢量路由选择协议向邻居发送更新信息，并依靠邻居再向它的邻居传递更新信息。

③ 广播更新（Broadcast Updates）。当路由器首次在网络上被激活时，路由器怎样寻找其他路由器呢？它将如何宣布自己的存在呢？这里有几种方法可以采用。最简单的方法是向广播地址发送（在 IP 网络中，广播地址是 255.255.255.255）更新信息。使用相同路由选择协议的邻居将会接收广播数据包并采取相应的动作。不关心路由更新信息的主机和其他设备丢弃该数据包。

④ 全路由表更新。大多数距离矢量路由选择协议使用非常简单的方式告诉邻居它所知道的一切，该方式就是广播它的整个路由表。邻居在收到这些更新信息之后，它们会收集自己需要的信息，而丢弃其他信息。

运行距离矢量路由协议的路由器之间是通过互相传递路由表来学习路由的，而路由表里所记载的只有到达某一目的网络的最佳路由，而不是全部的拓扑信息，因此，运行距离矢量路由协议的不知道整个网络的拓扑图。一旦网络中出现链路断路、路由器损坏这样的故障，路由器想要再找到其他路径到达目的地就需要向邻居打听。并且，运行距离矢量路由协议的路由器没有辨别路由信息是否正确的能力，很容易受到意外或故意的误导。

（2）链路状态路由协议原理

链路状态路由协议使用由 Dijkstra 发明的、被称作最短路径优先（Shortest Path First，SPF）的算法来寻找到达目的地的最佳路径。距离矢量路由协议依赖来自其相邻路由器的关于远端路由的传闻，而链路状态路由协议将学习网络的完整拓扑：哪些路由器连接到哪些网络。

运行链路状态路由协议的路由器，在互相学习路由之前，会首先向邻居路由器学习整个网络的拓扑结构，在自己的内存中建立一个拓扑表（或称链路状态数据库），然后使用 SPF 算法，从自己的拓扑表里计算出路由。SPF 算法会把网络拓扑转变为最短路径优先树，然后从该树型结构中找出到达每一个网段的最短路径，该路径就是路由；同时，该树型结构还保证了所计算出的路由不会存在路由环路。SPF 算法计算路由的依据是带宽，每条链路根据其带宽都有相应的开销（Cost）。开销越小该链路的带宽越大，该链路越优。

运行链路状态路由协议的路由器虽然在开始学习路由时先要学习整个网络的拓扑，学习路由的速率可能会比运行距离矢量路由协议的路由器慢一点，但是一旦路由学习完毕，路由器之间就不再需要周期性地互相传递路由表了，因为整个网络的拓扑路由器都知道，不需要使用周期性的路由更新包来维持路由表的正确性，从而节省了网络的带宽。

而当网络拓扑出现改变时（如在网络中加入了新的路由器或网络发生了故障），路由器也不需要把自己的整个路由表发送给邻居路由器，只需要发出一个包含有出现拓扑改变网段信息的触发更新包。收到这个更新包的路由器会把该信息添加进拓扑表里，并且从拓扑表里计算出新的路由。由于运行链路状态路由协议的路由器都维护一个相同的拓扑表，而路由是路由器自己从这张表中计算出来的，所有运行链路状态路由协议的路由器都能自己保证路由的正确性，不需要使用额外的措施保证它。运行链路状态路由协议的网络在出现故障时收敛是很快的。

由于链路状态路由协议不必周期性地传递路由更新包，所以它不能像距离矢量路由协议一样用路由更新包来维持邻居关系。链路状态路由协议使用专门的 Hello 包来维持邻居关系。运行链路状态路由协议的路由器周期性地向相邻的路由器发送 Hello 包，它们通过 Hello 包中的信息互相认识对方并且形成邻居关系。只有在形成邻居关系之后，路由器才可能学习网络拓扑。

（3）链路状态路由协议与距离矢量路由协议比较

链路状态路由协议与距离矢量路由协议可以从以下 3 个方面进行比较。

① 对整个网络拓扑的了解

运行距离矢量路由协议的路由器都是从自己的邻居路由器处得到邻居的整个路由表，然后学习其中的路由信息，再把自己的路由表发给所有的邻居路由器。在这个过程中，路由器虽然可以学习到路由，但是路由器并不了解整个网络的拓扑。

运行链路状态路由协议的路由器首先会向邻居路由器学习整个网络的拓扑，建立拓扑表，然后使用 SPF 算法从该拓扑表里自己计算出路由。由于对整个网络拓扑的了解，链路状态路由协议具有很多距离矢量路由协议所不具备的优点。

② 计算路由的算法

距离矢量路由协议的算法（也称为 Bellman-Ford-Fulkerson 算法），只能够使路由器知道一个网段在网络里的哪个方向，有多远，而不能知道该网段的具体位置，从而使路由器无法了解网络的拓扑。

链路状态路由协议的算法需要链路状态数据库的支持。链路状态路由协议使用 SPF 算法，根据链路状态数据库来计算路由。

③ 路由更新

由于距离矢量路由协议不能了解网络拓扑，运行该协议的路由器必须周期性地向邻居路由器发送路由更新包，其中包括了自己的整个路由表。距离矢量路由协议只能以这种方式保证路由表的正确性和实时性。运行距离矢量路由协议的路由器无法告诉邻居路由器哪一条特定的链路发生的故障，因为它们都不知道整个网络的拓扑。

由于在链路状态路由协议刚刚开始工作时，所有运行链路状态路由协议的路由器都学习了整个网络的拓扑，并且从中计算出了路由，所以运行链路状态路由协议的路由器不必周期性地向邻居路由器传递路由更新包。它只需要在网络发生故障时发出触发更新包，告诉其他路由器在网络的哪个位置发生了故障即可。而网络中的路由器会依据拓扑表重新计算该链路相关的路由。链路状态路由协议的路由更新是触发更新。

通过上述链路状态路由协议与距离矢量路由协议的比较，我们可以得出链路状态路由协议具有如下优点。

快速收敛。由于链路状态路由协议对整个网络拓扑了解，当发生网络故障时，察觉到该故障的路由器将该故障向网络里其他的路由器通告。接收到链路状态通告的路由器除了继续传递该通告外，还会根据自己的拓扑表重新计算关于故障网段的路由。这个重新计算的过程相当快速，整个网络会在极短的时间里收敛。

路由更新的操作更加有效率。由于链路状态路由协议在刚刚开始工作的时候，路由器就已经学习了整个网络的拓扑，并且根据网络拓扑计算出了路由表，如果网络的拓扑不发生改变，这些路由器的路由表里的路由条目一定是正确的。所有运行链路状态路由协议的路由器之间不必周期性地传递路由更新包来保证路由表的正确性，它们只需要在网络拓扑发生改变的时候，发送触发更新包来通知其他路由器网络中具体哪里发生了变化，而不要传递整个路由表。接收到该信息的路由器会根据自己的拓扑表计算出网络中变化部分的路由。这种触发的更新，由于不必周期性地传递整个路由表，使路由更新的处理变得更加有效。

但是，链路状态路由协议也有不足之处，具体说明如下。

由于链路状态路由协议要求路由器首先学习拓扑表，然后从中计算出路由，所以运行链路状态路由协议的路由器被要求有更大的内存和更强计算能力的处理器。

同时，由于链路状态路由协议刚刚开始工作的时候，路由器之间要首先形成邻居关系，并且学习网络拓扑，所以路由器在网络刚开始工作的时候不能路由数据包，必须等到拓扑表建立起来并且从中计算出路由后，路由器才能进行数据包的路由操作，这个过程需要一定的时间。

另外，因为链路状态的路由协议要求在网络中划分区域，并且对每个区域的路由进行汇总，从而达到减少路由表的路由条目、减小路由操作延时的目的，所以链路状态路由协议要求在网络中进行体系化编址，对 IP 子网的分配位置和分配顺序要求极为严格。

虽然链路状态路由协议有上述这些缺点，但相对于它所带来的好处，这些不足是可以接受的。链路状态路由协议特别适合在大规模的网络或电信级网络的骨干上使用。

### 6.1.3 IPv6 简介

物联网利用传感器、二维码、RFID 等传感技术随时随地获取物体的信息，通过各种传感网络与通信网络的融合，将物体的信息实时准确地传递出去，并利用云计算，模糊识别等各种智能计算技术，对海量的数据和信息进行分析和处理，对物体实施智能化的控制。物联网是实现物与物之间、人与物之间互联的信息网络，能够提供以机器终端智能交互为核心的、网络化的应用与服务。物联网应用将电子化、信息化渗透到各行各业，在机器之间、机器与人之间、人与现实环境之间实现高效信息交互，并通过新的服务模式使各种信息技术融入社会，是信息化在人类社会综合应用达到的更高境界。

当前，基于 Internet 的各种物联网应用正在迅猛地发展，由此带来的物联网终端接入量急剧膨胀。而与此情景截然不同的是，Internet 当前使用的 IP 协议版本 IPv4 正因为各种自身的缺陷而举步维艰。在 IPv4 面临的一系列问题中，IP 地址即将耗尽无疑是最为严重的，这无疑从通信基础上限制了物联网的发展。尽管依靠网络地址转换、应用网关这类地址复用技术能暂时缓解地址危机，但其需要维护一些中间连接状态，为物体间的交互制造了性能上的瓶颈和互联上的障碍。

为了彻底解决 IPv4 存在的问题，国际互联网工程任务组从 1995 年开始，着手研究开发下一代 IP 协议，即 IPv6。IPv6 具有长达 128 位的地址空间，可以彻底解决 IPv4 地址不足的问题，除此之外，IPv6 还采用分级地址模式、高效 IP 包头、主机地址自动配置、服务质量、内置认证和加密等许多新技术。从物联网系统中的传感器终端，到接入层设备，到骨干传输网络，到智能应用服务器，再到各类客户端，IPv6 带来的巨大的地址空间和端到端通信特性为物联网的发展创造了良好的网络通信条件和能力拓展。

### 1．扩展的编址丰富互联需求

IPv6 采用 128 位地址长度，几乎可以不受限制地提供 IP 地址，解决 IP 地址耗尽危机，每件物品都可以直接编址，从而确保了端到端连接的可能性。对于 IPv4，网络地址转换（NAT）机制的引入是为了在不同的网络区段之间共享和重新使用相同的地址空间。这种机制在暂时缓解了 IPv4 地址紧缺问题的同时，却为网络设备与应用程序增加了处理地址转换的负担。由于 IPv6 的地址空间大大增加，也就无需再进行地址转换，减少了物联网终端接入骨干网络的层次，NAT 部署带来的问题与系统开销也随之解决，这增加了物联网的互通效率。

IPv6 还引入了任播地址（Anycast），送往一个任播地址的包将被传送至该地址标识的接口之一。利用任播地址与家乡代理通信的模式，能有效地满足物联网应用中移动性需求。

### 2．自动配置便于即插即用

随着移动互联网络上语音、视频、数据等服务的发展，对即插即用自动配置和地址重新编号的需求已经变得日益重要。IPv6 的内置地址自动配置功能使大量 IP 物联网终端不用任何手动配置就可以轻松发现网络，并获得新的、全球唯一的 IPv6 地址。这使利用因特网的物联网设备实现了即插即用。电视机、冰箱、DVD 播放器和移动电话都使用 IP 地址的时候，IPv6 的自动配置功能将成为一项关键角色，在大规模节点组成的传感器网络应用中具有特殊优点。特别是终端在不同网络间移动和使用不同的网络接入点时，用户不会希望依靠有状态的 DHCP 来配置设备。IPv6 无状态自动配置为移动性提供了有力的支持。

### 3．简化的报头格式提供高效的传输

由于 IPv6 的数据包远远超过 64KB，应用程序可以利用最大传输单元，获得更快、更可靠的数据传输。同时在设计上改进了选路结构，采用简化的报头定长结构和更合理的分段方法，更方便采用硬件来实现转发，使路由器加快数据包处理速度，提高了转发效率，从而提高网络的整体吞吐量。从另一个方面看，轻装的 IPv6 数据包封装能在低处理消耗下传输更多的用户数据，降低数量庞大的传感器的能耗开销。

### 4．强制的安全机制保障端到端的传输安全

在 IPv4 中 IPSec 为可选项，而在 IPv6 协议族中则是强制的一部分。IPv6 内置的安全扩展包头使端到端、网络到网络的通信加密、验证实施变得更加容易。通过提供全球唯一地址与嵌入式安全，IPv6 能够在提供诸如访问控制、机密性与数据完整性等端到端安全服务的同时，减少对网络性能的影响。

IPv6 安全机制加强了网络层对安全的责任，从网络层保障物联网通道的安全性，同时协

议栈中的安全体系为 VPN 等安全应用提高了互操作性。

#### 5. 增强的移动

IP 支持满足物联网移动应用物联网应用中除了需要物物间在任何时间以任何方式进行互联以外，还需要能在任何地点进行互联，包含移动终端在网间切换时能不必脱离其现有连接即可自由移动，这是一种日益重要的网络功能。与 IPv4 不同的是，IPv6 的移动性是使用内置自动配置获取转交地址，因而无需外地代理。此外，这种内联机制使通信节点能够与移动节点直接通信，从而避免了在 IPv4 中所要求的三角路由选择的额外系统开销。其结果是，在 IPv6 中，移动 IP 结构的效率大为提高。

当移动终端移动到外地时，可以通过地址自动配置得到一个漫游地址，并且用此地址与网络上的节点进行通信。利用移动 IPv6 和家乡代理，移动终端可以在保持已有的通信连接不被中断的情况下，在不同的网络间进行漫游，同时还能保持自身的可达性。

#### 6. 增强的 QoS 服务保证传输服务质量

IPv6 报头中的业务级别和流标记通过路由器的配置可以实现优先级控制和 QoS 保障。属于同一传输流，且需要特别处理或需要服务质量的数据包，可以通过流标签标记。增强的 QoS 服务一方面能满足物联网应用中的实时性、优先级等服务质量需求，另外还可以根据传感器数据传输需求特点，实行差异化服务，合理分配网络带宽。

进入 3G 时代后，接入网络的智能手机、智能家电、传感器终端等的数量越来越多；另外随着物联网逐渐向云计算、泛在网发展，每一个终端都可能成为服务器，这些发展更加需要借助 IPv6 优势来解决问题和拓展能力。中国电信在推进下一代互联网建设的同时，从终端研制、网络设计、软件研发等方面全面推进 IPv6 与物联网应用的融合，借助 IPv6 提升物联网基础通信能力，利用 IPv6 特性拓展物联网技术和应用能力。中国电信在 IPv6 物联网推进过程中分享成果，充分利用新技术手段提高生产服务水平和市场竞争力，推动产业链的合作共赢，为我国实现下一代互联网演进具有重要的指导意义，对于物联网产业的发展具有积极推进作用和参考价值。

### 思考题

- 简述 TCP/IP 协议体系的特点。
- 路由器的主要功能有哪些？

## 6.2 短距离无线通信技术

随着电子技术的发展和各种便携式个人通信设备及家用电器等消费类电子产品的增加，人们对于各种消费类电子产品之间及其与其他设备之间的信息交互有了强烈的需求。对于使用便携设备并需要从事流动性工作的人们，希望通过一个小型的、短距离的无线网络为移动的商业用户提供各种服务，从而实现在任何时间和地点与任何人进行通信并获取信息的个人通信，这促使了以蓝牙、ZigBee、超带宽（Ultra Wide Band，UWB）、Wi-Fi 等为代表的短距离无线通信技术应运而生。

到目前为止，学术界和工程界对短距离无线通信的概念没有一个严格的定义。一般来讲，短距离无线通信的主要特点为通信距离短（覆盖距离一般在10～200m）、无线发射器的发射功率较低（发射功率一般小于100mW）、工作频段多为免付费免申请的ISM（Industrial，Scientific and Medical，工业、科学和医学）频段。短距离无线通信的范围很广，在一般意义上，只要通信收发双方通过无线电波传输信息，并且传输距离限制在较短的范围内，通常是几十米以内，就可以称为短距离无线通信。低成本、低功耗和对等通信，是短距离无线通信技术的三个重要特征和优势。

短距离无线通信技术从数据速率方面可分为高速短距离无线通信和低速短距离无线通信两类。高速短距离无线通信的最高数据速率高于100Mbit/s，通信距离小于10m，典型技术有高速UWB和60GHz；低速短距离无线通信的最高数据速率低于1Mbit/s，通信距离小于100m，典型技术有ZigBee、低速UWB、蓝牙（Bluetooth）。这些短距离无线通信技术分别具有不同的优点和缺点，适用于不同的物联网应用场景。

### 6.2.1 蓝牙技术

1998年5月，爱立信、IBM、Intel、Nokia和东芝五家公司联合成立了蓝牙特别兴趣小组（Bluetooth Special Interest Group，BSIG），并制订了短距离无线通信技术标准——蓝牙技术。它的命名借用了10世纪一位丹麦国王Harald Bluetooth（因为他十分喜欢吃蓝莓，所以牙齿每天都带着蓝色）的名字，这位国王统一了丹麦和挪威，建成了当时欧洲北部一个有影响的统一王国。用蓝牙给该项技术命名，含有统一起来的意思。

蓝牙技术实际上是一种短距离无线电技术，利用该技术，能够有效地简化掌上电脑、笔记本电脑和移动电话等移动通信终端设备之间的通信，也能够成功地简化以上这些设备与因特网之间的通信，从而使这些现代通信设备与因特网之间的数据传输变得更加迅速高效，为无线通信拓宽了道路。

#### 1．蓝牙技术的规范及特点

蓝牙技术是一种无线数据与语音通信的开放性全球规范，它以低成本的近距离无线连接为基础，为固定与移动设备通信环境建立一个特别连接。其程序写在一个9mm×9mm的微芯片中。蓝牙工作在全球通用的2.4GHz ISM频段。

蓝牙的标准是IEEE 802.15，工作在2.4GHz频段，带宽为1Mbit/s，以时分方式进行全双工通信，其基带协议时电路交换和分组交换的结合。一个跳频频率发送一个同步分组，每个分组占用一个时隙，使用扩频技术可扩展到5个时隙。同时，蓝牙技术支持1个异步数据通道或3个并发的同步话音通道，或1个同时传送异步数据和同步话音的通道。每一个话音通道支持64kbit/s的同步话音；异步通道支持最大速率为721kbit/s，反向应答速率为57.6kbit/s的非对称连接，或者是432.6kbit/s的对称连接。

依据发射功率的不同，蓝牙传输有3种距离等级：Class1为100m左右；Class2大约为10m；Class3为2～3m。一般情况下，其正常的工作范围是在半径为10m的圆形区域之内。在此范围内，可进行多台设备间的互联。

#### 2．蓝牙协议体系结构

蓝牙协议规范的目标是允许遵循规范的应用能够进行相互间操作。蓝牙SIG规范的完整蓝牙协议栈如图6-7所示。

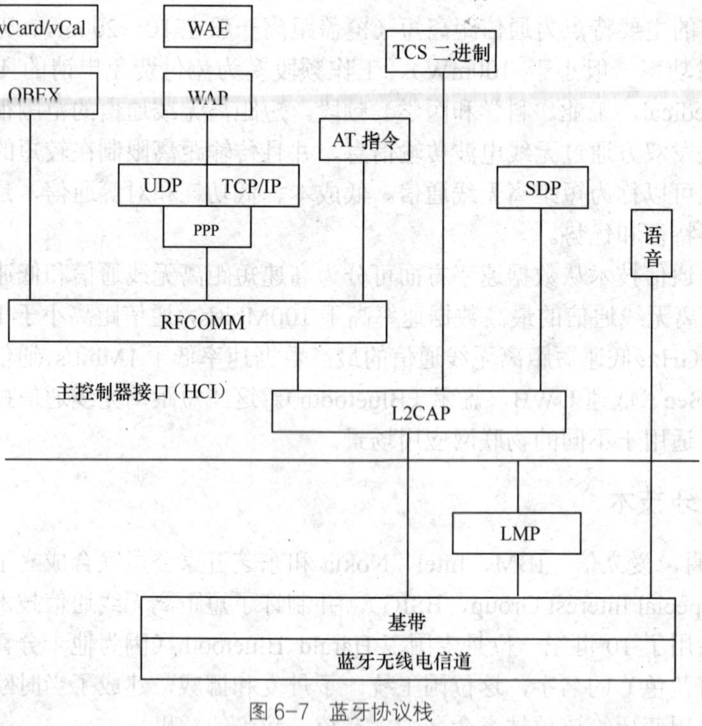


图 6-7 蓝牙协议栈

蓝牙协议包括核心协议层、替代电缆协议层、电话控制协议层和选用协议层。其中核心协议包括基带协议、链路管理协议（LMP）、逻辑链路控制和适配协议（L2CAP）、服务发现协议（SDP）。替代电缆协议包括串行电路仿真协议（RFCOMM），用于实现数据的转换。电话替代协议包括二元电话控制规范（TCS Binary）与 AT-命令（AT-Command）。用于提供音频通信的处理规范和相应的控制命令。选用协议与用户的应用有关，包括点到点协议（PPP）、用户数据报/传输控制协议/互联网协议（UDP 和 TCP/IP）、目标交换协议（OBEX）、无线应用协议（WAP）、无线应用环境（WAE）、电子名片（vCard/vCal）、红外移动通信（IrMC）。选用协议层的具体内容由应用系统根据需要选择。

除了以上协议层外，蓝牙协议栈中还应包括二个接口：一个是主机控制接口（HCI），用来为基带控制器、链路控制器以及访问硬件状态和控制寄存器等提供命令接口；另一个是与基带处理部分直接相连的音频接口，用以传递音频数据。

### 3．蓝牙的应用及产品

蓝牙技术可以应用于日常生活的各个方面，例如，如果把蓝牙技术引入到移动电话和膝上型电脑中，就可以去掉移动电话与膝上型电脑之间的令人讨厌的连接电缆而通过无线使其建立通信。打印机、PAD、桌上型电脑、传真机、键盘、游戏操纵杆以及所有其他的数字设备都可以成为蓝牙系统的一部分。除此之外，蓝牙技术还为已存在的数字网络和外设提供通用接口以组建一个远离固定网络的个人特别连接设备群。

2010 年 7 月，蓝牙技术联盟宣布正式采纳蓝牙 4.0 核心规范（Bluetooth Core Specification Version 4.0）。蓝牙 4.0 实际是个三位一体的蓝牙技术，它将传统蓝牙、低功耗蓝牙和高速蓝牙技术三个规格合而为一，这三个规格可以组合或者单独使用。全新的蓝牙 4.0 版本涵盖了三种蓝牙技术，是一个“三融技术”，首先蓝牙 4.0 继承了蓝牙技术无线连接的所有固有优势，同时增加了低耗能蓝牙和高速蓝牙的特点，以低耗能技术为核心，大大拓展了蓝牙技术的市场潜力。目前蓝牙 4.0 已经走向了商用，在最新款的 galaxy S4、iPad 4、MacBook Air、Moto Droid Razr、HTC One X 以及台商 ACER AS3951 系列/Getway NV57 系列、ASUS UX21/31 系列、iPhone 5S 上都已应用了蓝牙 4.0 技术。

### 6.2.2 ZigBee 技术

基于 IEEE802.15.4/ZigBee 标准的 ZigBee 技术是一种近距离、低复杂度、低功耗、低速率、低成本的双向无线通信技术。主要用于距离短、功耗低且传输速率不高的各种电子设备之间进行数据传输以及典型的有周期性数据、间歇性数据和低反应时间数据传输的应用。ZigBee 采用 DSSS 技术调制发射，用于多个无线传感器组成网状网络，是一种短距离、低速率低功耗的无线网络传输技术。

2002 年 8 月，由英国 Invensys 公司、日本三菱电气公司、美国摩托罗拉公司以及荷兰飞利浦半导体公司组成并成立了 ZigBee 联盟。ZigBee 联盟的主要目标是以通过加入无线网络的功能，为消费者提供更富有弹性、更容易使用的电子产品，并制定网络、安全和应用软件层标准，提供不同产品的协调性及互通性测试规格。该联盟制定了基于 IEEE 802.15.4、具有高可靠性、高性价比、低功耗的网络应用规格。

根据 ZigBee 联盟的设想，ZigBee 的目标市场主要有 PC 外设（鼠标、键盘、游戏控制杆）、消费类电子设备（TV、VRC、CD、VCD、DVD 等设备上的遥控装置）、家庭内智能控制（照明、煤气计量控制及报警等）、玩具（电子宠物）、医护（监视器和传感器）、工控（监视器、传感器和自动控制设备）等。

#### 1. ZigBee 技术特点

ZigBee 使用 2.4GHz 波段，采用调频技术。它的基本速率是 250kbit/s，当降低到 28kbit/s 时，传输范围可扩大到 134m，并获得更高的可靠性。另外，它可与 254 个节点联网，可以比蓝牙更好地支持游戏、消费电子、仪器和家庭自动化应用。

ZigBee 技术具有如下主要特点。

（1）数据传输速率低。只有 10～250kbit/s，专注于低传输应用。

（2）功耗低。在低耗电待机模式下，两节普通 5 号干电池可以使用 6 个月以上。这也是 ZigBee 的支持者所一直引以为豪的独特优势。

（3）成本低。由于 ZigBee 数据传输速率低，协议简单，所以大大降低了成本。

（4）网络容量大。每个 ZigBee 网络最多可支持 255 个设备。也就是说，每个 ZigBee 设备可以与另外 254 台设备相连。

（5）有效范围小。有效覆盖范围为 10～75m，具体依据实际发射功率的大小和各种不同的应用模式而定，基本上能够覆盖普通的家庭或办公室环境。

（6）工作频段灵活。使用的频段分别为 2.4GHz、868MHz（欧洲）及 915MHz（美国），均为免费频段。

#### 2. ZigBee 协议栈

ZigBee 协议栈建立在 IEEE 802.15.4 的物理层和 MAC 子层规范之上。它是基于标准的 OSI 七层模型的，包括高层应用规范、应用汇聚层、网络层、媒体接入层和物理层，如图 6-8

所示。

IEEE 802.15.4 定义了两个物理层标准，分别是 2.4GHz 物理层和 868/915MHz 物理层。两者均基于 DSSS 技术。868MHz 只有一个信道，传输速率为 20kbit/s；902～928MHz 频段有 10 个信道，信道间隔为 2MHz，传输速率为 40kbit/s。以上这两个频段都采用 BPSK 调制。2.4～2.4835GHz 频段有 16 个信道，信道间隔为 5MHz，能够提供 250kbit/s 的传输速率，采用 O-QPSK 调制。为了提高传输数据的可靠性，IEEE 802.15.4 定义的 MAC 层采用了 CSMA-CA 和时隙 CSMA-CA 信道接入方式和完全握手协议。应用汇聚层主要负责把不同的应用映射到 ZigBee 网络上，主要包括安全与鉴权、多个业务数据流的会聚、设备发现和业务发现。

| |
|---|
| 高层应用规范 |
| 应用汇聚层 |
| 网络层 |
| 媒体接入层 |
| 物理层 |

图 6-8　ZigBee 协议栈

### 3. ZigBee 网络的拓扑结构及配置

ZigBee 网络的拓扑结构主要有 3 种，星状网、网状网和混合网，如图 6-9 所示。

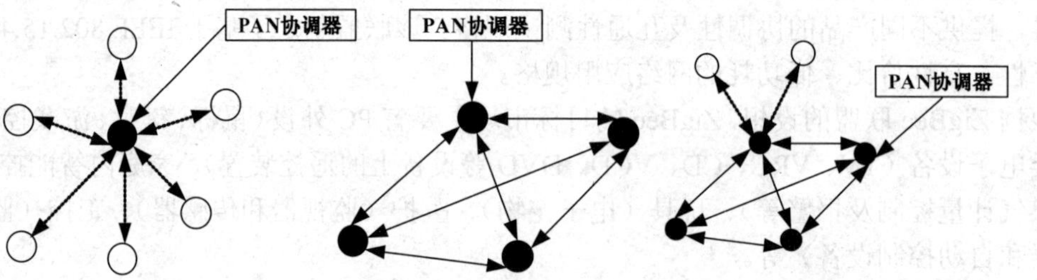


图 6-9　ZigBee 网络的拓扑结构

星状网是由一个 PAN 协调点和一个或多个终端结点组成的。PAN 协调点必须是 FFD（Full Function Device，全功能设备），它负责发起建立和管理整个网络，其他结点（终端结点）一般为 RFD（精简功能设备），分布在 PAN 协调点的覆盖范围内，直接与 PAN 协调点进行通信。星状网通常用于结点数量较少的场合。

网状网一般是由若干个 FFD 连接在一起形成，它们之间是完全的对等通信，每个结点都可以与它的无线通信范围内的其他结点通信。网状网络中，一般将发起建立网络的 FFD 结点作为 PAN 协调点。网状网是一种高可靠性网络，具有“自恢复”能力，它可为传输的数据包提供多条路径，一旦一条路径出现故障，则存在另一条或多条路径可供选择。

网状网可以通过 FFD 扩展网络，组成网状网与星状网构成的混合网。混合网中，终端结点采集的信息首先传到同一子网内的协调点，再通过网关结点上传到上一层网络的 PAN 协调点。混合网都适用于覆盖范围较大的网络。

在一个 ZigBee 网络中，至少存在一个 FFD 充当整个网络的协调点，即 PAN 协调点，ZigBee 中也称作 ZigBee 协调点。一个 ZigBee 网络只有一个 PAN 协调点。通常，PAN 协调点是一个特殊的 FFD，它具有较强大的功能，是整个网络的主要控制者，它负责建立新的网络、发送网络信标、管理网络中的结点以及存储网络信息等。FFD 和 RFD 都可以作为终端结点加入 ZigBee 网络。此外，普通 FFD 也可以在它的个人操作空间中充当协调点，但它仍然受 PAN 协调点的控制。ZigBee 中每个协调点最多可连接 255 个结点，一个 ZigBee 网络最多可容纳 65 535 个结点。

#### 4. ZigBee 组网技术

ZigBee 中，只有 PAN 协调点可以建立一个新的 ZigBee 网络。当 ZigBee PAN 协调点希望建立一个新网络时，首先扫描信道，寻找网络中的一个空闲信道来建立新的网络。如果找到了合适的信道，ZigBee 协调点会为新网络选择一个 PAN 标识符（PAN 标识符是用来标识整个网络的，因此所选的 PAN 标识符必须在信道中是唯一的）。一旦选定了 PAN 标识符，就说明已经建立了网络，此后，如果另一个 ZigBee 协调点扫描该信道，这个网络的协调点就会响应并声明它的存在。另外，这个 ZigBee 协调点还会为自己选择一个 16 位的网络地址。ZigBee 网络中的所有结点都有一个 64 位的 IEEE 扩展地址和一个 16 位的网络地址，其中 16 位的网络地址在整个网络中是唯一的，也就是 802.15.4 中的 MAC 短地址。

ZigBee 协调点选定了网络地址后，就开始接受新的结点加入其网络。当一个结点希望加入该网络时，它首先会通过信道扫描来搜索它周围存在的网络，如果找到了一个网络，它就会进行关联过程加入网络，只有具备路由功能的结点可以允许别的结点通过它关联网络。如果网络中的一个结点与网络失去联系后想要重新加入网络，它可以进行孤立通知过程重新加入网络。网络中每个具备路由器功能的结点都维护一张路由表和一张路由发现表。

ZigBee 网络中传输的数据可以分为周期性数据、间歇性数据和反复性、反应时间低的数据三类。其中周期性数据（如传感器网络中传输的数据）的传输速率根据不同的应用而确定；间歇性数据（如电灯开关传输的数据）的传输速率根据应用或者外部的激励而确定；反复性、反应时间低的数据（如无线鼠标传输的数据）的传输速率是根据时隙分配而确定的。

为了降低 ZigBee 结点的平均功耗，ZigBee 结点有激活和睡眠两种状态，只有当两个结点都处于激活状态才能完成数据的传输。在有信标的网络中，ZigBee 协调点通过定期地广播信标为网络中的结点提供同步；在无信标的网络中，终端结点定期睡眠，定期醒来，除终端结点以外的结点要保证始终处于激活状态，终端结点醒来后会主动询问它的协调点是否有数据要发送给它。在 ZigBee 网络中，协调点负责缓存要发送给正在睡眠的结点的数据包。

#### 5. ZigBee 的应用场景

通常，符合如下条件之一的应用，就可以考虑采用 ZigBee 技术做无线传输。

（1）需要数据采集或监控的网点多。

（2）要求传输的数据量不大，而要求设备成本低。

（3）要求数据传输的可靠性高，安全性高。

（4）设备体积很小，电池供电，不便放置较大的充电电池或电源模块。

（5）地形复杂，监测点多，需要较大的网络覆盖。

### 6.2.3 超带宽技术

UWB 是一种无线载波通信技术，它不采用正弦波，而是利用纳秒级的非正弦波窄脉冲传输数据，因此其所占的频谱范围很宽。UWB 技术具有系统复杂度低、发射信号功率谱密度低、对信道衰落不敏感、低截获能力、定位精度高等优点，尤其适用于室内等密集多径场所的高速无线接入，非常适于建立一个高效的无线局域网或无线个域网。

### 1．超带宽的技术特点及应用

传统的无线电传输技术一般都是带宽受限制的，系统带宽通常在200MHz以下，可用频谱资源有限。UWB技术的显著特征是可采用500MHz至几个吉赫兹的带宽进行高速率数据传输，在10m距离内提供高达100Mbit/s以上，甚至1Gbit/s的传输速率，同时与现有窄带无线系统很好地共存。

基于超宽的信号带宽和极低的发射功率谱密度，UWB技术具有以下特点。

（1）传输速率高。由于UWB系统使用高达500MHz～7.5GHz的宽带，根据香农信道容量公式，即使发射功率很低，也可以在短距离上实现高达几百兆至1Gbit/s的传输速率。例如，如果使用7GHz宽带，即使信噪比低至-10dB，其理论信道容量也可达到1Gbit/s。

（2）通信距离短。超宽带具有极其丰富的频率成分。由于无线信道在不同频段表现出不同的传输特性，随着传输距离的增加，高频信号的衰落更快，这导致UWB信号产生严重的失真，从而影响系统的性能。因此，UWB 系统更适合短距离通信。研究表明，当收发信机之间距离小于10m时，UWB系统的信道容量高于传统的窄带系统，收发信机之间距离超过12m时，UWB新系统在信道容量上的优势将不复存在。

（3）系统共存性好，通信保密度高。由于 UWB 系统发射功率谱密度的上限仅为-41.3dBm/MHz，对传统的窄带系统来讲，该信号谱密度甚至低至背景噪声电平以下，因此，UWB信号对同频带内工作的窄带系统的干扰可以视作宽带白噪声。这意味着UWB系统与传统的窄带系统有着良好的共存性，这对提高日益紧张的无线频谱资源的利用率是非常有利的。同时，极低的功率谱密度使UWB信号具有很强的隐蔽性，很难被截获，这对提高通信的保密性非常有利。

（4）定位精度极高，抗多径能力强。由于UWB信号采用持续时间极短的窄脉冲，其时间、空间分辨能力都很强。超宽带脉冲宽度一般在亚纳秒级，因此具有厘米级的高精度测距和定位能力。同时，脉冲信号含有丰富的低频分量（早期系统的中心频段在1GHz），因而具有很强的穿透地表面、墙壁和其他物体的能力，可在室内和地下进行精确定位。采用超宽带无线通信，可以将定位与通信合一。宽带极短的脉冲信息又具有天然的高多径分辨率，抗多径能力强，从而在各种无线环境中具有优越的传输性能。

（5）体积小、功耗低：传统的UWB技术无需正线载波，数据在纳秒级基带窄脉冲上传输，接收机利用相关器直接完成信号检测。收发信机不需要复杂的载频调制解调电路和滤波器等。因此，可以大大降低系统复杂度，减少收发信机体积和功耗。

总的来看，高速率和短距离两大典型特征决定了超宽带技术在通信领域的应用，主要是组建高速局部物联网、无线个域网和家庭无线网络，作为各种设备之间的高速通信接口，满足各种物联网设备、娱乐设备和计算机设备之间的互联需求，其应用可包括以下的范围。

（1）各种移动设别之间的高速信息传输，例如PDA、MP3、可视电话、3G手机等设备之间的短距离点到点通信，包括多媒体文件传输、游戏互动等。

（2）桌面PC、笔记本电脑、移动设备与各种外设之间的无线连接，例如与打印机、扫描仪、存储设备等的无线连接。

（3）数字电视、家庭影院、DVD、投影机、数码相机、机顶盒等家用电子设备之间的可视文件和数据的传输。

（4）结合UWB高精度的定位能力，应用企业仓储管理和智能交通等各类物联网系统中，为精确的存货追踪管理、汽车防撞系统、测速、收费系统提供解决方案。

值得一提的是，窄脉冲具有很强的穿透各种障碍物，例如墙壁和地板的能力。UWB 技术还能实现隔墙成像，因此具有比红外通信更为广泛的应用，例如军事、勘探、安全等领域。

### 2. 脉冲无线电技术

脉冲无线电（Impulse Radio）是早期超宽带系统的代名词，专指采用冲激脉冲（超短脉冲）作为信息载体的非正弦载波无线电技术。该技术有别于传统使用正弦载波的窄带无线系统，属于基带、无载波通信范畴。

（1）常用脉冲波形

脉冲无线电系统的性能在很大程度上依赖于脉冲信号功率谱密度的平坦性和功率谱覆盖范围。而功率谱的形状又取决于马刺信号的形状。因此，脉冲信号的设计和生产显得尤为重要。当信号频率接近于零时，天线的发射效率大大下降，因此脉冲信号在接近零频段的信号能量应该很小。另外，收发端的天线对基带脉冲具有微分效应，即收端天线的输出波形是发端天线输入波形的二次微分形式。典型的 UWB 脉冲是高斯双叶脉冲（Gaussian Doublet），这种脉冲因为容易生成而经常被使用。

（2）基于脉冲调制的超宽带系统

UWB 系统常用的调制方式包括脉位调制（PPM）、脉幅调制（PAM）和二相调制（BPSK）。PPM 通过改变发射脉冲的时间间隔或发射脉冲相对于基准时间的位置来传递信息，它的优点就是简单，但是需要比较精确的时间控制。PAM 通过改变脉冲幅度的大小来传递信息，它可以改变脉冲幅度的极性，也可以仅改变脉冲幅度的绝对值大小。通常所讲的 PAM 只改变脉冲幅度绝对值，即 OOK（On-Off Keying）。BPSK 通过改变脉冲的正负极性来调制二元信息，所有脉冲幅度的绝对值相同。视野二相调制的一个原因就是在抗噪性能上优于 PPM 的 3dB 增益。

OOK 和 PPM 共同的特点是可以通过非相干检测恢复信息，但它们也有一个共同的缺点，即经过这些方式调制的脉冲信号将出现线谱。线谱使超宽带脉冲系统的信号难于满足一定的频谱要求。平滑线谱的一种方法就是加入伪随机码，并同时实现多用户接入。实际的地址方式有跳频（FH）和直扩（DS）两种，多址与调制方式相结合，可以得到 3 种典型的超宽带脉冲无线电系统，即 TH-PPM、TH-PAM 和 DS-BPSK。

### 3. UWB 调制技术

调制方式是指信号以何种方式承载信息，它不但决定着通信系统的有效性和可靠性，同时也影响着信号的频谱结构和接收机的复杂度。对于多址技术解决多个用户共享信道的问题，合理的多址方案可以在减小用户间干扰的同时极大地提高多用户容量。

（1）脉位调制和脉幅调制

① 脉位调制。脉位调制（PPM）是一种利用脉冲位置承载数据信息的调制方式。按照采用的离散数据符号状态数可以分为二进制 PPM（2PPM）和多进制 PPM（MPPM）。在这种调制方式中，一个脉冲重复周期内脉冲可能出现的位置有 2 个或 M 个，脉冲位置与符号状态一一对应。根据相邻脉位之间距离与脉冲宽度之间关系，又可分为部分重叠的 PPM 和正交 PPM（OPPM）。在部分重叠的 PPM 中，为保证系统传输可靠性，通常选择相邻脉位互为脉冲自相关函数的负峰值点，从而使相邻符号的欧氏距离最大化。在 OPPM 中，通常以脉冲宽度为间

隔确定脉位。接收机利用相关器在相应位置进行相干检测。鉴于 UWB 系统的复杂度和功率限制，实际应用中，常用的调制方式为 2PPM 或 ZOPPM。PPM 的优点在于：它仅需根据数据符号控制脉冲位置，不需要进行脉冲幅度和极性的控制，便于以较低的复杂度实现调制与解调。因此，PPM 是早期 UWB 系统广泛采用的调制方式。但是，由于 PPM 信号为单极性，其辐射谱中往往存在幅度较高的离散谱线。如果不对这些谱线进行抑制，将很难满足 FCC 对辐射谱的要求。

② 脉幅调制。脉幅调制（PAM）是数字通信系统最为常用的调制方式之一。在 UWB 系统中，考虑到实现复杂度和功率有效性，不宜采用多进制 PAM（MPAM）。UWB 系统常用的 PAM 有两种方式：开关键控（OOK）和二进制相移键控（BPSK）。前者可以采用非相干检测降低接收机复杂度，而后者采用相干检测可以更好地保证传输可靠性。与 2PPM 相比，在辐射功率相同的前提下，BPSK 可以获得更高的传输可靠性，且辐射谱中没有离散谱线。

（2）波形调制（PWSK）

波形调制是结合 Hermite 脉冲等多正交波形提出的调制方式。在这种调制方式中，采用 $M$ 个相互正交的等能量脉冲波形携带数据信息，每个脉冲波形与一个 $M$ 进制数据符号对应。在接收端，利用 $M$ 个并行的相关器进行信号接收，利用最大似然检测完成数据恢复。由于各种脉冲能量相等，因此可以在不增加辐射功率的情况下提高传输效率。在脉冲宽度相同的情况下，PWSK 可以达到比 MPPM 更高的符号传输速率。在符号速率相同的情况下，其功率效率和可靠性高于 MPAM。由于这种调制方式需要较多的成形滤波器和相关器，其实现复杂度较高。因此，在实际系统中较少使用，目前仅限于理论研究。

（3）正交多载波调制（OFDM）

传统意义上的 UWB 系统均采用窄脉冲携带信息。FCC 对 UWB 的新定义扩大了 UWB 的技术手段。原理上讲，−10dB 带宽大于 500MHz 的任何信号形式均可称作 UWB。在 OFDM 系统中，数据符号被调制在并行的多个正交子载波上传输，数据调制/解调采用快速傅里叶变换/逆快速傅里叶变换（FFT/IFFT）实现。由于具有频谱利用率高、抗多径能力强、便于 DSP 实现等优点，OFDM 技术已经广泛应用于数字音频广播（DAB）、数字视频广播（DVB）、WLAN 等无线网络中，且被作为 B3G/4G 蜂窝网的主流技术。

#### 4．UWB 多址技术

多址技术包括跳时多址、直扩-码分多址、跳频多址、波分多址等。系统设计中，可以对调制方式与多址方式进行合理的组合。

（1）跳时多址

跳时多址（THMA）是最早应用于 UWB 通信系统的多址技术，它可以方便地与 PPM 调制、BPSK 调制相结合形成跳时-脉位调制（TH-PPM）、跳时-二进制相移键控系统方案。这种多址技术利用了 UWB 信号占空比极小的特点，将脉冲重复周期（Tf，又称帧周期）划分成 Nh 个持续时间为 Tc 的互不重叠的码片时隙，每个用户利用一个独特的随机跳时序列在 Nh 个码片时隙中随机选择一个作为脉冲发射位置。在每个码片时隙内可以采用 PPM 调制或 BPSK 调制。接收端利用与目标用户相同的跳时序列跟踪接收。

由于用户跳时码之间具有良好的正交性，多用户脉冲之间不会发生冲突，从而避免了多用户干扰。将跳时技术与 PPM 结合可以有效地抑制 PPM 信号中的离散谱线，达到平滑信号频谱的作用。由于每个帧周期内可分的码片时隙数有限，当用户数很大时必然产生多用户干扰。因此，如何选择跳时序列是非常重要的问题。

（2）直扩-码分多址

直扩-码分多址（DS-CDMA）是IS-95和3G移动蜂窝系统中广泛采用的多址方式，这种多址方式同样可以应用于UWB系统。在这种多址方式中，每个用户使用一个专用的伪随机序列对数据信号进行扩频，用户扩频序列之间互相关很小，即使用户信号间发生冲突，解扩后互干扰也会很小。但由于用户扩频序列之间存在互相关，远近效应是限制其性能的重要因素。因此，在DS-CDMA系统中需要进行功率控制。在UWB系统中，DS-CDMA通常与BPSK结合。

（3）跳频多址

跳频多址（FHMA）是结合多个频分子信道使用的一种多址方式，每个用户利用专用的随机跳频码控制射频频率合成器，以一定的跳频图案周期性地在若干个子信道上传输数据，数据调制在基带完成。若用户跳频码之间无冲突或冲突概率极小，则多用户信号之间在频域正交，可以很好地消除用户间干扰。原理上讲，子信道数量越多则容纳的用户数量越大，但这是以牺牲设备复杂度和功耗为代价的。在UWB系统中，将3.1～10.66Hz频段分成若干个带宽大于500MHz的子信道，根据用户数量和设备复杂度要求选择一定数量的子信道和跳频码来解决多址问题。FHMA通常与多带脉冲调制或OFDM相结合，调制方式采用BPSK或正交移相键控（QPSK）。

（4）PWDMA

PWDMA是结合Hermite等正交多脉冲提出的一种波分多址方式。每个用户分别使用一种或几种特定的成形脉冲，调制方式可以是BPSK、PPM或PWSK。由于用户使用的脉冲波形之间相互正交，在同步传输的情况下，即使多用户信号间相互冲突也不会产生互干扰。通常正交波形之间的异步互相关不为零，因此在异步通信的情况下用户间将产生互干扰。目前，PWDMA仅限于理论研究，尚未进入实用阶段。

### 6.2.4 Wi-Fi技术

Wi-Fi（Wireless-Fidelity，无线保真）是一种可以将个人电脑、手持设备（如PDA、手机）等终端以无线方式互相连接的技术。简单来说，Wi-Fi其实就是IEEE 802.11b的别称，是由一个名为“无线以太网相容联盟”（Wireless Ethernet Compatibility Alliance，WECA）的组织所发布的业界术语，它是一种短程无线传输技术，能够在数百英尺范围内支持互联网接入的无线电信号。随着技术的发展，以及IEEE 802.11a及IEEE 802.11g等标准的出现，现在IEEE 802.11这个标准已被统称为Wi-Fi。它可以帮助用户访问电子邮件，Web和流式媒体。它为用户提供了无线的宽带互联网访问。同时，它也是人们在家里，办公室或在旅途中快速上网的便捷途径。

#### 1. Wi-Fi的技术特点

Wi-Fi是由AP（Access Point）和无线网卡组成的无线网络。在开放性区域，通信距离可达305m；在封闭性区域，通信距离为76～122m，方便与现有的有线以太网络整合，组网的成本更低。Wi-Fi的优点如下。

（1）无线电波的覆盖范围广。Wi-Fi的半径可达100m，适合办公室及单位楼层内部使用，而蓝牙技术只能覆盖15m以内。

（2）速度快，可靠性高。IEEE 802.11b 无线网络规范是 IEEE 802.11 网络规范的扩展，最高宽带为 11Mbit/s，在信号较弱或有干扰的情况下，宽带可调整 5.5Mbit/s、2 Mbit/s 和 1 Mbit/s，宽带的自动调整有效地保障了网络的稳定性和可靠性。

（3）无需布线。Wi-Fi 最主要的优势在与不需要布线，可以不受布线条件的限制，因此非常适合移动办公用户的需要，具有广阔的市场前景。目前它已经从传统的医疗保健，库存控制和管理服务等特殊行业向更多行业拓展开去，逐步进入家庭以及教育机构等领域。

（4）健康安全。IEEE 802.11 规定的发射功率不可超过 100mW，实际发射功率为 60～70mW（而手机的发射功率为 200mW～1W，手持式对讲机高达 5W），而且无线网络使用方式并非像手机直接接触人体，是绝对安全的。

目前使用的 IP 无线网络存在一些不足之处，如宽带不高、覆盖半径小、切换时间长等，并且无线网系统对上层业务开发不开放，使得适合 IP 移动环境的业务难以开发。

由于 Wi-Fi 的频段在世界范围内是无需任何电信运营执照的免费频段，因此 WLAN 无线设备提供了一个时间范围内可以使用的，费用及其低廉且数据带宽极高的无线空中接口。用户可以在 Wi-Fi 覆盖区域内快速浏览网页，随时随地接听、拨打电话。有了 Wi-Fi 功能，我们打长途电话（包括国际长途）、浏览网页、收发电子邮件、下载音乐、传递数码照片等，再也无需担心速度慢和花费高的问题。

现在 Wi-Fi 的覆盖范围在国内越来越广泛了，高级宾馆，豪华住宅区、飞机场以及咖啡厅之类的区域都有 Wi-Fi 接口。当我们去旅游或办公时，就可以在这些场所使用掌上设备尽情网上冲浪了。

## 2. Wi-Fi 构架和原理

Wi-Fi 网络架构如图 6-10 所示，主要包括以下 6 部分。

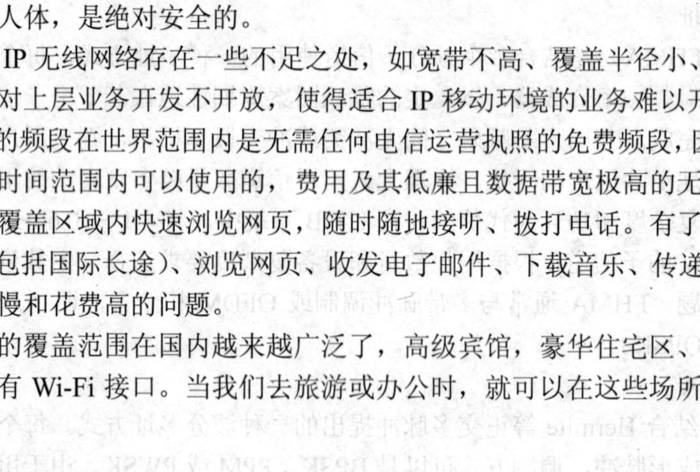


图 6-10 Wi-Fi 架构

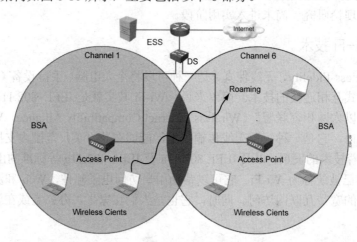

（1）站点（Station）。网络最基本的组成部分。

（2）基本服务单元（Basic Service Set，BSS）。网络最基本的服务单元。最简单的服务单元可以只由两个站点组成。站点可以动态地连接到基本服务单元中。

（3）分布式系统（Distribution System，DS）。用于连接不同的基本服务单元。分布式系统使用的媒介（Medium）逻辑上和基本服务单元使用的媒介是截然分开的，尽管它们物理上可能会是同一个媒介，例如同一个无线频段。

（4）接入点（Access Point，AP）。既有普通站点的身份，又有接入到分布式系统的功能。

（5）扩展服务单元（Extended Service Set，ESS）。由分布式系统和基本服务单元组合而成。这种组合是逻辑上，并非物理上的——不同的基本服务单元也有可能在地理位置上相去甚远。分布式系统也可以使用各种各样的技术。

（6）关口（Portal）。也是一个逻辑成分，用于将无线局域网和有线局域网或其他网络联系起来。

网络中有 3 种媒介：站点使用的无线的媒介、分布式系统使用的媒介以及和无线局域网集成在一起的其他局域网使用的媒介。物理上它们可能互相重叠。IEEE 802.11 只负责在站点使用的无线的媒介上寻址（Addressing）。分布式系统和其他局域网的寻址不属于无线局域网的范围。

IEEE 802.11 没有具体定义分布式系统，只是定义了分布式系统应该提供的服务（Service）。整个无线局域网定义了九种服务，其中有五种服务属于分布式系统的任务，分别是连接（Association）、结束连接（Diassociation）、分布（Distribution）、集成（Integration）、再连接（Reassociation），四种服务属于站点的任务，分别为鉴权（Authentication）、结束鉴权（Deauthenication）、隐私（Privacy）、MAC 数据传输（MSDU Delivery）。

Wi-Fi 的设置至少需要一个 AP 和一个或一个以上的客户端。AP 每 100 ms 将 SSID（Service Set Identifier）经由 Beacons（信号台）封包广播一次，Beacons 封包的传输速率是 1 Mbit/s，并且长度相当短，所以这个广播动作对网络效能的影响不大。因为 Wi-Fi 规定的最低传输速率是 1Mbit/s，所以可确保所有的 Wi-Fi 客户端都能收到这个 SSID 广播封包，客户端可以借此决定是否要和这一个 SSID 的 AP 连线。使用者可以设定要连线到哪一个 SSID。Wi-Fi 总是对客户端开放其连接标准，并支持漫游。

### 3. Wi-Fi 网络的使用

一般架设无线网络的基本配备就是无线网卡及一个 AP，如此便能以无线的模式，配合既有的有线架构来分享网络资源，架设费用和复杂程度远远低于传统的有线网络。如果只是几台电脑的对等网，也可不要 AP，只需要每台电脑配备无线网卡。AP 主要在媒体接入控制（MAC）层中扮演无线工作站及有线局域网络的桥梁。有了 AP，就像一般有线网络的 Hub 一样，无线工作站可以快速且轻易地与网络相连。特别是对于宽带的使用，Wi-Fi 更显优势，有线宽带网络（ADSL、小区 LAN 等）到户后，连接到一个 AP，然后在电脑中安装一块无线网卡即可。普通的家庭有一个 AP 已经足够，甚至用户的邻里得到授权后，则无需增加端口，也能以共享的方式上网。

Wi-Fi 的工作距离不大，在网络建设完备的情况下，IEEE 802.11b 的真实工作距离可以达到 100m 以上，而且解决了高速移动时数据的纠错问题、误码问题，Wi-Fi 设备与设备、设备与基站之间的切换和安全认证都得到了很好的解决。

Wi-Fi 网络的使用方法如下。

（1）设置方法

① 确定移动终端设备具有 Wi-Fi 功能以及移动终端设备可以接收到信号。

② 在“开始”→“设置”→“连线”中点选“连接”，然后选择“高级”，在“选择自动使用的网络”下方点选“选择网络”。

③ 看到两个下拉空格，第一个是“在程序自动连接到 Internet 时，使用：”，单击“新建”。

④ 新窗口里有“请为这些设置输入名称”，在下方空格处编辑“Internet 设置”或者其他名字。

⑤“调制解调器”里面不要填写任何东西，勾选“代理服务器设置”中的“此网路连接到 Internet”单击“OK”即可。

（2）网卡设置

① 在“开始”→“设置”→“连接”中单击“无线网络管理员”。

② 在弹出页面的右下方单击“菜单”，然后单击上弹菜单中的“开启 Wi-Fi”，如果无线路由器设置正常的话，这时单击“网络搜寻”。

③ 单击“配置无线网络”下方的品牌名字，弹出新的窗口，在“要访问的网络”下方选择“所有可用的”。

④ 在“网络适配器”的“我的网卡连线到”项目中选择“默认 Internet 设置”，在“单击适配器以修改设置”下方单击“AUSU 802.11b+g Wireless Card”。

⑤ 在新窗口中单击“使用服务器分配的 IP 地址”，并在“IP 地址”栏填入公司或者单位分配给的 IP。

⑥ 在“子网掩码”中填入子网掩码，在“网关”中填入网关，再单击“名称服务器”，在新窗口的“DNS”和“备用 DNS”中填入相应的 DNS，然后一直单击“OK”即可。

通过上面的步骤，就可以使移动终端设配自动的匹配网络，可以上网做我们想做的事情，如浏览网页、看视频、听音乐等。

## 思考题

- 短距离无线通信技术从数据速率方面可分为哪两类？各有什么特点？
- 超带宽技术具有哪些特点？

## 6.3 移动通信技术

移动通信（Mobile Communication）是指通信双方或至少有一方处于运动中进行信息传输和交换的通信方式。移动通信系统包括无绳电话、无线寻呼、陆地蜂窝移动通信、卫星移动通信等。移动体之间通信联系的传输手段只能依靠无线电通信，因此，无线通信是移动通信的基础，而无线通信技术的发展将推动移动通信的发展。

### 6.3.1 移动通信系统简介

#### 1. 移动通信系统的组成

移动通信时移动体之间的通信，或移动体与固定体之间的通信。移动体可以是人，也可以是汽车、火车、轮船、收音机等在移动状态的物体。移动通信包括无线传输、有线传输，信息的收集、处理和存储等，使用的主要设备有无线收发信机、移动减缓控制设备和移动终端设备。

移动通信无线服务区由许多正六边形小区覆盖而成，成蜂窝状，通过接口与公众通信网

（PSTN、ISDN、PDN）互联。移动通信系统包括移动交换子系统（SS）、操作维护管理子系统（OMS）、基站子系统（BSS）和移动台（MS），是一个完整的信息传输实体，如图 6-11 所示。

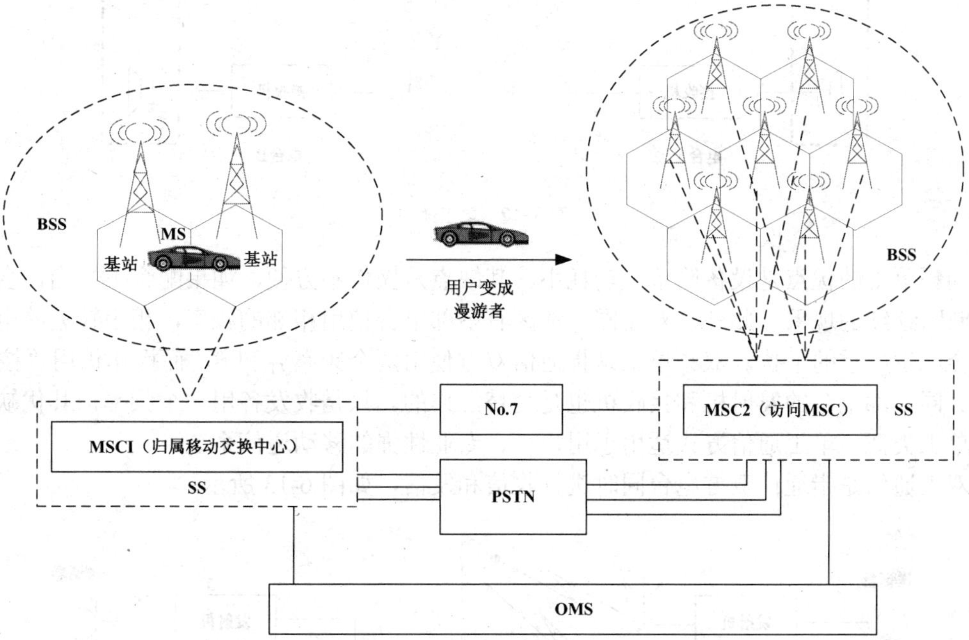


图 6-11　移动通信系统的组成

移动通信中建立一个呼叫是由 BBS 和 SS 共同完成的；BBS 提供并管理 MS 和 SS 之间的无线传输通道，SS 负责呼叫控制功能，所有的呼叫都是经由 SS 建立连接的；OMS 负责管理控制整个移动网。

MS 也是一个子系统。它实际上是由移动终端设备和用户数据两部分组成的，移动终端设备称为移动设备；用户数据库存放在一个与移动设备可分开的数据模块中，此数据模块称为用户识别卡。

### 2．移动通信的工作频段

早期的移动通信主要使用 VHF 和 UHF 频段。

目前，大容量移动通信系统均使用 800MHz 频段（CDMA），900MHz 频段（AMPS、TACS、GSM），并开始使用 1800MHz 频段（GSM1800/DCS1800），该频段用于微蜂窝（Microcell）系统。第三代移动通信使用 2.4GHz 频段。

### 3．移动通信的工作方式

从传输方式的角度来看，无线通信分为单向传输（广播式）和双向传输（应答式）。

单向传输只用于无线电寻呼系统，双向传输有单工、双工和半双工三种工作方式。

单工通信是指通信双方电台交替地进行收信和发信，根据收、发频率的异同，又可分为同频单工和异频单工，同频单工是指通信的双方使用相同的频率工作，采用“按-讲”方式。某一时刻内一发话，另一方只能收听，如图 6-12 所示。

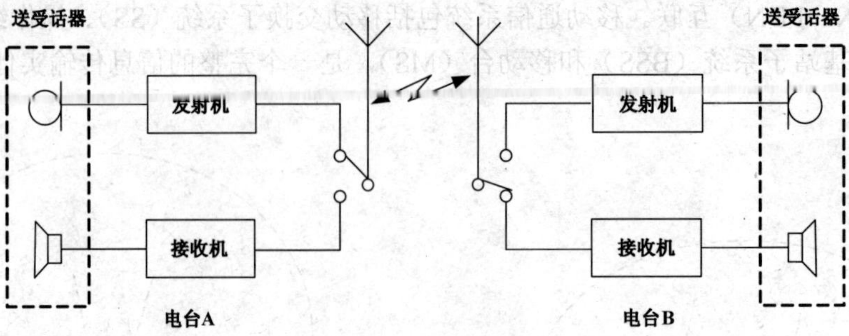


图 6-12 单工通信

同频单工的优点是设备简单，功耗小。其缺点是操作不方便，如果配合不恰当，会出现通话断断续续的现象。此外，若在同一地区有多部电台使用相邻的频率，相距较近的电台之间将会产生严重的干扰。双频单工是指通信双方使用两个频率 $f_1$ 和 $f_2$，而操作仍用“按-讲”方式。同一部电台的发射机和接收机也是交替工作的。只是收发各用一个频率，其优缺点与同频单工类似。单工通信方式适用于用户少、专业性强的移动通信系统。

双工通信是指通信双方电台同时进行收信和发信，如图 6-13 所示。

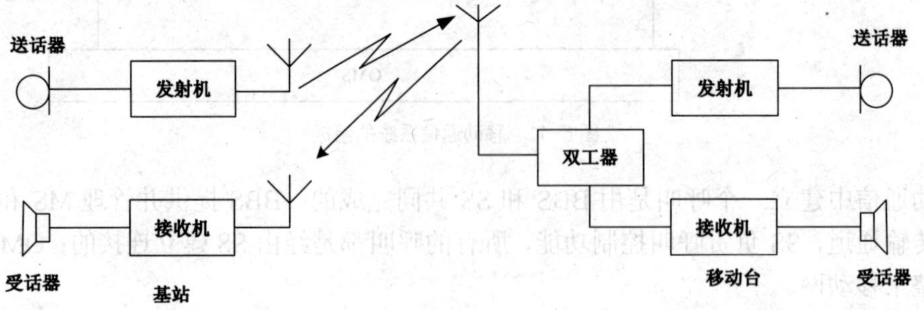


图 6-13 双工通信

半双工通信的组成与双工通信相似，移动台采用类似单工的“按讲”方式，即按下按讲开关，发射机才工作，而接收机总是工作的，基站工作情况与双工方式而是完全相同。

### 4. 移动通信的组网

蜂窝式组网的目的是解决常规移动通信系统的频谱匮乏，容量小，服务质量差，频谱利用率低等问题。蜂窝式组网理论为移动通信技术的发展和新一代多功能设备的产生奠定了基础。

移动通信采用无线蜂窝式小区覆盖和小功率发射的模式。蜂窝式组网放弃了点对点传输和广播覆盖模式，把整个服务区域划分成若干个较小的区域（Cell，在蜂窝系统中称为小区），各小区均用小功率的发射机（即基站发射机）进行覆盖，许多小区像蜂窝一样能布满（即覆盖）任意形状的服务地区，如图 6-14 所示。

一个较低功率的发射机服务一个蜂窝小区，在较小的区域内设置相当数量的用户。根据不同制式系统和不同用户密度挑选不同类型的小区。基本的小区类型如下。

（1）超小区。小区半径 $r$>20km，适于人口稀少的农村地区。

（2）宏小区。小区半径 $r$ 为 1～20km，适于高速公路和人口稠密的地区。

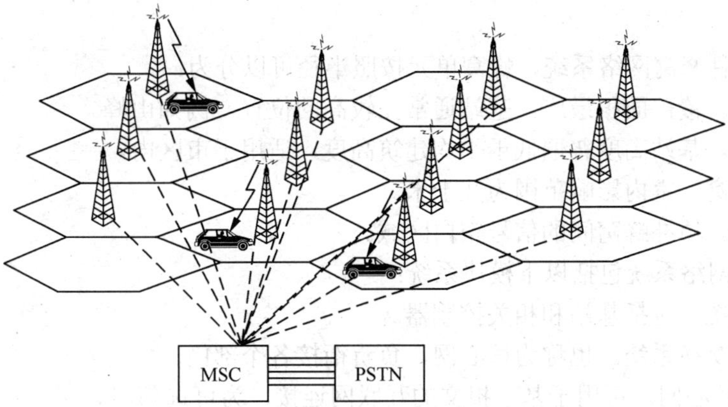

图 6-14　蜂窝移动通信小区覆盖

（3）微小区。小区半径 $r$ 为 0.1～1km，适于城市繁华区段。

（4）微微小区。小区半径 $r$<0.1km，适于办公室、家庭等移动应用环境。

当蜂窝小区用户数增大到一定程度而使准用频道数不够时，采用小区分裂方式将原蜂窝小区分裂为更小的蜂窝小区，低功率发射和大容量覆盖的优势十分明显。

## 6.3.2　移动通信的发展

现代移动通信技术的发展始于 21 世纪 20 年代，大致经历了 5 个发展阶段。

### 1．第一代移动通信：模拟语音

1982 年，为了解决大区制容量饱和的问题，美国贝尔实验室发明了高级移动电话系统 AMPS。AMPS 提出了“小区制”“蜂窝单元”的概念，是第一种真正意义上的“蜂窝移动通信系统”，同时采用频率复用（Frequency Division Multiplexing，FDM）技术，解决了公用移动通信系统所需要的大容量要求和频谱资源限制的矛盾。

在 100km 范围之内，IMTS 每个频率上只允许一个电话呼叫：AMPS 以允许 100 个 10km 的蜂窝单元，从而可以保证每个频率上有 10～15 个电话呼叫。

（1）系统结构

每一个蜂窝单元有一个基站负责接受该单元中电话的信息。基站连接到移动电话交换局（Mobile Telephone Switching Office，MTSO）。MTSO 采用分层机制，一级 MTOS 负责与基站之间的直接通信，高级 MTSO 则负责低级 MTSO 之间的业务处理。

（2）移交

当电话在蜂窝单元之间移动的时候，基站之间会通信，从而交换控制权，避免信道分配出错导致信号冲突。基站对于电话用户控制权的转换也称为“移交”。

### 2．第二代移动通信：数字语音

第二代移动通信技术使用数字制式，支持传统语音通信、文字和多媒体短信，并支持一些无线应用协议。主要有如下两种工作模式。

（1）GSM 移动通信（900/1800MHz）

工作在 900/1800MHz 频段，无线接口采用 TDMA 技术，核心网移动性管理协议采用 MAP

协议。

GSM是一种蜂窝网络系统，蜂窝单元按照半径可以分为：

① 宏蜂窝。覆盖面积最广，基站通常在较高的位置，例如山峰。

② 微蜂窝。基站高度普遍低于平均建筑高度，适用于市区内。

③ 微微蜂窝。室内影响范围为几十米。

④ 伞蜂窝。填补蜂窝间的信号空白区域。

GSM后台网络系统包括以下模块系统：

① 基站系统。包括基站和相关控制器。

② 网络和交换系统。也称为核心网，负责衔接各个部门。

③ GPRS核心网。可用于基于报文的互联网连接，为可选部门。

④ 身份识别模块。也称为SIM卡，主要用于保存手机用户数据。

（2）CDMA移动通信（800MHz）

工作在800MHz频段，核心网移动性管理协议采用IS-41协议，无线接口采用窄带码分多址（CDMA）技术。CDMA在蜂窝移动通信网络中的应用容量在理论上可以达到AMPS容量的20倍。CDMA可以同时区分并分离多个同时传输的信号。

CDMA有以下特点：抗干扰性好、抗多径衰落、保密安全性高、容量质量之间可以权衡取舍、同频率可在多个小区内重复使用。

### 3. 第三代移动通信：数字语音与数据

第三代移动通信技术（3rd-Generation，3G），是指支持高速数据传输的蜂窝移动通信技术。3G服务能够同时传送声音及数据信息，速率一般在几百kbit/s以上。第三代移动通信（3G）可以提供所有2G的信息业务，同时保证更快的速度，以及更全面的业务内容，如移动办公、视频流服务等。

3G的主要特征是可提供移动宽带多媒体业务，包括高速移动环境下支持144kbit/s速率。步行和慢速移动环境下支持384kbit/s速率，室内环境则应达到2Mbit/s的数据传输速率，同时保证高可靠服务质量。

人们发现从2G直接跳跃到3G存在较大的难度，于是出现了一个2.5G（也有人称后期2.5G为2.75G）的过渡阶段。图6-15给出了3G的发展历程。

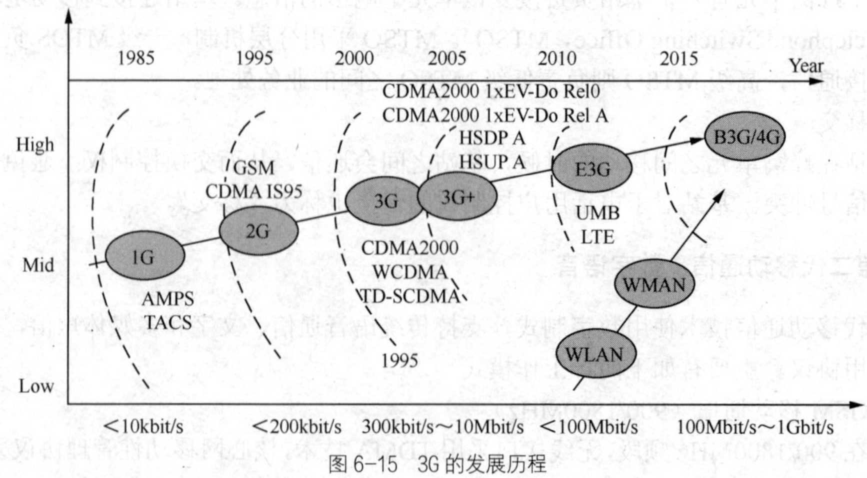


图6-15 3G的发展历程

3G 系统与 2G 系统有根本的不同。3G 系统主要采用 CDMA 技术和分组交换技术，而不是 2G 系统通常采用的 TDMA 技术和电路交换技术。与 2G 系统相比，3G 将支持更多的用户，实现更高的传输速率。第三代移动通信系统的目标可以概括如下。

（1）实现全球漫游。用户可以在整个系统甚至全球范围内漫游，且可以在不同速率、不同运动状态下获得有质量保证的服务。

（2）能够提供多种业务。提供语音、可变速率的数据、视频会话等业务，特别是多媒体业务。

（3）能够适应多种环境。可以综合现有的公众电话交换网（PSTN）、ISDN、无绳系统、地面移动通信系统、卫星通信系统提供无缝覆盖。

（4）足够的系统容量。强大的多种用户管理能力，高保密性和高质量的服务。

### 4．第四代移动通信技术

4G 是第四代移动通信及其技术的简称，是集 3G 与 WLAN 于一体并能够传输高质量视屏图像并且图像传输质量与高清晰度电视不相上下的技术产品。4G 系统能够以 100Mbit/s 速度下载比拨号上网快 2000 倍，上传的速度也能达到 20Mbit/s 并能够满足几乎所有用户对于无线服务的要求。而在用户最为关心的价格方面，4G 与固定宽带网络不相上下，而且计费方式更加灵活机动，用户完全可以根据自身的需求确定所需的服务。此外，4G 可以在 DSL 和有线电视调制解调器没有覆盖的地方部署，然后再扩展到整个地区。

4G 通信技术将是继第三代以后的又一次无线通信技术演进，其开发更加具有明确的目标性：提高移动装置无线访问互联网的速度。

（1）4G 系统网络结构及其关键技术

4G 移动系统网络结构可分为三层：物理网络层、中间环境层、应用网络层。第四代移动通信系统主要是以正交频分复用（Orthogonal Frequency Multiplexing，OFDM）为技术核心。

OFDM 实际上是多载波调制的一种，其核心思想是：将信道分成若干正交子信道，将高速数据信号转换成并行的低速子数据流，调制到在每个子信道上进行传输。

OFDM 技术的特点是网络结构高度可扩展，具有良好的抗噪声性能和抗多信道干扰能力，可以提供无线数据技术质量更高（速率高、时延小）的服务和更好的性能价格比，能为 4G 无线网提供更好的方案。

（2）4G 通信特点

目前正在构思中的 4G 通信具有下面的特征。

① 通信速度更快

4G 通信给人印象最深刻的特征莫过于它具有更快的无线通信速度。第四代移动通信系统可以达到 10～20Mbit/s，甚至最高可以达到每秒 100Mbit/s 的速度传输无线信息，这种速度相当于目前手机传输速度的 1 万倍左右。

② 网络频谱更宽

要想使 4G 通信达到 100Mbit/s 的传输，通信运营商必须在 3G 通信网络的基础上，进行大幅度的改造和研究，以便使 4G 网络在通信宽带上比 3G 网络的蜂窝系统的带宽高出许多。估计每个 4G 信道将占有 100MHz 的频谱，相当于 W-CDMA3G 网络的 20 倍。

③ 通信更加灵活

从严格意义上说，4G 手机的功能已经不能简单归属于“电话机”的范畴，语音资料的传输只是 4G 移动电话的功能之一而已，未来 4G 手机更应该算得上是一个微型电脑。未来的 4G 通信将使人们不仅可以随时随地通信，更可以双向下载传递资料、图片、影像，当然更可以和从未谋面的陌生人网上连线对打游戏。网上定位系统可以提供实时地图的服务。

④ 智能性能更高

第四代移动通信的智能性更高，不仅表现在 4G 通信的终端设备的设计和操作具有智能化，例如对菜单和滚动操作的依赖程度将大大降低，更重要的是 4G 手机可以实现许多难以想象的功能。例如 4G 手机可以将电影院票房资料直接下载，这些资料能够把目前的售票情况、座位情况显示得清清楚楚，大家可以根据这些信息来购买自己满意的电影票；4G 手机可以被看作是一台手提电视，用来看体育比赛之类的各种现场直播。

⑤ 兼容性能更平滑

要使 4G 通信更快地被人们接受，除了考虑它的功能强大外，还应该考虑到现有通信的基础，以便让更多的现有通信用户在投资最少的情况下就能很轻易地过渡到 4G 通信，因此，从这个角度来看，未来的第四代移动通信系统应当具备全球漫游、接口开放、能跟更多种网络互联、终端多样化以及能从第二代平稳过渡等特点。

⑥ 提供各种增值服务

4G 通信并不是从 3G 通信的基础上经过简单的升级而演变过来的，它们的核心建设基础根本就是不同的，3G 移动通信系统主要是以 CDMA 为核心技术，而 4G 移动通信系统技术则以正交多任务分频技术（OFDM）最受瞩目，利用这种技术人们可以实现例如无线区域环路（WLL）、数字音讯广播（DAB）等方面的无线通信增值服务。

⑦ 实现更高质量的多媒体通信

第四代移动通信系统提供的无线多媒体通信服务将包括语音、数据、影像等大量信息通过宽频的信道传送出去，为此未来的第四代移动通信系统也称为“多媒体移动通信”。

⑧ 频率使用效率更高

第四代主要是运用路由技术（Routing）为主的网络架构。由于利用了几项不同的技术，所以无线频率的使用比第二代和第三代系统有效得多。按照最乐观的情况统计，这种有效性可以让更多的人使用与以前相同数量的无线频谱做更多的事情，而且做这些事情的时候速度相当快。下载速率可能达到 5～10Mbit/s。

⑨ 通信费用更加便宜

由于 4G 通信不仅解决了与 3G 通信的兼容性问题，让更多的现有通信用户能轻易地升级到 4G 通信，而且 4G 通信引入了许多尖端的通信技术，这些技术保证了 4G 通信能提供一种灵活性非常高的系统操作方式。通信运营商们将考虑直接在 3G 通信网络的基础设施之上，采用逐步引入的方法，这样就能够有效地降低运行者和用户的费用，4G 通信的无线即时连接等某些服务费用将比 3G 通信更加便宜。

表 6-1 给出了移动通信技术代际分期情况。

**表 6-1　　移动通信技术代际分期**

| 代际 | 1G | 2G | 2.5G | 3G | 4G |
|---|---|---|---|---|---|
| 信号 | 模拟 | 数字 | 数字 | 数字 | 数字 |
| 制式 | | GSM CDMA | GPRS | W-CDMA CDMA2000 TD-SCDMA | TD-LTE |
| 主要功能 | 语音 | 数据 | 窄带 | 宽带 | 广宽 |
| 典型应用 | 通话 | 短信、彩信 | 蓝牙 | 多媒体 | 高清 |

### 6.3.3 宽带移动通信

由于前两代移动通信系统都只能支持语音和低速数据业务，只有第三代移动通信系统才能提供足够带宽支持多媒体业务，因此本节所说的宽带移动通信主要是指第三代移动通信系统。第三代移动通信系统最早由国际电信联盟（ITU）于 1985 年提出，当时称为未来公众陆地移动通信系统（Future Public Land Mobile Telecommunication System，FPLMTS）。后来，由于 ITU 预计该系统在 2000 年左右投入商用，而且该系统的一期主频段位于 4GHz 频段附近，所以将其正式命名为 IMT-2000（International Mobile Telecom System-2000，国际移动电话系统-2000）。

3G 标准化分为核心网和无线接口两部分。ITU 最初的愿望是制定一个统一的无线接口标准和一个公共的网络标准，但因种种原因无法实现，所以 ITU 提出了一个“家族”概念。核心网分别基于第二代两大网络，即 GSM MAP 和 ANSI-41 核心网来实现，而无线接口部分形成多个无线技术标准。ITU 在 2000 年 5 月确定 W-CDMA、CDMA2000、TD-SCDMA 以及 WiMAX 四大主流无线接口标准。CDMA 是第三代移动通信系统的技术基础。第一代移动通信系统采用频分多址（FDMA）的模拟调制方式，这种系统的主要缺点是频谱利用率低，信令干扰话音业务。第二代移动通信系统主要采用时分多址（TDMA）的数字调制方式，提高了系统容量，并采用独立信道传送信令，使系统性能大为改善，但 TDMA 的系统容量仍然有限，越区切换性能仍不完善。CDMA 系统以其频率规划简单、系统容量大、频率复用系数高、抗多径能力强、通信质量好、软容量、软切换等特点显示出巨大的发展潜力。下面分别介绍 3G 的这几种标准。

#### 1. W-CDMA

W-CDMA（Wideband Code Division Multiple Access，宽带码分多址）是一种 3G 蜂窝网络，它从码分多址（CDMA）演变而来，在官方上被认为是 IMT-2000 的直接扩展，与现在市场上通常提供的技术相比，它能够为移动和手提无线设备提供更高的数据速率。W-CDMA 使用的部门协议与 2G GSM 标准一致，具体一点来说，W-CDMA 是一种利用码分多址复用方法的宽带扩频 3G 移动通信空中接口，是由爱立信公司提出，是 3GPP 具体制定的基于 GSM MAP 核心网、UTRAN 为无线接口的 3G 系统。

W-CDMA 源于欧洲和日本集中技术的融合，采用直扩（MC）模式，载波宽带为 5MHz，数据传送可达到 2Mbit/s（室内）及 384kbit/s（移动空间）。它采用 MC FDD 双工模式，与 GSM 网络有良好的兼容性和互操作性。W-CDMA 采用最新的异步传输模式（ATM）微信元传输协议，能够允许在一条线路上传送更多的语音呼叫，呼叫数由现在的 30 个提高到 300 个，在人口密集的地区线路将不再容易堵塞。另外，W-CDMA 还采用了自适应天线和微小区技术，大大地提高了系统的容量。

WCDMA 产业化的关键技术包括射频和基带处理技术，具体包括射频、中频数字化处理、RAKE 接收机、信道编解码、功率控制等关键技术和多用户检测、智能天线等增强技术。

（1）射频和中频

射频部分是传统的模拟结构，实现射频和中频信号转换。射频上行通道部分主要包括自动增益控制（射频部分是传统的模拟结构，实现射频和中频信号转换。射频上行通道部分主要包括自动增益控制（RFAGC）、接收滤波器（Rx 滤波器）和下变频器。射频的下行通道部分主要包括二次上变频，宽带线性功放和射频发射滤波器。中频部分主要包括上行的去混迭滤波器、下变频器、ADC和下行的中频平滑滤波器、上变频器和DAC。与GSM信号和第一代信号不同，WCDMA的信号带宽为达到5MHz的宽带信号。宽带信号的射频功放的线性和效率是普遍存在的矛盾。

（2）RAKE接收机

RAKE接收机是专为CDMA系统设计的经典分集接收器，其理论基础是：当传播时延超过一个码片周期时，多径信号实际上可被看作是互不相关的。

带DLL的相关器是一个迟早门的锁相环。它由两个相关器（早和晚）组成，和解调相关器分别相差±1/2（或1/4）个码片。迟早门的相关结果相减可以用于调整码相位。延迟环路的性能取决于环路带宽。

延迟估计的作用是通过匹配滤波器获取不同时间延迟位置上的信号能量分布，识别具有较大能量的多径位置，并将它们的时间量分配到RAKE接收机的不同接收径上。匹配滤波器的测量精度可以达到1/4～1/2码片，而RAKE接收机的不同接收径的间隔是一个码片。实际实现中，如果延迟估计的更新速度很快（比如几十毫秒一次），就可以无需迟早门的锁相环。

由于信道中快速衰落和噪声的影响，实际接收的各径的相位与原来发射信号的相位有很大的变化，因此在合并以前要按照信道估计的结果进行相位的旋转，实际的CDMA系统中的信道估计是根据发射信号中携带的导频符号完成的。根据发射信号中是否携带有连续导频，可以分别采用基于连续导频的相位预测和基于判决反馈技术的相位预测方法。

在系统中对每个用户都要进行多径的搜索和解调，而且WCDMA的码片速率很高，其基带硬件的处理量很大，在实际实现中有一定困难。

（3）信道编解码

信道编解码主要是降低信号传播功率和解决信号在无线传播环境中不可避免的衰落问题。编解码技术结合交织技术的使用可以提高误码率性能，与无编码情况相比，传统的卷积码可以将误码率提高两个数量级达到 $10^{-4}$～$10^{-3}$，而Turbo码可以将误码率进一步提高到 $10^{-6}$。WCDMA候选的信道编解码技术中原来包括Reed-Solomon和Turbo码，Turbo码因为编解码性能能够逼近Shannon极限而最后被采用作为3G的数据编解码技术。卷积码主要是用于低数据速率的语音和信令。Turbo编码由两个或以上的基本编码器通过一个或以上交织器并行级联构成。

Turbo码的原理是基于对传统级联码的算法和结构上的修正，内交织器的引入使得迭代解码的正反馈得到了很好的消除。Turbo的迭代解码算法包括SOVA（软输出Viterbi算法）、MAP（最大后验概率算法）等。由于MAP算法的每一次迭代性能的提高都优于Viterbi算法，因此MAP算法的迭代译码器可以获得更大的编码增益。实际实现的MAP算法是Log-MAP算法，它将MAP算法置于对数域中进行计算，减少了计算量。

Turbo解码算法实现的难点在于高速数据时的解码速率和相应的迭代次数，现有的DSP都内置了解码器所需的基本算法，使得Turbo解码可以依赖DSP芯片直接实现而无需采用ASIC。

### 2. CDMA2000

CDMA2000（Code Division Multiple Access 2000）是一个3G移动通信CDMA框架标准，是国际电信联盟ITU的IMT-2000标准认可的无线电接口，也是2G CDMA One标准的延伸。

根本的信令标准是 IS 2000。CDMA2000 与另一个 3G 标准 W-CDMA 不兼容。

CDMA2000 由美国高通北美公司为主导提出，摩托罗拉、Lucent 和后来加入的韩国三星都有参与，韩国现在成为该标准的主导者。目前使用 CDMA 的地区只有日、韩和北美，CDMA2000 与另两个主要的 3G 标准 W-CDMA 以及 TD-SCDMA 不兼容。

CDMA2000 有多个不同的版本，其演进路线如图 6-16 和表 6-2 所示。

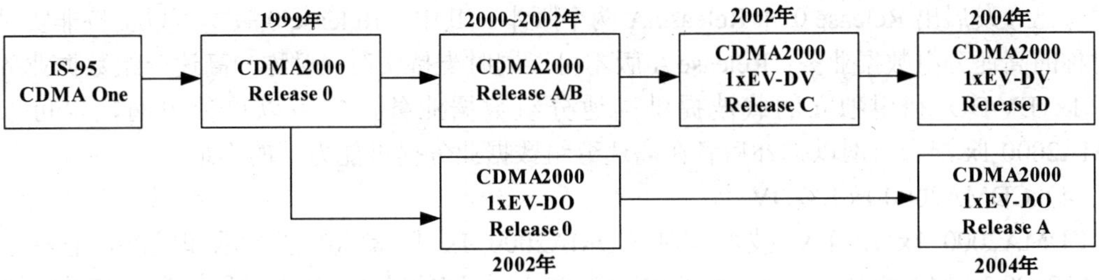


图 6-16 CDMA2000 的演进过程

表 6-2 CDMA2000 标准发展

| 系统 | | 速率 | 业务 | 阶段 |
|---|---|---|---|---|
| CDMA One | IS-95A | 14.4kbit/s | 语音 | 2G |
| | IS-95B | 64kbit/s | | |
| CDMA2000 1x | | 上行最大 307.2kbit/s，下行最大 307.2kbit/s | 语音/数据 | 2.5G |
| CDMA2000 1x EV-DO | Release 0 | 上行最大 153.6kbit/s，下行最大 2.4Mbit/s | 数据 | 3G |
| | Release A | 上行最大 1.8Mbit/s，下行最大 3.1Mbit/s | | |
| CDMA2000 1x EV-DV | | 4Mbit/s 以上 | 语音/数据 | 3G |

（1）CDMA One

IS-95 是由高通公司发起的第一个基于 CDMA 数字蜂窝标准。IS-95 也叫 TIA-EIA-95。它是一个使用 CDMA 的 2G 移动通信标准，一个数据无线电多接入方案，其用来发送声音，数据和在无线电话和蜂窝站点间发信号数据（如被拨电话号码）。CDMA One 是基于 IS-95 标准的各种 CDMA 产品的总称，即基于 CDMA One 技术的产品，其核心技术均以 IS-95 作为标准。

（2）CDMA2000 1x

CDMA2000 1x 仍然采用 IS-95 的一个载波 1.25MHz。码片速率 1.2288Mcps，这样非常方便的从 IS-95 升级到 CDMA2000 1x，并与 IS-95 后向兼容。CDMA2000 1x 系统在 IS-95 上做了如下改进。

① 反向导频，实现反向相干解调，可增加信噪比 3dB，反向容量提高一倍。

② 前向信道采用快速功率控制技术，速率 800/s，从而可以进行前向快速闭环功率控制，大大提高前向信道容量。

③ 前向信道还采用传输分集发射技术，提高信道的抗衰落能力，改善前向信道信号质量，分集发射与快速功率控制技术使前向容量提高一倍。

④ 纠错码采用 Turbo 码，提高信噪比 2dB。容量是卷积码的 1.6 倍。

⑤ 引入快速寻呼信道，极大减少了移动台的电源消耗，待机时间增加 5 倍。

⑥ 定义新的接入方式，减少呼叫建立时间，并减少移动台在接入过程对其他用户的干扰。

⑦ 辅助码分信道，灵活支持分组业务，可以对一个用户同时承载多个数据流和多种业务。

⑧ 信令和用户采用 20ms 帧长，控制信息采用 5ms 帧长。

经过上述改进后的 CDMA2000 1x 系统容量是 IS-95 话音的 2 倍，数据的 3 倍。

（3）CDMA2000 1x EV-DO

CDMA2000 1x EV-DO 是一种专为高速分组数据传送而优化设计的 CDMA2000 空中接口技术，已经发展出 Release 0 和 Release A 两个版本。其中，Release 0 版本可以支持非实时、非对称的高速分组数据业务；Release A 版本可以同时支持实时、对称的高速分组数据业务传送。1x EV-DO 利用独立的载波提供高速分组数据业务，它可以单独组网，也可以与 CDMA2000 1x 混合组网以弥补后者在高速分组数据业务提供能力上的不足。

（4）CDMA2000 1x EV-DV

CDMA2000 1x EV-DV 技术是对 CDMA2000 1x 技术标准的继承和发展，它继承了 CDMA2000 1x 的网络架构，使用与 CDMA2000 1x 相同的频段。其主导思想是在 CDMA2000 1x 载波基础上提升前向和反向分组传送的速率和提供业务 QoS 保证。1x EV-DV 的物理层采用重传机制、时分与码分复用相结合及自适应调制编码等先进技术实现高效传输，其 MAC 层采用灵活的资源调度机制以提高系统资源的利用效率，此外，它还增加了用户分类和业务流分类机制以保障业务的 QoS。

### 3．TD-SCDMA

TD-SCDMA（Time Division Synchronous Code Division Multiple Access）是由我国信息产业部电信科学技术研究院提出，与德国西门子公司联合开发的。主要技术特点有同步码分多址技术、智能天线技术和软件无线技术。它采用 TDD 双工模式，载波带宽为 1.6MHz。TDD 是一种优越的双工模式，能使用各种频率资源，能节省未来紧张的频率资源，而且设备成本相对比较低。

另外，TD-SCDMA 独特的智能天线技术能大大特高系统的容量，特别对 CDMA 系统的容量能增加 50%，而且降低了基站的发射功率，减少了干扰。TD-SCDMA 软件无线技术使不同系统间的兼容性也易于实现。当然 TD-SCDMA 也存在一些缺陷，它在技术的成熟性方面比另外两种技术要欠缺一等。

TD-SCDMA 的关键技术包括联合检测、智能天线、上行同步、动态信道分配、接力切换等。

（1）联合检测（Joint Detection）

联合检测是 TD-SCDMA 技术中革新的多用户检测方案，接收机综合考虑了接收到的多址干扰 MAI 和多径干扰 ISI，在做了充分的信道估计的前提下，一步之内将所有用户的信号都分离开来，将有用信号提取出来，达到抗干扰的目的。

同传统接收机相比，联合检测可以抑制 ISI（本用户多径带来的干扰）与 MAI（其他用户带来的干扰），并抑制远近效应，降低功率控制要求。使得网络规划更为简单，网络覆盖及用户接入的稳定性得到进一步提高。后续扩容也更加方便，并节约扩容成本。

（2）智能天线（Smart Antenna）

智能天线的技术核心是自适应天线波束赋形技术，它结合了自适应技术的优点，利用天线阵列对波束的汇成和指向的控制，产生多个独立的波束，可以自适应地调整其方向图以跟踪信号的变化，它能实现天线和传播环境与用户和基站之间的最佳匹配。智能天线是由多根天线阵元组成天线阵列，通过调节各阵元信号的加权幅度和相位来改变阵列天线的方向图，从而抑制干扰，提高信噪比。

TD-SCDMA 系统采用了智能天线技术，可以提高基站接收机的灵敏度，提高基站发射机的等效发射功率，降低系统的干扰，增加系统的容量，改进小区的覆盖，降低系统的成本。

（3）上行同步（Uplink Synchronization）

上行同步是 TD-SCDMA 的关键技术之一，上行同步性能的好坏直接关系到整个系统性能的好坏。所谓上行同步是指在同一小区中，来自同一时隙不同距离的用户终端发送的上行信号能同步到达基站接收天线，即同一时隙不同用户的信号到达基站接收天线时保持同步（该同步通过网络控制移动台动态调整发往基站的发射时间来完成）。TD-SCDMA 系统能够实现上行同步，与系统的帧结构特性有密不可分的关系，系统帧结构设计是实现上行同步的前提。

上行同步技术可以最大限度地克服用户之间的干扰（MAI），改善系统的性能，简化基站设计方案，降低无线基站成本。

（4）动态信道分配（Dynamical Channel Allocation）

在 TD-SCDMA 系统中的信道是频率、时隙、信道化码三者的组合。动态信道分配就是在终端接入和链路持续期间，对信道进行动态地分配和调整，把资源合理、高效地分配到各个小区、各个用户，使系统资源利用率最大化和提高链路质量。动态信道分配技术主要研究的是频率、时隙、扩频码的分配方法，对 TD 系统而言还可以利用空间位置和角度信息协助进行资源的优化配置。

动态信道分配技术可以提高接入率，降低掉话率，降低干扰，提高系统容量。

（5）接力切换（Baton Handover）

接力切换是 TD-SCDMA 移动通信系统的核心技术之一，是介于硬切换和软切换之间的一种新的切换方法。接力切换使用上行预同步技术，在切换测量期间，提前获取切换后的上行信道发送时间、功率信息，从而达到减少切换时间，提高切换成功率、降低切换掉话率的目的。在切换过程中，UE 从源小区接收下行数据，向目标小区发送上行数据，即上下行通信链路先后转移到目标小区。

接力切换是 TD-SCDMA 系统中的主要技术特点之一，它充分利用了同步网络优势，在切换操作前使用预同步技术，使移动台在与原小区通信保持不变的情况下与目标小区建立同步关系，使得在切换过程中大大减少因失步造成的丢包，这样在不损失容量的前提下，极大地提升了通信质量。

#### 4．WiMAX

WiMAX（Worldwide Interoperability for Microwave Access，全球微波互联接入）是一项新兴的宽带无线接入技术，能提供面向互联网的高速连接，数据传输距离最远可达 50km。WiMAX 还具有 QoS 保障、传输速率高、业务丰富多样等优点。WiMAX 的技术起点较高，采用了代表未来通信技术发展方向的 OFDM/OFDMA、AAS、MIMO 等先进技术，随着技术标准的发展，WiMAX 逐步实现宽带业务的移动化，而 3G 则实现移动业务的宽带化，两种网络的融合程度会越来越高。该技术以 IEEE 802.16 的系列宽频无线标准为基础，因此 WiMAX 也叫 802.16 无线城域网或 802.16。

（1）WiMAX 的技术特点

TCP/IP 协议的特点之一是对信道的传输质量有较高的要求。无线宽带接入技术面对日益增长的 IP 数据业务，必须适应 TCP/IP 协议对信道传输质量的要求。在 WiMAX 技术的应用条件下（室外远距离），无线信道的衰落现象非常显著，在质量不稳定的无线信道上运用TCP/IP 协议，其效率可能十分低下。WiMAX 技术在链路层加入了 ARQ 机制，减少到达网络层的信息差错，可大大提高系统的业务吞吐量。同时 WiMAX 采用天线阵、天线极化方式等天线分集技术来应对无线信道的衰落。这些措施都提高了 WiMax 的无线数据传输的性能。

WiMax 可以向用户提供具有 QoS 性能的数据、视频、话音（VoIP）业务。WiMAX 可以提供三种等级的服务：CBR（Con-stant Bit Rate，固定带宽）、CIR（Com-mitted Rate），承诺带宽、BE（Best Effort，尽力而为）。CBR 的优先级最高，任何情况下网络操作者与服务提供商以高优先级、高速率及低延时为用户提供服务，保证用户订购的带宽。CIR 的优先级次之，网络操作者以约定的速率来提供，但速率超过规定的峰值时，优先级会降低，还可以根据设备带宽资源情况向用户提供更多的传输带宽。BE 则具有更低的优先级，这种服务类似于传统 IP 网络的尽力而为的服务，网络不提供优先级与速率的保证。在系统满足其他用户较高优先级业务的条件下，尽力为用户提供传输带宽。

整体来说，802.16 工作的频段采用的是无需授权频段，范围为 2～66GHz，而 802.16a 则是一种采用 2～11GHz 无需授权频段的宽带无线接入系统，其频道带宽可根据需求在 1.5～20MHz 范围进行调整。因此，802.16 所使用的频谱可能比其他任何无线技术更丰富，具有以下优点。

① 对于已知的干扰，窄的信道带宽有利于避开干扰。

② 当信息带宽需求不大时，窄的信道带宽有利于节省频谱资源。

③ 灵活的带宽调整能力，有利于运营商或用户协调频谱资源。

（2）IEEE 802.16 标准

1999 年，IEEE 成立了 IEEE 802.16 工作组来专门研究宽带固定无线接入技术规范，目标就是要建立一个全球统一的宽带无线接入标准。IEEE 802.16 工作组的出现大大地推动了宽带无线接入技术在全球的发展。

IEEE 802.16 标准描述了一个点到多点的固定宽带无线接入系统的空中接口，包括 MAC 层和物理层两大部分。IEEE 802.16 MAC 层能支持多种物理层规范，以适合各种应用环境。IEEE 802.16 协议栈模型如图 6-17 所示。

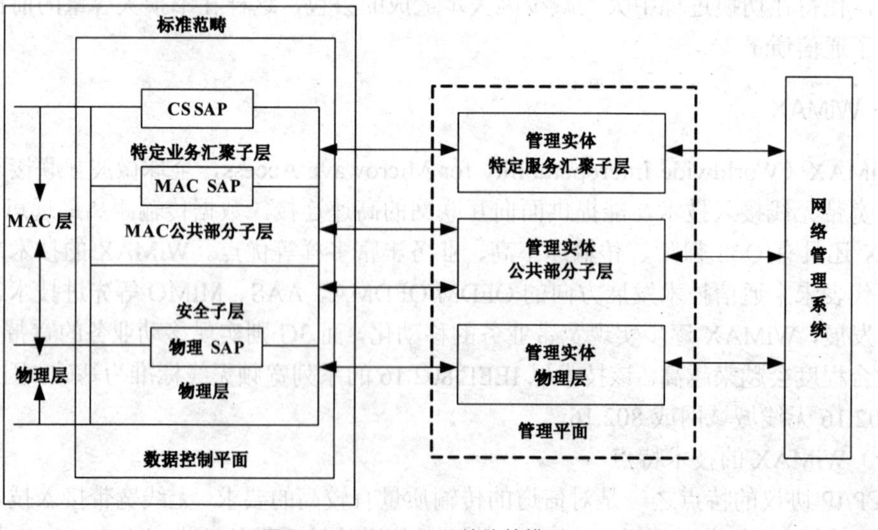


图 6-17 IEEE 802.16 协议栈模型

MAC 层由特定业务汇聚子层（CS）、MAC 公共部分子层（CPS）和加密协议子层 3 部分组成，其中加密协议子层是可选的。

CS 子层主要功能是负责将其业务接入点（SAP）收到的外部网络数据转换和映射到 MAC 业务数据单元（SDU），并传递到 MAC 层业务接入点（SAP）。具体包括对外部网络数据 SDU 执行分类，并映射到适当的 MAC 业务流和连接标识符（CID）上，甚至可能包括净荷头抑制（PHS）等功能。协议提供多个 CS 规范作为与外部各种协议的接口。

MAC CPS 是 MAC 的核心部分，主要功能包括系统接入、带宽分配、连接建立和连接维护等。它通过 MAC SAP 接收来自各种 CS 层的数据并分类到特定的 MAC 连接，同时对物理层上传输和调度的数据实施服务质量（QoS）控制。通常说的 MAC 层主要指 MAC CPS。

加密协议子层的主要功能是提供认证、密钥交换和加解密处理。

物理层由传输汇聚子层（TCL）和物理媒质依赖子层（PMD）组成，通常说的物理层主要是指 PMD。物理层定义了两种双工方式：TDD 和 FDD，这两种方式都使用突发数据传输格式，这种传输机制支持自适应的突发业务数据，传输参数（调制方式、编码方式、发射功率等）可以动态调整，但是需要 MAC 层协助完成。

基于 IEEE 802.16 系列标准的 WiMAX 的特点明显：实现的 50km 无线信号的传输距离是无线局域网所不能比拟的；网络覆盖面积是 3G 发射塔的 10 倍，只要建设少数基站就能实现全城覆盖，使得无线网络应用范围大大扩展；提供的接入速度达 70Mbit/s（14MHz 载波），使无线网络的接入速度有了一个很大的进步。

## 思考题

- 简述移动通信的发展历程。
- 4G 通信具有什么特征？

## 6.4　未来的物联网通信技术

在通信技术领域，数以亿计的网络通信设备已经将现有的通信技术、通信网络和通信服务模式推向了极限。所以为了建设未来的物联网，必须进一步开展大量的研究工作。

从研究内容来看，人们一方面要努力进行各种技术研究工作，在物联网通信体系结构的演化与发展、无线系统访问架构、通信协议、通信设备技术、通信的安全性与保密性技术以及能够自主适应动态环境变化的面向服务架构等技术领域中投入精力；另一方面，还需要在应用领域的探索上下大力气，努力寻找那些可以将上述各种技术整合进完整端对端系统结构的各种专有应用方向。

从短期来看，在未来物联网通信技术的研究过程中，下面这些内容将是研究的重点。

（1）发展“物品”与“物品”之间以及“物品”与网络之间可以方便地进行信息交互的各种通信技术。

（2）发展传感器与传感器之间以及传感器与物联网系统之间的各种通信技术，使得通过这些通信技术，传感器和探测设备可以将它们记录到的数据用来在数字化的世界中呈现现实世界的真实状态和完整情况。

（3）开展驱动装置之间以及驱动装置与物联网系统之间的通信技术研究工作，通过这些通信技术，物联网可以依据数字化世界中的各种决策和状态变化触发并驱动现实世界中的驱动装置进行操作、完成任务。

（4）开展各种分布式数据存储单元以及它们与物联网系统之间的通信技术研究工作，其中分布式数据存储单元将用来收集来自于传感器、探测设备、标识以及状态监控系统的各种数据。

（5）发展那些可以满足现实世界中人与人之间各种交互需求的物联网通信技术。

（6）开展用来提供数据挖掘和数据服务的各种通信技术和处理技术的研发工作。发展适应于定位和跟踪需要的各种通信技术，以使得通过这些技术可以进行现实世界中的地点判断和位置监控。

（7）开展与标识技术相适应的通信技术的研究工作，使得可以通过这些通信技术在数字化世界中为现实世界中的各种物品提供唯一标识和身份认证。

# 课后习题

1．简述 IP 协议的主要作用。

2．典型的近距离无线通信技术有哪几种？

3．蓝牙协议的核心协议有哪些？

4．ZigBee 的主要特性有哪些？网络的拓扑结构有哪几类？

5．移动通信系统的组成是什么？它们是如何分类的？

6．简述蜂窝式组网的组网模式。

# 第7章 物联网中间件

**学习目标**

- 了解物联网中间件的组成。
- 了解物联网中间件的关键技术。
- 了解物联网中间件的开发方法。

**预习题**

- 软件中间件是一种什么样的软件构成方法?
- 传统意义上的 Web、万维网、上下文感知技术是怎样的?
- Ruby 是什么?

物联网中间件是物联网目前发展过程中一个具有挑战性的新领域，是物联网软件的基础组成部分。尤其在物联网这样的大规模分布式的异构网络中，如何有效生成通用的应用和服务，与物联网中间件密切相关。本章主要介绍介绍物联网中间件的关键技术，包括 Web 服务、嵌入式 Web、上下文感知技术及万维物联网。主要内容有：物联网中间件基本概念；物联网中间件关键技术；物联网物联网中间件编程实例。

## 7.1 物联网中间件基本概念

美国是最早提出物联网中间件（IOT-MW）概念的国家。 物联网中各种应用软件需要在各种平台间进行移植运行，需一种构建于软、硬件平台上的更上一层软件支持系统——中间件。采用中间件技术，可以实现多个系统和多种技术之间的资源共享，最终组成一个资源丰富、功能强大的服务系统。物联网中间件技术作为物联网中的基础软件部分，有着非常重要的作用。

### 7.1.1 物联网中间件定义和分类

中间件定义：一种独立的系统软件或服务程序，可广泛应用于客户机、服务器的操作系统，管理计算机资源和网络通信中。作用是使得连接的两个独立应用程序或独立系统软件，即使相连接的系统具有不同的接口，利用中间件后仍能相互交换信息。其执行的关键途径是信息传递。

物联网中间件可根据其目的和实现机制不同，将中间件分为以下几类：远程过程调用中间件（Remote Procedure Call），面向消息中间件（Message-Oriented Middleware）和对象请求代理中间件（Object Request Brokers）。这几类中间件可向上提供不同形式的通信服务，在这些基本的通信平台之上，可构筑各种框架，为应用程序提供不同领域内的服务，如事务处理监控器、分布数据访问、对象事务管理器等。

物联网中间件发展的三个阶段，分别是应用程序中间件阶段（Application Middleware）；架构中间件阶段（Infrastructure Middleware）；解决方案中间件阶段（Solution Middleware）。

目前，物联网中间件最主要的代表是 RFID 中间件，其他的还有嵌入式中间件、数字电视中间件、通用中间件、M2M 物联网中间件等。RFID 中间件是 RFID 标签和应用程序间的中介，应用程序使用中间件提供的通用应用程序接口（API），能连到 RFID 读写器，读取 RFID 标签数据。存储 RFID 标签数据的数据库或后端应用程序改用其他软件，或 RFID 读写器种类增加等情况发生时，应用端不需修改也能处理，省去多对多连接的维护复杂性。

同样，RFID 中间件的三个发展阶段分别是应用程序中间件发展阶段、基础架构中间件发展阶段和解决方案中间件（Solution Middleware）发展阶段。

## 7.1.2 物联网中间件基本组成和特点

基本构成：给物品打上电子标签，电子标签携带有一个电子产品编码，即可实现全球物品的统一编码，它还代表这个物品的基本识别信息。要实现每个小的应用环境或系统的标准化以及它们之间的通信，必须设置一个通用的平台和接口，也就是中间件。RFID 中间件在系统中的位置和作用如图 7-1 所示。

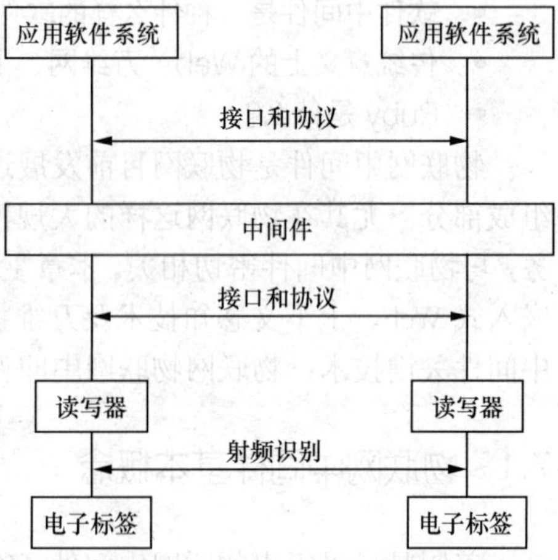

图 7-1 RFID 中间件在系统中的位置和作用

物联网中间件具有以下特点。

（1）独立于架构。介于 RFID 读写器与后端应用程序之间，独立于它们之外。可与多个 RFID 读写器、多个后端应用程序连接，以减轻架构与维护的复杂性。

（2）数据流。物联网的主要目的在于将实体对象转换为信息环境下的虚拟对象，因此数据处理是中间件最重要的功能。中间件具有数据搜集、过滤、整合与传递等功能，以便将正确的对象信息传到上层的应用系统。

（3）处理流。物联网中间件采用程序逻辑及存储转发的功能来提供顺序的信息流，具有数据流设计与管理的能力。

（4）标准化。物联网中间件需要为不同的上层应用和下层设备提供标准的接口和通信协议。

## 7.1.3 物联网中间件举例

### 1．ASPIRE

ASPIRE 的解决办法是完全开源和免版权费用，这大大降低了总的开发成本。实现特征：轻量级、可重新编程、智能、适合当前标准、可升级、安全性高、完整。

### 2. Hydra

Hydra 是基于语义模式驱动的架构，定位于操作系统和应用之间的中间件。Hydra 安全框架部署了一个规则框架，虚拟化结构。包含了众多软件组成部分，被设计用于处理各种任务，以完成一个有效利用成本的智能物联网应用开发过程。利于实现环境感知行为和解决在资源受限设备中处理数据的持久性问题，可以在新的和已经存在的分布式设备网络上进行协作。

## 思考题

为什么在物联网中要采用中间件技术？

## 7.2 物联网中间件关键技术

物联网中间件相关的关键技术，包括在互联网中广泛使用的 Web 服务、融合物联网嵌入式设备的嵌入式 Web 和万维物联网，以及具有感知特征的上下文感知技术。本节内容有：Web 服务；嵌入式中间件技术；万维物联网（Web of Things）；上下文感知技术。

### 7.2.1 Web 服务

Web 服务（Web Services）向外界提供了一个能够通过 Web 调用的应用程序编程接口 API（Application Programming Interface），能够用编程的方法通过 Web 来调用这个应用程序。客户能够通过调用这个 Web Services 的应用程序获得相应的服务。

Web 服务是一种可以通过 Web 描述、发布、定位和调用的模块化应用。

Web 服务可以执行多种功能，从简单的请求到复杂的业务过程。

一旦 Web 服务被部署，其他的应用程序或 Web 服务就能够发现并且调用这个部署的服务。

Web 服务建立了一套可互操作的分布式应用程序平台标准，它定义了应用程序如何在 Web 上实现互操作性。Web 服务为实现物联网应用与服务提供了基本的一个框架。

Web 服务通过简单对象访问协议（Simple Object Access Protocol，SOAP）来调用。

SOAP 是一种轻量级的消息协议，它允许用任何语言编写的任何类型的对象在任何平台之上相互通信。

SOA（Service-Oriented Architecture）即面向服务的体系结构，是一个组件模型，它将应用程序的不同功能单元通过这些服务之间定义的接口和协议联系起来。

接口采用中立的方式进行定义，它应独立于实现服务的硬件平台、操作系统和编程语言。这使得构建在各种这样的系统中的服务可以用一种统一和通用的方式进行交互。这种具有中立的接口定义的特征称为服务之间的松耦合。松耦合系统的优势主要有两点：一是它具有很高的灵活性；二是当组成整个应用程序的每个服务的内部结构和实现逐渐地发生改变时，它能够继续存在。

### 7.2.2 嵌入式中间技术服务

嵌入式中间件是在嵌入式应用程序和操作系统、硬件平台之间嵌入的一个中间层，通常定义为一组较为完整的、标准的应用程序接口。

1．嵌入式 Web

嵌入式 Web 服务器技术的核心是 HTTP 协议引擎，嵌入式 Web 服务器通过 CGI 接口和数据动态显示技术，可在 HTML 文件或表格中插入运行代码，供 RAM 读写数据。嵌入式 Web 服务主要具有以下特点：统一的客户界面、平台独立性、高可扩展性、并行性与分布性。典型的嵌入式 Web 服务器系统模型如图 7-2 所示。

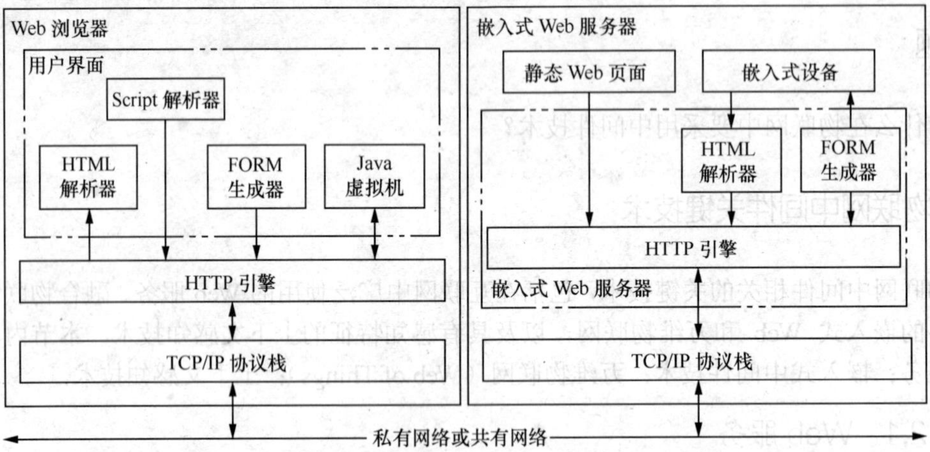


图 7-2 典型的嵌入式 Web 服务器系统模型

对 Web 服务器而言，在物理设备上是指存放那些供客户访问信息资源的计算机或嵌入式系统；在软件上是指能够按照客户的请求将信息资源传送给客户的应用程序。

对 Web 客户端而言，在物理设备上是指客户所使用的本地计算机或嵌入式设备；在软件上是指能接受 Web 服务器上的信息资源并展现给客户的应用程序。

CGI（Common Gateway Interface）即通用网关接口，是 Web 服务器主机与外部扩展应用程序交互的标准接口，并将参数传递给程序和返回结果给浏览器。CGI 工作流程如图 7-3 所示。

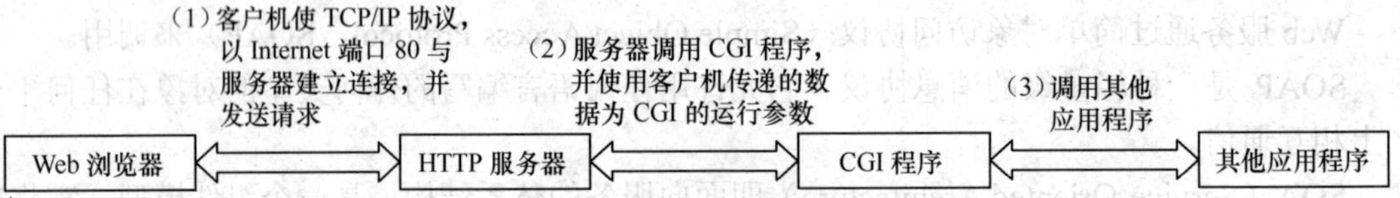


图 7-3 CGI 工作流程示意图

CGI 程序可通过两种调用方式来获取客户请求的内容，一是通过 URL 直接调用，二是通过交互式表单（Form）来调用。

2．Java VM

除了利用 Web 实现中间件外，Java VM（Java 虚拟机）以其良好的跨平台特性成为了物联网中间件的重要平台。每个 Java VM 都有两种机制：一是装载具有合适名称的类（类或是接口），叫作类装载子系统；二是负责执行包含在已装载的类或接口的指令，叫作运行引擎。

每个 Java VM 包括方法区、Java 堆、Java 栈、程序计数器和本地方法栈 5 个部分，这几个部分和类装载机制与运行引擎机制一起组成 Java VM 的体系结构。

### 7.2.3 万维物联网

近年来，随着物联网的兴起，越来越多的研究正在考虑将 Web 技术与物联网技术相结合。基于这样的思想就产生了万维物联网（Web of Things）的概念。

万维物联网具有以下特性：采用常用的 Web 聚合标准，开放智能设备的异步功能，开放平台。通过 REST 接口或 REST API，开放智能设备的同步功能。前端利用 Web 呈现方式，提供直观、友好的用户体验。使用 HTTP 作为应用协议，HTTP 不仅是用来连接传感器和网络的传输协议。

通过万维物联网可以为物联网应用带来更多的便利，其优势如下：任何时刻、任何地点都可以提供实时信息服务，对智能设备可进行移动和临时安装，加快智能设备安装和移除速度，减少整合、执行和维护开销。增强可视化、可预见、可预报和维护日程的能力，确保各类应用有效和高效率地执行。

万维物联网的基本框架由以下 3 部分组成：网络节点集成接口（Integration Interface of Network Node）；基于 REST 风的格终端节点（Terminal Nodes Based on REST Style），对智能设备可进行移动和临时安装；网络 Mashup 功能（Web Mashup Function）增强可视化、可预见、可预报和维护日程的能力。基于 REST 风格的万维物联网架构如图 7-4 所示。

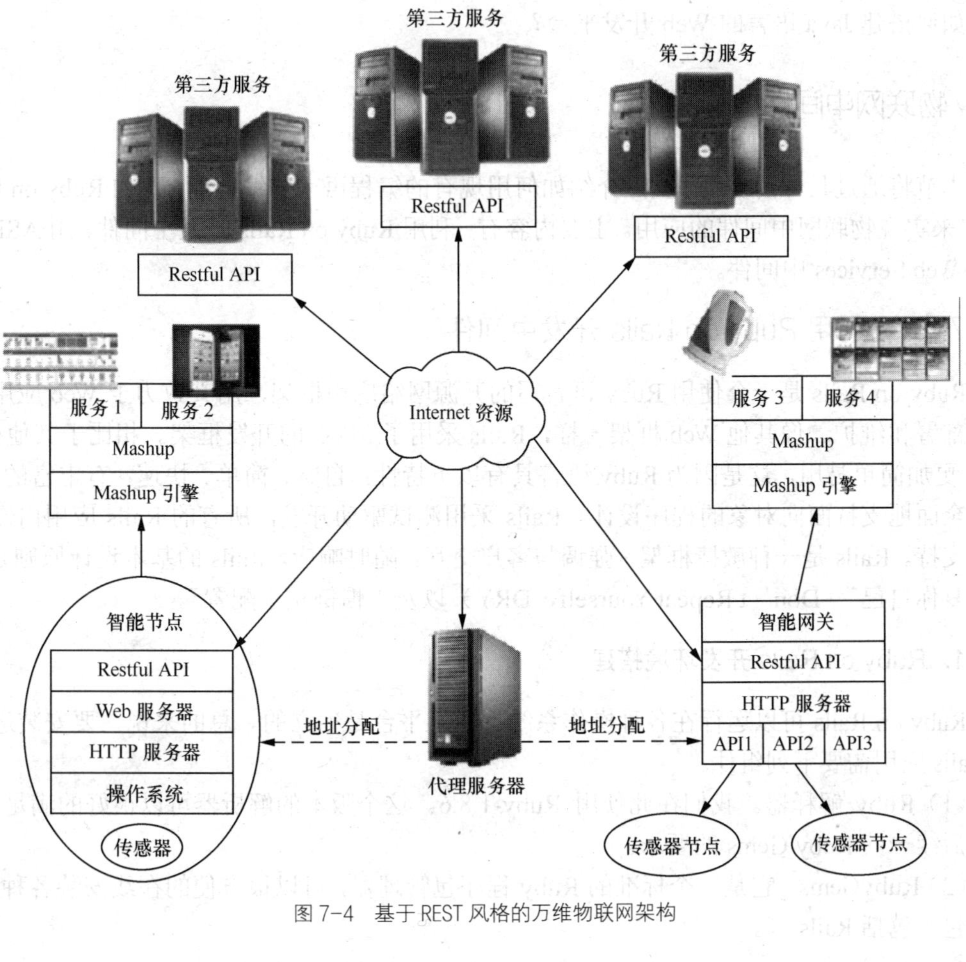


图 7-4 基于 REST 风格的万维物联网架构

### 7.2.4 上下文感知技术

上下文感知技术是用来描述一种信息空间和物理空间相融合的重要支撑技术，它能够使用户可用的计算环境和软件资源动态地适应相关的历史状态信息，从而根据环境的变化自动地采取符合用户需要或者设定的行动。

上下文感知系统首先必须知道整个物理环境、计算环境、用户状态等方面的静态和动态信息，即上下文（Context）。上下文能力的获取依赖于上下文感知技术，主要包括上下文的采集、建模、推理及融合等。上下文感知技术是实现服务自发性和无缝移动性的关键。

根据上下文的应用领域不同，上下文的采集方法也有所不同。通常情况下有 3 种方法：传感类上下文、派生出的上下文（根据信息记录和用户设定）、明确提供的上下文。

采集技术属于物联网感知层的技术。

要正确地利用上下文信息，必须对获得的上下文信息进行建模。上下文信息模型反映了设计者对上下文的理解，决定了使用什么方法把物理世界里面的一些无意义和无规律的数据转化成计算世界里的逻辑结构语言，为实现上下文的正确运行打下基础。

## 思考题

如何搭建 Java 语言的 Web 开发平台？

## 7.3 物联网中间件编程实例

本节将通过具体的实例，重点介绍如何用现有的编程语言和编程框架，如 Ruby on Rails、J2EE 来实现物联网中间件的应用。主要内容有：利用 Ruby on Rails 开发中间件，用 ASP.NET 开发 Web Services 中间件。

### 7.3.1 利用 Ruby on Rails 开发中间件

Ruby on Rails 是一个使用 Ruby 语言写的开源网络应用框架，用其致力于 Web 应用的开发、部署和维护。像其他 Web 框架一样，Rails 采用了 MVC 的开发框架。相比于其他框架，Rails 更加简单易用，这是因为 Ruby 语言具有以下特性：自然、简单、快速，有丰富的类库，并且全面地支持面向对象的程序设计。Rails 采用测试驱动开发，所有的 Rails 应用内嵌对测试的支持。Rails 是一种敏捷框架，强调与客户交互，随时响应。Rails 的基本设计原则是“不要重复你自己”（Don’ t Repeat Yourself，DRY）以及“惯例重于配置”。

#### 1. Ruby on Rails 开发环境搭建

Ruby on Rails 可以运行在各种操作系统下，其平台是独立的。总的来说，要安装运行一个 Rails 应用需要下列组件。

（1）Ruby 解释器。我们在此使用 Ruby-1.8.6。这个版本的解析器可以很好的满足 Rails 以及后续一些 Ruby Gems 的要求。

（2）RubyGems。它是一个标准的 Ruby 程序包管理器，可以很方便的在线安装各种 Ruby 程序包，包括 Rails 等。

（3）Ruby on Rails 框架。为简单起见，我们采用 gem 自动进行安装。

（4）数据库。Rails 的最新版本默认是采用 SQLite 3 的数据库，在此为了通用性考虑，我们采用最常用的 MySQL 数据库。

（5）一些必要的库。采用 MySQL 数据库只需要安装 mysql gem 包即可。如果使用 Rails 默认的数据库则需安装 sqlite3-ruby gem 包。

### 2. Ruby on Rails 编程实例

下面介绍关于温度的 Rails 物联网中间件的一个实例。Rails 是网络应用框架，可处理各种应用请求，客户端和 Rails 服务器间采用统一 REST 接口，通过 HTTP 协议向服务器端发送请求。

温度传感器是 Rails 服务器的一个客户端，实时向服务器端发送数据，这些数据处理后保存到数据库中供其他浏览器或客户端调用。服务器的另一客户端是浏览器或手机 Widget 应用，可向服务器端发送请求获取相应数据。

用 REST 方式进行服务器端设计，将温度资源以对应 id、温度值、更新时间、设备名等信息保存。通过 Put 和 Get 两种操作，即用 HTTP 的 Post 和 Get 请求来完成向服务器上传温度数据，或从服务器获得温度数据记录。

本例的 REST 其他资源操作，如 Update、Destroy 等可省略。Ruby on Rails 支持所有 REST 操作，通过 scaffold 实现。上传资源的 Put 操作对应 HTTP 的 Post 请求，请求 URL 为：{root_dir}/temperature/post_temperature。获取资源的 Get 操作对应 HTTP 的 Get 请求，请求的 URL 为：{root_dir}/temperature/index。

Rails 对数据库接口有很好的封装和适配性，以采用 MySql 数据库为例，数据库中建立一张表来进行数据存储。其中表的结构的 id 字段用于标识每条记录，value 字段记录温度值，time 字段记录上传时间，device_id 字段记录上传数据的设备标识。

本示例的实现步骤包括以下几步。

（1）建立工程

建立一个名称为 smart_sensor 的工程，首先在命令提示符中进入待建工程的目录，在此使用 F:\example 目录，然后输入 rails--database=mysql smart _sensor。

```
F:\example>rails --database=mysql smart_sensor
      create
      create  app/controllers
      create  app/helpers
      create  app/models
      create  app/views/layouts
```

（2）建立数据库。

此时修改 smart_sensor\config\database.yml 文件，在文件中有 3 个数据库配置选项，分别为 development、test、production。其中 development 项如下。

```
development:
adapter: mysql
encoding: utf8
reconnect: false
database: smart_sensor_development
pool: 5
username: root
```

只修改 development 选项即可，修改成如下格式。

```
password: mysql
host: localhost
```

修改的主要是 username 和 password，修改成 mysql 数据库用户名和密码后，在命令行根目录 smart_sensor 下执行 rake db:create 来建立数据库，数据库名称默认为 smart_sensor_development。下面的命令如没有特别说明均是在 smart_sensor 根目录下执行的。

```
F:\example\smart_sensor>rake db:create
(in F:/example/smart_sensor)
```

（3）建立基本的 Model 类

建立基本数据表，在 Rails 中数据表是由一个 Model 来管理，可用 Rails 的命令来建立基本 Model。在根目录下输入 ruby script\generate model temperature。

```
F:\example\smart_sensor>ruby script\generate model temperature
      exists  app/models/
      exists  test/unit/
      exists  test/fixtures/
      create  app/models/temperature.rb
      create  test/unit/temperature_test.rb
      create  test/fixtures/temperatures.yml
      create  db/migrate
      create  db/migrate/20100608074609_create_temperatures.rb
```

在 db\migrate 目录生成 xxx_create_temperatures.rb 的文件，打开该文件并修改成如下结果。

```
class CreateTemperatures < ActiveRecord::Migration
  def self.up
    create_table :temperatures do |t|
       # establish the data table
         t.decimal  :value, :precision => 4, :scale => 1
         t.datetime  :time
         t.integer  :device_id
         t.timestamps
    end
```

这里主要是设置数据表的各个字段的类型以及其他细节。

```
  def self.down
    drop_table :temperatures
  end
End
```

然后执行 rake db:migrate 命令将 temperatures 表的结构写入数据库。

（4）建立 temperature 控制器

控制器功能主要是对外部请求进行处理，并返回相应结果。此处可通过 Rails 基本命令建立基本控制器。在根目录下输入命令 ruby script\generate controller temperature index。

修改 app\controllers\temperature_controller.rb 文件以实现该示例所需的方法。在此将实现 index 方法以输出所有的 temperature 数据，并且增加一个添加数据的方法以把传感器发来的数据存入数据库，修改如下。

```
class TemperatureController < ApplicationController
# list all the temperatures in the database
  def index
    @temperatures = Temperature.all
```

```
    respond_to do |format|
      format.html # index.html.erb
      format.xml  { render :xml => @temperatures }
    end
  end
```

这里增加了两个方法：index 和 post_temperature。其中 index 方法用于输出当前存入数据库的所有温度的记录，post_temperature 方法是用来处理传感器发来的提交数据的请求，并把这些温度数据存入数据库，执行成功则返回 OK，否则返回 Fail。

```
  #process the post request and store the data in the database
    def post_temperature
      begin
          # construct an instance of Temperature
             a_temperature=Temperature.new (:value =>params[:value],
             :time  =>params[:time], :device_id =>params[:device_id])
          #store a_temperature in the database a_temperature.save
      rescue
        #return Fail if fails store the data
        render :text => "Fail"
        return
      end
      #return OK if all success
      render :text => "OK"
      return
    end
end
```

（5）修改 view 页面

index 方法会返回一个 html 文件，来控制返回结果的显示。在 Rails 中会在 views 目录下对返回的页面文件进行集中的管理。在此需要修改 app\views\temperature\index.html.erb 文件，修改结果如下。

```
  <div id="temperature-list">
   <h1>Listing temperatures</h1>
   <table>
   <% for temperature in @temperatures %>
     <tr>
       <td> <%=temperature.id%> </td>
       <td> <%=temperature.value%> </td>
       <td> <%=temperature.time%> </td>
       <td> <%=temperature.device_id%> </td>
     </tr>
   <% end %>
   </table>
</div>
```

（6）修改路由

为了让 Rails 在收到某个请求时，知道调用哪个控制器下的哪个方法来进行处理，需修改

Rails 路由，以符合该示例的要求。在 Rails 中修改路由十分简单，只需要修改 config\routes.rb 文件即可。在该文件的最后，已有两条默认的路由格式，可修改这些路由规则以符合需要，具体如下。

```
  map.connect 'temperature/post_temperature', :controller => "temperature"
  :action => "post_temperature", :conditions => {:method => :post}
 map.connect ':controller/:action'
 map.connect ':controller/:action.:format'
```

这时解释 3 条路由分别的含义：

收到发往 temperature/post_temperature 路径的 Post 请求时，调用 temperature 控制器的 post_temperature 方法来进行处理。

收到:controller/:action 格式路由将第一个参数作为 controller，第二个作为 action。如发送 temperature/ index，会采用 temperature 控制器的 index 方法来处理。

另外增加:format 参数控制返回，如发送 temperature /index.html 则以 temperature 控制器的 index 方法，采用 html 格式返回结果。如发送 temperature/index.xml 则以 xml 格式返回结果。路由匹配规则从上向下依次匹配，如遇到匹配规则，则采用该规则，并停止向下匹配。

（7）修改控制器的认证过滤器

Rails 为避免恶意的 POST 数据，采用认证授权机制来防止攻击，外部用户 POST 数据向 Server 发送请求。类似于 POST 方式上传数据，会引发 Rails 是 ActionController:: Invalid AuthenticityToken 异常，且不会对 POST 操作处理。在此，需禁用该认证机制，方法很简单，只需修改 app\controllers\ application_controller.rb 文件。

```
  class ApplicationController < ActionController::Base
    helper :all # include all helpers, all the time
    protect_from_forgery # See ActionController::RequestForgeryProtection
 for details
 #allow upload the data directly
    skip_before_filter :verify_authenticity_token
    # Scrub sensitive parameters from your log
    # filter_parameter_logging :password
 end
```

（8）测试数据显示

在根目录下输入 ruby srcript/server，启动服务器（如果已经启动服务器可跳过此步骤）。在浏览器地址栏输入 http://localhost:3000/temperature 或 http://localhost:3000/temperature/ index.html 来显示当前数据库中保存的温度数据（见图 7-5）。

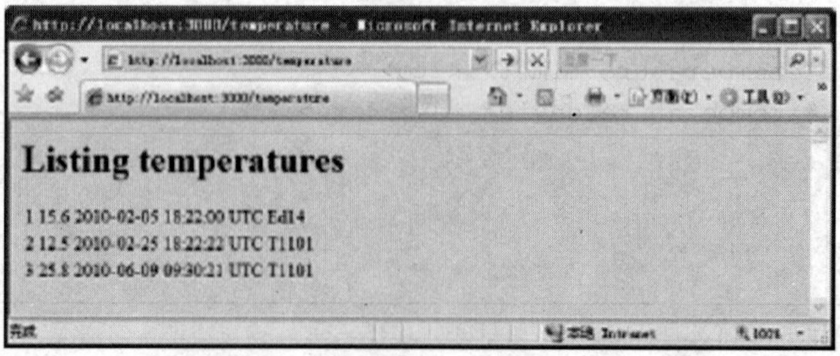


图 7-5　测试温度数据显示

### 7.3.2 物联网中间件的发展

物联网中间件技术已成为应用系统的重要支撑，相对操作系统和数据库，中间件与应用系统发展关系更密切。实用化是重要的发展趋势，软件平台是中间件发展的一个趋势，将变得更为个性化，并与具体应用整合。

需求导致技术格局多样化，不同应用系统类型需要不同的中间件技术，应用发展不均衡需要中间件的多样化。底层中间件持续走稳，并将得到更为广泛的应用。高层中间件成为市场新宠，随着应用业务的新发展，需要对中间件软件功能有更多新的、更高的要求。

新技术与产品的推出速度放缓，将向着深入、实用、整合的方向发展，并将持续相当长的一段时间。

## 思考题

运用 Ruby 编译一个中间件程序。

# 课后习题

1. 物联网中间件有哪几类？
2. 物联网中间件具备哪些特点？
3. 嵌入式技术对物联网中间件有什么意义？

# 第8章 物联网业务与应用

**学习目标**

- 了解物联网 M2M 的理念。
- 了解云计算概念。
- 了解云计算的典型应用情境。

**预习题**

- 人和机器（软件、硬件）的交互方法有哪些?
- 你听说过的“云”是什么?
- 你在日常生活中使用过哪些智能设备?

## 8.1 M2M 业务

M2M 是“机器对机器通信（Machine to Machine）”或者“人对机器通信（Man to Machine）”的简称。主要是指通过“通信网络” 传递信息从而实现机器对机器或人对机器的数据交换，也就是通过通信网络实现机器之间的互联、互通。移动通信网络由于其网络的特殊性，终端侧不需要人工布线，可以提供移动性支撑，有利于节约成本，并可以满足在危险环境下的通信需求，使得以移动通信网络作为承载的 M2M 服务得到了业界的广泛关注，如图 8-1 所示。

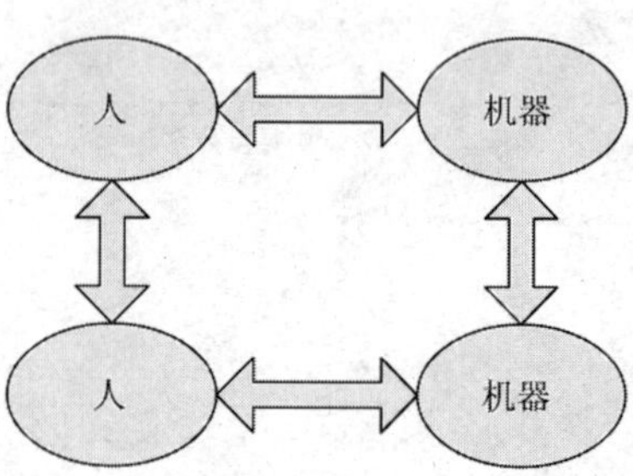

图 8-1 M2M 示意图

M2M 技术让机器、设备、应用处理过程与后台信息系统及操作者共享信息。它提供了设备在系统之间、远程设备之间或和个人之间建立无线连接、传输实时数据的手段。M2M 技术综合了数据采集、GPS、远程监控、电信、信息技术，是计算机、网络、设备、传感器、人类等的一种新的生态系统，能够使业务流程自动化，集成公司 I T 系统和非 I T 设备的实时状态，并创造增值服务。这一平台可在安全监测、自动抄表、机械服务和维修业务、自动售货机、公共交通系统、车队管理、工业流程自动化、电动机械、城市信息化等环境中运行并提供广泛的应用和解决方案。

M2M 产品主要由以下三部分构成：无线终端、传输通道和行业应用中心。无线终端是特殊的行业应用终端，而不是通常的手机或笔记本电脑。传输通道是从无线终端到用户端的行业应用中心之间的通道。行业应用中心是终端上传数据的会聚点，对分散的行业终端进行监控。特点是行业特征强，用户自行管理，而且可位于企业端或者托管。而从 M2M 技术的应用系统看主要包括企业级管理软件平台、无线通信解决方案和现场数据采集以及监控设备三个部分。

M2M 业务及应用可以分为移动性应用和固定性应用两类。

（1）移动性应用

适用于外围设备位置不固定，移动性强、需要与中心节点实时通信的应用，如交通、公安、海关、税务、医疗、物流等行业从业人员手持系统或车载、船载系统等。

（2）固定性应用

适用于外围设备位置固定，但地理分布广泛、有线接入方式部署困难或成本高昂的应用，可利用机器到机器实现无人值守，如电力、水利、采油、采矿、环保、气象、烟草、金融等行业信息采集或交易系统等。

总体而言，M2M 应用场景与传感器网络不同，M2M 主要应用于网络范围比较大、传输距离比较远、终端分布稀疏、移动性要求相对较高的环境。目前优先考虑 M2M 的 5 方面应用：智能电表、电子保健、城市自动化、消费者应用和汽车自动化。目前中国移动在网的 M2M 终端已逾 400 万，年增 60%。

M2M 涉及 5 个重要的技术部分：机器、M2M 硬件、通信网络、中间件、应用。

（1）智能化机器

实现 M2M 的第一步就是从机器/设备中获得数据，然后把它们通过网络发送出去。使机器“开口说话”（talk），让机器具备信息感知、信息加工（计算能力）、无线通信能力。使机器具备“说话”能力的基本方法有两种：生产设备的时候嵌入 M2M 硬件；对已有机器进行改装，使其具备通信/联网能力。

（2）M2M 硬件

M2M 硬件是使机器获得远程通信和联网能力的部件。主要进行信息的提取，从各种机器/设备那里获取数据，并传送到通信网络。现在的 M2M 硬件共分为 5 种。

① 嵌入式硬件

嵌入到机器里面，使其具备网络通信能力。常见的产品是支持 GSM/GPRS 或 CDMA 无线移动通信网络的无线嵌入数据模块。

② 可组装硬件

在 M2M 的工业应用中，厂商拥有大量不具备 M2M 通信和连网能力的设备仪器，可改装硬件就是为满足这些机器的网络通信能力而设计的。实现形式也各不相同，包括从传感器收集数据的 I/O 设备（I/O Devices），完成协议转换功能，将数据发送到通信网络的连接终端（Connectivity Terminals）；有些 M2M 硬件还具备回控功能。

③ 调制解调器（Modem）

上面提到嵌入式模块将数据传送到移动通信网络上时，起的就是调制解调器的作用。如果要将数据通过公用电话网络或者以太网送出，分别需要相应的 Modem。

④ 传感器

传感器可分成普通传感器和智能传感器两种。智能传感器（Smart Sensor）是指具有感知能力、计算能力和通信能力的微型传感器。由智能传感器组成的传感器网络（Sensor Network）是 M2M 技术的重要组成部分。一组具备通信能力的智能传感器以 Ad Hoc 方式构成无线网络，协作感知、采集和处理网络覆盖的地理区域中感知对象的信息，并发布给观察者；也可以通过 GSM 网络或卫星通信网络将信息传给远方的 IT 系统。

⑤ 识别标识（Location Tags）

识别标识如同每台机器、每个商品的“身份证”，使机器之间可以相互识别和区分。常用的技术如条形码技术、射频识别卡技术等。标识技术已经被广泛用于商业库存和供应链管理。

（3）通信网络

将信息传送到目的地。通信网络在整个 M2M 技术框架中处于核心地位，包括：广域网（无线移动通信网络、卫星通信网络、Internet、公众电话网）、局域网（以太网、无线局域网、Bluetooth）、个域网（ZigBee、传感器网络）。

（4）中间件

中间件包括两部分：M2M 网关和数据收集/集成部件。网关是 M2M 系统中的“翻译员”，它获取来自通信网络的数据，将数据传送给信息处理系统。主要的功能是完成不同通信协议之间的转换。

（5）应用

数据收集/集成部件是为了将数据变成有价值的信息。对原始数据进行不同加工和处理，并将结果呈现给需要这些信息的观察者和决策者。这些中间件包括：数据分析和商业智能部件、异常情况报告和工作流程部件、数据仓库和存储部件等。

## 思考题

如何运用 M2M 技术提高人机交互的体验？

## 8.2 云计算

物联网具有全面感知、可靠传递和智能处理三个特征。大规模发展后的物联网，所产生的数据量更会远超过互联网的数据量。智能处理就是需要利用云计算、模糊识别等各种智能计算技术，对海量的数据和信息进行分析和处理，对物体实施智能化控制。

可见，海量的数据存储与计算处理，需要云计算技术的应用。云计算服务能够适应大规模信息的处理、管理和存储。

### 8.2.1 云计算基础

所谓的云是指提供无穷资源的一种计算模式，云用户无论在何时或何地，均可依照服务水平协议（Service Level Agreement，SLA）通过云有偿地提供计算能力、网络基础设施、商业处理平台、存储空间、带宽资源等服务。

#### 1. 云计算的定义

一种全新的网络服务方式，将以桌面为核心的任务处理转变为以网络为核心的任务处理，利用互联网实现所需完成的一切处理任务，使网络成为传递服务、计算力和信息的综合媒介，实现按需计算、多人协作。

将计算和处理能力转移到网络中，从而减少个人或公司维护计算机软件、硬件、带宽、能源等资源的开销。

### 2. 云计算平台

按需进行动态部署、配置、重新配置以及取消服务等。云计算平台服务器可以是物理服务器或虚拟服务器。高级云计算通常还包含了一些其他的计算资源，如存储区域网络（SANs）、网络设备、防火墙和其他安全设备等。

云计算应用使用大规模数据中心以及功能强劲的服务器来运行网络应用程序与网络服务。任何一个用户通过合适的互联网接入设备以及一个标准的浏览器就能够访问一个云计算应用程序。云计算的体系结构如图 8-2 所示，服务层次如图 8-3 所示。

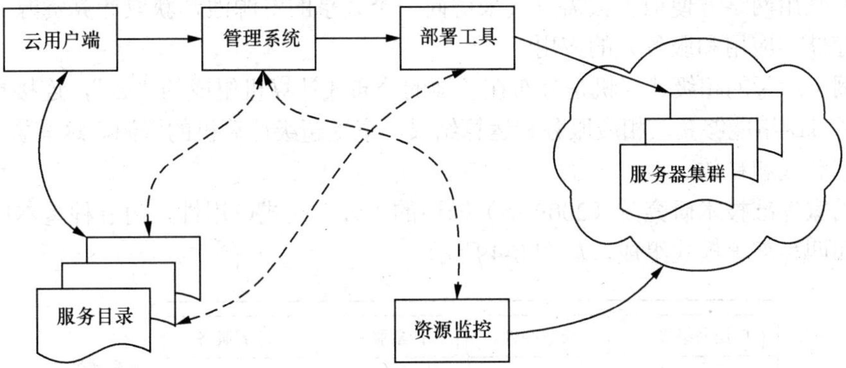


图 8-2　云计算的体系结构

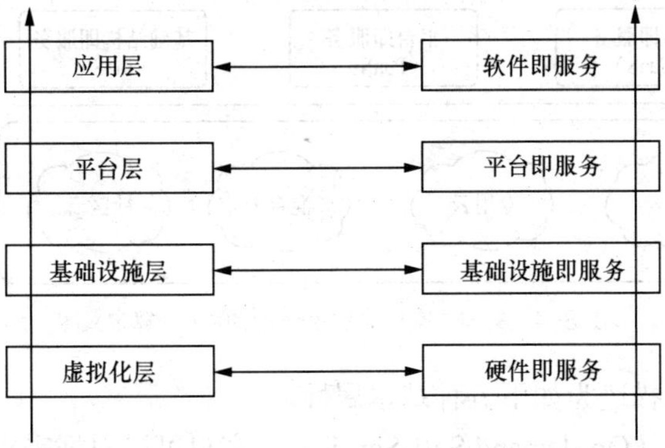


图 8-3　云计算的服务层次

### 3. 云计算的特征

基于虚拟化技术快速部署资源或获得服务，利用软件来实现硬件资源的虚拟化管理、调度及应用。其形态灵活，聚散自如。用户可在任何时间、任意地点，采用任何设备登录云计算系统后进行计算服务。云计算由许多服务器组成集群具有无限空间、无限速度。

实现动态的、可伸缩的扩展。将服务器实时加入到现有服务器群中，提高云处理能力，如果某计算节点出现故障，则通过相应策略抛弃掉该节点，并将任务交给别的节点，在节点故障排除后可实时加入现有集群中。

按需求提供资源，按使用量计费的服务。云系统对服务对象进行适当抽象，并提供服务计量能力。

通过互联网提供、面向海量信息处理。用户端硬件设备要求低，使用方便，软件只需定制就可以了，而服务器端也可以用价格低廉的 PC 组成云，而计算能力却可超过大型主机。用户在软硬件维护和升级上的投入大大减少。

用户可方便地参与。所有用户数据存储在云端，在需要的时候直接从云端下载使用。用户使用的软件由服务商统一部署在云端运行，软件维护由服务商来完成。

### 8.2.2 云计算的基本原理

通过将计算分布在大量的分布式计算机上，而非本地计算机或远程服务器中，使企业数据中心能够利用网络方便地以按需方式来访问一个共享的资源池，获取计算资源（如网络、服务器、存储、应用和服务）的应用。

互联网上运行的超级计算机是分布在各地的分布式计算机组成的“云”，连接高速互联网后，用户通过网络能够获取相应服务和运算结果，享受超级计算机的资源。这些资源可配置，并能够快速获取和释放。

美国国家标准技术研究院（2009 年）描述的“云”模式可用性，由五种基本属性、三种服务模式和四种部署模式组成，如图 8-4 所示。

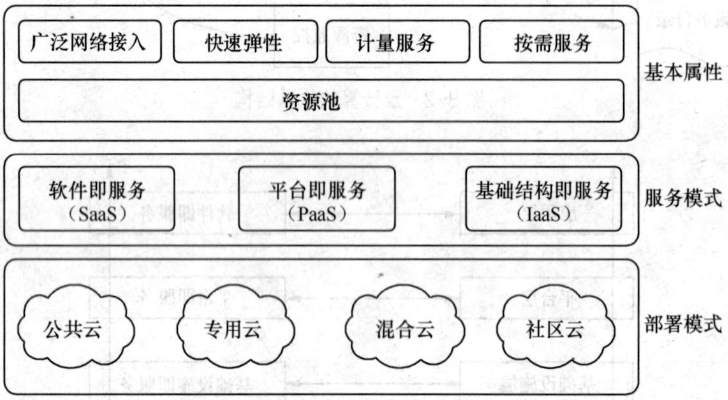


图 8-4 美国国家标准技术研究院的云计算定义图

云计算的业务可以描述为如下五种基本属性。

（1）按需自助服务（On-demand Self-Service）。客户可以根据需求自动地获取计算能力，如服务器计算时间和网络存储空间，而不需要和云服务提供商进行直接的谈判。

（2）广泛的网络接入（Broad Network Access）。计算能力可通过网络提供，并通过标准机制进行访问，使得各种客户端（例如移动电话、便携式电脑或 PDA）和其他传统的或是基于云的软件平台均可以使用云计算。

（3）快速弹性。服务规模可以快速、弹性地扩大或缩小。

（4）资源池（Resource Pooling）。云计算服务提供商的各种资源被池化，通过多租户模式为多客户提供多样服务，并根据客户的需求动态提供或重新分配物理或虚拟化的资源。

（5）按量计费的服务。云系统对服务对象在一定程度上进行适当的抽象，并提供服务计量能力。

服务模式可分为三种基本类型和其他派生模式。这三种基本模式可以简写为“SPI 模式”，即分别为 Software、Platform 和 Infrastructure（as a Service）。

（1）Software as a Service（SaaS）。云计算提供商为用户提供的业务是运行在云基础设施上的应用程序，能被各种客户端设备通过 Web 形式访问，如 Web 浏览。

（2）Platform as a Service（PaaS）。用户可通过云计算提供商提供的编程语言和工具部署应用程序和应用程序配置环境到云基础设施上，但云用户不能管理和控制底层云基础设施，包括网络、服务器、操作系统、存储等。

（3）Infrastructure as a Service（IaaS）。云计算提供商为客户提供处理能力、存储能力、网络和其他基本计算资源，用户可用这些资源部署或运行自己的软件。

四种部署模式：

（1）公共云。可以把许多不同的客户作业与云内的服务器、存储系统和其他基础设施整合一起。有效避免了用户临时需要大规模的计算和存储资源而部署硬件和软件资源的风险和开销。

（2）社区云。云基础设施被几个组织所共享，以支持某个具有共同需求（如任务、安全需求、策略域）的社区。社区云可被该组织管理，也可以委托第三方管理。

（3）专用云。面向需大规模数据处理、存储的公司。它是由单个客户所拥有的基础设施，该客户完全控制应用程序的运行。一般来说，专用云的扩展性没有公共云高。

（4）混合云。云基础设施由两个或两个以上相对独立的云组成，为保证数据和应用程序的可移植性，通过标准化接口或专用技术为不同的云客户提供服务。混合云为云用户提供了一种灵活措施，以便在公共云和专用云上部署其应用，如果应用数据量很小，但需要很大的计算能力，那么混合云或许是一种比较好的选择。

上述四种云都有一种或两种部署方式：内部或外部。内部指位于云拥有者的内部网络，享有与内部网络其他用户相同的网络安全策略，通常专用云都部署在内部。而外部指部署在公有的网络上，公共云一般部署在外部。

云安全联盟（CSA）给出的一种云计算参考模型如图 8-5 所示。

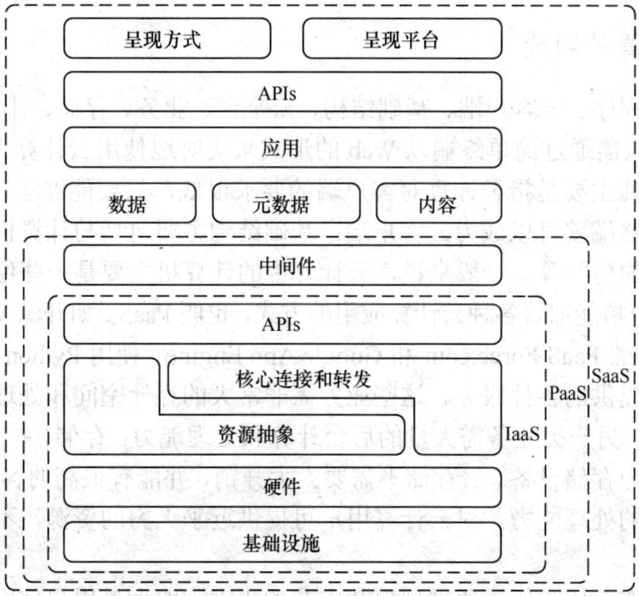


图 8-5　一种云安全联盟（CSA）的云计算参考模型

IaaS 是所有云业务的基础，PaaS 建立在 IaaS 之上，SaaS 建立在 PaaS 之上。IaaS 包括所有的基础设施资源，如云计算中的所有硬件资源。IaaS 可提供对基础设施资源的抽象能力，并且为这些抽象资源提供物理或是逻辑连接的功能。PaaS 在 IaaS 和 SaaS 之间，它是对开发环境抽象和有效服务负载的封装，主要用于构建应用程序开发环境、中间件和其他功能（如数据库、消息功能、排队功能）。SaaS 位于 PaaS 上，为用户提供含内容服务、内容呈现、商业应用和管理能力。典型 SaaS 是 Salesforce.com 和 Google Apps，提供基本商业服务，如电子邮件。

两种计算模式分别为客户端/服务器（C/S）模式和 P2P 模式，如图 8-6 所示。

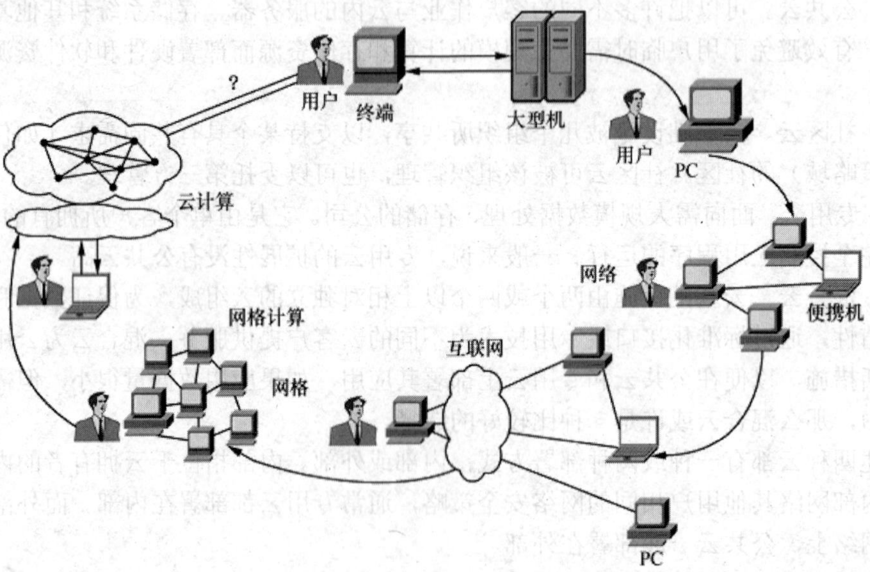


图 8-6　云计算充分利用了 C/S 结构和 P2P 结构的优点

## 8.2.3　云计算的组成

云计算由应用程序、云客户端、基础结构、云平台、业务、存储、计算能力等部分组成。应用程序，云用户只需通过简单终端以 Web 的形式来实时地使用云计算上的应用程序；云客户端也叫瘦终端，瘦主要是指云计算对客户端的要求很低，只要能够运行 Web 浏览器（如 Firefox、IE 等）的终端就可以成为云客户端；基础结构主要包括与计算机和网络相关的硬件以及安装这些硬件的房间等。一般来说，云计算中的计算机主要是一些便宜的且能够批量生产的服务器；云平台指能部署各种云计算应用的方式，也叫 PaaS。如开源 Web 应用架构 Rails、Salesforce.com 公司的 PaaS Force.com 和 Google App Engine（使用 Python 和 Mosso）；业务指云客户使用云计算提供的各种服务。这些业务需非常大的存储空间和处理能力，能为用户提供及时准确的信息。另一类业务需大量的后台计算和处理能力；存储，扩充存储能力开销大，尤其是管理众多物理存储设备。云存储不需要太大开销，并能有很高的容错能力；计算能力，云计算能提供极大的处理能力。对云计算用户可提供近乎无穷的资源，不仅限于计算和存储能力。

云计算的优点有：成本低，通过规模效应节省成本，即大量用户使用云计算，从而极大地提升资源的利用率。网络资源丰富，云客户可根据其应用，灵活地调用互联网上的云资源及其他众多的资源，与云计算一起使用；创新性，云计算和云解决方案提供一种创新计算模式。在此基础上，还能创造出更多、更新的应用或商业模式；高效扩展性，可根据用户需要灵活增减软硬件资源；环保和节能，云计算是一种绿色计算模式，绿色计算主要是指云计算的资源利用率非常高，更加环保和节省能源。

云计算具有显著优点，也有其不可回避的缺点和问题。安全问题，云客户并不能控制云计算的内部设施，因此具有潜在的数据被窃取的危险。虽然云计算提供了加密、用户名、密码、身份管理等安全措施，但企业也并不愿意将机密的信息放到云上。控制问题，云客户不能控制所租用的云计算资源基础设施，如用户可能因违反规则导致账户被封，或是云计算提供商破产不能继续使用云计算，或丢失数据等。开放性问题，云计算提供商平台并不对外完全公开，云客户需要按照相应平台所提供的编程语言和API来编写应用程序，因此应用程序在不同云计算平台间移植就会有困难，会出现一些问题。

## 思考题

部署一个云计算平台，有哪些需要注意的地方？

## 8.3 物联网典型应用

物联网应用于以下六大领域。

（1）交通领域。通过使用不同的传感器和RFID可以对交通工具进行感知和定位，及时了解车辆的运行状态和路线；方便地实现车辆通行费的支付；显著提高交通管理效率，减少道路拥堵。

（2）医疗领域。通过在病人身上放置不同的传感器，对人的健康参数进行监控，及时获知病人的生理特征，提前进行疾病的诊断和预防，并且实时传送到相关的医疗保健中心。

（3）农业应用。通过使用不同的传感器对农业情况进行探测，帮助人们进行精确管理或精细农业生产。

（4）零售行业。比如沃尔玛等大型零售企业要求他们采购的所有商品上都贴上RFID标签，以替代传统的条形码，促进了物流的信息化。

（5）电力管理。电力公司对分布在全国范围内配电变压器安装传感装置，对运行状态进行实时监测。

（6）数字家庭。数字家庭是以计算机技术和网络技术为基础，通过不同的互联方式进行通信及数据交换，实现家庭网络中各类电子产品之间的“互联互通”。

比较典型的应用包括水电行业无线远程自动抄表系统、数字城市系统、智能交通系统、危险源和家居监控系统、产品质量监管系统等。

物联网下的新的工作和生活方式具有如下特点。

（1）更精细。物联网中大量传感器的使用，提高了各信息系统的数据采集的实时性、准确性。

（2）更智能。从复杂程度上来讲，物联网扩大了人类可管理的范围，管理更加智能。物联网应用所涉及的产业众多，对各类服务商、设备商的协同要求更高，就个体用户而言，所得到的服务更加智能和人性化。

（3）更简单。物联网技术将对各类设备的管理和控制更加简单和高效。在物流、环保、工业控制、电力、产品制造等方面的应用将使工作流程变得更加简化，工作效率大大提高。

### 8.3.1 智能物流

#### 1. 智能物流系统概述

智能物流是指货物从供应者向需求者的智能移动过程，为供方提供最大化的利润，为需方提供最佳的服务，最大限度地保护好生态环境，形成完备的智能社会物流管理体系。

#### 2. 智能物流系统组成及特点

（1）系统的组成

结构 1——按物流功能划分：对物流设备进行监控的智能系统；对物流信息资源进行处理的智能系统；为客户提供服务的智能系统；对物流系统监控与管理的智能系统。

结构 2——按物流服务管理划分：前台顾客服务智能系统；作业执行智能系统；企业规划管理智能系统。

（2）案例：铁路物资智能配送

铁路物资流通网面临的问题：与全国物资流通条块相重、纵横交错、相互竞争；网络内部相继出现了物资采购分散、储备重复、库存控制困难、流通费用过高、信息反馈速度过慢等缺陷。

铁路物资智能配送的目的：运输组织的优化，如防止空载、提高满载率，人员和物流设施的效益优化。

铁路铁路物资流通网体系：对铁路物资配送设备进行监控的智能系统；对配送信息资源进行处理的智能系统；对客户进行服务的智能系统；对配送系统进行管理的智能系统。

（3）智能物流系统的特点：智能化、柔性化、一体化、社会化。

#### 3. 智能物流主要支撑技术

智能物流系统只有在物流技术、智能技术和相关技术的支持下才能得以实现，也是这些技术的有机结合。

（1）自动识别技术

自动识别技术是以计算机、光、机、电、通信等技术的发展为基础的一种高度自动化的数据采集技术。

自动识别技术在 20 世纪 70 年代初步形成规模，经过近 40 年发展，已发展成为有条码识别技术、智能识别技术、光字符识别技术、射频识别技术、生物识别技术等。正在向综合技术、集成应用的方向发展。

① 条码识别技术

目前使用最广泛的自动识别技术，它是利用光电扫描设备识读条码符号，从而实现信息自动录入。较常使用的码制有：UPC 条码、128 条码、交插二五条码、三九条码、库德巴条码等。

② 生物识别技术

利用人类自身生理或行为特征进行身份认定的一种技术。

已发展了虹膜识别技术、视网膜识别技术、面部识别技术、签名识别技术、声音识别技术、指纹识别技术六种生物识别技术。

③ 射频识别

射频识别技术是近几年发展起来的现代自动识别技术。它可以识别高速运动物体，也可以同时识读多个对象，具有抗恶劣环境、保密性强等特点。

（2）数据仓库和数据挖掘技术

数据仓库和数据挖掘技术是一个面向主题的、集成的、非易失的、时变的数据集合。

数据仓库的目标是把来源不同的、结构相异的数据经加工后在数据仓库中存储、提取和维护，支持全面的、大量的复杂数据的分析处理和高层次的决策支持。数据挖掘是从大量的、不完全的、有噪声的、模糊的及随机的实际应用数据中，挖掘出隐含的、未知的、对决策有潜在价值的知识和规则的过程。一般分为描述型数据挖掘和预测型数据挖掘两种。

（3）人工智能技术

人工智能是探索研究用各种机器模拟人类智能的途径，使人类的智能得以物化与延伸的一门学科。借鉴仿生学思想，用数字语言抽象描述知识，用以模仿生物体系和人类的智能机制。目前主要方法有神经网络、进化计算和粒度计算等。

#### 4．智能物流小结

智能物流可以优化物流管理流程，提高工作效率，降低企业运营成本，同时加快物流信息反馈速度，避免信息流中断，提高物流时效性。客户电子签名则保障了签收的安全性，提高信息录入的准确性。

### 8.3.2　智能视频监控

#### 1．智能视频监控系统概述

智能视频监控技术主要包括对视频图像序列自动地进行运动对象的提取、描述、跟踪、识别和行为分析等。应用场合：军队、银行、商店、停车场等。智能视频监控的优点：可进行每天 24 小时全天候可靠监控；提高报警精确度；提高响应速度。

#### 2．智能视频监控系统原理及应用

（1）智能视频监控系统原理及系统流程

智能视频监控以数字化、网络化视频监控为基础，但有别于一般的网络化视频监控，它是一种更高端的视频监控应用，其系统流程如图 8-7 所示。

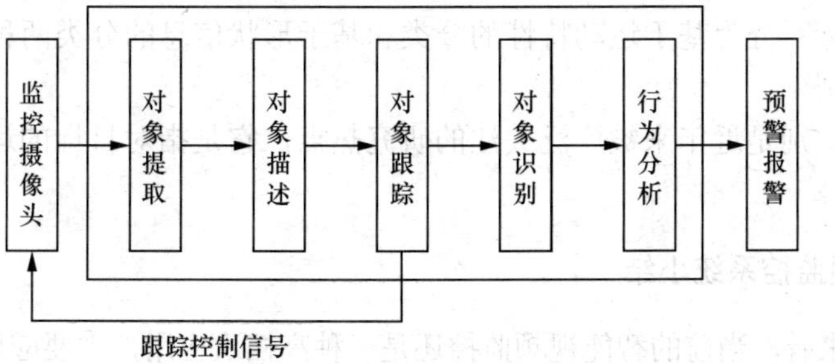


图 8-7　智能视频监控系统流程

（2）案例：煤矿安全生产智能视频联动监控系统（见图 8-8）

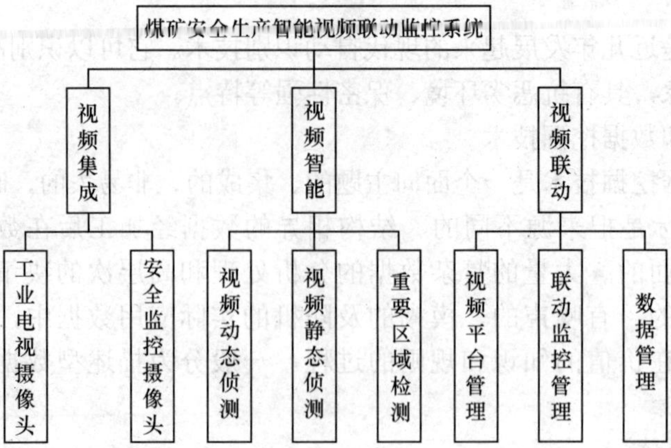


图 8-8　煤矿安全生产智能视频联动监控系统

视频集成控制，将已有的工业电视摄像头和安全监控摄像头统一管理起来。

智能视频分析系统，智能视频分析系统的功能主要分为视频动态侦测、视频静态侦测、重要区域监测三类。

视频联动监控系统，视频联动监控系统需要管理视频监控画面和联动监控画面。

（3）智能视频监控系统应用领域

智能视频监控系统的应用领域包括安全相关类和非安全相关类。

安全类相关应用：高级视频移动侦测；物体追踪；面部识别；车辆识别；非法滞留。

这些应用主要是协助政府或其他机构的安全部门提高室外大地域公共环境的安全防护。

非安全相关类应用：人数统计；人群控制；注意力控制；交通流量控制。

### 3．智能视频监控系统的关键技术

（1）移动目标提取

移动目标提取运动检测是从图像序列中将变化区域从背景图像中提取出来。两种视频分析方法：背景减除法、时间差分方法。

（2）移动目标跟踪

等价于在连续的图像帧间，创建基于位置、速度、形状、纹理、色彩等有关特征的对应匹配问题。常用的数学工具：卡尔曼滤波、Condensation 算法及动态贝叶斯网络等。

（3）目标分类

从检测的运动区域中将特定类型物体的运动区域提取出来，如分类场景中的人、车辆、人群等不同的目标。分为基于运动特性的分类和基于形状信息的分类两种目标分类。

（4）行为识别

目标的行为识别是近年来被广泛关注的研究热点，它是指对目标的运动模式进行分析和识别。

### 4．智能视频监控系统小结

从应用角度来看，当前的智能视频监控还是一种高档次应用，主要应用于一些特定场合。从产业的角度看，物联网概念的正式提出可以被看作 IT 产业对安防产业再度吹响融合的号角。

### 8.3.3 智能家居

#### 1．智能家居系统概述

智能家居可以定义为一个目标或一个系统。使用到的技术有：计算机技术、数字技术、网络通信技术和综合布线技术。智能家居系统可以让家居生活更加安全、舒适和高效，如图 8-9 所示。

#### 2．智能家居系统的组成

智能家居系统由 4 部分组成：智能家居控制器主机单元，家庭通信网主机单元，家庭设备自动化单元，家庭安全防范单元。

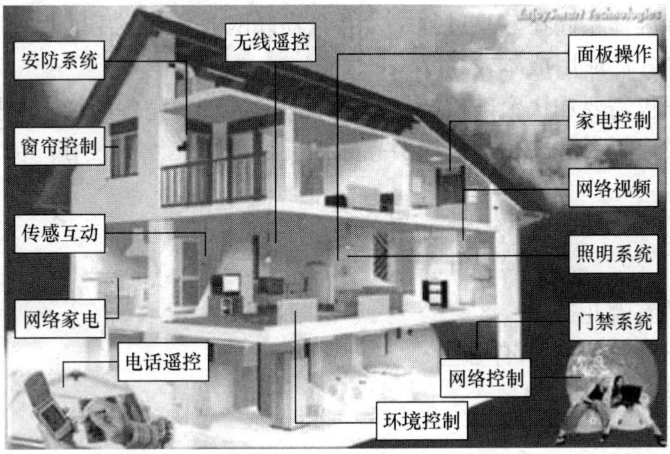


图 8-9 智能家居

#### 3．智能家居系统的关键技术

（1）家庭内部网络的组建

家庭内部组网的主要功能是实现各种信息家电之间的数据传输，把外部连接传入的数据传输到相应的家电上去，同时可以把内部数据传输到外部网络。

（2）家庭网关的设计

在家庭内部提供不同类型、不同结构子网的桥接能力，在家庭外部通过 Internet 将各种服务商连接起来以提供实时、双向的宽带接入，同时还提供防火墙的能力，阻止外界对家庭内部设备的非法访问和攻击。

（3）家庭网络中应用代理技术

网络家电的低成本、高质量和高可靠性是智能家居系统设计成功的重要条件，代理技术是这方面的成功应用。

#### 4．智能家居系统小结

随着人们生活水平的不断提高，人们不断地对居住环境提出更高的要求，越来越注重家庭生活中每个成员的舒适、安全与便利，因此从市场需求的角度看，智能家居前景广阔。智能家居不仅具有传统的居住功能，还能提供舒适安全、高效节能、高度人性化的生活空间。

### 思考题

云计算技术为我们的生活带来了哪些便利？

## 8.4 物联网应用小结

物联网产业覆盖了传感感知、传输通道、运算处理、行业应用等领域，其中涉及的技术包括 RFID 射频识别、传感器、无线网络传输、高性能计算、智能控制、云计算等方面。

物联网相关设备制造业服务产业保持快速发展，但物联网的发展也面临很多困难，核心技术尚不成熟，标准体系尚在建立过程中，并且物联网业务和应用的规模和领域较小，没有形成成熟的商业模式，应用成本较高。

物联网发展不仅需要加快突破核心关键技术，形成较为完备的物联网技术体系，加快物联网标准体系建设，更为重要的是积极引导和推广物联网业务和应用。

# 课后习题

1. M2M 产品有哪几类？
2. 实现 M2M 的主要技术有哪些？
3. 云计算的原理是什么？
4. 如何架设云计算平台？
5. 云计算有哪些典型应用？

# 第9章 物联网信息安全技术

**学习目标**

- 了解信息安全的定义和信息安全的基本属性。
- 理解物联网安全特点和物联网安全机制。
- 理解 RFID 系统面临的安全攻击、安全风险及安全缺陷。
- 理解 WSN 的安全问题及安全策略。
- 理解身份识别技术在物联网中的应用。

**预习题**

- 简述物联网安全的必要性。
- RFID 系统面临的安全攻击有哪些?
- 简述无线传感器网络面临的安全问题。

在物联网的建设与发展中，信息安全是不可或缺的重要组成部分。物联网无处不在的数据感知、以无线为主的信息传输、智能化的信息处理，一方面固然有利于提高社会效率，另一方面也会引起大众对信息安全和隐私保护问题的关注。物联网除了需要面对传统的网络安全问题之外，还面临新的挑战。由于物联网需要无线传输，这种暴露在公开场所的信号很容易被窃取，也更容易被干扰，这将直接影响物联网体系的安全。在未来的物联网中，每个人、每件物品都将随时随地连接在网络上，如何确保在物联网的应用中信息的安全性和隐私性，防止个人信息、业务信息、国家信息、财务等丢失或被他人盗用，将是物联网推进过程中需要突破的重大障碍之一。

物联网在信息安全方面的隐患，引起全球高度重视。物联网的信息安全涉及读取控制、用户认证、数据保密性、数据完整性、随时可用性、不可抵赖性等一系列问题。要发展好物联网，一定要充分考虑信息保护、系统稳定、网络安全等各方面存在的问题，把握好发展需求与技术体系之间的平衡，实现物联网产业的有序健康发展。

## 9.1 信息安全基础

### 9.1.1 信息安全概述

信息作为一种资源，它的普遍性、共享性、增值性、可处理性和多效用性，使其对人类具有特别重要的意义。信息安全的实质就是要保护信息系统或信息网络中的信息资源免受各种类型的威胁、干扰和破坏，即保证信息的安全性。

信息在储存、处理和交换的过程中，都存在泄密或被截取、窃听、窜改和伪造的可能性。信息安全是指信息网络的硬件、软件及其系统的数据受到保护，不受偶然的或者恶意的原因而遭到破坏、更改、泄露，系统保持连续可靠正常地运行，信息服务不中断。

信息安全是一门涉及计算机科学、网络技术、通信技术、密码技术、信息安全技术、应用数学、数论、信息论等多种学科的综合性学科。不难看出，单一的保密措施已经很难保证通信和信号的安全，必须综合应用各种保密措施，即通过技术的、管理的、行政的手段，实现信源、信号、信息三个环节的保护，借以达到信息安全的目的。

根据国际化标准化组织（ISO）的定义，信息安全性的含义主要是指信息的完整性、保密性、可用性、可靠性和不可抵赖性。

（1）完整性

保证数据的一致性，防止数据被非授权地进行增删、修改、破坏或窜改。

（2）保密性

保证机密信息不被窃听，或窃听者不能了解信息的真实含义。

（3）可用性

保证合法用户对信息和资源的使用不会被不正当地拒绝。

（4）可靠性

对信息的来源进行判断，能对伪造来源的信息予以鉴别。

（5）不可抵赖性

建立有效的责任机制，防止用户否认其行为，这一点在电子商务中及其重要。

### 9.1.2 信息安全的主要威胁和技术手段

信息安全的主要威胁如下。

（1）信息泄露。信息被泄露给某个非授权的实体。

（2）破坏信息的完整性。数据被非授权地进行增删、修改或破坏而受到损失。

（3）拒绝服务。对信息或其他资源的合法访问被无条件地阻止。

（4）非授权访问。某一资源被非授权地进行增删、修改或破坏而受到损失。

（5）窃听。用各种手段窃取系统中的信息资源和敏感信息。

（6）业务流分析。通过对系统进行长期监听，利用统计分析法对诸如通信频度、通信的信息流向、信息总量的变化等参数进行研究，从而发现有价值的信息和规律。

（7）假冒。通过欺骗通信系统（或用户）达到非法用户假冒合法用户，或者特权小的用户冒充特大的用户。我们平常所说的黑客大多采用的就是假冒攻击。

（8）旁路控制。攻击者利用系统的安全缺陷或安全性上的脆弱之处获得非授权的权利或特权。例如，攻击者通过攻击手段发现原本应保密，但是却又暴露出来的一些系统“特性”，利用这些“特性”，攻击者可以绕过守卫者侵入系统的内部。

（9）授权侵犯。被授权以某一目的的使用某一系统或资源的某个人，却将此权限用于其他非授权的目的，也称作“内部攻击”。

（10）抵赖。这是一种来自用户的攻击，涵盖范围比较广泛，比如否认自己曾经发布过的某条消息、伪造一份对方来信等。

（11）计算机病毒。这是一种在计算机系统运行过程中能够实现传染和侵害功能的程序，行为类似病毒，故称作计算机病毒。

（12）陷阱门。在某个系统或某个部件中设置的“机关”，使得在特定的数据输出时，允许违反安全策略。

（13）人员不慎。一个授权的人为了某种利益，或由于粗心，将信息泄露给一个非授权的人。

（14）物理侵入。侵入者绕过物理控制而获得对系统的访问。

（15）信息安全法律规则不完善。由于当前约束操作信息行为的法律法规还很不完善，很多人打法律的擦边球，这就给信息窃取、信息破坏者以可趁之机。

信息安全的技术手段：

（1）物理安全。信息系统的配套部件、设备、通信线路及网络等受到物理保护，设施处在安全环境，是整个系统安全运行的基本保障。

（2）用户身份认证。作为防护网络资源的第一关口，身份认证有着举足轻重的作用，是各种安全措施可以发挥作用的前提。身份认证包括静态密码、动态密码、数字签名、指纹虹膜等。

（3）防火墙。是一种访问控制产品，在内部网络与不安全的外部网络之间设置障碍，组织外界对内部资源的非法访问，防止内部对外部的不安全访问。

（4）安全路由器。由于 WAN 连接需要专用的路由器设备，因而可通过路由器来控制网络传输，通常采用访问控制列表技术来控制网络信息流。

（5）虚拟专用网（VPN）。VPN 是在公共数据网络上，通过采用数据加密技术和访问控制技术，实现两个或多个可信内部网之间的互联。VPN 的构筑通常都采用具有加密功能的路由器或防火墙，以实现数据在公共信道上的可信传递。

（6）安全服务器。安全服务器主要针对一个局域网内部信息储存、传输的安全保密问题，其实现功能包括对局域网资源的管理和控制，对局域网内用户的管理，以及局域网中所有安全相关时间的审计和跟踪。

（7）认证技术。用于确定合法对象的身份，防止假冒攻击。经常采用的认证技术是电子签证机构（CA）和公开密钥基础设施（PKI）。CA 作为通信的第三方，为各种服务提供可信任的认证服务，可向用户发行电子签证证书，为用户提供成员身份验证和密钥管理等功能。PKI 可以提供更多的功能和更好的服务，将成为所有应用的计算机基础结构的核心部件。

（8）入侵检测系统（IDS）。入侵检测作为传统保护机制（比如访问控制，身份识别等）的有效补充，形成了信息系统中不可或缺的反馈链。

（9）入侵防御系统（IPS）。入侵防御系统作为 IDS 很好的补充，是信息安全中占据重要位置的计算机网络硬件。

（10）安全数据库。由于大量的信息储存在计算机数据库内，有些信息是有价值的，也是敏感的，需要保护。安全数据库可以确保数据库的完整性、可靠性、有效性、机密性、可审计性及存取控制与用户身份识别等。

（11）安全操作系统。操作系统作为系统安全功能的执行者和管理者，是所有软件运行的基础。操作系统的安全是整个信息系统安全的基础和核心，为系统中的关键服务器提供安全运行平台，构成安全 WWW 服务、安全 FTP 服务、安全 SMTP 服务等，并作为各类网络安全产品的坚实底座，确保这些安全产品的自身安全。

（12）安全管理中心。由于网上的安全产品较多，且分布在不同的位置，这就需要建立一套集中管理的机制和设备，即安全管理中心，它用来给各网络安全设备分布密钥，监控网络安全设备的运行状态，负责收集网络安全设备的审计信息等。

## 思考题

- 信息安全的含义是什么？
- 信息安全的技术手段有哪些？

## 9.2 物联网安全概述

### 9.2.1 物联网安全的必要性

在未来的物联网之中，每一个物品都会被连接到一个全球统一的网络平台之上，并且这些物品又在时时刻刻地与其他物品之间进行着各式各样的交互行为，这无疑会给未来的物联网带来形式各异的安全性和保密性挑战。如物品之间可视性和相互交换数据过程中所带来的数据保密性、真实性以及完整性问题等。

要想让消费者全面地投入未来的物联网的怀抱，要想让用户充分体验未来物联网所带来的巨大潜在优势，要想让未来物联网的参与者尽可能避免通用性网络基础平台所带来的各种安全性与隐私性风险，物联网就必须实现这样一种方式，可以简便而安全地完成各种用户控制行为。也就是要求未来的物联网的技术研究工作要充分考虑安全性和隐私性等内容。

传统意义上的隐私是针对于“人”而言的。但是在物联网的环境中，人与物的隐私需要得到同等地位的保护，以防止未经授权的识别行为以及追踪行为的干扰。而且随着“物品”自动化能力以及自主智慧的不断增加，像物品的识别问题、物品的身份问题、物品的隐私问题，以及物品在扮演的角色中的责任问题都将成为重点考虑的内容。

同时，通过将海量的具有数据处理能力的“物品”置于一个全球统一的信息平台和全球通用的数据空间之中，未来的物联网将会给传统的分布式数据库技术带来翻天覆地的变化。在这样的背景下，现实世界中对于信息的兴趣将分布并且覆盖数以亿计的“物品”，其中将有很多物品随时地进行实时的数据更新，同时更有成百上千、成千上万的“物品”之间正在按照各种时刻变化、时刻更新的规则进行着千变万化的数据传输和数据转换行为。

上面所有这些必将给物联网的安全和隐私技术提出各种各样、严峻的挑战，也必将为多重规则与多重策略下的安全性技术开创更为广阔的研究空间。

最后为了防止在未经授权的情况下随意使用保密信息，并且为了可以完善未来物联网的授权使用机制，还需要在动态的信任、安全和隐私、保密管理等领域开展安全和隐私技术研究工作。

### 9.2.2 物联网安全的层次

在分析物联网的安全性时，也相应地将其分为三个逻辑层，即感知层、传输层和处理层。除此之外，在物联网的综合应用方面还应该有一个应用层，它是对智能处理后的信息的利用，在某些框架中，尽管智能处理应该与应用层可能被作为同一逻辑层进行处理，但从信息安全的角度考虑，将应用层独立出来更容易建立安全架构。本文试图从不同层次分析物联网对信息安全的需求和如何建立安全架构。

其实对物联网的几个逻辑层，目前已经有许多针对性的密码技术手段和解决方案。但需要说明的是：物联网作为一个应用整体，各个层独立的安全措施简单相加不足以提供可靠的安全保障。而且，物联网与几个逻辑层所对应的基础设施之间还存在许多本质区别。最基本的区别可以从以下两点看出。

（1）已有的对传感网（感知层）、互联网（传输层）、移动网（传输层）、安全多方计算、云计算（处理层）等的一些安全解决方案在物联网环境可能不再适用。首先，物联网所对应的传感网的数量和终端物体的规模是单个传感网所无法相比的；其次，物联网所连接的终端设备或器件的处理能力将有很大差异，它们之间可能需要相互作用；最后，物联网所处理的数据量将比现在的互联网和移动网都大得多。

（2）即使分别保证感知层、传输层和处理层的安全，也不能保证物联网的安全。这是因为物联网是融多层于一体的大系统，许多安全问题来源于系统整合；物联网的数据共享对安全性提出了更高的要求；物联网的应用对安全也提出了新要求，如隐私保护不属于任一层的安全需求，但却是许多物联网应用的安全需求。

鉴于以上诸原因，对物联网的发展需要重新规划并制定可持续发展的安全架构，使物联网在发展和应用过程中，其安全防护措施能够不断完善。

### 9.2.3 感知层的安全需求和安全框架

在讨论安全问题之前，首先要了解什么是感知层。感知层的任务是全面感知外界信息，或者说是收集原始信息。该层的典型设备包括 RFID 装置、各类传感器（如红外、超声、温度、湿度、速度等）、图像捕捉装置（摄像头）、全球定位系统（GPS）、激光扫描仪等。这些设备收集的信息通常具有明确的应用目的，因此传统上这些信息直接被处理并应用，如公路摄像头捕捉的图像信息直接用于交通监控。但是在物联网应用中，多种类型的感知信息可能会同时处理，综合利用，甚至不同感应信息的结果将影响其他控制调节行为，如湿度的感应结果可能会影响到温度或光照控制的调节。

同时，物联网应用强调的是信息共享，这是物联网区别于传感网的最大特点之一。比如交通监控录像信息可能还同时被用于公安侦破、城市改造规划设计、城市环境监测等。于是，如何处理这些感知信息将直接影响到信息的有效应用。为了使同样的信息被不同应用领域有效使用，应该有综合处理平台，这就是物联网的智能处理层，因此这些感知信息需要传输到一个处理平台。

在考虑感知信息进入传输层之前，人们把传感网络本身（包括上述各种感知器件构成的网络）看作感知的部分。感知信息要通过一个或多个与外界网连接的传感结点，称之为网关结点（Sink 或 Gateway），所有与传感网内部结点的通信都需要经过网关结点与外界联系，因此在物联网的传感层，人们只需要考虑传感网本身的安全性即可。

#### 1. 感知层的安全挑战和安全需求

感知层可能遇到的安全挑战包括下列情况。

（1）网关结点被敌手控制——安全性全部丢失。

（2）普通结点被敌手控制（敌手掌握结点密钥）。

（3）普通结点被敌手捕获（但由于没有得到结点密钥，而没有被控制）。

（4）结点（普通结点或网关结点）受来自于网络的 DOS 攻击。

（5）接入到物联网的超大量结点的标识、识别、认证和控制问题。

敌手捕获网关结点不等于控制该结点，一个网关结点实际被敌手控制的可能性很小，因为需要掌握该结点的密钥（与内部结点通信的密钥或与远程信息处理平台共享的密钥），而这是很困难的。如果敌手掌握了一个网关结点与内部结点的共享密钥，那么他就可以控制网关结点，并由此获得通过该网关结点传出的所有信息。但如果敌手不知道该网关结点与远程信息处理平台的共享密钥，那么他不能篡改发送的信息，只能阻止部分或全部信息的发送，但这样容易被远程信息处理平台觉察到。因此，若能识别一个被敌手控制的传感网，便可以降低甚至避免由敌手控制的传感网传来的虚假信息所造成的损失。

比较普遍的情况是某些普通网络结点被敌手控制而发起的攻击，网络与这些普通结点交互的所有信息都被敌手获取。敌手的目的可能不仅仅是被动窃听，还通过所控制的网络结点传输一些错误数据。因此，安全需求应包括对恶意结点行为的判断和对这些结点的阻断，以及在阻断一些恶意结点后，网络的连通性如何保障。

通过对网络分析，更为常见的情况是敌手捕获一些网络结点，不需要解析它们的预置密钥或通信密钥（这种解析需要代价和时间）。只需要鉴别结点种类，如检查结点是用于检测温度、湿度还是噪声等，有时候这种分析对敌手是很有用的。因此安全的传感网络应该有保护其工作类型的安全机制。

既然传感网络最终要接入其他外在网络，包括互联网，那么就难免受到来自外在网络的攻击。目前能预期到的主要攻击除了非法访问外，应该是拒绝服务（DOS）攻击了。因为结点的通常资源（计算和通信能力）有限，所以对抗 DOS 攻击的能力比较脆弱，在互联网环境里不被识别为 DOS 攻击的访问就可能使网络瘫痪，因此，安全应该包括结点抗 DOS 攻击的能力。考虑到外部访问可能直接针对传感网内部的某个结点（如远程控制启动或关闭红外装置），而内部普通结点的资源一般比网关结点更小，因此，网络抗 DOS 攻击的能力应包括网关结点和普通结点两种情况。

网络接入互联网或其他类型网络所带来的问题不仅仅是如何对抗外来攻击的问题，更重要的是如何与外部设备相互认证的问题，而认证过程又需要特别考虑传感网资源的有限性，因此认证机制需要的计算和通信代价都必须尽可能小。此外，对外部互联网来说，其所连接的不同网络的数量可能是一个庞大的数字，如何区分这些网络及其内部结点，有效地识别它们，是安全机制能够建立的前提。

针对上述的挑战，感知层的安全需求可以总结为如下 5 点。

（1）机密性。多数网络内部不需要认证和密钥管理，如统一部署的共享一个密钥的传感网。

（2）密钥协商。部分内部结点进行数据传输前需要预先协商会话密钥。

（3）结点认证。个别网络（特别当数据共享时）需要结点认证，确保非法结点不能接入。

（4）信誉评估。一些重要网络需要对可能被敌手控制的结点行为进行评估，以降低敌手入侵后的危害（某种程度上相当于入侵检测）。

（5）安全路由。几乎所有网络内部都需要不同的安全路由技术。

### 2．感知层的安全架构

了解了网络的安全威胁，就容易建立合理的安全架构。在网络内部，需要有效的密钥管理机制，用于保障传感网内部通信的安全。网络内部的安全路由、联通性解决方案等都可以相对独立地使用。由于网络类型的多样性，很难统一要求有哪些安全服务，但机密性和认证性都是必要的。机密性需要在通信时建立一个临时会话密钥，而认证性可以通过对称密码或非对称密码方案解决。使用对称密码的认证方案需要预置结点间的共享密钥，在效率上也比较高，消耗网络结点的资源较少，许多网络都选用此方案；而使用非对称密码技术的传感网一般具有较好的计算和通信能力，并且对安全性要求更高。在认证的基础上完成密钥协商是建立会话密钥的必要步骤。安全路由和入侵检测等也是网络应具有的性能。

由于网络的安全一般不涉及其他网路的安全，因此是相对较独立的问题。有些已有的安全解决方案在物联网环境中也同样适用。但由于物联网环境中遭受外部攻击的机会增大，因此用于独立的传统安全解决方案需要提升安全等级后才能使用，也就是说在安全的要求上更高，这仅仅是量的要求，没有质的变化。相应地，安全需求所涉及的密码技术包括轻量级密码算法，轻量级密码协议，可设定安全等级的密码技术等。

### 9.2.4 传输层的安全需求和安全框架

物联网的传输层主要用于把感知层收集到的信息安全可靠地传输到信息处理层，然后根据不同的应用需求进行信息处理，即传输层主要是网络基础设施，包括互联网、移动网和一些专业网（如国家电力专用网、广播电视网）等。在信息传输过程中，可能经过一个或多个不同架构的网络进行信息交接。例如，普通电话座机与手机之间的通话就是一个典型的跨网络架构的信息传输实例。在信息传输过程中跨网络传输是很正常的，在物联网环境中这一现象更突出，而且很可能在正常而普通的事件中产生信息安全隐患。

#### 1．传输层的安全挑战和安全需求

网络环境目前遇到前所未有的安全挑战，而物联网传输层所处的网络环境也存在安全挑战，甚至是更高的挑战。同时，由于不同架构的网络需要相互连通，因此在跨网络架构的安全认证等方面会面临更大挑战。初步分析认为，物联网传输层将会遇到下列安全挑战：（1）DOS 攻击、DDOS 攻击；（2）假冒攻击、中间人攻击等；（3）跨异构网络的网络攻击。

在物联网发展过程中，目前的互联网或者下一代互联网将是物联网传输层的核心载体，多数信息要经过互联网传输。互联网遇到的 DOS 和分布式拒绝服务攻击（DDOS）仍然存在，因此需要有更好的防范措施和灾难恢复机制。考虑到物联网所连接的终端设备性能和对网络需求的巨大差异，对网络攻击的防护能力也会有很大差别，因此很难设计通用的安全方案，而应针对不同网络性能和网络需求有不同的防范措施。

在传输层，异构网络的信息交换将成为安全性的脆弱点，特别在网络认证方面，难免存在中间人攻击和其他类型的攻击（如异步攻击、合谋攻击等）。这些攻击都需要有更高的安全防护措施。

如果仅考虑互联网和移动网以及其他一些专用网络，则物联网传输层对安全的需求可以概括为以下几点。

（1）数据机密性。需要保证数据在传输过程中不泄露其内容。

（2）数据完整性。需要保证数据在传输过程中不被非法篡改，或非法篡改的数据容易被检测出。

（3）数据流机密性。某些应用场景需要对数据流量信息进行保密，目前只能提供有限的数据流机密性。

（4）DDOS 攻击的检测与预防：DDOS 攻击是网络中最常见的攻击现象，在物联网中将会更突出。物联网中需要解决的问题还包括如何对脆弱结点的 DDOS 攻击进行防护。

（5）移动网中认证与密钥协商（AKA）机制的一致性或兼容性、跨域认证和跨网络认证（基于 IMSI）。不同无线网络所使用的不同 AKA 机制对跨网认证带来不利。这一问题亟待解决。

#### 2. 传输层的安全架构

传输层的安全机制可分为端到端机密性和结点到结点机密性。对于端到端机密性，需要建立如下安全机制：端到端认证机制、端到端密钥协商机制、密钥管理机制和机密性算法选取机制等。在这些安全机制中，根据需要可以增加数据完整性服务。对于结点到结点机密性，需要结点间的认证和密钥协商协议，这类协议要重点考虑效率因素。机密性算法的选取和数据完整性服务则可以根据需求选取或省略。考虑到跨网络架构的安全需求，需要建立不同网络环境的认证衔接机制。另外，根据应用层的不同需求，网络传输模式可能区分为单播通信、组播通信和广播通信，针对不同类型的通信模式也应该有相应的认证机制和机密性保护机制。简而言之，传输层的安全架构主要包括如下 4 个方面。

（1）结点认证、数据机密性、完整性、数据流机密性、DDOS 攻击的检测与预防。

（2）移动网中 AKA 机制的一致性或兼容性、跨域认证和跨网络认证（基于 IMSI）。

（3）相应密码技术。密钥管理（密钥基础设施 PKI 和密钥协商）、端对端加密和结点对结点加密、密码算法和协议等。

（4）组播和广播通信的认证性、机密性和完整性安全机制。

### 9.2.5 处理层的安全需求和安全框架

处理层是信息到达智能处理平台的处理过程，包括如何从网络中接收信息。在从网络中接收信息的过程中，需要判断哪些信息是真正有用的信息，哪些是垃圾信息甚至是恶意信息。在来自于网络的信息中，有些属于一般性数据，用于某些应用过程的输入，而有些可能是操作指令。在这些操作指令中，又有一些可能是多种原因造成的错误指令（如指令发出者的操作失误、网络传输错误、得到恶意修改等），或者是攻击者的恶意指令。如何通过密码技术等手段甄别出真正有用的信息，又如何识别并有效防范恶意信息和指令带来的威胁是物联网处理层的重大安全挑战。

#### 1. 处理层的安全挑战和安全需求

物联网处理层的重要特征是智能，智能的技术实现少不了自动处理技术，其目的是使处理过程方便迅速，而非智能的处理手段可能无法应对海量数据。但自动过程对恶意数据特别是恶意指令信息的判断能力是有限的，而智能也仅限于按照一定规则进行过滤和判断，攻击者很容易避开这些规则，正如垃圾邮件过滤一样，这么多年来一直是一个棘手的问题。因此处理层的安全挑战包括如下几个方面。

（1）来自于超大量终端的海量数据的识别和处理；（2）智能变为低能；（3）自动变为失控（可控性是信息安全的重要指标之一）；（4）灾难控制和恢复；（5）非法人为干预（内部攻击）；（6）设备（特别是移动设备）的丢失。

物联网时代需要处理的信息是海量的，需要处理的平台也是分布式的。当不同性质的数据通过一个处理平台处理时，该平台需要多个功能各异的处理平台协同处理。但首先应该知道将哪些数据分配到哪个处理平台，因此数据类别分类是必需的。同时，安全的要求使得许多信息都是以加密形式存在的，因此如何快速有效地处理海量加密数据是智能处理阶段遇到的一个重大挑战。

计算技术的智能处理过程比较人类的智力来说还是有本质的区别，但计算机的智能判断在速度上是人类智力判断所无法比拟的，由此，期望物联网环境的智能处理在智能水平上不断提高，而且不能用人的智力去代替。也就是说，只要智能处理过程存在，就可能让攻击者有机会躲过智能处理过程的识别和过滤，从而达到攻击目的。在这种情况下，智能与低能相当。因此，物联网的传输层需要高智能的处理机制。

如果智能水平很高，就可以有效识别并自动处理恶意数据和指令。但再好的智能也存在失误的情况，特别在物联网环境中，即使失误概率非常小，因为自动处理过程的数据量非常庞大，因此失误的情况还是很多。在处理发生失误而使攻击者攻击成功后，如何将攻击所造成的损失降低到最小限度，并尽快从灾难中恢复到正常工作状态，是物联网智能处理层的另一重要问题，也是一个重大挑战，因为在技术上没有最好，只有更好。

智能处理层虽然使用智能的自动处理手段，但还是允许人为干预，而且是必需的。人为干预可能发生在智能处理过程无法做出正确判断的时候，也可能发生在智能处理过程有关键中间结果或最终结果的时候，还可能发生在其他任何原因而需要人为干预的时候。人为干预的目的是为了处理层更好地工作，但也有例外，那就是实施人为干预的人试图实施恶意行为时。来自于人的恶意行为具有很大的不可预测性，防范措施除了技术辅助手段外，更多地需要依靠管理手段。因此，物联网处理层的信息保障还需要科学管理手段。

智能处理平台的大小不同，大的可以是高性能工作站，小的可以是移动设备，如手机等。工作站的威胁是内部人员恶意操作，而移动设备的一个重大威胁是丢失。由于移动设备不仅是信息处理平台，而且其本身通常携带大量重要机密信息，因此，如何降低作为处理平台的移动设备丢失所造成的损失是重要的安全挑战之一。

**2. 处理层的安全架构**

为了满足物联网智能处理层的基本安全需求，需要如下的安全机制。

（1）可靠的认证机制和密钥管理方案；（2）高强度数据机密性和完整性服务；（3）可靠的密钥管理机制，包括 PKI 和对称密钥的有机结合机制；（4）可靠的高智能处理手段；（5）入侵检测和病毒检测；（6）恶意指令分析和预防，访问控制及灾难恢复机制；（7）保密日志跟踪和行为分析，恶意行为模型的建立；（8）密文查询、秘密数据挖掘、安全多方计算、安全云计算技术等；（9）移动设备文件（包括秘密文件）的可备份和恢复；（10）移动设备识别、定位和追踪机制。

### 9.2.6 应用层的安全需求和安全框架

应用层设计的是综合的或有个体特性的具体应用业务，它所涉及的某些安全问题通过前面几个逻辑层的安全解决方案可能仍然无法解决。在这些问题中，隐私保护就是典型的一种。无论感知层、传输层还是处理层，都不涉及隐私保护的问题，但它是一些特殊应用场景的实际需求，即应用层的特殊安全需求。物联网的数据共享有多种情况，涉及不同权限的数据访问。此外，在应用层还将涉及知识产权保护、计算机取证、计算机数据销毁等安全需求和相应技术。

### 1. 应用层的安全挑战和安全需求

应用层的安全挑战和安全需求主要来自于下述几个方面。

（1）如何根据不同访问权限对同一数据库内容进行筛选；（2）如何提供用户隐私信息保护，同时又能正确认证；（3）如何解决信息泄露追踪问题；（4）如何进行计算机取证；（5）如何销毁计算机数据；（6）如何保护电子产品和软件的知识产权。

物联网需要根据不同应用需求对共享数据分配不同的访问权限，而且不同权限访问同一数据可能得到不同的结果。例如，道路交通监控视频数据在用于城市规划时只需要很低的分辨率即可，因为城市规划需要的是交通堵塞的大概情况；当用于交通管制时就需要清晰一些，因为需要知道交通实际情况，以便能及时发现哪里发生了交通事故，以及交通事故的基本情况等；当用于公安侦查时可能需要更清晰的图像，以便能准确识别汽车牌照等信息。因此如何以安全方式处理信息是应用中的一项挑战。

随着个人和商业信息的网络化，越来越多的信息被认为是用户隐私信息。需要隐私保护的应用至少包括如下几种。

（1）移动用户既需要知道（或被合法知道）其位置信息，又不愿意非法用户获取该信息。

（2）用户既需要证明自己合法使用某种业务，又不想让他人知道自己在使用某种业务，如在线游戏。

（3）病人急救时需要及时获得该病人的电子病历信息，但又要保护该病历信息不被非法获取，包括病历数据管理员。事实上，电子病历数据库的管理人员可能有机会获得电子病历的内容，但隐私保护采用某种管理和技术手段使病历内容与病人身份信息在电子病历数据库中无关联。

（4）许多业务需要匿名性，如网络投票。很多情况下，用户信息是认证过程的必需信息，如何对这些信息提供隐私保护，是一个具有挑战性的问题，但又是必须要解决的问题。例如，医疗病历的管理系统需要病人的相关信息来获取正确的病历数据，但又要避免该病历数据跟病人的身份信息相关联。在应用过程中，主治医生知道病人的病历数据，这种情况下对隐私信息的保护具有一定困难性，但可以通过密码技术手段掌握医生泄露病人病历信息的证据。在使用互联网的商业活动中，特别是在物联网环境的商业活动中，无论采取了什么技术措施，都不能避免恶意行为的发生。如果能根据恶意行为所造成后果的严重程度给予相应的惩罚，那么就可以减少恶意行为的发生。技术上，这需要搜集相关证据。因此，计算机取证就显得非常重要，当然这有一定的技术难度，主要是因为计算机平台种类太多，包括多种计算机操作系统、移动设备操作系统等。

与计算机取证相对应的是数据销毁。数据销毁的目的是销毁那些在密码算法或密码协议实施过程中所产生的临时中间变量，一旦密码算法或密码协议实施完毕，这些中间变量将不再有用。但这些中间变量如果落入攻击者手里，可能为攻击者提供重要的参数，从而增大成功攻击的可能性。因此，这些临时中间变量需要及时安全地从计算机内存和存储单元中删除。计算机数据销毁技术不可避免地会被计算机犯罪提供证据销毁工具，从而增大计算机取证的难度。因此如何处理好计算机取证和计算机数据销毁这对矛盾是一项具有挑战性的技术难题，也是物联网应用中需要解决的问题。

物联网的主要市场将是商业应用，在商业应用中存在大量需要保护的知识产权产品，包括电子产品和软件等。在物联网的应用中，对电子产品的知识产权保护将会提高到一个新的高度，对应的技术要求也是一项新的挑战。

#### 2．应用层的安全架构

基于物联网综合应用层的安全挑战和安全需求，需要如下的安全机制。

（1）有效的数据库访问控制和内容筛选机制；（2）不同场景的隐私信息保护技术；（3）叛逆追踪和其他信息泄露追踪机制；（4）有效的计算机取证技术；（5）安全的计算机数据销毁技术；（6）安全的电子产品和软件的知识产权保护技术。

针对这些安全架构，需要发展相关的密码技术，包括访问控制、匿名签名、匿名认证、密文验证（包括同态加密）、门限密码、叛逆追踪、数字水印和指纹技术等。

### 9.2.7 影响信息安全的非技术因素和存在的问题

#### 1．影响信息安全的非技术因素

物联网的信息安全问题将不仅仅是技术问题，还会涉及许多非技术因素。下述几方面的因素很难通过技术手段来实现。

（1）教育。让用户意识到信息安全的重要性和如何正确使用物联网服务以减少机密信息的泄露机会。

（2）管理。严谨的科学管理方法将使信息安全隐患降低到最小，特别应注意信息安全管理。

（3）信息安全管理。找到信息系统安全方面最薄弱环节并进行加强，以提高系统的整体安全程度，包括资源管理、物理安全管理、人力安全管理等。

（4）口令管理。许多系统的安全隐患来自于账户口令的管理。

因此在物联网的设计和使用过程中，除了需要加强技术手段提高信息安全的保护力度外，还应注重对信息安全有影响的非技术因素，从整体上降低信息被非法获取和使用的概率。

#### 2．存在的问题

物联网的发展，特别是物联网中的信息安全保护技术，需要学术界和企业界协同合作来完成。许多学术界的理论成果看似很完美，但可能不很实用，而企业界设计的在实际应用中满足一些约束指标的方案又可能存在可怕的安全漏洞。信息安全的保护方案和措施需要周密考虑和论证后才能实施，设计者对设计的信息安全保护方案不能抱有任何侥幸心理，而实践也证明攻击者往往比设计者想象得更聪明。

然而，现实情况是学术界与企业界几乎是独立的两种发展模式，其中交叉甚少，甚至双方互相鄙视。学术界认为企业界的设计没有新颖性，而企业界看学术界的设计是乌托邦，很难在实际系统中使用。这种现象的根源是学术机构与企业界的合作较少，即使有合作，也是目标导向很强的短期项目，学术研究人员大多不能深入理解企业需求，企业的研究人员在理论深度有所欠缺，而在信息安全系统的设计中则需要很强的理论基础。

再者，信息安全常常被理解为政府和军事等重要机构专有的东西。随着信息化时代的发展，特别是电子商务平台的使用，人们已经意识到信息安全更大的应用在商业市场。尽管一些密码技术，特别是密码算法的选取，在流程上受到国家有关政策的管控，但作为信息安全技术，包括密码算法技术本身，则是纯学术的东西，需要公开研究才能提升密码强度和信息安全的保护力度。

## 思考题

- 物联网传输层的安全需求有哪些方面？
- 物联网应用层的安全需求有哪些方面？

## 9.3 RFID 系统安全

随着 RFID 技术应用的不断普及，目前在供应链中 RFID 已经得到了广泛应用。由于信息安全问题的存在，RFID 应用尚未普及到至为重要的关键任务中。没有可靠的信息安全机制，就无法有效保护整个 RFID 系统中的数据信息，如果信息被窃取或者恶意更改，将会给使用 RFID 技术的企业、个人和政府机关带来无法估量的损失。特别是对于没有可靠安全机制电子标签，会被邻近的读写器泄露敏感信息，存在被干扰、被跟踪等安全隐患。

由于目前 RFID 的主要应用领域对隐私性要求不高，对于安全、隐私问题的注意力太少，很多用户对 RFID 的安全问题尚未给予足够重视。到目前为止，还没有人抱怨部署 RFID 可能带来的安全隐患，尽管企业和供应商都意识到了安全问题，但他们并没有把这个问题放到首要议程上，仍然把重心放在了 RFID 的实施效果和采用 RFID 所带来的投资回报上。然而，像 RFID 这种应用面很广的技术，具有巨大的潜在破坏能力，如果不能很好地解决 FRID 系统的安全问题，随着物联网应用的扩展，未来遍布全球各地的 RFID 系统安全可能会像现在的网络安全难题一样考验人们的智慧。

### 9.3.1 RFID 系统面临的安全攻击

目前，RFID 安全问题主要集中在对个人用户信息的隐私保护、对企业用户的商业秘密保护、防范对 RFID 系统的攻击以及利用 RFID 技术进行安全防范等方面。

RFID 系统中的安全问题在很多方面与计算机体系和网络中的安全问题类似。从根本上说，这两类系统的目的都是为了保护存储的数据及在系统的不同组件之间互相传送的数据。然而，由于以下两点原因，处理 RFID 系统中的安全问题更具有挑战性。首先，RFID 系统中的传输基于无线通信方式，这使得传送的数据容易被“偷听”；其次，在 RFID 系统中，特别是在电子标签上，计算能力和可编程能力都被标签本身的成本要求所约束，更准确地讲，在一个特定的应用中，标签的成本越低，它的计算能力也就越弱，安全的可编程能力也越弱。一般地，常见的安全攻击有以下四种类型。

#### 1. 电子标签数据的获取攻击

每个电子标签通常都包含一个集成电路，其本质是一个带内存的微芯片。电子标签上数据的安全和计算机中数据的安全都同样会受到威胁。当未授权方进入一个授权的读写器时仍然设置一个读写器与某一特定的电子标签通信，电子标签的数据就会受到攻击。在这种情况下，未授权方可以像一个合法的读写器一样去读取电子标签上的数据。在可写标签上，数据甚至可能被非法使用者修改或删除。

#### 2. 电子标签和读写器之间的通信侵入

当电子标签向读写器传送数据，或者读写器从电子标签上查询数据时，数据是通过无线电波在空中传播的。在这个通信过程中，数据容易受到攻击，这类无线通信易受攻击的特性包括以下 3 个方面。

（1）非法读写器截获数据。非法读写器中途截取标签传输的数据。

（2）第三方堵塞数据传输。非法用户可以利用某种方式阻塞数据和读写器之间的正常传输。最常用的方法是欺骗，通过很多假的标签响应让读写器不能区分出正确的标签响应，从而使读写器负载制造电磁干扰，这种方法也叫做拒绝服务攻击。

（3）伪造标签发送数据。伪造的标签向读写器提供无用信息或者错误数据，可以有效地欺骗 RFID 系统接收、处理并且执行错误的电子标签数据。

#### 3. 侵犯读写器内部的数据

当电子标签向读写器发送数据、清空数据或是将数据发送给主机系统之前，都会先将信息存储在内存中，并用它来执行一些功能。在这些处理过程中，读写器功能就像其他计算机一样存在传统的安全侵入问题。目前，市场上大部分读写器都是私有的，一般不提供相应的扩展接口让用户自行增强读写器安全性。因此挑选可二次开发、具备可扩展开发接口的读写器将变得非常重要。

#### 4. 主机系统侵入

电子标签传出的数据经过读写器到达主机系统后，将面临现存主机系统的 RFID 数据安全侵入。这些侵入已超出本书讨论的范围，有兴趣的读者可参考计算机或网络安全方面相关的文献资料。

### 9.3.2 RFID 系统的安全风险分类

RFID 数据安全可能遭受的风险取决于不同的应用类型。在此将 RFID 应用分为消费者应用和企业应用两类，并讨论每种类型的安全风险。

#### 1. 消费者应用的风险

RFID 应用包括收集和管理有关消费者的数据。在消费者应用方面，安全性破坏风险不仅会对配置 RFID 系统的商家造成损害，也会对消费者造成损害。即使是在那些 RFID 系统没有直接收集或维护消费者数据的情况下，如果消费者携带具备电子标签的物体，也存在创建一个消费者和电子标签之间联系的可能性。由于这种关系承载消费者的私人数据，所以存在隐私方面的风险。

#### 2. 企业应用的风险

企业 RFID 应用基于单个商务的内部数据或者很多商务数据的收集。典型的企业应用包括任意数量供应链管理的处理增强应用（例如：财产清单控制或后勤事务处理），另外一个应用是工业自动化领域，RFID 系统可用来追踪工厂场地内的生产制造过程。这些安全隐患可能使商业交易和运行变得混乱，或危及到公司的机密信息。

举例来说，计算机黑客可以通过欺诈和实施拒绝服务攻击来中断商业合作伙伴之间基于RFID 技术的供应链处理。此外，商业竞争对手可以窃取机密的存货数据或者获取专门的工业自动化技术。其他情况下，黑客还可以获取并公开类似的企业机密数据，这将危及到公司的竞争优势。如果几家企业共同使用一个 RFID 系统，即在供应商和生产商之间创建一个更有效的供应链，电子标签数据安全方面受到的破坏很可能对所有关联的商家都造成危害。

## 9.3.3 RFID 系统的安全缺陷

实际上，尽管与计算机网络的安全问题类似，但 RFID 所面临的安全问题要严峻得多。这不仅仅表现在RFID产品的成本极大地限制了RFID的处理能力和安全加密措施，而且RFID技术本身就包含了比计算机网络更多、更容易泄密的不安全因素。一般地，RFID 在安全缺陷方面除了与计算机网络有相同之处外，还包括以下 3 种不同的安全缺陷类型。

### 1．标签本身的访问缺陷

由于标签本身的成本所限，标签本身很难具备保证安全的能力。这样，就面临着许多问题。非法用户可以利用合法的读写器或者自构一个读写器与标签进行通信，很容易就获取了标签内的所存数据。而对于读写式标签，还面临数据被改写的风险。

### 2．通信链路上的安全问题

RFID 的数据通信链路是无线通信链路，与有线连接不同的是，无线传输的信号本身是开放的，这就给非法用户的监听带来了方便。实现非法监听的常用方法包括以下三种。

（1）黑客非法截取通信数据。

（2）业务拒绝式攻击，即非法用户通过发射干扰信号来堵塞通信链路，使得读写器过载，无法接收正常的标签数据。

（3）利用冒名顶替的标签来向读写器发送数据，使得读写器处理的都是虚假数据，而真实的数据则被隐藏。

### 3．读写器内部的安全风险

在读写器中，除了中间件被用来完成数据的传输选择、时间过滤和管理之外，只能提供用户业务接口，而不能提供让用户自行提升安全性能的接口。

由此可见，RFID 所遇到的安全问题要比通常计算机网络的安全问题复杂得多，如何应对 RFID 的安全威胁，一直是尚待研究解决的焦点问题，虽然在 ISO 和 EPC Gen2 中都规定了严格数据加密格式和用户定义位，RFID 技术也具有比较强大的安全信息处理能力，但仍然有一些人认为 RFID 的安全性很差。美国的密码学研究专家 Adi Shamir 表示，目前 RFID 毫无安全可言，简直是畅通无阻。他声称已经破解了目前大多数电子标签的密码口令，并可以对目前几乎所有的 RFID 芯片进行无障碍攻击。当前，安全仍被认为是阻碍 RFID 技术推广的一个重要原因之一。

## 9.3.4 RFID 标签安全机制

RFID 电子标签在国内的应用越来越多，其安全性也开始受到重视。RFID 电子标签自身都是有安全设计的，但是 RFID 电子标签具备足够的安全吗？个人信息存储在电子标签中会泄露吗？RFID 电子标签的安全机制到底是怎样设计的？本节围绕目前应用广泛的几类电子标签探讨 RFID 电子标签的安全属性，并对 RFID 电子标签在应用中涉及的信息安全方面提出了建议。

### 1. RFID 电子标签的安全设置

RFID 电子标签的安全属性与标签分类直接相关。一般来说安全性等级中存储型最低，CPU 型最高，逻辑加密型居中，目前广泛使用的 RFID 电子标签中也以逻辑加密型居多。存储型 RFID 电子标签没有做特殊的安全设置，标签内有一个厂商固化的不重复不可更改的唯一序列号，内部存储区可存储一定容量的数据信息，不需要进行安全认证即可读出或改写。虽然所有的 RFID 电子标签在通信链路层都没有采用加密机制，并且芯片（除 CPU 型外）本身的安全设计也不是非常强大，但在应用方面因为采取了很多加密手段使其可以保证足够的安全性。

CPU 型的 RFID 电子标签在安全方面做得最多，因此在安全方面有着很多的优势。但从严格意义上来说，此种电子标签不应归属为 RFID 电子标签范畴，而应属非接触智能卡类。可由于使用 ISO 11443 Type A/B 协议的 CPU 非接触智能卡与应用广泛的 RFID 高频电子标签通信协议相同，所以通常也被归为 RFID 电子标签类。

逻辑加密型的 RFID 电子标签具备一定强度的安全设置，内部采用了逻辑加密电路及密钥算法：可设置启用或关闭安全设置，如果关闭安全设置则等同存储卡。如 OTP（一次性编程）功能，只要启用了这种安全功能，就可以实现一次写入不可更改的效果，可以确保数据不被篡改。另外，还有一些逻辑加密型电子标签具备密码保护功能，这种方式是逻辑加密型的 RFID 电子标签采取的主流安全模式，设置后可通过验证密钥实现对存储区内数据信息的读取或改写等。采用这种方式的 RFID 电子标签使用密钥一般不会很长，四字节或六位字节数字密码。有了安全设置功能，逻辑加密型的 RFID 电子标签还可以具备一些身份认证及小额消费的功能。如第二代公民身份证、Mifare（菲利普技术）公交卡等。

CPU 类型的广义 RFID 电子标签具备极高的安全性，芯片内部的 COS 本身采用了安全的体系设计，并且在应用方面设计有密钥文件、认证机制等，比前几种 RFID 电子标签的安全模式有了极大的提高；也保持着目前唯一没有被人破解的纪录。这种 RFID 电子标签将会更多地被应用于带有金融交易功能的系统中。

### 2. RFID 电子标签在应用中的安全机制

首先，探讨存储型 RFID 电子标签在应用中的安全设计。存储型 RFID 电子标签的应用主要通过快速读取 ID 号来达到识别的目的，主要应用于动物识别、跟踪追溯等方面。这种应用要求的是应用系统的完整性，而对于标签存储数据要求不高，多是应用唯一序列号的自动识别功能。

如果部分容量稍大的存储型 RFID 电子标签想在芯片内存储数据，对数据做加密后写入芯片即可，这样信息的安全性主要由应用系统密钥体系安全性的强弱来决定，与存储型 RFID 本身就没有太大关系。

逻辑加密型的 RFID 电子标签应用极其广泛，并且其中还有可能涉及小额消费功能，因此它的安全设计是极其重要的。逻辑加密型的 RFID 电子标签内部存储区一般按块分布，并有密钥控制位设置每数据块的安全属性。先来解释一下逻辑加密型的 RFID 电子标签的密钥认证功能流程，以 Mifare One（菲利普技术）为例，如图 9-1 所示。

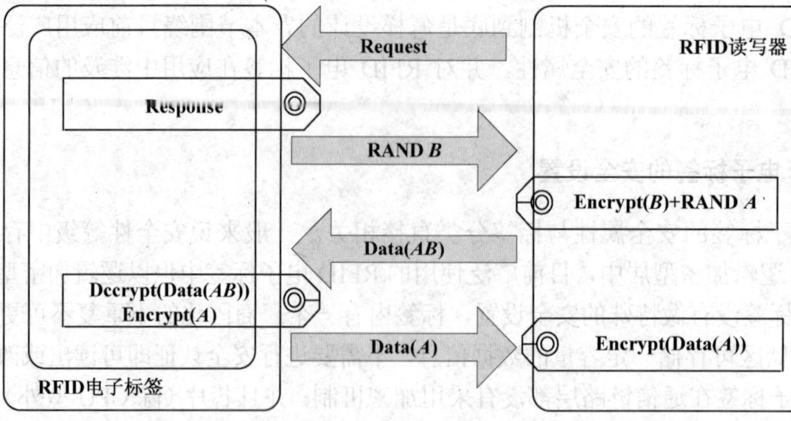


图 9-1 Mifare 认证流程图

由上图可知，认证的流程可以分成以下几个步骤。

（1）应用程序通过 RFID 读写器向 RFID 电子标签发送认证请求。

（2）RFID 电子标签收到请求后向读写器发送一个随机数 $B$。

（3）读写器收到随机数 $B$ 后向 RFID 电子标签发送使用要验证的密钥加密 $B$ 的数据包，其中包含了读写器生成的另一个随机数 $A$。

（4）RFID 电子标签收到数据包后，使用芯片内部存储的密钥进行解密，解出随机数 $B$ 并校验与之发出的随机数 $B$ 是否一致。

（5）如果是一致的，则 RFID 使用芯片内部存储的密钥对 $A$ 进行加密并发送给读写器。

（6）读写器收到此数据包后，进行解密，解出 $A$ 并与前述的 $A$ 比较是否一致。

如果上述的每一个环节都成功，则验证成功；否则验证失败。这种验证方式可以说是非常安全的，破解的强度也是非常大的，如 Mifare 的密钥为 6 字节，也就是 48 位；Mifare 一次典型验证需要 6ms，如果在外部使用暴力破解的话，所需时间为 $2^{48}\times 6\text{ms}=\dfrac{2^{48}\times 6}{3.6\times 10^{6}}$ 小时，结果是一个非常大的数字，常规破解手段将无能为力。

CPU 型 RFID 电子标签的安全设计与逻辑加密型相类似，但安全级别与强度要高得多，CPU 型 RFID 电子标签芯片内部采用了核心处理器，而不是如逻辑加密型芯片那样在内部使用逻辑电路；并且芯片安装有专用操作系统，可以根据需求将存储区设计成不同大小的二进制文件、记录文件、密钥文件等。使用 FAC 设计每一个文件的访问权限，密钥验证的过程与上述相类似，也是采用随机数加密文传送加芯片内部验证方式，但密钥长度为 16 字节。并且还可以根据芯片与读写器之间采用的通信协议使用加密传送通信指令。

## 9.3.5 RFID 安全需求及研究进展

### 1. RFID 系统的安全需求

一种比较完善的 RFID 系统解决方案应当具备保密性、完整性、可用性和真实性等基本特征。在 RFID 系统应用中，这些特性都涉及密码技术。

（1）保密性。一个 RFID 电子标签不应当向未授权读写器泄露任何敏感的信息，在许多应用中，RFID 电子标签中所包含的信息关系到消费者的隐私，这些数据一旦被攻击者获取，消费者的隐私权将无法得到保障，因而一个完备的 RFID 安全方案必须能够保证电子标签中所包含的信息仅能被授权读写器访问。

（2）完整性。在通信过程中，数据完整性能够保证接收者收到的信息在传输过程中没有被攻击者篡改或替换。在 RFID 系统中，通常使用消息认证来进行数据完整性的检验。它使用的是一种带有共享密钥的散列算法，即将共享密钥和待测的消息连接在一起进行散列运算，对数据的任何细微改动都会对消息认证码的值产生极大的影响。

（3）可用性。RFID 系统的安全解决方案所提供的各种服务能够被授权用户使用，并能够有效防止非法攻击者企图中断 RFID 系统服务的恶意攻击。一个合理的安全方案应当具有节能的特点，各种安全协议和算法的设计不应当太复杂，并尽可能地减少用户密钥计算开锁，存储容量和通信能力也应当充分考虑 RFID 系统资源有限的特点，从而使得能量消耗最小化。同时，安全性设计方案不应当限制 RFID 系统的可用性，并能够有效防止攻击者对电子标签资源的恶意消耗。

（4）真实性。电子标签的身份认证在 RFID 系统的许多应用中是非常重要的。攻击者可以伪造电子标签，也可以通过某种方式隐藏标签，使读写器无法发现该标签，从而成功地实施物品转移，读写器通过身份认证才能确信正确的电子标签。

### 2. RFID 系统的安全研究进展

为实现上述安全需求，RFID 系统必须在电子标签资源有限的情况下实现具有一定安全强度的安全机制。受低成本 RFID 电子标签中资源有限的影响，一些高强度的公钥加密机制和认证算法难以在 RFID 系统中实现。目前，国内外针对低成本 RFID 安全技术进行了一系列研究，并取得了一些有意义的成果。

（1）访问控制。为防止 RFID 电子标签内容的泄露，保证仅有授权实体才可以读取和处理相关标签上的信息，必须建立相应的访问控制机制。

（2）标签认证。为防止对电子标签的依靠和标签内容的滥用，必须在通信之前对电子标签的身份进行认证。目前，学术界提出了多种标签认证方案，这些方案也充分考虑了电子标签资源有限的特点。

（3）消息加密。现有读写器和标签之间的无线通信在 RFID 情况下是以明文方式进行的，由于未采用任何加密机制，因而攻击者能够获取并利用 RFID 电子标签上的内容。国内外学者为此提出了多种解决方案，旨在解决 RFID 系统的保密性问题。

## 思考题

- RFID 系统存在哪些安全缺陷？
- RFID 系统的安全研究具有哪些进展？

## 9.4 无线传感网络安全

随着传感器、计算机、无线通信及微机电等技术的发展和相互融合，产生了无线传感器网络（Wireless Senso，Network，WSN），目前 WSN 的应用越来越广泛，已涉及国防军事、国家安全等敏感领域，安全问题的解决是这些应用得以实施的基本保证。WSN 一般部署广泛，结点位置不确定，网络的拓扑结构也处于不断变化之中。

另外，结点在通信能力、计算能力、存储能力、电源能量、物理安全和无线通信等方面存在固有的局限性，WSN 的这些局限性直接导致了许多成熟、有效的安全方案无法顺利应用。正是这种“供”与“求”之间的矛盾使得 WSN 安全研究成为热点。

### 9.4.1 WSN 安全问题

#### 1. WSN 与安全相关的特点

WSN 与安全相关的特点主要有以下 4 个。

（1）资源受限，通信环境恶劣。WSN 单个结点能量有限，存储空间和计算能力差，直接导致了许多成熟、有效的安全协议和算法无法顺利应用。另外，结点之间采用无线通信方式，信道不稳定，信号不仅容易被窃听，而且容易被干扰或篡改。

（2）部署区域的安全无法保证，结点易失效。传感器结点一般部署在无人值守的恶劣环境或敌对环境中，其工作空间本身就存在不安全因素，结点很容易受到破坏或被俘，一般无法对结点进行维护，结点很容易失效。

（3）网络无基础框架。在 WSN 中，各结点以自组织的方式形成网络，以单跳或多跳的方式进行通信。由结点相互配合实现路由功能，没有专门的传输设备，传统的端到端的安全机制无法直接应用。

（4）部署前地理位置具有不确定性。在 WSN 中，结点通常随机部署在目标区域，任何结点之间是否存在直接连接在部署前是未知的。

#### 2. 安全需求

WSN 的安全需求主要有以下 7 个方面。

（1）机密性。机密性要求对 WSN 结点间传输的信息进行加密，让任何人在截获结点间的物理通信信号后不能直接获得其所携带的消息内容。

（2）完整性。WSN 的无线通信环境为恶意结点实施破坏提供了方便，完整性要求结点收到的数据在传输过程中未被插入、删除或篡改，即保证接收到的消息与发送的消息是一致的。

（3）健壮性。WSN 一般被部署在恶劣环境、无人区域或敌方阵地中，外部环境条件具有不确定性，另外，随着旧结点的失效或新结点的加入，网络的拓扑结构不断发生变化。因此，WSN 必须具有很强的适应性，使得单个结点或者少量结点的变化不会威胁整个网络的安全。

（4）真实性。WSN 的真实性主要体现在两个方面：点到点的消息认证和广播认证。点到点的消息认证使得某一结点在收到另一结点发送来的消息时，能够确认这个消息确实是从该结点发送过来的，而不是别人冒充的；广播认证主要解决单个结点向一组结点发送统一通告时的认证安全问题。

（5）新鲜性。在 WSN 中由于网络多路径传输延时的不确定性和恶意结点的重放攻击使得接收方可能收到延后的相同数据包。新鲜性要求接收方收到的数据包都是最新的、非重放的，即体现消息的时效性。

（6）可用性。可用性要求 WSN 能够按预先设定的工作方式向合法的用户提供信息访问服务，然而，攻击者可以通过信号干扰、伪造或者复制等方式使 WSN 处于部分或全部瘫痪状态，从而破坏系统的可用性。

（7）访问控制。WSN 不能通过设置防火墙进行访问过滤，由于硬件受限，也不能采用非对称加密体制的数字签名和公钥证书机制。WSN必须建立一套符合自身特点，综合考虑性能、效率和安全性的访问控制机制。

### 9.4.2 WSN安全分析

传感器网络为在复杂的环境中部署大规模的网络，进行实时数据采集与处理带来了希望。但同时WSN通常部署在无人维护、不可控制的环境中，除了具有一般无线网络所面临的信息泄露、信息篡改、重放攻击、拒绝服务攻击等多种威胁外，WSN还面临传感器节点容易被攻击者物理操纵，并获取存储在传感器节点中的所有信息，从而控制部分网络的威胁。用户不可能接受并部署一个没有解决好安全和隐私问题的传感器网络，因此在进行WSN协议和软件设计时，必须充分考虑WSN可能面临的安全问题，并把安全机制集成到系统设计中去。

由于传感器网络自身的一些特性，使其在各个协议层都容易遭受到各种形式的攻击。下面着重分析对网络传输底层的攻击形式。

#### 1. 物理层的攻击和防御

物理层中安全的主要问题就是如何建立有效的数据加密机制，由于传感器结点的限制，其有限计算能力和存储空间使基于公钥的密码体制难以应用于无线传感器网络中。为了节省传感器网络的能量开销和提供整体性能，也尽量要采用轻量级的对称加密算法。

对称加密算法在无线传感器网络中的负载，在多种嵌入式平台构架上分别测试了RC4、RC5和IDEA等5种常用的对称加密算法的计算开销。测试表明在无线传感器平台上性能最优的对称加密算法是RC4，而不是目前传感器网络中所使用的RC5。

由于对称加密算法的局限性，不能方便地进行数字签名和身份认证，给无线传感器网络安全机制的设计带来了极大的困难。因此高效的公钥算法是无线传感器网络安全亟待解决的问题。

#### 2. 链路层的攻击和防御

数据链路层或介质访问控制层为邻居结点提供可靠的通信通道，在MAC协议中，结点通过监测邻居结点是否发送数据来确定自身是否能访问通信信道。这种载波监听方式特别容易遭到拒绝服务攻击也就是DOS。在某些MAC层协议中使用载波监听的方法来与相邻结点协调使用信道。当发生信道冲突时，结点使用二进制值指数倒退算法来确定重新发送数据的时机，攻击者只需要产生一个字节的冲突就可以破坏整个数据包的发送。因为只要部分数据的冲突就会导致接收者对数据包的校验和不匹配。导致接收者会发送数据冲突的应答控制信息ACK使发送结点根据二进制指数倒退算法重新选择发送时机。这样经过反复冲突，使结点不断倒退，从而导致信道阻塞。恶意结点有计划地重复占用信道比长期阻塞信道要花更少的能量，而且相对于结点载波监听的开销，攻击者所消耗的能量非常的小，对于能量有限的结点，这种攻击能很快耗尽结点有限的能量。所以，载波冲突是一种有效的DOS攻击方法。

虽然纠错码提供了消息容错的机制，但是纠错码只能处理信道偶然错误，而一个恶意结点可以破坏比纠错码所能恢复的错误更多的信息。纠错码本身也导致了额外的处理和通信开销。目前来看，这种利用载波冲突对DOS的攻击还没有有效的防范方法。

解决的方法就是对MAC的准入控制进行限速，网络自动忽略过多的请求，从而不必对于每个请求都应答，节省了通信的开销。但是采用时分多路算法的MAC协议通常系统开销比较大，不利于传感器结点节省能量。

3. 网络层的攻击和防御

通常，在无线传感器网络中，大量的传感器结点密集地分布在一个区域里，消息可能需要经过若干结点才能到达目的地，而且由于传感器网络的动态性，因此没有固定的基础结构，所以每个结点都需要具有路由的功能。由于每个结点都是潜在的路由结点，因此更易于受到攻击。无线传感器网络的主要攻击种类较多，简单介绍如下。

（1）虚假路由信息

通过欺骗，更改和重发路由信息，攻击者可以创建路由环，吸引或者拒绝网络信息流通量，延长或者缩短路由路径，形成虚假的错误消息，分割网络，增加端到端的时延。

（2）选择性的转发

结点收到数据包后，有选择地转发或者根本不转发收到的数据包，导致数据包不能到达目的地。

（3）污水池（Sink Hole）攻击

攻击者通过声称自己电源充足、性能可靠而且高效，通过使泄密结点在路由算法上对周围结点具有特别的吸引力吸引周围的结点选择它作为路由路径中的点。引诱该区域的几乎所有的数据流通过该泄密结点。

（4）Sybil 攻击

在这种攻击中，单个节点以多个身份出现在网络中的其他结点面前，使之具有更高概率被其他结点选作路由路径中的结点，然后和其他攻击方法结合使用，达到攻击的目的。它降低具有容错功能的路由方案的容错效果，并对地理路由协议产生重大威胁。

（5）蠕虫洞（Worm Holcs）攻击

攻击者通过低延时链路将某个网络分区中的消息发往网络的另一分区重放。常见的形式是两个恶意结点相互串通，合谋进行攻击。

（6）Hello 洪泛攻击

很多路由协议需要传感器结点定时地发送 Hello 包，以声明自己是其他结点的邻居结点。而收到该 Hello 报文的结点则会假定自身处于发送者正常无线传输范围内。而事实上，该结点离恶意结点距离较远，以普通的发射功率传输的数据包根本到不了目的地。网络层路由协议为整个无线传感器网络提供了关键的路由服务，如受到攻击后果非常严重。

（7）选择性转发

恶意结点可以概率性地转发或者丢弃特定消息，而使网络陷入混乱状态。如果恶意结点抛弃所有收到的信息将形成黑洞攻击，但是这种做法会使邻居结点认为该恶意结点已失效，从而不再经由它转发信息包，因此选择性转发更具欺骗性。其有效的解决方法是多径路由，结点也可以通过概率否决投票并由基站或簇头对恶意结点进行撤销。

（8）DoS 攻击

DoS 攻击是指任何能够削弱或消除 WSN 正常工作能力的行为或事件，对网络的可用性危害极大，攻击者可以通过拥塞、冲突碰撞、资源耗尽、方向误导、去同步等多种方法在 WSN 协议栈的各个层次上进行攻击。可以使用一种基于流量预测的传感器网络 DoS 攻击检测方案，从 DoS 攻击引发的网络流量异常变化入手，根据已有的流量观测值来预测未来流量，如果真实的流量与其预测流量存在较大偏差，则判定为一种异常或攻击。在一种简单、高效的流量预测模型的基础上，设计了一种基于阈值超越的流量异常判断机制，使路径中的节点在攻击后自发地检测异常，最后提出了一种报警评估机制以提高检测质量。

### 9.4.3　WSN 的安全性目标

#### 1．WSN 的主要安全目标及实现基础

虽然 WSN 的主要安全目标和一般网络没有多大区别，包括保密性、完整性、可用性等，但考虑到 WSN 是典型的分布式系统，并以消息传递来完成任务的特点，可以将其安全问题归结为消息安全和节点安全。所谓消息安全是指在节点之间传输的各种报文的安全性。节点安全是指针对传感器节点被俘获并改造而变为恶意节点时，网络能够迅速地发现异常节点，并能有效地防止其产生更大的危害。与传统网络相比，由于 WSN 根深蒂固的微型化和低价位大规模应用的思想，导致借助硬件实现安全的策略一直没有得到重视。考虑到传感器节点的资源限制，几乎所有的安全研究都必然存在算法计算强度和安全强度之间的权衡问题。简单地提供能够保证消息安全的加密算法是不够的。事实上，当节点被攻破，密钥等重要信息被窃取时，攻击者很容易控制被俘节点或复制恶意节点以危害消息安全。因此，节点安全高于消息安全，确保传感器节点安全尤为重要。

维护传感器节点安全的首要问题是建立节点信任机制。在传统网络中，健壮的端到端信任机制常需借助可信第三方，通过公钥密码体制实现网络实体的认证，如 PKI 系统。然而，研究者们发现，由于无线信道的脆弱性，即便对于静止的传感器节点，其间的通信信道也并不稳定，导致网络拓扑容易变化。因此，对于任何基于可信第三方的安全协议，传感器节点和可信第三方之间的通信开销很大，并且不稳定的信道和通信延迟足以危及安全协议的能力和效率。另外，鉴于感器节点计算能力的约束，公钥密码体制也不适合用于 WSN。

根据近代密码学的观点，密码系统的安全应该只取决于密钥的安全，而不取决于对算法的保密。因此，密钥管理是安全管理中最重要、最基础的环节。历史经验表明，从密钥管理途径进行攻击要比单纯破译密码算法代价小得多。高度重视密钥管理，引入密钥管理机制进行有效控制，对增加网络的安全性和抗攻击性是非常重要的。

一般而言，基于密钥预分配方式，WSN 通过共享密钥建立节点信任关系。因此，基于密钥预分配方式的共享密钥管理问题是 WSN 节点安全和消息安全功能的实现基础。目前，WSN 密钥预分配管理主要分为确定型密钥预分配和随机型密钥预分配。确定型密钥预分配借助组合论、多项式、矩阵等教学方法，其共同的缺点是当被攻破节点数超过某一门限时，整个网络被攻破的概率急剧升高，随机型密钥预分配则可避免这样的缺点，即当被攻破节点数超过某一门限时，整个网络被攻破的概率温和升高，而代价是增加了共享密钥的发现难度。同时，由于随机型密钥预分配是基于随机图连通理论，所以在某些特殊场合，如节点分布稀疏或者密度不均匀的场合，随机型密钥预分配不能保证网络的连通性。

#### 2．WSN 安全研究的重点

WSN 安全问题已经成为 WSN 研究的热点与难点，随着对 WSN 安全研究的不断深入，下面几个方向将成为研究的重点。

（1）密钥管理

① 密钥的动态管理问题。WSN 的节点随时都可能变化（死亡、捕获、增加等），其密钥

管理方案要具有良好的可扩展性，能够通过密钥的更新或撤销适应这种频繁的变化。

② 丢包率的问题。WSN 无线的通信方式必然存在一定的丢包率，钥管理方案都是建立在不存在丢包的基础上的，这与实际是不相符的，因此需要设计一种允许一定丢包率的密钥管理方案。

③ 分层、分簇或分组密钥管理方案的研究。WSN 一般节点数目较多，整个网络的安全性与节点资源的有限性之间的矛盾通过传统的密钥管理方式很难解决，而通过对节点进行合理的分层、分簇或分组管理，可以在提高网络安全性的同时，降低节点的通信、存储开销。因此，密钥管理方案的分层、分簇或分组研究是 WSN 安全研究的一个重点。

④ 椭圆曲线密码算法在 WSN 中的应用研究。

（2）安全路由

WSN 没有专门的路由设备，传感器节点既要完成信息的感应和处理，又要实现路由功能。另外，传感器节点的资源受限，网络拓扑结构也会不断发生变化。这些特点使得传统的路由算法无法应用到 WSN 中。设计具有良好的扩展性，且适应 WSN 安全需求的安全路由算法是 WSN 安全研究的重要内容。

（3）安全数据融合

在 WSN 中，传感器节点一般部署较为密集，相邻节点感知的信息有很多都是相同的，为了节省带宽、提高效率，信息传输路径上的中间节点一般会对转发的数据进行融合，减少数据冗余。但是数据融合会导致中间节点获知传输信息的内容，降低了传输内容的安全性。在确保安全的基础上，提高数据融合技术的效率是 WSN 实际应用中需要解决的问题。

（4）入侵检测

① 针对不同的应用环境与攻击手段，误检率与漏检率之间的平衡问题。

② 结合集中式和分布式检测方法的优点，更高效的入侵检测机制的研究。

（5）安全强度与网络寿命的平衡

WSN 的应用很广泛，针对不同的应用环境，如何在网络的安全强度和使用寿命之间取得平衡，在安全的基础上充分发挥 WSN 的效能，也是一个急需解决的问题。

### 9.4.4 WSN 的安全策略

根据以上无线传感器网络的安全分析可知，无线传感器网络易于遭受传感器节点的物理操纵、传感信息的窃听、私有信息的泄露、拒绝服务攻击等多种威胁和攻击。下面将根据 WSN 的特点，对 WSN 所面临的潜在安全威胁进行分类描述与对策探讨。

#### 1. 传感器节点的物理操纵

未来的传感器网络一般有成百上千个传感器节点，很难对每个节点进行监控和保护，因而每个节点都是一个潜在的攻击点，都能被攻击者进行物理和逻辑攻击。另外，传感器通常部署在无人维护的环境当中，这更加方便了攻击者捕获传感器节点。当捕获了传感器节点后，攻击者就可以通过编程接口（JTAG 接口），修改或获取传感器节点中的信息或代码，根据文献分析，攻击者利用简单的工具（计算机、UISP 自由软件）在不到一分钟的时间内就可以把 EEPROM、Flash 和 SRAM 中的所有信息传输到计算机中，通过汇编软件，可很方便把获取的信息转换成汇编文件格式，从而分析出传感器节点所存储的程序代码、路由协议及密钥等机密信息，同时还可以修改程序代码，并加载到传感器节点中。

目前通用的传感器节点具有很大的安全漏洞，攻击者通过此漏洞，可方便地获取传感器节点中的机密信息、修改传感器节点中的程序代码，如使得传感器节点具有多个身份ID，从而以多个身份在传感器网络中进行通信，另外，攻击还可以通过获取存储在传感节点中的密钥、代码等信息进行，从而伪造或伪装成合法节点加入到传感器网络中。一旦控制了传感器网络中的一部分节点后，攻击者就可以发动多种攻击，如监听传感器网络中传输的信息，向传感器网络中发布假的路由信息或传送假的传感信息、进行拒绝服务攻击等。

安全策略：由于传感器节点容易被物理操纵是传感器网络不可回避的安全问题，必须通过其他的技术方案来提高传感器网络的安全性能。如在通信前进行节点与节点的身份认证；设计新的密钥协商方案，使得即使有一小部分节点被操纵后，攻击者也不能或很难从获取的节点信息推导出其他节点的密钥信息等。另外，还可以通过对传感器节点软件的合法性进行认证等措施来提高节点本身的安全性能。

### 2. 信息窃听

根据无线网络部署特点，攻击者很容易通过节点间的传输而获得敏感或者私有的信息，如在无线传感器网络监控室内温度和灯光的场景中，部署在室外的无线接收器可以获取室内传感器发送过来的温度和灯光信息；同样攻击者通过监听室内和室外节点间信息的传输，也可以获知室内信息，从而揭露出房屋主人的生活习性。

安全策略：对传输信息加密可以解决窃听问题，但需要一个灵活、强健的密钥交换和管理方案。密钥管理方案必须容易部署而且适合传感器节点资源有限的特点，另外，密钥管理方案还必须保证当部分节点被操纵后（如攻击者获取了存储在这个节点中的生成会话密钥的信息），不会破坏整个网络的安全性。由于传感器节点的内存资源有限，因此在传感器网络中实现大多数节点间端到端安全不切实际。然而在传感器网络中可以实现跳-跳之间的信息加密，这样传感器节点只要与邻居节点共享密钥就可以了。在这种情况下，即时攻击者捕获了一个通信节点，也只是影响相邻节点间的安全。但当攻击者通过操纵节点发送虚假路由消息，就会影响整个网络的路由拓扑。解决这种问题的办法是具有鲁棒性的路由协议，另一种方法是多路径路由，通过多个路径传输部分信息，并在目的地进行重组。

### 3. 私有性问题

传感器网络是以收集信息作为主要目的的，攻击者可以通过窃听、加入伪造的非法节点等方式获取这些敏感信息。如果攻击者知道怎样从多路信息中获取有限信息的相关算法，那么攻击者就可以通过大量获取的信息导出有效信息。一般传感器中的私有性问题，并不是通过传感器网络去获取不大可能收集到的信息，而是攻击者通过远程监听WSN，从而获得大量的信息，并根据特定算法分析出其中的私有性问题。因此，攻击者并不需要物理接触传感器节点，远程监听是一种低风险、匿名的获得私有信息方式。远程监听还可以使单个攻击者同时获取多个节点的传输的信息。

安全策略：保证网络中的传感信息只有可信实体才可以访问是保证私有性问题的最好方法，这可通过数据加密和访问控制来实现；另外一种方法是限制网络所发送信息的粒度，因为信息越详细，越有可能泄露私有性，比如，一个簇节点可以通过对从相邻节点接收到的大量信息进行汇集处理，并只传送处理结果，从而达到数据匿名化。

#### 4. 拒绝服务（DoS）攻击

DoS 攻击主要用于破坏网络的可用性，减少、降低执行网络或系统执行某一期望功能能力的任何事件。如试图中断、颠覆或毁坏传感器网络，另外还包括硬件失败、软件 BUG、资源耗尽、环境条件等。这里主要考虑协议和设计层面的漏洞。确定一个错误或一系列错误是否是有意 DoS 攻击造成的，是很困难的，特别是在大规模的网络中，因为此时传感器网络本身就具有比较高的单个节点失效率。

DoS 攻击可以发生在物理层，如信道阻塞，这可能包括在网络中恶意干扰网络中协议的传送或者物理损害传感器节点。攻击者还可以发起快速消耗传感器节点能量的攻击，比如，向目标节点连续发送大量无用信息，目标节点就会消耗能量处理这些信息，并把这些信息传送给其他节点。如果攻击者捕获了传感器节点，那么他还可以伪造或伪装成合法节点发起这些 DoS 攻击，比如，他可以产生循环路由，从而耗尽这个循环中节点的能量。没有一个固定的方法可以防御 DoS 攻击，它随着攻击者攻击方法的不同而不同。一些跳频和扩频技术可以用来减轻网络堵塞问题。恰当的认证可以防止在网络中插入无用信息，然而，这些协议必须十分有效，否则它也会被用来当作 DoS 攻击的手段。比如，可以使用基于非对称密码机制的数字签名进行信息认证，但是创建和验证签名是一个计算速度慢、能量消耗大的计算，攻击者可以在网络中引入大量的这种信息，这样他们就可有效的实施 DoS 攻击。

### 思考题

- WSN 安全研究的重点有哪几个方向？
- 采取什么安全策略可以解决 WSN 中的信息窃听问题？

## 9.5 物联网身份识别技术

在各种信息系统中，身份鉴别通常是获得系统服务所必需通过的第一道关卡。例如移动通信系统需要识别用户的身份进行计费；一个受控安全信息系统需要基于用户身份进行访问控制等。因此，确保身份识别的安全性对系统的安全是至关重要的。

### 9.5.1 电子 ID 身份识别技术

目前常用的身份识别技术可以分为两大类：一类是基于密码技术的各种电子 ID 身份鉴别技术；另一类是基于生物特征识别的识别技术。以下主要讨论和介绍电子 ID 的身份鉴别技术。

通行字识别方式（Password）。通行字识别方式是使用最广泛的一种身份识别方式，如中国古代调兵用的虎符和现代通信网的拔入协议等。通行字一般由数字、字母、特殊字符、控制字符等组成的长为 5～8 个字符的字符串。通行字选择规则为：易记，难以被别人猜中或发现，抗分析能力强，还需要考虑它的选择方法、使用期、长度、分配、存储和管理等。

通行字技术识别办法为：识别者 A 先输入他的通行字，然后计算机确认它的正确性。A 和计算机都知道这个秘密通行字，A 每次登录时，计算机都要求 A 输入通行字。要求计算机存储通行字，一旦通行字文件暴露，就可获得通行字。为了克服这种缺陷，人们建议采用单向函数。此时，计算机存储的是通行字的单项函数值而不是存储通行字。

持证（Token）的方式是一种个人持有物，它的作用类似于钥匙，用于启动电子设备。一般使用一种嵌有磁条的塑料卡，磁条上记录有用于机器识别的个人信息。这类卡通常和个人识别号（PIN）一起使用，这类卡易于制造，而且磁条上记录的数据也易于转录，因此要设法防止仿制。为了提高磁卡的安全性，人们建议使用一种被称作“智能卡”的磁卡来代替普通的磁卡，智能卡与普通的磁卡的主要区别在于智能卡带有智能化的微处理器和存储器（智能含义）。

智能卡它是一种芯片卡/CPU卡（要有电池），是由一个或多个集成电路芯片组成并封装成便于人们携带的卡片，在集成电路中具有微电脑 CPU 和存储器。智能卡具有暂时或永久的数据存储能力，其内容可供外部读取或供内部处理和判断之用，同时还具有逻辑处理功能，用于识别和响应外部提供的信息和芯片本身判定路线和指令执行的逻辑功能。计算芯片镶嵌在一张名片大小的塑料卡片上，从而完成数据的存储与计算，并可以通过读卡器访问智能卡中的数据。日常应用，例如，拨打IC电话的IC卡、手机里的SIM卡、银行里的IC银行卡等。由于智能卡具有安全存储和处理能力，因此智能卡在个人身份识别方面有着得天独厚的优势。

### 1. 基于对称密码体制的身份鉴别

采用密码的身份识别技术从根本上来说是基于用户所持有的一个秘密。所以，秘密必须和用户身份绑定。

（1）用户名/口令鉴别技术

这种身份鉴别技术是最简单、目前应用最普遍的身份识别技术，如 Windows NT、各类 UNIX 操作系统、信用卡等，各类系统的操作员登录等，大量使用的是用户名/口令识别技术。

这种技术的主要特征是每个用户持有一个口令作为其身份的证明，在验证端，保存有一个数据库来实现用户名与口令的绑定。在用户身份识别时，用户必须同时提供用户名和口令。

用户名/口令具有实现简单的优点，但存在以下安全方面的缺点。

大多数系统的口令是明文传送到验证服务器的，容易被截获。某些系统在建立一个加密链路后再进行口令的传输以解决此问题，如配置链路加密机。招商银行的网上银行就是以 SSL 建立加密链路后再传输用户口令的。

口令维护的成本较高。为保证安全性，口令应当经常更换。另外为避免对口令的字典攻击，口令应当保证一定的长度，并且尽量采用随机的字符。但是这样带来难以记忆、容易遗忘的缺点。

口令容易在输入的时候被攻击者偷窥，而且用户无法及时发现。

（2）动态口令技术

为解决上述问题，在发明著名公钥算法 RSA 基础上建立起来的美国 RSA 公司在其一种产品 SecurID 中采用了动态口令技术。每个用户发有一个身份令牌，该令牌以每分钟一次的速度产生新的口令。验证服务器会跟踪每一个用户的 ID 令牌产生的口令相位，这是一种时间同步的动态口令系统。该系统解决了口令被截获和难以记忆的问题，在国外得到了广泛的使用。很多大公司使用 SecurID，用于接入 VPN 和远程接入应用、网络操作系统、Intranets 和 Extranets、Web 服务器及应用，全球累计使用量达 800 万个。

在使用时，SecurID 与个人标识符（PIN）结合使用，也就是所谓的双因子认证。用户用其所知道的 PIN 和其所拥有的 SecurID 两个因子向服务器证明自己的身份，比单纯的用户名/口令识别技术有更高的安性。

（3）Challenge-Response 鉴别技术

Challenge-Response 是最为安全的对称体制身份识别技术。它利用 Hash 函数，在不传输用户口令的情况下识别用户的身份。系统与用户事先共享一个秘密 *x*。当用户要求登录系统时，系统产生一个随机数 Random 作为对用户的 Challenge，用户计算 Hash（Random，*x*）作为 Response 传给服务器。服务器从数据库中取得 *x*，也计算 Hash（Random，*x*），如果结果与用户传来的结果一致，说明用户持有 *x*，从而验证了用户的身份。

Challenge-Response 技术已经得到广泛使用。Windows NT 的用户认证就采用了这一技术。IPSec 协议中的密钥交换（IKE）也采用了该识别技术。该技术的流程如图 9-2 所示。

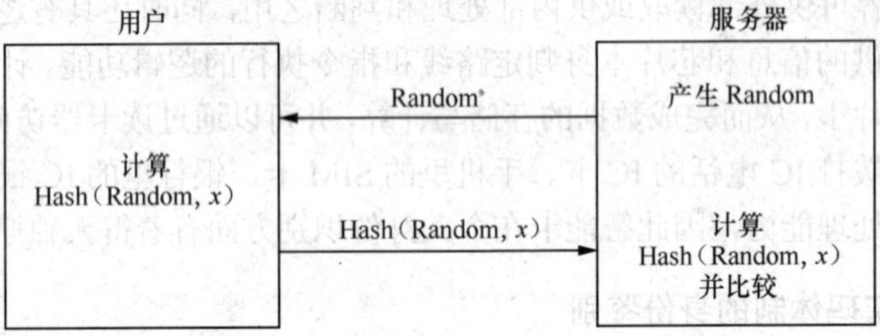


图 9-2　Challenge-Response 鉴别示意图

### 2．基于非对称密码体制的身份识别技术

采用对称密码体制识别技术的主要特点是必须拥有一个密钥分配中心（KDC）或中心认证服务器，该服务器保存所有系统用户的秘密信息。这样对于一个比较方便进行集中控制的系统来说是一个较好的选择，当然，这种体制对于中心数据库的安全要求是很高的，因为一旦中心数据库被攻破，整个系统就将崩溃。

随着网络应用的普及，对系统外用户的身份识别的要求不断增加。即某个用户没有在一个系统中注册，但也要求能够对其身份进行识别。尤其是在分布式系统中，这种要求格外突出。这种情况下，非对称体制密码技术就显示出了它独特的优越性。

采用非对称体制每个用户被分配给一对密钥（也可由自己产生），称之为公开密钥和秘密密钥。其中秘密密钥由用户妥善保管，而公开密钥则向所有人公开。由于这一对密钥必须配对使用，因此，用户如果能够向验证方证实自己持有秘密密钥，就证明了自己的身份。

非对称体制身份识别的关键是将用户身份与密钥绑定。CA（Certificate Authority）通过为用户发放数字证书（Certificate）来证明用户公钥与用户身份的对应关系。

目前证书认证的通用国际标准是 X.509。证书中包含的关键内容是用户的名称和用户公钥，以及该证书的有效期和发放证书的 CA 机构名称。所有内容由 CA 用其秘密密钥进行数字签名，由于 CA 是大家信任的权威机构，所以所有人可以利用 CA 的公开密钥验证其发放证书的有效性，进而确认证书中公开密钥与用户身份的绑定关系，随后可以用用户的公开密钥来证实其确实持有秘密密钥，从而证实用户的身份。

采用数字证书进行身份识别的协议有很多，SSL（Secure Socket Layer）和 SET（Secure Electronic Transaction）是其中的两个典型样例。它们向验证方证实自己身份的方式与图 9-2 类似，如图 9-3 所示。验证方向用户提供一随机数；用户以其私钥 Kpri 对随机数进行签名，将签名和自己的证书提交给验证方；验证方验证证书的有效性，从证书中获得用户公钥 Kpub，以 Kpub 验证用户签名的随机数。

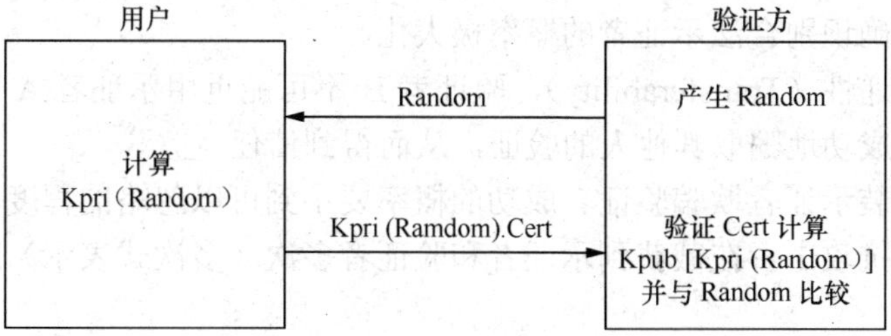


图 9-3 基于证书的鉴别过程

## 9.5.2 个人特征的身份证明

传统的身份证明一般靠人工的识别，正逐步由机器代替。在信息化社会中，随着信息业务的扩大，要求验证的对象集合也迅速加大，因而大大增加了身份验证的复杂性和实现的困难性。如何以数字化方式实现安全、准确、高效和低成本的认证？以下讨论几种可能的技术。

### 1. 身份证明的基本概念

（1）身份证明必要性。在一个有竞争和争斗的现实社会中，身份欺诈是不可避免的，因此常常需要证明个人的身份。通信和数据系统的安全性也取决于能否正确验证用户或终端的个人身份。

（2）传统的身份证明。一般是通过检验“物”的有效性来确认持该物的身份。“物’可以为徽章、工作证、信用卡、驾驶执照、身份证、护照等，卡上含有个人照片（易于换成指纹、视网膜图样、牙齿的 X 射线图像等），并有权威机构签章。这类靠人工的识别工作已逐步由机器代替。

（3）信息化社会对身份证明的新要求。随着信息业务的扩大，要求验证的对象集合也迅速加大，因而大大增加了身份验证的复杂性和实现的困难性。实现安全、准确、高效和低成本的数字化、自动化、网络化的认证。

（4）身份证明技术：又称作识别（Identification）、实体认证（Entity Authenticotion）、身份证实（Identity Verification）等。

实体认证与消息认证的差别在于，消息认证本身不提供时间性，而实体认证一般都是实时的。另外实体认证通常证实实体本身，而消息认证除了证实消息的合法性和完整性外，还要知道消息的含义。

### 2. 身份证明系统的组成

身份证明系统一般由 4 个部分组成。

（1）示证者 P（Prover），出示证件的人，又称作申请者（Claimant），提出某种要求。

（2）验证者 V（Verifier），检验示证者提出的证件的正确性和合法性，决定是否满足其要求。

（3）攻击者，可以窃听和伪装示证者骗取验证者的信任。

（4）可信赖者，参与调解纠纷。必要时的第四方。

### 3. 对身份证明系统的要求

对身份证明系统一般有以下 10 个方面的要求。

（1）验证者正确识别合法示证者的概率极大化。

（2）不具可传递性（Transferability），验证者 B 不可能重用示证者 A 提供给他的信息来伪装示证者 A，而成功地骗取其他人的验证，从而得到信任。

（3）攻击者伪装示证者欺骗验证者成功的概率要小到可以忽略的程度，特别是要能抗已知密文攻击，即能抗攻击者在截获到示证者和验证者多次（多次式表示）通信下伪装示证者欺骗验证者。

（4）计算有效性，为实现身份证明所需的计算量要小。

（5）通信有效性，为实现身份证明所需通信次数和数据量要小。

（6）秘密参数能安全存储。

（7）交互识别，有些应用中要求双方能互相进行身份认证。

（8）第三方的实时参与，如在线公钥检索服务。

（9）第三方的可信赖性。

（10）可证明安全性。

**4．身份证明的基本分类**

（1）身份识别和身份证明的差异

① 身份证明（Identity Verification）。要回答“你是否是你所声称的你？”即只对个人身份进行肯定或否定。一般方法是输入个人信息，经公式和算法运算所得的结果与从卡上或库中存的信息经公式和算法运算所得结果进行比较，得出结论。

② 身份识别（Identity Recognition）。要回答“我是否知道你是谁？”一般方法是输入个人信息，经处理提取成模板信息，试着在存储数据库中搜索找出一个与之匹配的模板，而后给出结论。例如，确定一个人是否曾有前科的指纹检验系统。

显然，身份识别要比身份证明难得多。

（2）实现身份证明的基本途径

身份证明可以依靠下述三种基本途径之一或它们的组合实现。

① 所知（Knowledge）。个人所知道的或所掌握的知识，如密码、口令等。

② 所有（Possesses）。个人所具有的东西，如身份证、护照、信用卡、钥匙等。

③ 个人特征（Characteristics）。如指纹、笔迹、声纹、手型、脸型、血型、视网膜、虹膜、DNA 以及个人一些动作方面的特征等。

在安全性要求较高的系统，由护字符和持证等所提供的安全保障不够完善。护字符可能被泄露，证件可能丢失或被伪造。更高级的身份验证是根据被授权用户的个人特征来进行的确证，它是一种可信度高而又难以伪造的验证方法。这种方法在刑事案件侦破中早就采用了。自 1870 年开始沿用了 40 年的法国 Bertillon 体制对人的前臂、手指长度、身高、足长等进行测试，是根据人体测量学（Anthropometry）进行身份验证。这比指纹还精确，使用以来未发现过两个人的数值完全相同的情况。伦敦市警厅已于 1900 年采用了这一体制。

新的含义更广的生物统计学（Biometrics）正在成为自动化世界所需要的自动化个人身份认证技术中的最简单而安全的方法。它利用个人的生理特征来实现。

个人特征种类有静态的和动态的，如容貌、肤色、发长、身材、姿势、手印、指纹、脚印、唇印、颅相口音、脚步声、体味、视网膜、血型、遗传因子、笔迹、习惯性签字、打字韵律以及在外界刺激下的反应等。当然采用哪种方式还要为被验证者所接受。有些检验项目如唇印、足印等虽然鉴别率很高，但难以为人们接受而不能广泛使用。有些可由人工鉴别，有些则需要借助仪器，当然不是所有场合都能采用。

个人特征都具有因人而异和随身携带的特点，不会丢失且难以伪造，极适用于个人身份认证。有些个人特征会随时间变化。验证设备需有一定的容差。容差太小可能使系统经常不能正确认出合法用户，造成虚警概率过大；实际系统设计中要在这两者之间进行最佳折中选择。有些个人特征则具有终生不变的特点，如 DNA、视网膜、虹膜、指纹等。

（1）手书签字验证

传统的协议、契约等都以手书签字生效。发生争执时则由法庭判决，一般都要经过专家鉴定。由于签字动作和字迹具有强烈的个性而可作为身份验证的可靠依据。

机器自动识别手书签字，机器识别的任务有二：一是签字的文字含义；二是手书的字迹风格。后者对于身份验证尤为重要。识别可从已有的手迹和签字的动力学过程中的个人动作特征出发来实现。前者为静态识别，后者为动态识别。静态验证根据字迹的比例、斜的度、整个签字布局及字母形态等。动态验证是根据实时签字过程进行证实。这要测量和分析书写时的节奏、笔画顺序、轻重、断点次数、环、拐点、斜率、速度、加速度等个人特征。可能成为软件安全工具的新成员，将在 Internet 的安全上起重要作用。

可能的伪造签字类型：一是不知真迹时，按得到的信息（如银行支票上印的名字）随手签的字；二是已知真迹时的模仿签字或映描签字。前者比较容易识别，而后者的识别就困难得多。

（2）指纹验证

指纹验证早就用于契约签证和侦察破案。由于没有两个人（包括孪生儿）的皮肤纹路图样完全相同，而且它的形状不随时间而变化，提取指纹作为永久记录存档又极为方便，这使它成为进行身份验证的准确而可靠的手段。每个指头的纹路可分为两大类，即环状和涡状；每类又根据其细节和分叉等分成 50～200 个不同的图样。通常由专家来进行指纹鉴别。近来，许多国家都在研究计算机自动识别指纹图样。

将指纹验证作为接人控制手段会大大提高其安全性和可靠性。但由于指纹验证常和犯罪联系在一起，人们从心理上不愿接受按指纹。此外，这种机器识别指纹的成本目前还很高，所以还未能广泛地用在一般系统中。

（3）语音验证

每个人的说话声音都各有其特点，人对于语音的识别能力是很强的，即使在强干扰下，也能分辨出某个熟人的话音。在军事和商业通信中常常靠听对方的语音实现个人身份验证。美国 AT&T 公司为拨号电话系统研制一种称作语音护符系统 VPS（Voice Password System）以及用于 ATM 系统中的智能卡系统的，它们都是以语音分析技术为基础的。

（4）视网膜图样验证

人的视网膜血管的图样（即视网膜脉络）具有良好的个人特征。这种识别系统已在研制中。其基本方法是利用光学和电子仪器将视网膜血管图样记录下来，一个视网膜血管的图样可压缩为小于 35 字节的数字信息。可根据对图样的结点和分支的检测结果进行分类识别。被识别人必须合作允许采样。研究表明，识别验证的效果相当好。当注册人数小于 200 万时，其 I 型和 II 型错误率都为 0，所需时间为秒级，在要求可靠性高的场合可以发挥作用，已在军事和银行系统中采用。其成本比较高。

（5）虹膜图样验证

虹膜是巩膜的延长部分，是眼球角膜和晶体之间的环形薄膜，其图样具有个人特征，可以提供比指纹更为细致的信息。可以在 35～40cm 的距离采样，比采集视网膜图样要方便，易为人所接受。存储一个虹膜图样需要 256B，所需的计算时间为 100ms。其 I 型和 II 型错误率都为 1/133000。可用于安全入口、接入控制、信用卡、POS、ATM（自动支付系统）、护照等的身份认证。

（6）脸型验证

Harmon 等设计了一种从照片识别人脸轮廓的验证系统。对 100 个“好”对象识别结果正确率达百分之百。但对“差”对象的识别要困难得多，要求更细致地实验。对于不加选择的对象集合的身份验证几乎可达到的完全正确，可作为司法部门的有力辅助工具。目前有多家公司从事脸型自动验证新产品的研制和生产。他们利用图像识别、神经网络和红外扫描探测人脸的“热点”进行采样、处理和提取图样信息。目前已有能存入 5000 个脸型，每秒可识别 20 个人的系统。将来可存入 100 万个脸型但识别检索所需的时间将加大到 2 分钟。Ture Face 系统，将用于银行等的身份识别系统中。Visionics 公司的面部识别产品 FaceIt 已用于网络环境中，其软件开发工具（SDK）可以集入信息系统的软件系统中，作为金融、接入控制、电话会议、安全监视、护照管理、社会福利发放等系统的应用软件。

（7）身份证实系统的设计

选择和设计实用身份证实系统是不容易的。Mitre 公司曾为美国空军电子系统部评价过基地设施安全系统规划。分析比较语音、手书签字和指纹三种身份证实系统的性能，要考虑三个方面问题：一是作为安全设备的系统强度；二是对用户的可接受性；三是系统的成本。

### 9.5.3 基于零知识证明的识别技术

安全的身份识别协议至少应满足两个条件。

（1）识别者 $A$ 能向验证者 $B$ 证明他的确是 $A$。

（2）在识别者 $A$ 向验证者 $B$ 证明他的身份后，验证者 $B$ 没有获得任何有用的信息，$B$ 不能模仿 $A$ 向第三方证明他是 $A$。

常用的识别协议包括：询问-应答和零知识。

“询问-应答”协议是验证者提出问题（通常是随机选择一些随机数，称作口令），由识别者回答，然后验证者验证其真实性。

零知识身份识别协议是称为证明者的一方试图使被称为验证者的另一方相信某个论断是正确的，却又不向验证者提供任何有用的信息。

零知识证明的基本思想是向别人证明“你”知道某种事物或具有某种东西，而且别人并不能通过“你”的证明知道这个事物或这个东西，也就是不泄露“你”掌握的这些信息。

零知识证明条件包括最小泄露证明（Minimum Disclosure Proof）和零知识证明（Zero Knowledge Proof）。

现在假设用 $P$ 表示示证者，$V$ 表示验证者，要求：

（1）示证者 $P$ 几乎不可能欺骗验证者，若 $P$ 知道证明，则可使 $V$ 几乎确信 $P$ 知道证明；若 $P$ 不知道证明，则他使 $V$ 相信他知道证明的概率几乎为零。

（2）验证者几乎不可能得到证明的信息，特别是他不可能向其他人出示此证明。

（3）而零知识证明除了以上两个条件外，还要满足验证者从示证者那里得不到任何有关证明的知识。

Quisquater 等人给出了一个解释零知识证明的通俗例子，即零知识洞穴，如图 9-4 所示。

零知识证明的基本协议假设 $P$ 知道咒语，可打开 $C$ 和 $D$ 之间的密门，不知道者都将走向死胡同。下面的协议就是 $P$ 向 $V$ 证明他知道这个秘密（钥匙），但又不让 $V$ 知道这个秘密（如蒙眼认人）。验证协议如下。

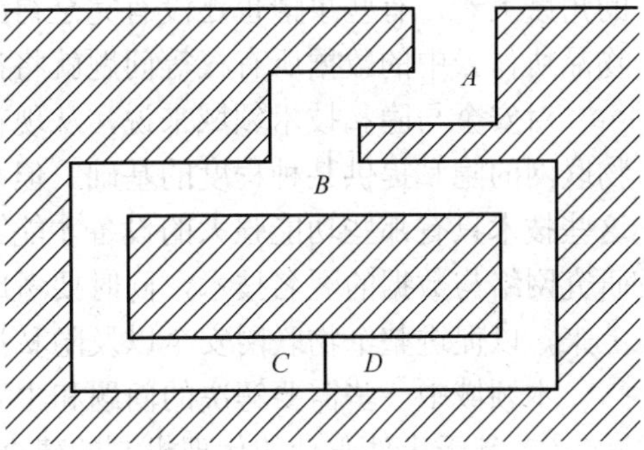

图 9-4　零知识洞穴

（1）$V$ 站在 $A$ 点。

（2）$P$ 进入洞中任一 $C$ 或 $D$。

（3）$P$ 进入洞之后，$V$ 走到 $B$ 点。

（4）$V$ 叫 $P$：从左边出来或从右边处理。

（5）$P$ 按照 $V$ 的要求实现（因为 $P$ 知道该咒语）。

（6）$P$ 和 $V$ 重复执行上面的过程 $N$ 次。

如果每次 $P$ 都走正确，则认为 $P$ 知道这个咒语。$P$ 的确可以使 $B$ 确信他知道该咒语，但 $V$ 在这个证明过程中的确没有获取任何关于咒语的信息。该协议是一个完全的零知识证明。如果将关于零知识洞穴的协议中 $P$ 掌握的咒语换为一个数学难题，而 $P$ 知道如何解这个难题，就可以设计实用的零知识证明协议。

## 思考题

- 目前常用的身份识别技术有哪两大类？
- 身份证明系统一般由哪几部分组成？

## 9.6　未来的物联网安全与隐私技术

物联网需要面对两个至关重要的问题，那就是个人隐私与商业机密。而物联网发展的广度和可变性，从某种意义上决定了有些时候它只具备较低的复杂度，因此从安全和隐私的角度来看，未来的物联网中由“物品”所构成的云将是极其难以控制的。

对于安全性相关技术，将有很多工作需要完成。首先，考虑到现存的很多加密技术，为了确保物联网的机密性，需要在加密算法的提速和能耗降低上下工夫。此外，为了保障物联网密码技术的安全与可靠，未来物联网的任何加密与解密系统都需要获得一个或几个统一密钥分配机制的支持。

对于那些小范围的系统，密钥的分配可能是在生产过程中或者是在部署时进行的。但是仅仅对于这种情况，依托于临时自组网络的密钥分配系统，也只是在最近几年才被提出。所以，工作难度和任务量可想而知。

对于隐私领域来说，情况就更加的严峻了。从研究和关注度的角度来看，隐私性和隐私技术一直是整个技术和应用发展过程中的短板。其中一个原因当然是公众对于隐私的漠视。而对技术人员来说，最大的缺憾将是保护隐私的各种技术还没有被成熟的研究与发展出来。首先，现有的各种系统并不是针对资源受限访问型设备而设计的；此外，对于隐私的整体科学认知也仅仅处在起始阶段（如对于一个人整个生命过程中的隐私的相关认知观点）。

从技术上，物联网物品的多样性和可变性将会增加工作的难度与复杂度。而且仅从法律的角度上看，有些事情也还没有完全得到合理的解释。就像隐私法规的合理范围以及物品在物品协作云中的数据所有权等问题就将在相当长的时间内困扰着大家。

对安全与隐私技术领域来说，从现在的研究来看，可以相信网络和数据的匿名技术将为物联网的隐私提供某种程度的基础。但是，目前，由于考虑到计算能力和网络带宽的要求，这些技术只有那些功能强大的设备才能够进行支持。所以人们还要努力，不光是更加深入地研究网络与数据的匿名技术，同时要考虑将同样的观点引入到设备授权使用和信任机制建立上来，以促进整个物联网安全以及隐私技术领域的发展。

本领域中一些需要解决的问题和主要研究内容包括如下 8 个方面。

① 基于事件驱动的代理机制的建立，从而帮助各种联网设备和物品实现智能的自主觉醒和自我认知能力。

② 对于各种各样不同设备所组成的集合的隐私保护技术。

③ 分散型认证、授权和信任的模型化方法。

④ 高效能的加密与数据保护技术。

⑤ 物品（对象）和网络的认证与授权访问技术。

⑥ 匿名访问机制。

⑦ 云计算的安全与信任机制。

⑧ 数据所有权技术。

# 课后习题

1. 计算机信息安全涉及哪几个方面的安全？
2. 信息安全有哪些主要特征？
3. 简述物联网安全的特点。
4. RFID 技术存在哪些安全问题？
5. 简述传感器网络的特点。
6. 简述无线传感器网络的安全性目标。
7. 简述数字签名的基本原理。

# 第10章 物联网实验

## 10.1 物联网基础实验

### 10.1.1 物联网设备认知实验

**一、实验目的**

（1）初步了解不同的感知层设备的传统有线数据采集方法，建立对感知层设备的直观认识。

（2）了解如何读取感知层采集的数据。

**二、实验内容**

（1）通过高频 RFID 读卡器感应射频卡信息，并将数据上传给 PC。

（2）读取温湿度传感器的温湿度值。

**三、实验设备**

硬件：

（1）物联网实验箱　　1 套

（2）PC 机　　1 台

软件：

串口大师（ComMaster.exe）

**四、实验原理**

感知层是物联网的皮肤和五官——用于识别物体、采集信息。感知层包括二维码标签和识读器、RFID 标签和读写器、摄像头、GPS、传感器、M2M 终端、传感器网关等，主要功能是识别物体、采集信息，与人体结构中皮肤和五官的作用类似。

**五、实验步骤**

本实验箱的感知层设备为：高频 RFID 读卡器、温湿度传感器以及 PLC。

（1）用实验箱配套的公母直连串口线接入 PC 机的串口和实验箱的高频 RFID 读卡器串口接口，打开“我的电脑”-“设备管理器”-“端口”，查看该串口设备对应的端口号，如图 10-1 所示，端口号为（COM4）。

（2）打开“串口大师”，选择正确的串口端口号（本例为 COM4），设置波特率为 9600，数据位为 8，校验位为 NO，停止位为 1，单击“打开串口”，指示按键变红色，如图 10-2 所示。

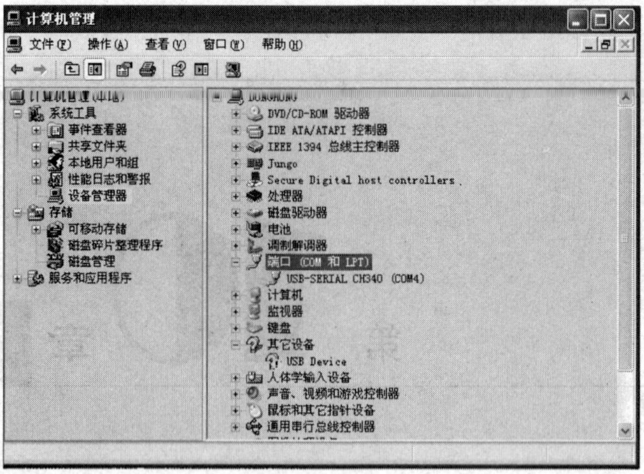


图 10-1 查看串口的端口号

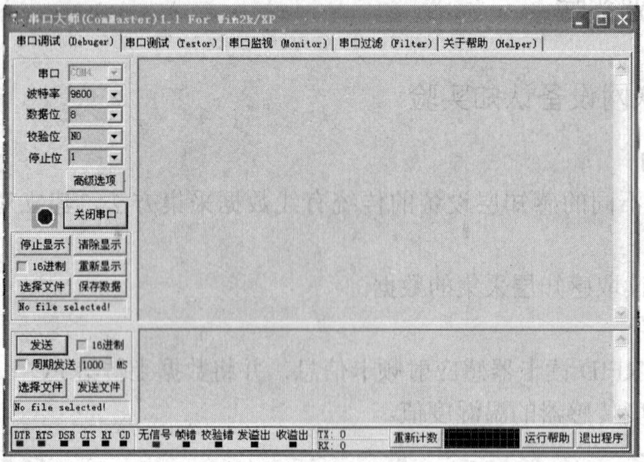


图 10-2 打开串口大师（ComMaster）

（3）使用高频标签在高频 RFID 读卡器上方刷一次卡，读卡器会有“滴”声读卡提示音，此时观察“串口大师”的“数据接收区”，会出现读到的高频标签的卡号信息，如图 10-3 所示。

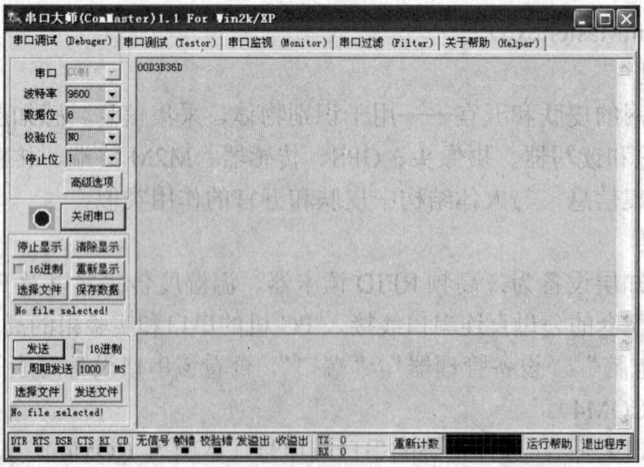


图 10-3 高频 RFID 读卡器通过串口上传读卡信息

（4）单击“串口大师”上的“关闭串口”按键，并清空“数据接收区”，断开高频读卡器电源以及串口的连接线。

（5）利用公母直连串口线连接 PC 机和实验箱上的温湿度传感器模块。

（6）打开“串口大师”，选择串口端口号，设置波特率为 9600，数据位为 8，校验位为 NO，停止位为 1，单击“打开串口”，指示按键变红色。

（7）在“串口大师”的“数据发送区”输入读取指令“HC01”，并单击发送，观察“数据接收区”返回的数值，该数值即为温湿度传感器在接收到读取指令时的温湿度值，如图 10-4 所示。

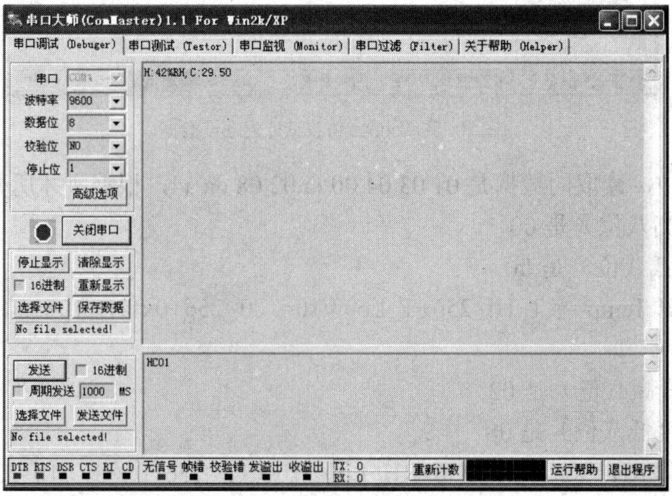


图 10-4　温湿度传感器通过串口上传温湿度数据

（8）使用 Modbus 协议读取温湿度传感器数据。

知识点：Modbus 协议

Modbus 协议是应用于电子控制器上的一种通用语言。通过此协议，控制器相互之间、控制器经由网络（例如以太网）和其他设备之间可以通信。它已经成为一通用工业标准。有了它，不同厂商生产的控制设备可以连成工业网络，进行集中监控。此协议定义了一个控制器能认识使用的消息结构，而不管它们是经过何种网络进行通信的。它描述了一控制器请求访问其他设备的过程，如何回应来自其他设备的请求，以及怎样侦测错误并记录。它制定了消息域格局和内容的公共格式。

有兴趣的同学可以去查看翻阅更多资料，这里先做试验，然后从试验结果中学习知识。

利用串口线连接 PC 机和温湿度传感器相连。

Modbus 协议规定此时的上位机读取数据的指令是十六进制的：

00　03　00　00　00　00　02　C5　DA

而数据返回的格式是：

00　03　00　04　T_Hi　T_Lo　RH_Hi　RH_Lo　CRC0　CRC1

具体协议内容请参考附件中的《串口温湿度传感器》文档。

在串口大师上发送第一组字符串，注意勾选左侧的十六进制发送，和上方的十六进制显示（见图 10-5），即可以返回按照 Modbus 协议规定的温湿度数据。

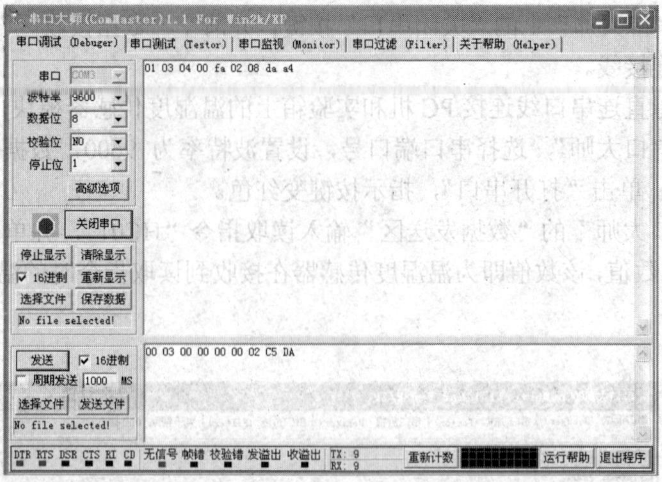


图 10-5　Modbus 协议读取温湿度数据

在此次实验中，读取的数据是 01 03 04 00 fa 02 08 da a4，根据刚才所介绍的方法：

T_Hi（温度高八位）是 00

T_Lo（温度低八位）是 fa

根据公式计算 Temp=（T_Hi×256+T_Lo）/10=（0×256+0xfa）/10=250/10=25℃

同理

RH_Hi（湿度高八位）是 02

RH_Lo（湿度低八位）是 08

根据公式计算 RH=（RH_Hi×256+RH_Lo）/10=（2×256+0x08）/10=520/10=52%

同学们可以比较通过 ACSII（HC01）字符串得到的数据和通过 Modbus 协议得到数据之间的区别。

**六、实验报告要求**

（1）记录实验结果。

（2）画出高频 RFID 读卡器读卡上传数据的流程图。

（3）画出温湿度传感器采集并上传数据的流程图。

## 10.1.2　无线传输实验

**一、实验目的**

（1）了解网络层传输设备的重要参数和配置方法。

（2）了解网络层如何传输数据。

**二、实验内容**

（1）配置 Wi-Fi 设备服务器并接入无线局域网。

（2）配置无线数传模块并传输数据。

**三、实验设备**

硬件：

（1）物联网实验箱　　　　　　1 套

（2）PC 机　　　　　　　　　1 台

软件：

串口大师（ComMaster.exe）

无线数传模块配置工具（Rf-Magic42t.exe）

**四、实验原理**

（1）物联网-网络层采用互联网中成熟的传输技术，其特点在于传输内容并不复杂的物品感知和控制信息及属性信息数据。网络层要解决的技术问题是要建立一种统一的数据传输协议（如：TCP/IP 协议、MODBUS-RTU 协议等），使物品的感知和控制信息与不同物联网管理平台信息交换。

（2）PING（Packet Internet Grope），因特网包探索器，用于测试网络连接量的程序。Ping 发送一个 ICMP 回声请求消息给目的地址并报告是否收到所希望的 ICMP 回声应答，该命令体现了网络层的传输。

（3）图 10-6 为无线数据传输通信拓扑图。

图 10-6 无线数据传输通信拓扑图

**五、实验步骤**

本实验箱的网络层设备为：2 个无线数传模块以及 Wi-Fi 设备服务器。

### 1. Wi-Fi 设备服务器网络传输

（1）实验箱左上角为 Wi-Fi 设备服务器模块，在它下方的标签上记录了该模块接入的无线网络的 SSID，该无线网络的密码，本模块的 IP 地址和开放的数据 PORT 号。

（2）给 Wi-Fi 设备服务器上电。

（3）将 PC 机连入与 Wi-Fi 设备服务器相同的 SSID，设置 PC 机的无线 IP 地址和 Wi-Fi 设备服务器为同一网段，打开命令提示符，尝试 PING Wi-Fi 设备服务器的地址，本例中假设 Wi-Fi 设备服务器的 IP 地址是 192.168.0.5，如可以 PING 通，如图 10-7 所示，则说明无线网络是连通的。

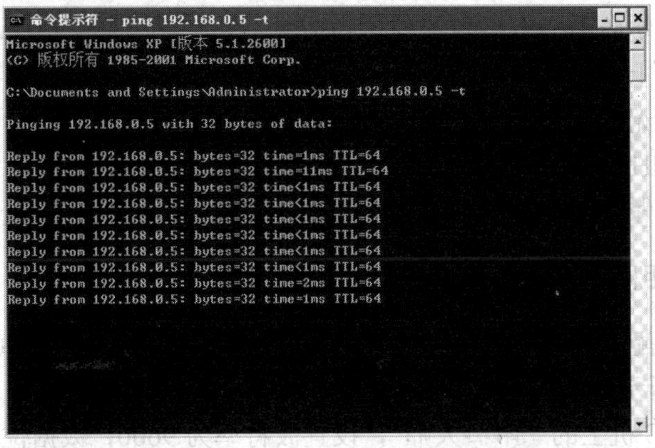


图 10-7 PC 机与 Wi-Fi 设备服务器通信

### 2. 无线数传模块的配置和管理

利用串口线将 PC 机和实验箱内的无线数传模块底板上的 RS-232 接口相连。

PC 机正确连接串口线后，可以在 我的电脑->设备管理器->端口（Com 和 LPT）中看到相关的硬件信息，如图 10-8 所示，此时我们使用了 PC 机上的 COM3 端口，根据不同情况此 COM 号会不同，请同学们确定自己的 COM 号。图 10-9 为 RF-Magic42 软件界面。

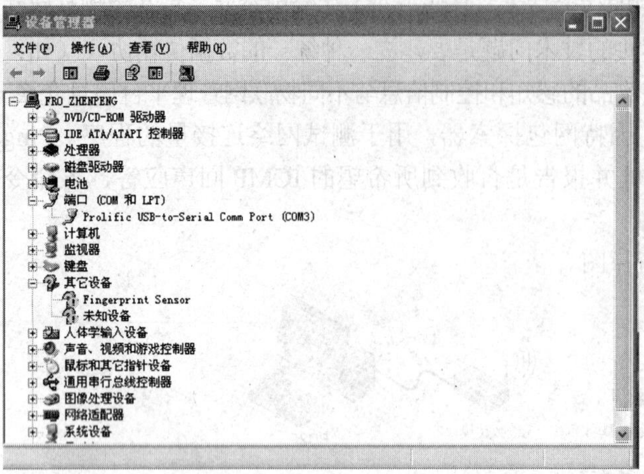


图 10-8 找到串口设备

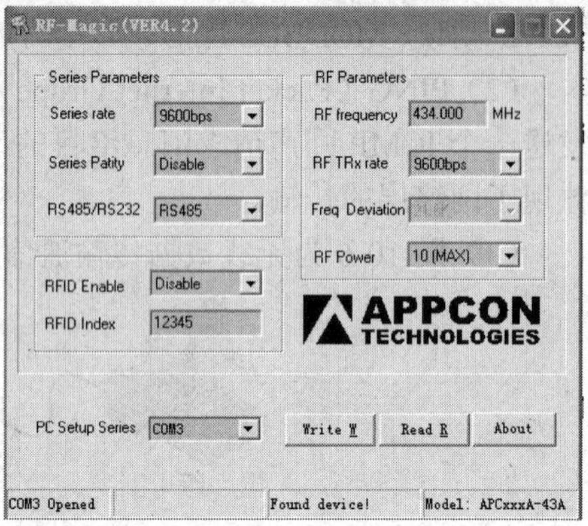


图 10-9 RF-Magic42 软件

单击软件上的 Read R 键，可以获得此时无线数传模块的默认配置，如图 10-10 所示。

无线数传模块的默认配置为：

串口端（Series Parameters），9600-8-N-1，RS-232 协议。

射频端（RF Parameters），波特率 9600，射频频道 433MHz。

特别注意：请不要修改串口端的参数，以及射频端的波特率，但是一定要在老师的指导下，修改射频频道。因为默认情况下，一个实验室内的所有实验箱上的所有无线数块都工作在同一个射频频道上，这样在接下来的数据传输实验中会发生数据混传的情况，也就是说一个实验箱上无线数传模块发送的数据会被另外一个实验箱上的无线数传模块接收，从而导致无法正常进行实验。射频频道参数的有效值范围是 433～478MHz，步进为 1MHz。请在老师的指导下，为不同的实验箱分配不同的射频频道。但是同时要保持同一个实验箱上的两个无线数传模块工作在同一个射频频道上！

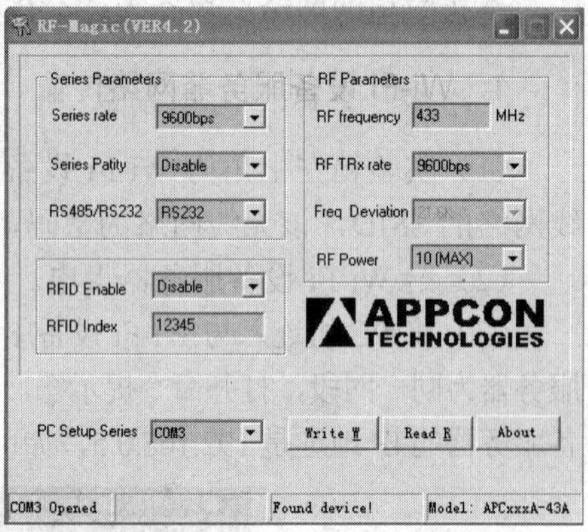


图 10-10 无线数传模块的默认配置

### 3. 无线数传自组网的传输（一对一）

（1）利用实验箱配套的串口线分别连接两个无线数传模块和两台 PC 机，为无线数传模块上电，如图 10-6 所示。

（2）打开两台 PC 机上的“串口大师”，设置波特率为 9600，数据位为 8，校验位为 NO，停止位为 1，单击“打开串口”，指示按键变红色。

注意：如果出现“串口被占用”的错误，重新插拔一下串口线即可。

（3）在 PC1 上串口大师的数据发送区输入“123456”，然后单击“发送”，观察 PC2 上串口大师的数据接收区能否收到字符串，在 PC2 上串口大师的数据发送区输入“abcdef”，单击

"发送"，观察 PC1 上串口大师的数据接收区能否收到字符串，如图 10-11 所示。

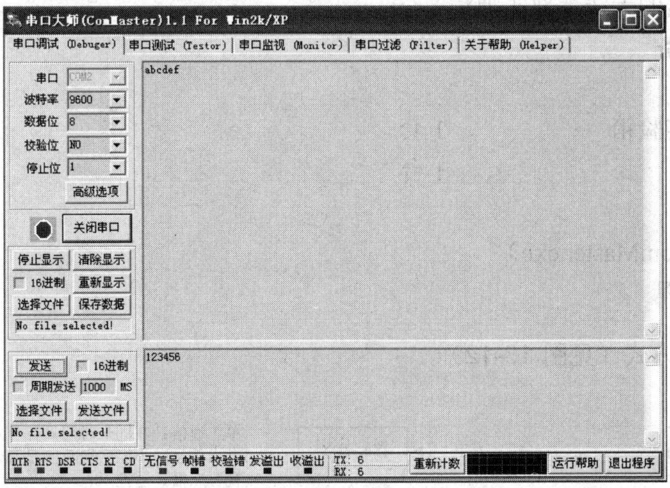


(a) PC1 的串口大师

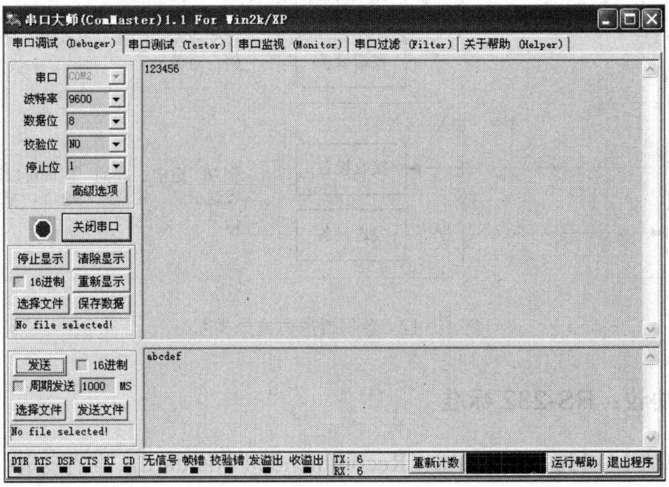


(b) PC2 的串口大师

图 10-11 无线数据传输通信

## 六、实验报告要求

记录改变不同参数对应的实验结果。

# 10.1.3 串行口数据通信实验

## 一、实验目的

（1）了解串行接口、串口通信标准及连接方式。

（2）了解无线数传模块结构。

（3）了解无线数据传输通信过程。

## 二、实验内容

（1）学习配置和管理无线数传模块。

（2）学会 RS232、TTL 等串口的连接。

（3）验证数据的无线半双工通信。

## 三、实验设备

硬件：

| | |
|---|---|
| （1）物联网实验箱 | 1 套 |
| （2）PC 机 | 1 台 |

软件：

串口大师（ComMaster.exe）

## 四、实验原理

### 1．数据传送方式（见图 10-12）

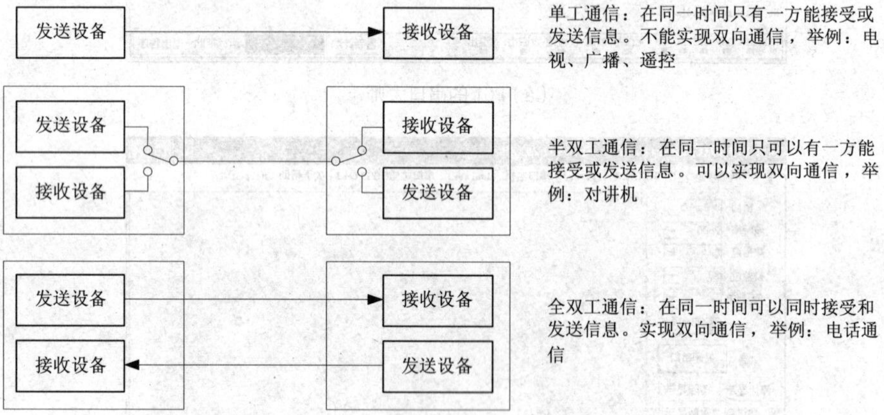


图 10-12　数据传送方式分类图

### 2．串口通信协议：RS-232 标准

RS-232（ANSI/EIA-232 标准，RS：Recommended Standard，推荐标准）是 IBM-PC 及其兼容机上的串行连接标准。

可用于许多用途，比如连接鼠标、打印机或者 Modem，同时也可以接工业仪器仪表。用于驱动和连线的改进，实际应用中 RS-232 的传输长度或者速度常常超过标准的值。

RS-232 只限于 PC 串口和设备间点对点的通信，RS-232 串口通信最远距离是 50 英尺(约 15m)。

目前 RS-232（见图 10-13）是 PC 机与通信工业中应用最广泛的一种串行接口。RS-232 被定义为一种在低速率串行通信中增加通信距离的单端标准。RS-232 采取不平衡传输方式，即所谓单端通信。RS-232 串行 DB9 接头如图 10-13 所示。RS-232 管脚说明如表 10-1 所示。

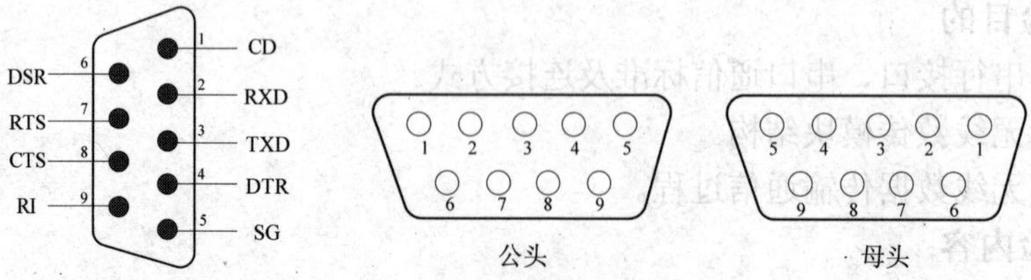


图 10-13　RS-232 串行 DB9 接头

表 10-1 RS-232 管脚说明

| 旧制 JIS 名称 | 新制 JIS 名称 | 全称 | 说明 |
|---|---|---|---|
| FG | SG | Frame Ground | 连到机器的接地线 |
| TXD | SD | Transmitted Data | 数据输出线 |
| RXD | RD | Received Data | 数据输入线 |
| RTS | RS | Request to Send | 要求发送数据 |
| CTS | CS | Clear to Send | 回应对方发送的 RTS 的发送许可，告诉对方可以发送 |
| DSR | DR | Data Set Ready | 告知本机在待命状态 |
| DTR | ER | Data Terminal Ready | 告知数据终端处于待命状态 |
| CD | CD | Carrier Detect | 载波检出，用以确认是否收到 Modem 的载波 |
| SG | SG | Signal Ground | 信号线的接地线（严格的说是信号线的零标准线） |

### 3. RS-232 串口通信接线方法（三线制，见图 10-14）

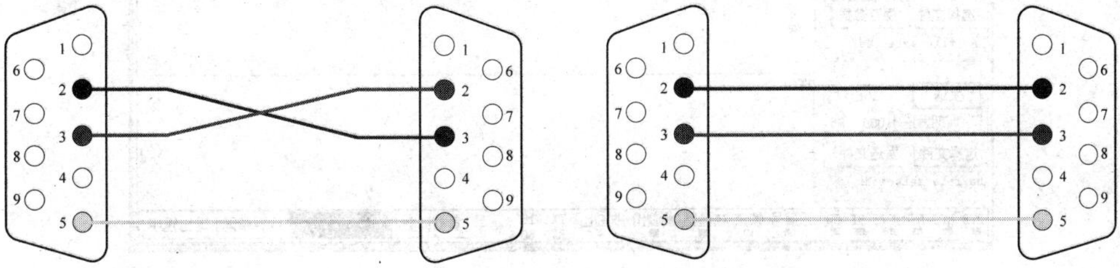


图 10-14 RS-232 串口通信接线方法

### 4. 无线数传模块

无线数传模块（RF Wireless Data Transceiver Module），无线数据传输广泛地运用在车辆监控、遥控、遥测、小型无线网络、无线抄表、门禁系统、小区传呼、工业数据采集系统、无线标签、身份识别、非接触 RF 智能卡、小型无线数据终端、安全防火系统、无线遥控系统、生物信号采集、水文气象监控、机器人控制、无线 232 数据通信、无线 485/422 数据通信、数字音频、数字图像传输等领域中。

无线数传模块结构框图如图 10-15 所示。

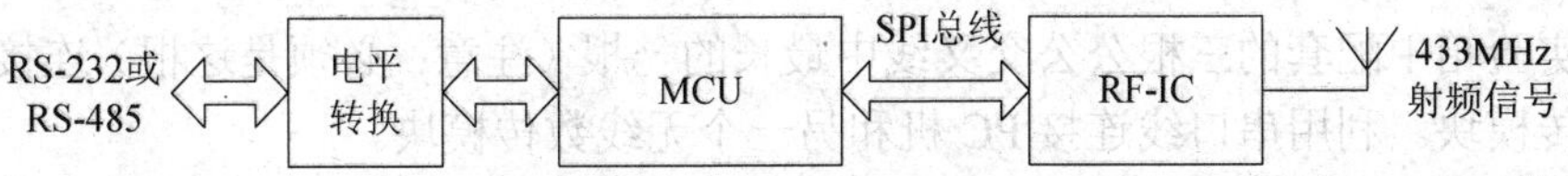


图 10-15 无线数传模块结构框图

工作原理：通过 MCU 控制射频收发芯片 RF-IC 的寄存器来实现无线数据的发送和接收。

## 五、实验步骤

根据《网络层传输实验》所述，在做次实验室请将不同实验箱上的无线数传模块的射频工作频道调为不同的值。

### 1 利用无线数传模块读取温湿度传感器数据

利用实验箱配套的“公公交叉串口线”，将实验箱内的一个无线数传模块和温湿度传感器模块相连接，另一个无线数传模块通过公母直连串口线和 PC 机相连接，在 PC 机上打开 ComMaster 软件，设置波特率为 9600-8-N-1，在发送区内发送数据 HC01，观察接收区内是否有数据返回，如图 10-16 所示。

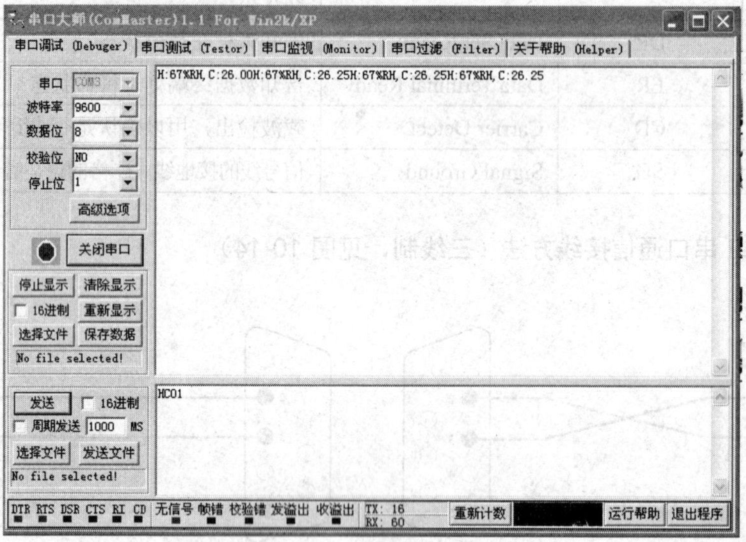


图 10-16 读取温湿度传感器数据

温湿度传感器的正确数据返回格式是 H:xx:RH，C:yy.zz，表明现在的湿度是 xx%，温度是 yy.zz 摄氏度。

### 2. 利用无线数传模块读取高频读卡器数据

利用实验箱配套的“公公交叉串口线”，将实验箱内的一个无线数传模块和高频读卡器模块相连接，另一个无线数传模块通过串口线和 PC 机相连接，在 PC 机上打开 ComMaster 软件，设置波特率为 9600-8-N-1，将实验箱配套的 RFID 卡靠近读卡器进行读卡操作，观察 ComMaster 的接收区是否能够收到一个十位数的数据信息，如图 10-17 所示。

### 3. 利用无线数传模块控制 PLC

使用实验箱中配套的三根公公交叉线中最长的一根（注意：必须是这根）连接 PLC 和一个无线数传模块。利用串口线连接 PC 机和另一个无线数传模块。

根据附件 《实验箱 1_V.01_ModBus 格式测试命令.txt》文档中的介绍，我们可以在 PC 机上给出相应指令，来通过 PLC 控制流水灯，LED，蜂鸣器等外围设备。

## 六、实验报告要求

（1）记录实验结果。

（2）写出无线数据传输的流程。

图 10-17 成功收到了 RFID 卡的信息

## 10.1.4 Wi-Fi 通信实验

### 一、实验目的

（1）了解 Wi-Fi 设备服务器的工作原理、结构。

（2）掌握 Wi-Fi 设备服务器的管理与配置方法。

### 二、实验内容

学会 Wi-Fi 设备服务器的管理与配置方法。

### 三、实验设备

硬件：

（1）物联网实验箱　　1 套

（2）PC 机　　1 台

软件：

（1）ComMaster

（2）TCP/UDP 调试软件

### 四、实验原理

#### 1．基本概念

Wi-Fi 设备服务器是基于 Uart 接口的符合 Wi-Fi 无线网络标准的嵌入式模块，内置无线网络协议 IEEE 802.11 协议栈以及 TCP/IP 协议栈，能够实现用户串口 RS-232，RS-485 数据到无线网络之间的转换；通过 Wi-Fi 设备服务器，传统的串口设备也能轻松接入无线网络。

#### 2．Wi-Fi 设备服务器主要功能

（1）基于自组网的无线网络（Ad Hoc）：Ad Hoc——也称为自组网，是仅由两个及以上无线终端组成，网络中不存在 AP，这种类型的网络是一种松散的结构，网络中所有的 STA 都可以直接通信。

（2）基于 AP 组建的基础无线网络（Infra）：Infra——也称为基础网，是由 AP 创建，众

多无线终端加入所组成的无线网络，这种类型的网络的特点是 AP 是整个网络的中心，网络中所有的通信都通过 AP 来转发完成。

（3）灵活的参数配置：

① 基于串口连接，使用配置管理程序。

② 基于串口连接，使用 Windows 下的超级终端程序。

③ 基于网络连接，使用 IE 浏览器进行 Web 配置。

④ 基于无线连接，使用配置管理程序。

（4）安全机制：本模块支持多种无线网络加密方式，能充分保证用户数据的安全传输，包括：WEP64/WEP128/ TKIP/CCMP（AES）WEP/WPA-PSK/WPA2-PSK。

（5）支持通过指定信道号的方式来进行快速联网。

## 五、实验步骤

### 1．利用 Wi-Fi 设备服务器读取高频 RFID 读卡器数据实验

将 Wi-Fi 设备服务器和高频读卡器通过实验箱配套的“公公交叉串口线”相连，在 PC 机（需保证 PC 机可以 PING 通 Wi-Fi 设备服务器）上打开 TCP/UDP 调试软件，单击“创建连接”，输入 Wi-Fi 设备服务器的 IP 地址和数据端口，如图 10-18 所示，单击“创建”。

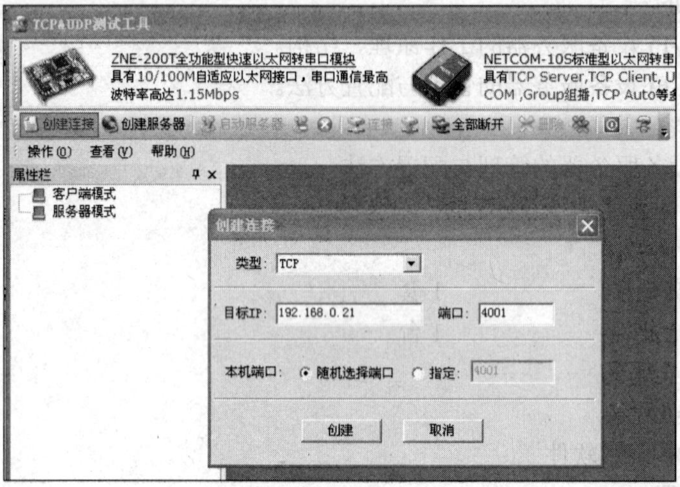


图 10-18　创建 TCP 连接

进入如图 10-19 所示界面，单击“连接”，如果此后显示的是“断开连接”的话，证明连接成功，进行刷卡操作，看一下在数据返回区是否能够收到 RFID 卡的数据，如果收到，证明实验成功，如图 10-20 所示。此时 Wi-Fi 设备服务器从串口接收到了 RFID 读卡器传来的数据，然后它又将此数据通过 Wi-Fi 无线网络传输到了 PC 机的应用程序上，证明了 Wi-Fi 设备服务器的功能和作用，反之亦然，我们也可以从 PC 机上发送数据给 Wi-Fi 设备服务器，然后由它将数据转发给接入它的串口设备，此实验可以通过将 Wi-Fi 设备服务器和温湿度传感器相连来完成，将此实验留给同学们自己尝试。

### 2．利用 Wi-Fi 设备服务器读取温湿度传感器数据

根据前几个实验所学知识，利用 Wi-Fi 设备服务器读取温湿度传感器数据。

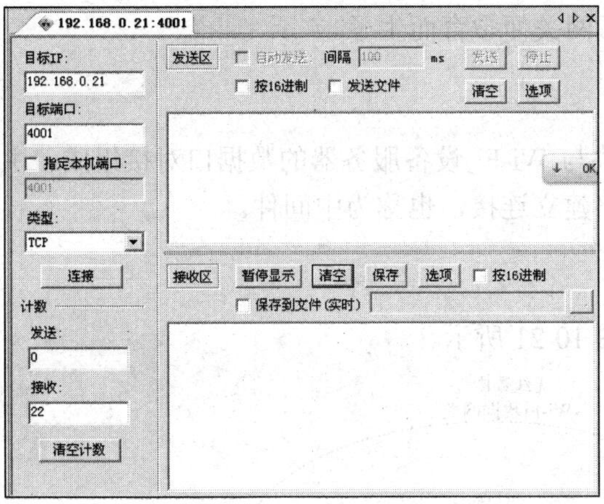


图 10-19　初始化状态

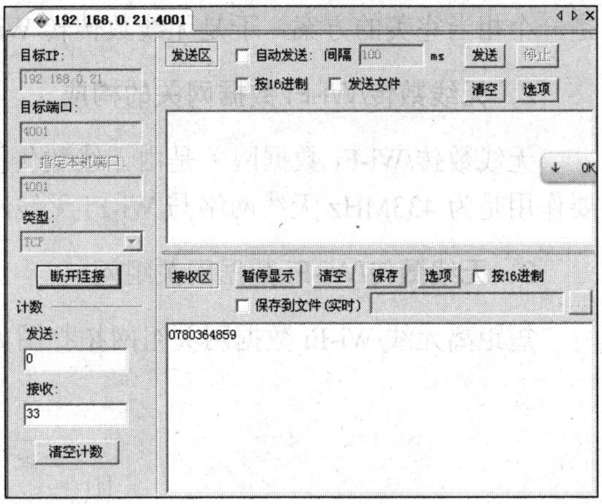


图 10-20　成功接收到了数据

### 3. 利用 Wi-Fi 设备服务器控制 PLC

根据前几个实验所学知识，利用 Wi-Fi 设备服务器控制 PLC，其中必须注意连接 Wi-Fi 设备服务器和 PLC 的公公串口线，必须是实验箱配套公公串口线中最长的那一根。

**六、实验报告要求**

试用 IE 浏览器对 Wi-Fi 设备服务器进行 Web 配置。

## 10.1.5　Wi-Fi 数据网关实验

**一、实验目的**

（1）了解无线数传/Wi-Fi 数据网关的构成。

（2）了解无线数传/Wi-Fi 数据网关的数据传输过程。

**二、实验内容**

（1）搭建无线数传/Wi-Fi 数据网关及组网。

（2）验证数据通过无线数传/Wi-Fi 数据网关在两种无线网络中传输。

**三、实验设备**

硬件：

（1）物联网实验箱　　　　　　1 套

（2）PC 机　　　　　　　　　1 台

软件：

（1）TCP&UDP 测试工具

（2）串口大师

**四、实验原理**

### 1. 无线数传/Wi-Fi 数据网关简介

通过前两个实验，我们分别学习了无线数传模块和 Wi-Fi 设备服务器的工作原理和用途，在实际生产生活当中，IP 地址是相对的稀缺资源，为每个设备配置一个 Wi-Fi 设备服务器的话会导致 IP 地址匮乏，并且价格昂贵，而无线数传模块价格低廉并且也不受到 IP 地址的限制，但是无线数传使用的 433MHz 频率没有 Wi-Fi 这么普及，所以如果能够将两者结合起来，是一个相当完美的方案，于是无线数传转 Wi-Fi 网关便孕育而生了。

### 2. 无线数传/Wi-Fi 数据网关的构成

无线数传/Wi-Fi 数据网关是由无线数传模块与 Wi-Fi 设备服务器的数据口对接组成，主要作用是为 433MHz 无线网络与 Wi-Fi 无线网络建立连接，也称为中间件。

### 3. 无线数传/Wi-Fi 数据网关组网

短距离元线/Wi-Fi 数据网关组网拓扑图如图 10-21 所示。

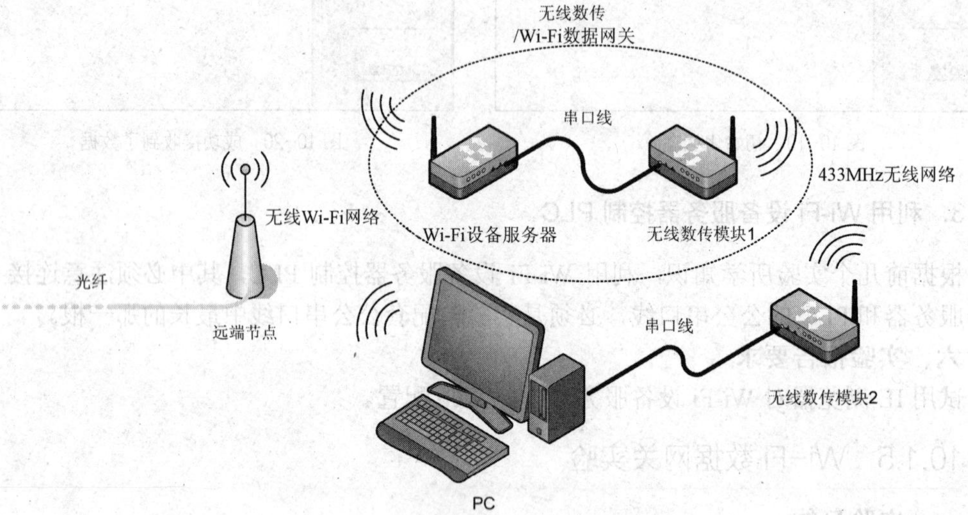


图 10-21 短距离无线/Wi-Fi 数据网关组网拓扑图

## 五、实验步骤

(1) 确认 Wi-Fi 设备服务器和两个无线数传模块均为前两个实验中使用的默认配置参数。

Wi-Fi 设备服务器默认配置参数：

| | |
|---|---|
| IP 地址 | 192.168.0.*** |
| PORT | 4001 |
| 串口 | 9600-8-N-1 |
| 确认可以通过 PC 机 PING 通 Wi-Fi 设备服务器的 IP 地址 | |

无线数传模块的默认配置参数：

| | |
|---|---|
| 射频频道 | 不同实验箱上的均不同，同一实验箱上的必须相同 |
| 串口 | 9600-8-N-1 |

(2) 将 Wi-Fi 设备服务器和无线数传模块 1 通过"公公交叉串口线"相连，将温湿度传感器模块和无线数传模块 2 通过"公公交叉串口线"相连。

(3) 为所有设备上电。

(4) 打开"TCP&UDP 测试工具"，根据 Wi-Fi 设备服务器的 IP 地址和端口号建立一个客户端连接，单击"连接"；在数据发送区发送指令"HC01"，观察是否有正确的温湿度传感器数据返回。

(5) 将无线数传模块 2 通过"公公交叉串口线"和高频读卡器模块相连接，进行读卡操作，观察 PC 机的 TCP/UDP 测试工具上是否有正确的数据返回。如图 10-22 所示。

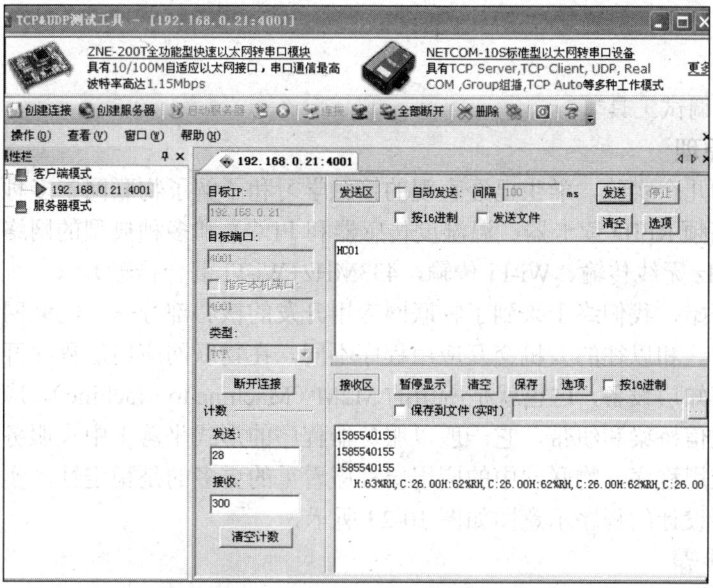


图 10-22 无线数传输/Wi-Fi 网关正常工作

（6）原理分析

此时温湿度传感器和高频读卡器采集到的数据首先通过串口传递给了无线数传模块 2，无线数传模块 2 又将数据通过（433～478MHz）射频信号传递给了无线数传模块 1，无线数传模块 1 将数据通过串口线传递给了 Wi-Fi 设备服务器，最终 Wi-Fi 设备服务器通过 Wi-Fi 网络信号将数据传递给了 PC 机上的应用程序。

（7）PLC 的控制

根据之前实验学习到的东西，利用无线数传转 Wi-Fi 网关控制 PLC，需注意需要使用最长的一根公公交叉串口线连接无线数传模块和 PLC。

**六、实验报告要求**

（1）记录实验结果。

（2）画出数据传输的流程图。

## 10.2 物联网传感实验

### 10.2.1 环境监测系统实验 1

**一、实验目的**

编写物联网应用层应用程序来实现环境监测报警功能。

**二、实验内容**

（1）硬件链路连接

（2）软件程序设计

**三、实验设备**

硬件：

（1）物联网实验箱 1套

（2）PC 机　　　　　　　　　1 台

软件：

TCP&UDP 调试工具

## 四、实验原理

通过之前的几个实验，学生已经直观的接触学习和了解了物联网中多种典型的感知层数据采集设备（高频 RFID 读卡器、温湿度传感器和 PLC）和多种典型的网络层传输方式（有线传输、433MHz 无线传输、Wi-Fi 传输，433MHz+Wi-Fi 混合传输）。

从本实验开始，我们终于来到了物联网应用开发的核心部分——物联网应用层应用程序的设计和开发中。和以往的人机交互应用程序不同，在物联网应用层程序开发中，数据交换双方均为各种感知层设备，这也就是所谓的 M2M（Machine to Machine），应用程序相当于两个设备之间的通信桥梁和纽带，它一般以服务器程序的形式坐落于中央服务器上，所以相对于人机交换的应用程序，物联网中的应用层程序看重的更多的是稳定性，实时性和安全性。

本实验将要设计的程序示意图如图 10-23 所示。

## 五、实验步骤

### 1．硬件连接和测试

（1）按照图 10-24 连接实验箱的各个硬件部分。

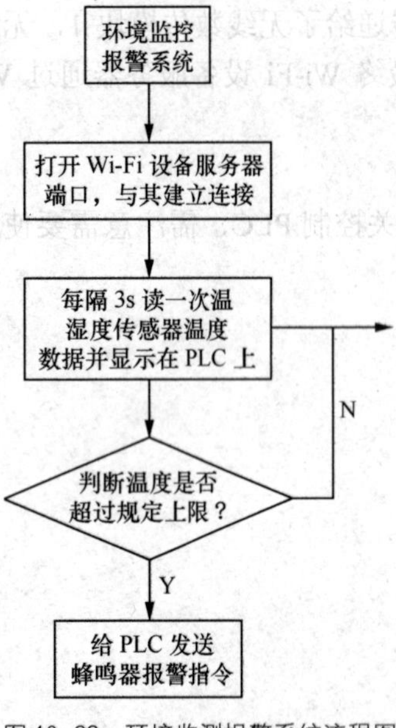


图 10-23　环境监测报警系统流程图

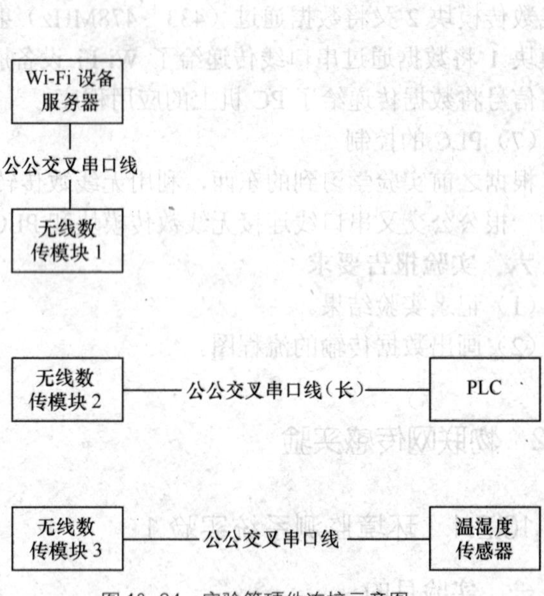


图 10-24　实验箱硬件连接示意图

（2）利用之前实验学到的知识，通过 TCP&UDP 软件测试是否能够读到正确的温湿度数据和控制 PLC。

### 2．软件程序程序

由于笔者的能力所限，在本实验中给出的实例源码均是基于 Linux 操作系统的 C 语言开发，学生可以在领会程序的设计目的后，使用自己擅长的编程语言和编程环境进行相应的程序开发。

编写程序是需要注意以下几点：

（1）使用多进程（线程）的方式分别从 socket 中读和写数据。

（2）通过与 Wi-Fi 设备服务器相连接的无线数传模块发送的数据是以广播形式发送的，也就是说在编程的时候，你想要给 PLC 发送一条指令，其实温湿度传感器也可以收到这条指令。在这个项目中，无指令接收对象。

（3）向温湿度传感器发送了读取指令后，温湿度传感器会返回现在的温湿度。向 PLC 发送了控制指令后 PLC 如果正确执行的话，会返回这条控制指令的原文。

**3．示例源码测试**

在 Linux 环境下测试示例源码时，请确保 Linux 主机和 Wi-Fi 设备服务器位于同一无线网络中。

运行$gcc Environment1.c–o Environment1 编译源码。

运行$./Environment1 启动程序。

PLC 的数码管上开始显示现在室内的温度值，如果该值大于 30℃，蜂鸣器开始报警。

在源码中有详细的注释解析，学生可以通过实验，使用自己擅长的编程语言来完成该实验。

**六、实验报告要求**

略。

### 10.2.2 环境监测系统实验 2

**一、实验目的**

完善环境监测报警系统。

**二、实验内容**

（1）利用命令行参数的方法传递参数。

（2）利用配置文件的方法传递参数。

**三、实验设备**

硬件：

| | |
|---|---|
| （1）物联网实验箱 | 1 套 |
| （2）PC 机 | 1 台 |

软件：

TCP&UDP 调试工具

**四、实验原理**

在上一个实验中，我们虽然完成了环境检测报警系统的初步功能设计，但是从一个可以稳定高效运行的物联网应用层软件的角度来说，还是实在太简陋。最主要的一个问题是无法动态设置参数。里面用到的 Wi-Fi 设备服务器的 IP 地址、端口号、读取温湿度传感器的周期等参数都是在程序源码中写死的，无法改变，在本实验中，将介绍两种动态设置这些参数的方法，分别是通过命令行参数的方式和配置文件的方式，在启动程序之前可以动态地改变想要接入的 Wi-Fi 设备服务器的 IP 地址、Wi-Fi 设备服务器的端口号、读取温湿度传感器的周期以及温度上限值这四个参数。

### 五、实验步骤

#### 1. 利用命令行的方式打开

（1）实例源码存放在源码目录中的 Enviroment2.c 文件中，从源码中可以看到，和 Enviroment1.c 不同，此时不在将 SERVER_IP（Wi-Fi 设备服务器的 IP 地址）、SERVER_PORT（Wi-Fi 设备服务器打开的数据端口）、READ_PERIOD（读温湿度的周期）和 TEMP_LIMITE（温度上限值）这几项写死在源码里面。这几项是从后面的 c=getopt（argc，argv，"i:p:c:l:"）!=−1 这一段代码中取值的，学生可以网上查找 getopt 的使用说明。通过这种方法，程序可以在启动的时候，通过命令行参数动态的获得新的各项参数。

（2）测试。编译源码，以下命令行开启程序：

$./Enviroment2 [−i SERVER_IP] [−p SERVER_PORT] [−c READ_PERIOD] [−l TEMP_LIMITE]

例如：

$./Enviroment2−i 192.168.0.101−p 10001−c 5−l 35 的意思就是将程序接入 IP 地址位 192.168.0.101 的 Wi-Fi 设备服务器的 10001 端口，进行环境检测，每 5 秒钟读一次温湿度传感器数据，当温度大于 35℃的时候，PLC 控制蜂鸣器报警。

#### 2. 利用配置文件的方法

（1）在实验步骤 5.1 中我们了解到可以使用命令行参数的方法动态地给程序传递参数，解决了上一个实验中遗留下来的问题，但是它也有很多的局限性。比如说此时只需传递四个参数就要用到九个命令行参数，如果想要传递更多参数的话那么岂不要执行一条很长的命令？岂不要有很多标识符？这很明显实不可取的，所以在这一步中，我们将继续修改 Environment1.c 程序，然后利用配置文件的方式为程序传递参数，这也是绝大多数应用程序采用的方法。实例代码为源码包中的 Environment3.c 程序，而其要读的配置文件为 Environment3.conf。

（2）在源码的注释中给出比较详细的说明。程序首先将打开位于同一目录下的 Environment3.conf 文件，一行行的读取其中的内容，所有以"#"开始的行均为注释，其他行则以关键字开头，例如记录 Wi-Fi 设备服务器 IP 地址的行必须要写成：

I=192.168.0.142

然后程序按照一定的算法规则提取其中的 192.168.0.142 字符串并存储在变量中以供后用。

编译并执行测试实例程序，修改 Environment3.conf 中的参数（将温度上限值改为不同的值），然后再重新启动程序，看看程序是否会根据配置文件中新的参数进行执行。

### 六、实验报告要求

（1）使用自己擅长的语言，完成上述两个实验的代码设计。

（2）在实例代码中仍然存在很多问题，比如在 Environment3.c 中，规定了配置文件参数行必须以 I=192.168.0.142 的形式存在，如果"I"之前存在空格或者 142 之后还有注释，整个程序将不再运行，修改这些 BUG。

### 10.2.3 环境监测系统实验 3

**一、实验目的**

（1）完善环境监测报警系统。

（2）性能测试。

**二、实验内容**

（1）找 BUG 并完善环境检测报警系统。

（2）性能测试。

**三、实验设备**

硬件：

（1）物联网实验箱　　　　　1 套

（2）PC 机　　　　　　　　1 台

软件：

TCP&UDP 调试工具

**四、实验原理**

无论是什么程序都存在 BUG，所以发现 BUG 和解决 BUG 是软件工程师不可避免的一项工作。任何一个程序实现其本来设计的目的也许只占整个研发工程百分之十的比重，其他百分九十的时间都是在测试和 DEBUG 中用掉的。所以测试是一个合格的软件工程师必须要经历的锻炼。

本实验内容旨在告诉学生们，永远要抱着吹毛求疵的态度去写代码。

**五、实验步骤**

#### 1. BUG1

继续以 Environment1.c 为模板，来分析里面存在的问题（除了之前已经提到的静态参数的问题）。首先我们看 display_temp()这个函数的源码 ：

```
unsigned int display_temp(unsigned char T_Hi,unsigned char T_Low)
{
int i=0;
unsigned int crc;
//还没有增加 CRC 校验码的字符串
unsigned
Temp_Array[8]={0x01,0x06,0x00,0x5d,T_Hi,T_Low,0x00,0x00};
//得到了 crc，利用余除的方法将其赋值给 array，注意 crc 高位在后，例如如果 crc 是 0x8583，则要把 0x83 放到 Temp_Array[6],0x85 放到 Temp_Array[7]。
crc=crc_cal16(Temp_Array,6);
Temp_Array[6]=(unsigned char)(crc%0x100);
Temp_Array[7]=(unsigned char)(crc/0x100);
//发送给 PLC，并将值在数码管上显示出来。
write(client_socket,Temp_Array,8);
//如果温度大与 TEMP_LIMITE，则报警，之所以 sleep(1)，在报警是因为经过测试如果不有一段间隔的话，PLC 不会做出正确的反应。
if((T_Hi*256+T_Low)>10*TEMP_LIMITE)
```

```
{
    sleep(1);
    write(client_socket,BEEP_ARRAY,8);
}
//温度小与 TEMP_LIMITE，则发送关闭报警的功能。
else
{
    sleep(1);
    write(client_socket,BEEP_STOP_ARRAY,8);
}
return 0;
}
```

以上这段代码进行 CRC 校验和给 PLC 发送要在数码管上显示的数据均没有问题，问题出在给 PLC 发送蜂鸣器指令的时候。这段代码每次都要判断温度是否超标，如果超标的话就每次都要发送指令，反之则每次都不发送。在现实的环境检测中，温度上限设的比较高，很少有超出上限的情况，此时这个程序还要每次告诉 PLC 不用响蜂鸣器，这显然是一件多此一举的事情，我们想要做的效果如图 10-25 所示。

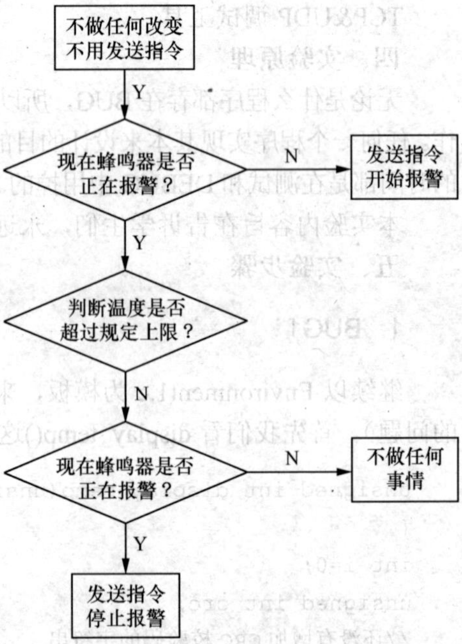

图 10-25　新程序的设计思路

那么如何判断蜂鸣器是否正在报警呢？很简单，只需加一个判断变量 BEEPING 就可以了，如果正在报警则 BEEPING=1，没在报警则 BEEPING=0，经过修改后的代码为 Environment4.c，可以通过阅读源码来观察程序是如何使用这个变量的。

经过修改的程序，减少了大量的和 PLC 之间的交互，提高了性能。

### 2．BUG2

重新阅读接收 Socket 数据的子程序，当我们收到 9 个字节的时候，可以证明这个是温湿度传感器传回来的数据值，但是我们没有对其进行 CRC 校验，这是个重大的问题，我们必须加上 CRC 判断，新添加的 CRC 校验函数如下所示。

```
//用来对接收到的温湿度数据进行 CRC 校验判断接收到的是否是正确的数据。
unsigned int crc_check(unsigned char * buffer, int len)
{
unsigned int crc=0;
crc=crc_call6(buffer, len-2);
if((*(buffer+len-2)!=(crc%0x100))||(*(buffer+len-1)!=(crc/0x100)))
    return 0;
```

```
else
    return 1;
}
```

将字符串长度为 *len* 的 buffer 的头 *len*-2 个字节（后两个值为现有的 *crc* 值）给 crc_cal16 函数，去计算正确的 *crc* 校验值，然后将现有的 *crc* 值（分别为 *buffer*+*len*-2 和 *buffer*+*len*-1）去和计算得到的值（*crc*%0x100 和 *crc*/0x100）比较，如果一样的话返回 1，证明是正确的，如果不一样则返回 0。

3．BUG3

程序的接收进程可以接收到两种数据，一种是温湿度传感器传送回来的 9 个字节的温湿度数据，这是我们想要的，需要对其进行处理，另外一种是 PLC 返回的 8 个字节的回复信息，本身没有什么用处，所以不需要对其进行处理。但是此时我们会发现，有的时候调用一次 read() 函数，可能会直接收到 17 个字节，也就是说它同时收到了来自温湿度传感器和 PLC 的数据，那么如何判断和处理这 17 个字节呢？

我们再观察返回的字节，从 PLC 返回的均是以 0x01 0x06 开头，而从温湿度传感器返回的是以 0x01 0x03 开头，所以我们只需判断 17 个字节的第二个字节是 0x03 还是 0x06 即可。实例代码如下所示。

```
else if(nread==17)
        {
            if(*(read_buffer+1)==0x03)
            {
                if(crc_check(read_buffer, 9))
                    display_temp(*(read_buffer+3), *(read_buffer+4));
                else
                    printf("error in crc check!\n");
            }
            else if(*(read_buffer+1)==0x06)
            {
                if(crc_check(read_buffer+8, 9))
display_temp(*(read_buffer+11), *(read_buffer+12));
                else
                    printf("error in crc check!\n");
            }
        }
```

这段代码的意思是当一次性收到了 17 字节的时候，先判断第二个字节是什么，如果是 0x03，那么头 9 字节就是我们想要的温湿度数据。如果第二个字节是 0x06，那么后 9 字节才是我们想要的数据。然后对想要的 9 字节进行 crc_check 校验并将相应的数据显示在 PLC 上。

**六、实验报告要求**

略。

## 10.3 RFID 应用实验

### 10.3.1 公交收费系统实验 1

**一、实验目的**

利用实验箱内的资源编写设计出一套简单的公交收费系统，RFID 标签打卡收费的效果。

**二、实验内容**

（1）硬件调试。

（2）编写和设计程序。

**三、实验设备**

硬件：

（1）物联网实验箱　　1 套

（2）PC 机　　1 台

软件：

TCP&UDP 调试工具

**四、实验原理**

从本实验开始，我们将利用 4 个实验来一步步地完成一个完整的公交收费系统的设计，本实验首先实现最简单的目的。将公交车的卡号写进程序中，然后给它一个固定的初始金额，每刷一次卡，将扣两块钱，余额在 PLC 数码管上显示，如果读到的卡没有记录或者余额不足，则 PLC 控制蜂鸣器报警，流程图如图 10-26 所示。

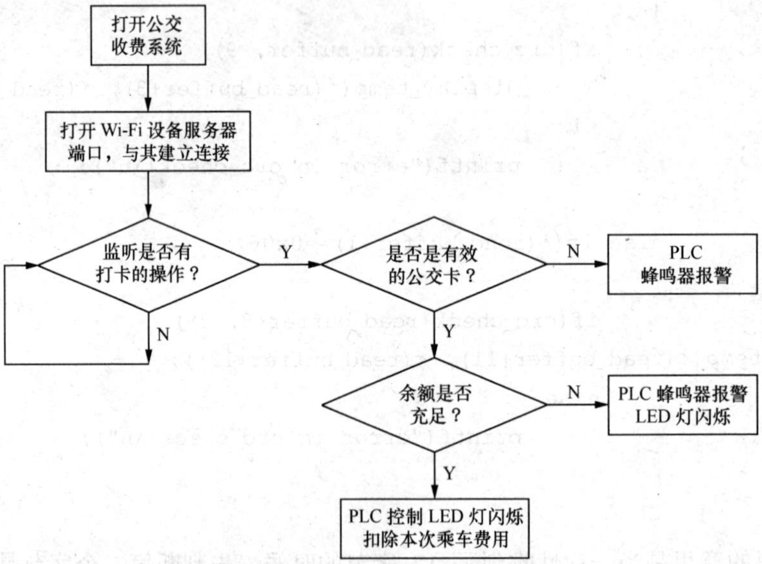


图 10-26　公交收费系统流程图

**五、实验步骤**

**1．硬件连接和测试**

（1）按照图 10-27 所示，连接实验箱的各个硬件部分。

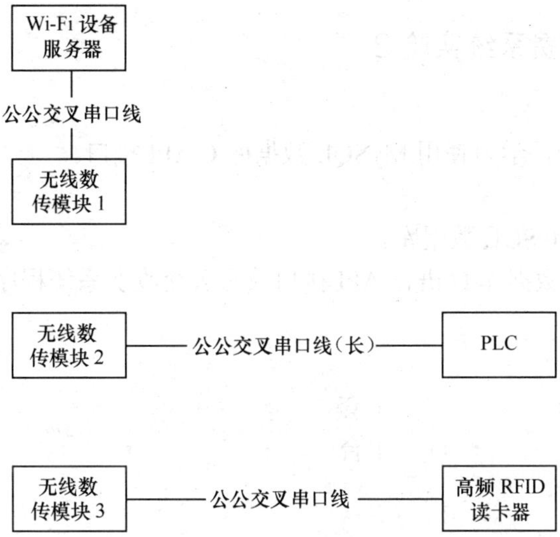


图 10-27　实验箱硬件连接示意图

（2）利用之前实验学到的知识，通过 TCP&UDP 软件测试是否能够读到正确的高频 RFID 读卡器的读卡数据和控制 PLC。

（3）将实验箱内配套的五张高频 RFID 标签的卡号通过 TCP&UDP 调试工具记录下来，它们将当作公交卡的使用。

### 2．软件程序程序

在此有几个需要特别注意的地方：

（1）在使用 TCP&UDP 读卡的时候，如果仔细观察的话，会发现我们在接收框内得到了一个 10 位的数字，而左侧的接收数据接收到的却是 11 字节，如图 10-28 所示。

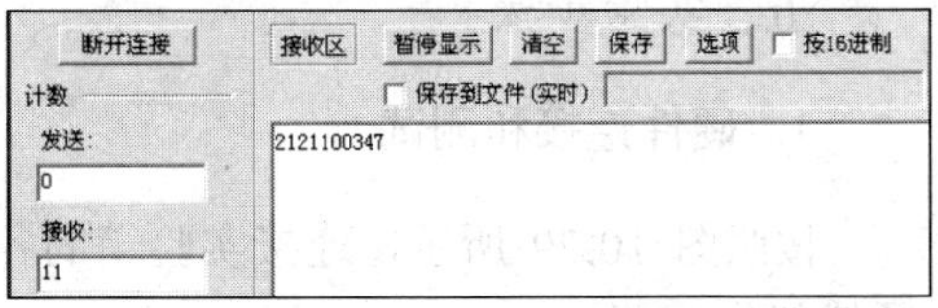


图 10-28　接收到的数据

这是因为在接收到的这串数据中还有一个看不到的'\r'特殊字符，它不会显式地显现出来。所以我们在编写程序的时候，不能直接拿接收到的字符串和已经定义好的字符串进行比较，而必须进行一些处理，这将在源码的注释中提到。

（2）和之前的实验一样，向 PLC 发送两条指令的时候中间最好有段间隙。

### 3．示例源码测试

在测试中，可能会发生刷卡后没有反应的情况（读卡器读到卡，而金额没有变化），造成这样的原因是此时程序没能一次性读到 11 字节的卡数据，而造成这次读卡操作作废。学生可以增加读卡间隙（至少保证读卡之间有 10 秒的间隙）。我们会在后面的程序中来修改这个 BUG。

## 六、实验报告要求

略。

## 10.3.2 公交收费系统实验 2

**一、实验目的**

改进公交收费系统，学习使用 MySQL 数据库 C API 接口。

**二、实验内容**

（1）了解和使用 MySQL 数据库。

（2）使用 MySQL 数据库 C 语言 API 接口改写公交收费系统程序。

**三、实验设备**

硬件：

（1）物联网实验箱　　　　　　1 套

（2）PC 机　　　　　　　　　1 台

软件：

TCP&UDP 调试工具

**四、实验原理**

在上一个实验中，我们实现了最简单的公交收费系统，但是很显然，里面有很多很不合理的地方，最主要的一点是，我们将卡的初始化写进了程序中，这样一来，每次启动程序的时候，每张卡片又都恢复了最初的金额，另外再添加一张新卡也是很难以操作的，需要重新改写和编译程序才能达到目的，这明显不是我们想要的。

如果想要解决上面两个问题，有多种方法，第一是使用我们前面学习过的建立一个配置文件的方法，将可变参数记录在里面，但是当数据过多的时候，维护这张配置表本身又成了一个很棘手的问题，第二种方法也是最普遍可靠的方法就是使用数据库程序来为我们管理数据，我们只需在应用程序中调用相应 API 接口函数即可。

本次试验就将从如何配置和使用 MySQL 数据库开始，来一步步地改善和完善我们的程序。

**五、实验步骤**

### 1. 硬件连接和测试

按照图 10-29 所示，连接实验箱的各个硬件部分。

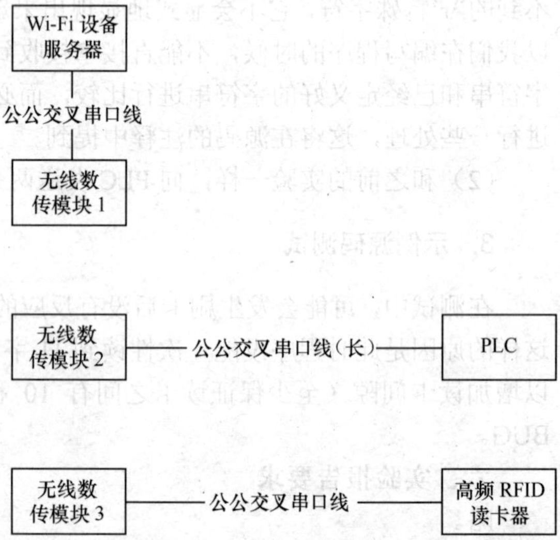


图 10-29　实验箱硬件连接示意图

### 2. 在 Linux 配置和使用 MySQL

笔者使用的是 Fedora 17 Linux 操作系统，学生可根据自己的情况在网上查找相关的资料来配置和运行 MySQL 服务器。

值得说明的是 MySQL 分为两部分：mysqld 服务器部分和 mysql 客户端部分。用户是通过 mysql 客户端程序来操作和使用 mysqld 服务器所维护的数据的。

可以先运行命令（以下所有命令请以 root 身份执行）。

$mysql 来查看一下本机是否已经安装

了 mysql 和 mysqld，如果没有，请运行$yum install mysql（这是 Fedora 命令，其他发行版 Linux 请运行相对应的命令）。

另外如果想要获取 mysql 提供的 C 语言 API 库和头文件，还要安装 mysql-devel，运行命令：$yum install mysql-devel，如图 10-30 所示。

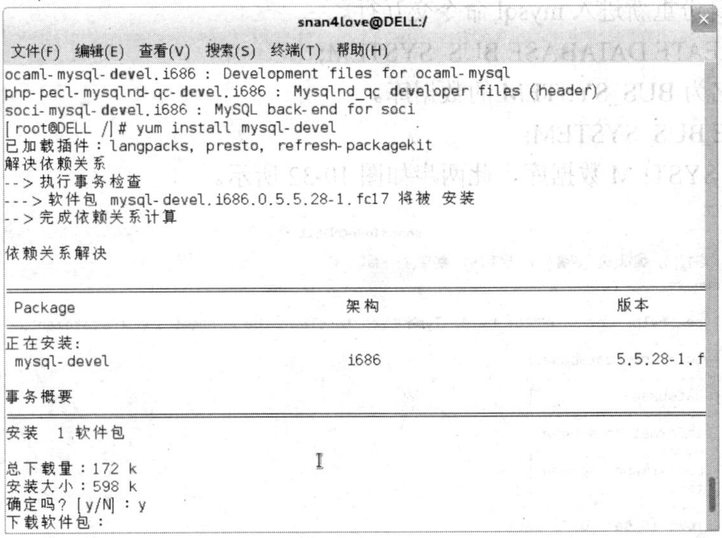
snan4love@DELL:/
文件(F) 编辑(E) 查看(V) 搜索(S) 终端(T) 帮助(H)
ocaml-mysql-devel.i686 : Development files for ocaml-mysql
php-pecl-mysqlnd-qc-devel.i686 : Mysqlnd_qc developer files (header)
soci-mysql-devel.i686 : MySQL back-end for soci
[root@DELL /]# yum install mysql-devel
已加载插件：langpacks, presto, refresh-packagekit
解决依赖关系
--> 执行事务检查
---> 软件包 mysql-devel.i686.0.5.5.28-1.fc17 将被 安装
--> 完成依赖关系计算
依赖关系解决
Package 架构 版本
正在安装：
mysql-devel i686 5.5.28-1.f
事务概要
安装 1 软件包
总下载量：172 k
安装大小：598 k
确定吗？[y/N]：y
下载软件包：

图 10-30 安装 mysql-devel

完成上述安装后，在命令行运行启动 mysqld 服务器的命令：$systemctl start mysqld.service，启动 mysqld 数据库服务器$mysql，运行 mysql 命令，进入数据库命令交互行，如图 10-31 所示。

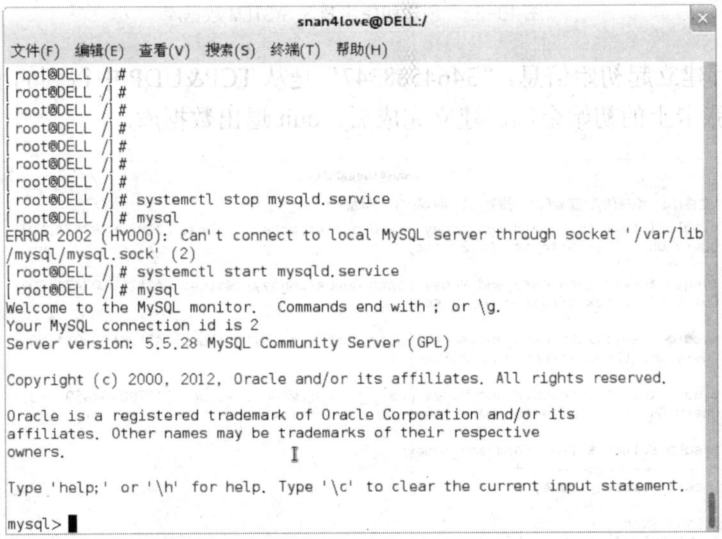
snan4love@DELL:/
文件(F) 编辑(E) 查看(V) 搜索(S) 终端(T) 帮助(H)
[root@DELL /]#
[root@DELL /]#
[root@DELL /]#
[root@DELL /]#
[root@DELL /]#
[root@DELL /]#
[root@DELL /]#
[root@DELL /]# systemctl stop mysqld.service
[root@DELL /]# mysql
ERROR 2002 (HY000): Can't connect to local MySQL server through socket '/var/lib/mysql/mysql.sock' (2)
[root@DELL /]# systemctl start mysqld.service
[root@DELL /]# mysql
Welcome to the MySQL monitor. Commands end with ; or \g.
Your MySQL connection id is 2
Server version: 5.5.28 MySQL Community Server (GPL)
Copyright (c) 2000, 2012, Oracle and/or its affiliates. All rights reserved.
Oracle is a registered trademark of Oracle Corporation and/or its affiliates. Other names may be trademarks of their respective owners.
Type 'help;' or '\h' for help. Type '\c' to clear the current input statement.
mysql>

图 10-31 进入 mysql 命令交互行

在 mysql 命令交互行中输入命令：

mysql> CREATE USER root IDENTIFIED BY‘831218’

建立了一个 root 用户，它的密码是 831218，这个密码当时是可以随意设置的。但是用户名此时保持为 root 用户。

mysql>quit

退出 mysql 命令交互行。

$mysql–u root–p

使用 root 身份重新进入 mysql 命令交互行。

mysql> CREATE DATABASE BUS_SYSTEM;

创建一个名为 BUS_SYSTEM 的数据库。

mysql>USE BUS_SYSTEM;

使用 BUS_SYSTEM 数据库，此两步如图 10-32 所示。

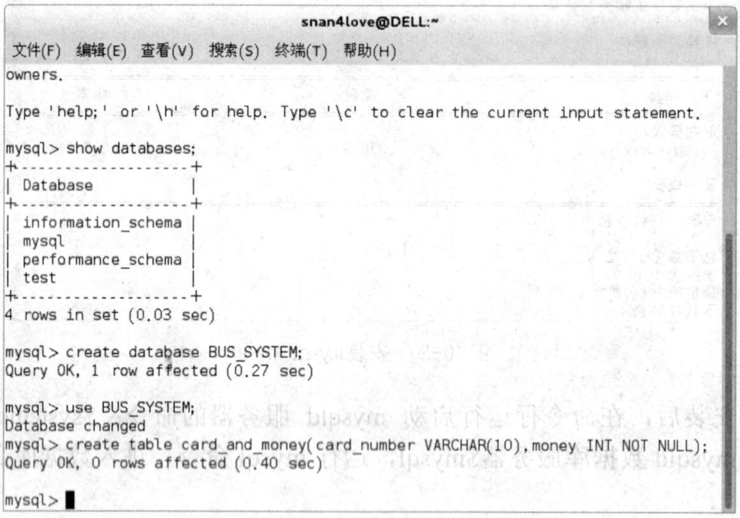


图 10-32　创建和使用 BUS_SYSTEM 数据库

使用命令行建立起初始信息，“3464588347”是从 TCP&UDP 中得到的卡号，如图 10-33 所示，10 是这张卡上的初始金额。建立完成后，quit 退出数据库。

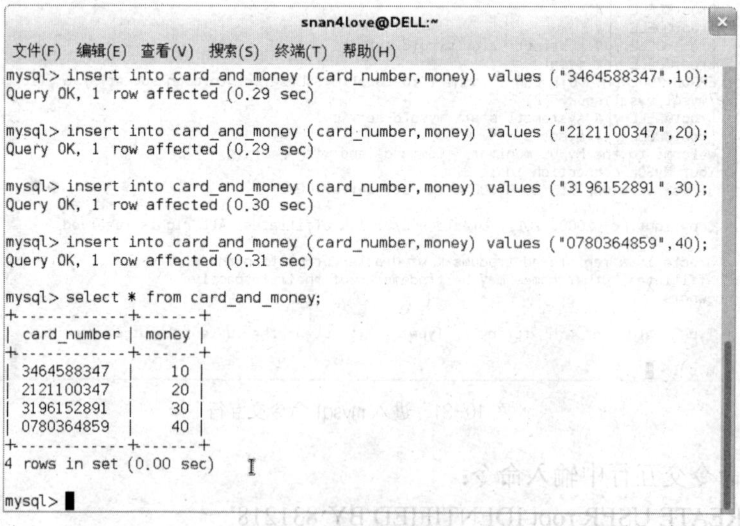
snan4love@DELL:~
文件(F) 编辑(E) 查看(V) 搜索(S) 终端(T) 帮助(H)
mysql> insert into card_and_money (card_number,money) values ("3464588347",10);
Query OK, 1 row affected (0.29 sec)
mysql> insert into card_and_money (card_number,money) values ("2121100347",20);
Query OK, 1 row affected (0.29 sec)
mysql> insert into card_and_money (card_number,money) values ("3196152891",30);
Query OK, 1 row affected (0.30 sec)
mysql> insert into card_and_money (card_number,money) values ("0780364859",40);
Query OK, 1 row affected (0.31 sec)
mysql> select * from card_and_money;
+-------------+-------+
| card_number | money |
+-------------+-------+
| 3464588347  |    10 |
| 2121100347  |    20 |
| 3196152891  |    30 |
| 0780364859  |    40 |
+-------------+-------+
4 rows in set (0.00 sec)
mysql>

图 10-33　初始化数据卡号和金额

### 3．示例软件的编译和测试

在编译的时候需要运行一下命令来添加 mysql 库：

$gcc Bus2.c–L/lib/mysql–lmysqlclient–o Bus2

-L/lib/mysql 的意思是添加一个可以去寻找库文件的目录。

-lmysqlclient 的意思是要连接 libmysqlclient 库。

运行程序，进行打卡操作。

关闭然后再重启程序，看看是否记录着新的数据（打过卡，扣除过车费的数据）。

几点需要注意的地方：

（1）在运行 Bus2 程序的时候，一定要保证 mysqld 启动着。

（2）每次重启 Linux 系统时，如果没有提前设置过，mysqld 是不会开机启动的，需要每次输入命令$systemctl start mysqld.service 来启动或者修改相应的 init.d 文件。

（3）在测试中，可能会发生刷卡后没有反应的情况（读卡器读到卡，而金额没有变化），造成这样的原因是此时程序没能一次性读到 11 个字节的卡数据，而造成这次读卡操作作废。可以增加读卡间隙（至少保证读卡之间有 10 秒的间隙）。我们会在后面的程序中来修改这个 BUG。

**六、实验报告要求**

略。

## 10.3.3　公交收费系统实验 3

**一、实验目的**

学习人机交互程序的设计。

**二、实验内容**

（1）学习人机交互程序的设计。

（2）设计出公交卡的充值查询系统。

**三、实验设备**

硬件：

| | |
|---|---|
| （1）物联网实验箱 | 1 套 |
| （2）PC 机 | 1 台 |

软件：

TCP&UDP 调试工具

**四、实验原理**

在前两个实验中，我们完成了公交车上使用的公交收费系统的设计，在本实验中我们将编写公交卡充值系统程序，该系统除了有充值功能外，还需要有查询余额、办理新卡和注销旧卡等功能，系统流程图如图 10-34 所示。

**五、实验步骤**

### 1．硬件连接和测试

按照图 10-35 所示，连接实验箱的各个硬件部分。

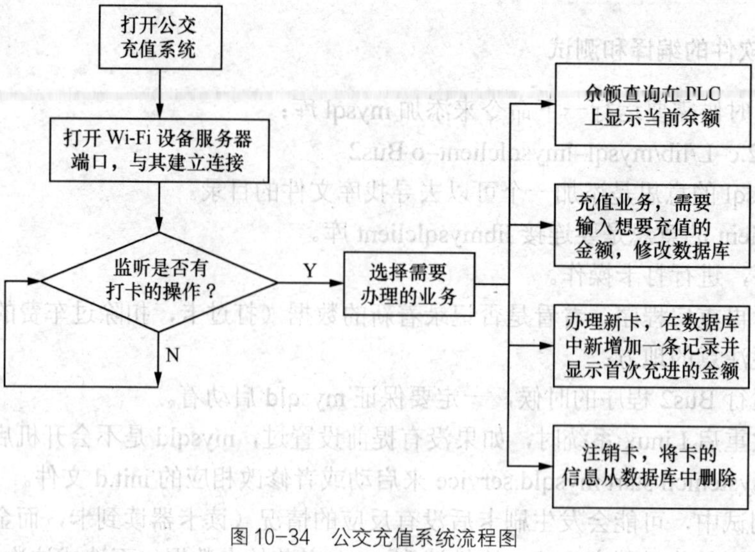


图 10-34 公交充值系统流程图

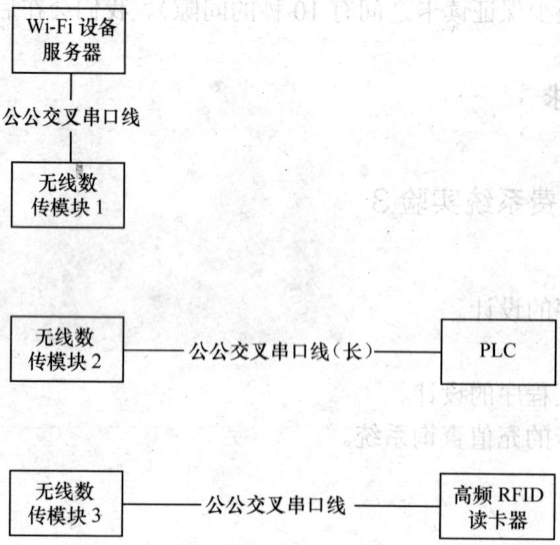


图 10-35 实验箱硬件连接示意图

## 2. 示例源码测试

$gcc Bus3.c–L/lib/mysql–lmysqlclient–o Bus3

程序首先进入选择界面，如图 10-36 所示。

选择 A 来查询现有卡上的余额，按照指示刷卡操作余额会在 PLC 的数码管上显示出来，如图 10-37 所示。

选择 B 来为公交卡充值，需要线输入充值的额度，然后再次刷卡，充值完毕后可以在进行 A 操作，来查看是否完成了充值，如图 10-38 所示。

选择 C 来办理一张新的公交卡，首先也要输入初始化金额，然后拿一张尚未录入系统的卡进行刷卡操作，完毕后可以进入数据库看看是否录入了一张新卡，如图 10-39 所示。

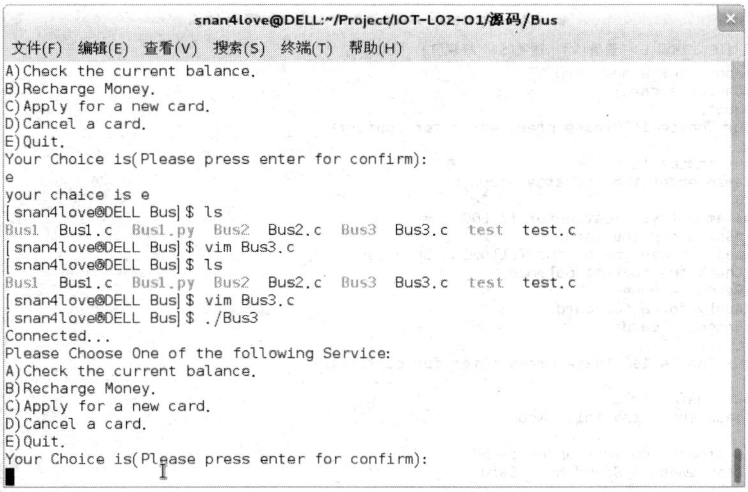


图 10-36 进入选择界面

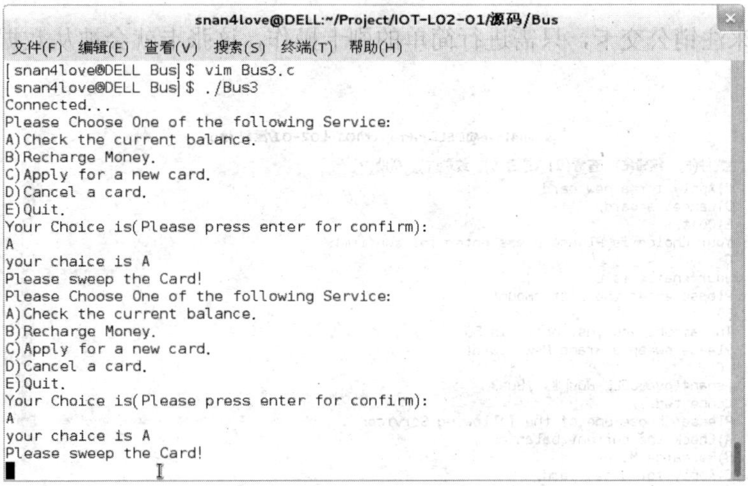


图 10-37 余额查询

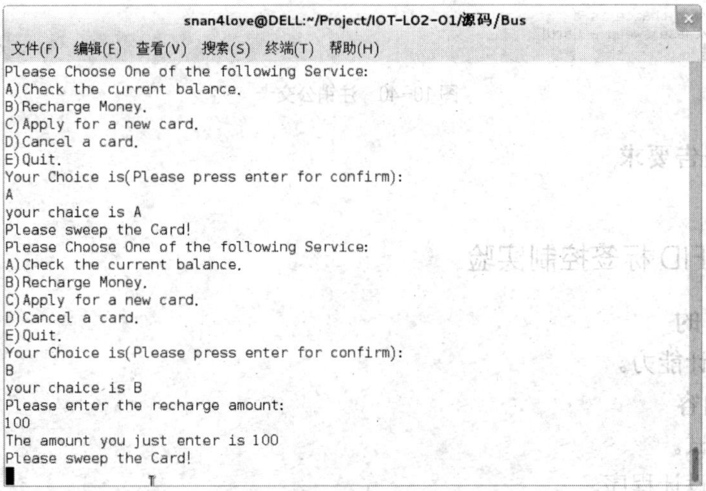


图 10-38 充值操作

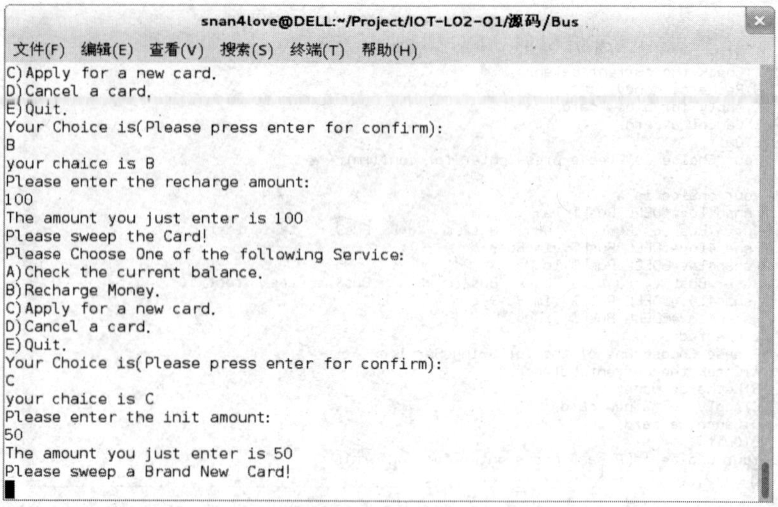


图 10-39 办理新卡

选择 D 用来注销公交卡，只需进行简单的刷卡操作，这张卡就会被从数据库中删除，如图 10-40 所示。

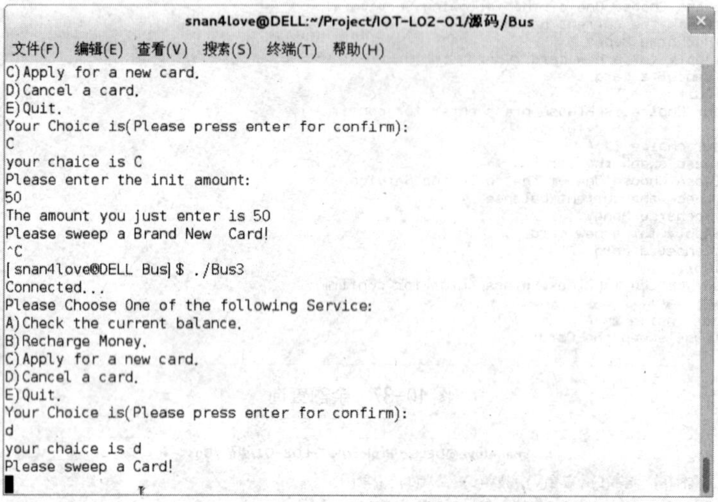


图 10-40 注销公交卡

**六、实验报告要求**

略。

### 10.3.4 RFID 标签控制实验

**一、实验目的**

提高程序设计能力。

**二、实验内容**

（1）硬件调试。

（2）编写和设计程序。

## 三、实验设备

硬件：

（1）物联网实验箱　　　　1套

（2）PC机　　　　1台

软件：

TCP&UDP调试工具

## 四、实验原理

在之前的两个程序设计实验中，我们完成了传感器和PLC之间的通信和RFID读卡器之间的通信，初步了解了物联网中物物相连的概念，本实验将设计一个小程序来实现RFID读卡器和温湿度传感器之间的通信，程序相对要简单很多，流程图如图10-41所示。

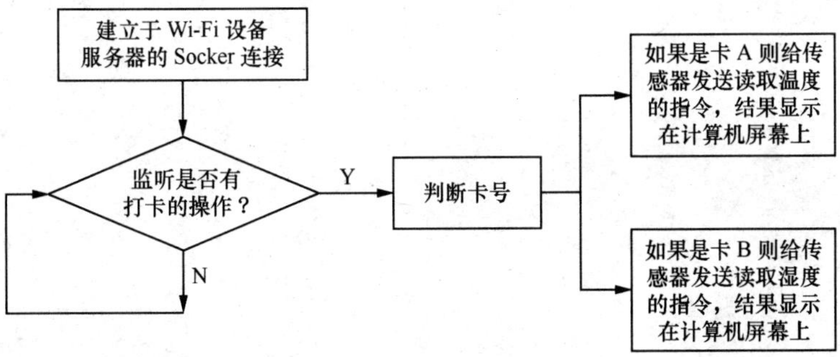


图10-41　软件流程图

## 五、实验步骤

### 1. 硬件连接和测试

（1）按照图10-42所示，连接实验箱的各个硬件部分。

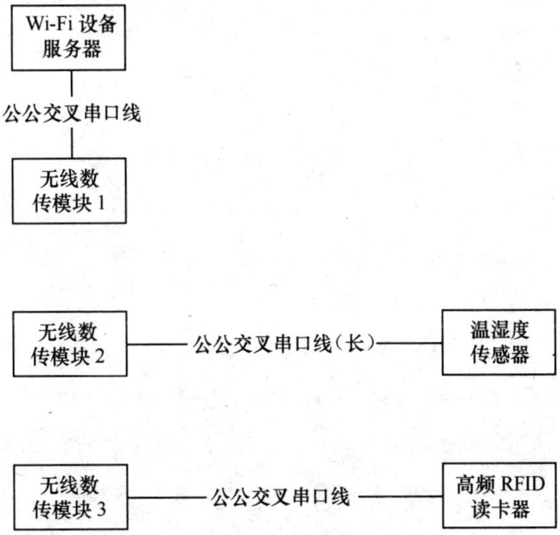


图10-42　实验箱硬件连接示意图

（2）利用之前实验学到的知识，通过TCP&UDP软件测试是否能够读到正确的高频RFID读卡器的读卡数据和读取温湿度数据。

（3）记录两张 RFID 卡的卡号。

**2．示例源码测试**

值得注意的一个问题是，在刷卡和返回温湿度数据间有一定的间隔，如果在此间隔中又进行了多次的刷卡操作，将造成数据传输的混乱。需要对接收到的数据进行更详尽的解析。这部分内容留给学生扩展练习使用。

## 六、实验报告要求

略。